기후와 문화

오성남 · 김정우 · 이태영 · 신임철 · 이규석 · 안순일 지음

Σ 시그마프레스

기후와 문화

발행일 | 2011년 9월 9일 1쇄 발행

저자 | 오성남 · 김정우 · 이태영 · 신임철 · 이규석 · 안순일
발행인 | 강학경
발행처 | (주) 시그마프레스

등록번호 | 제10-2642호
주소 | 서울특별시 마포구 성산동 210-13 한성빌딩 5층
전자우편 | sigma@spress.co.kr
홈페이지 | http://www.sigmapress.co.kr
전화 | (02)323-4845~7(영업부), (02)323-0658~9(편집부)
팩스 | (02)323-4197

ISBN | 978-89-5832-935-0

머리말

우리는 인류가 의도적이든 비의도적이든 간에 일으켰던 생존 양식으로서의 문화와 그로 인해 발생된 문명들이 발달 과정에서 기후와 그 변동에 어떻게 의존하였는가에 관심을 가진다.

한 견해에 따르면, 기후는 생물의 출현 이후 지금까지 생물의 진화를 지배해 왔다고 한다. Roberts 교수의 저서[1]에서 우리는 기후가 생물 진화의 궁극적인 단초임을 알게 된다. 생물학적 진화는 다양한 주거환경들이 제공하는 가능성 안에서, 처음에는 서로 다른 유기체로 뒤에는 서로 다른 동물로 믿기 힘들 만큼 느리게 조금씩 전진해 왔다. 인류와 그에 따르는 생물들이 서로 다른 주거환경들을 가능케 한 결정적인 인자는 기후였다.

문명 이전에 사람(homo)이라 불릴 만한 생명체들의 첫 흔적들은 300만 BP[2]경에 아프리카 올두바이에 나타났고, 최초의 농사는 1만 1000BP 시기에 남서 아시아 아부후리라에서 시작되었다. 그러나 첫 문명은 5500BP쯤에 메소포타미아에서 나타났다. 공교롭게도 지난 300만 년은 빙기가 적어도 17~19번이나 나타났던 격동적인 기후변동의 시기였다. 이 시기에 첫 빙기는 300만 BP에 시작되었고, 마지막 빙기는 영거드라이아스[3]와 함께 1만 1500BP에 끝났다. 그 반대로 지난 1만여 년은 8200BP에 출현한 한

1. Roberts, J. M., 1997: A Short History of the World. Oxford University Press, New York, 539pp.
2. 문자로 쓰인 기록이나 문헌 따위가 있는 시대, 즉 역사 시대는 흔히 BC(주전)와 AD(주후)로 양분되어 표현된다. 이에 비해 선사 시대를 포함한 지질학적 연대를 말할 때 우리는 BP를 사용한다. 예로 500BP는 '현재부터 500년 전 시점'을 뜻하는 약어이다. 여기서 그 현재는 서양인들의 관례로 1950 AD(주후 1950년)이며 500 BP와 1450AD는 같은 시점이다.
3. 영거드라이아스는 12900~11500BP쯤에 북아메리카와 유럽에 나타났던 추운 기간을 가리킨다. 이 기간을 끝으로 지구에 찾아온 것은 홀로세(Holocene)라 불리는 오늘날의 간빙기이다.

미니 빙기를 제외하면, 1360~1860AD의 소빙기(Little Ice Age)를 포함하더라도 기후학적으로 매우 안정된 시기였다.

기후 최적기와 인류의 최초 문명들이 한 시대에 출현한 것이 우연이라면 우연일 수도 있다. 적어도 60만 년이 넘을 인류의 긴 여정에서 인류의 생존 양식은 60만 년의 1%에도 못 미치는 5,500년의 짧은 역사를 가질 뿐이다. 석기시대 수메르인들이 문명을 일으킨 것이 최적 기후가 원인은 아닐지라도 최적의 기후가 그들이 문명을 일으킨 단초였음을 알 수 있다.

인류의 가치적 소산으로서의 종교, 철학, 예술, 과학뿐만 아니라 생활양식, 사고 등을 종합해 문화라 일컫는다. 세계의 문화는 기후조건에 따라 창조되어 왔고 기후의 변동을 극복하기 위하여 과학이 발전되어 왔다. 역사의 흐름 속에서 근세 문명의 대표지역인 유럽은 기후의 변동과 변화에 적응하지 못한 문화적 고통의 시대를 맞았고 기후에 적응하기 위하여 신대륙을 발견하였다. 그러나 기후의 변동을 극복하고자 일으킨 산업혁명은 전대미문의 지구온난화를 초래하고 있다.

오늘날 과학의 발달과 경제적 풍요함은 로마시대의 풍요와 진배없다. 그러나 문화적 인간의 성숙이 없다면 부패와 타락과 오만함이 가득한 어두운 세계가 됨을 과거로부터 볼 수 있다. 경제적 성장만큼이나 새로운 문화적 변화가 우리에게 절실하다. 우리는 기후의 변화가 인류의 문화적 문명사에 미친 영향을 역사적으로 새겨 봄으로써 향후 발생할 수 있는 기후변화에 적응하고 대응할 수 있는 문화적 지혜를 함양할 수 있다.

기후의 변동은 곧 우리의 역사이며 그 이해를 통하여 미래의 발전을 내다볼 수가 있다. 이 책을 통하여 우리는 기후에 대한 기본 원리를 이해함을 바탕으로 인류의 문명사에 미친 영향을 역사적으로 새겨 향후 발생할 기후변화에 적응하고 대응할 수 있는 문화적 지혜를 함양하고자 한다.

이 책의 내용은 전반부에서 생명의 기원과 지구 기후의 변동 그리고 기본적인 지구 대기의 조성과 역학적인 관계를 이해하는 데 근간을 두었다. 후반부에는 기후와 문화의 상호관계와 인류 문명사에 끼친 기후의 영향을 살펴보고 현재와 미래에 발생할 수 있는 기후변화에 대한 우리의 문화적 적응을 논하였다. 많은 주제를 언급하는 데 자료 활용에 어려움이 있었다. 이 책을 출간하는 데 남다른 열정으로 격려해 준 (주)시그마프레스 강학경 사장과 편집부 직원들에게 감사드린다. 또 자료를 수집하고 정리한 정현철 군을 비롯한 학생들과 그리고 무엇보다 묵묵히 필진에 따라 집필하여 주신 김정우 교수, 이태영 교수, 신임철 박사, 이규석 교수, 안순일 교수에게 감사드린다.

2011년 9월

대표저자 오성남

차례

chapter 1... 지구의 생성과 생명체의 탄생

chapter 2... 기후의 정의

chapter 3... 고기후

chapter 4... 인류의 발달과 기후변동

chapter 5... 기후 시스템과 기후 구분

chapter 6... 대기의 조성과 기후 시스템

chapter 7... 대기의 운동과 순환

chapter 8... 몬순 기후의 특성과 아시아 여름 기후

chapter 9... 빙하의 변동과 기후변화

chapter 10... 기후와 세계의 문명

chapter 11... 기후와 문화

chapter 12... 변화하는 대기

chapter 13... 지구온난화의 영향과 기후변화

chapter 14... 도시 기후와 문화

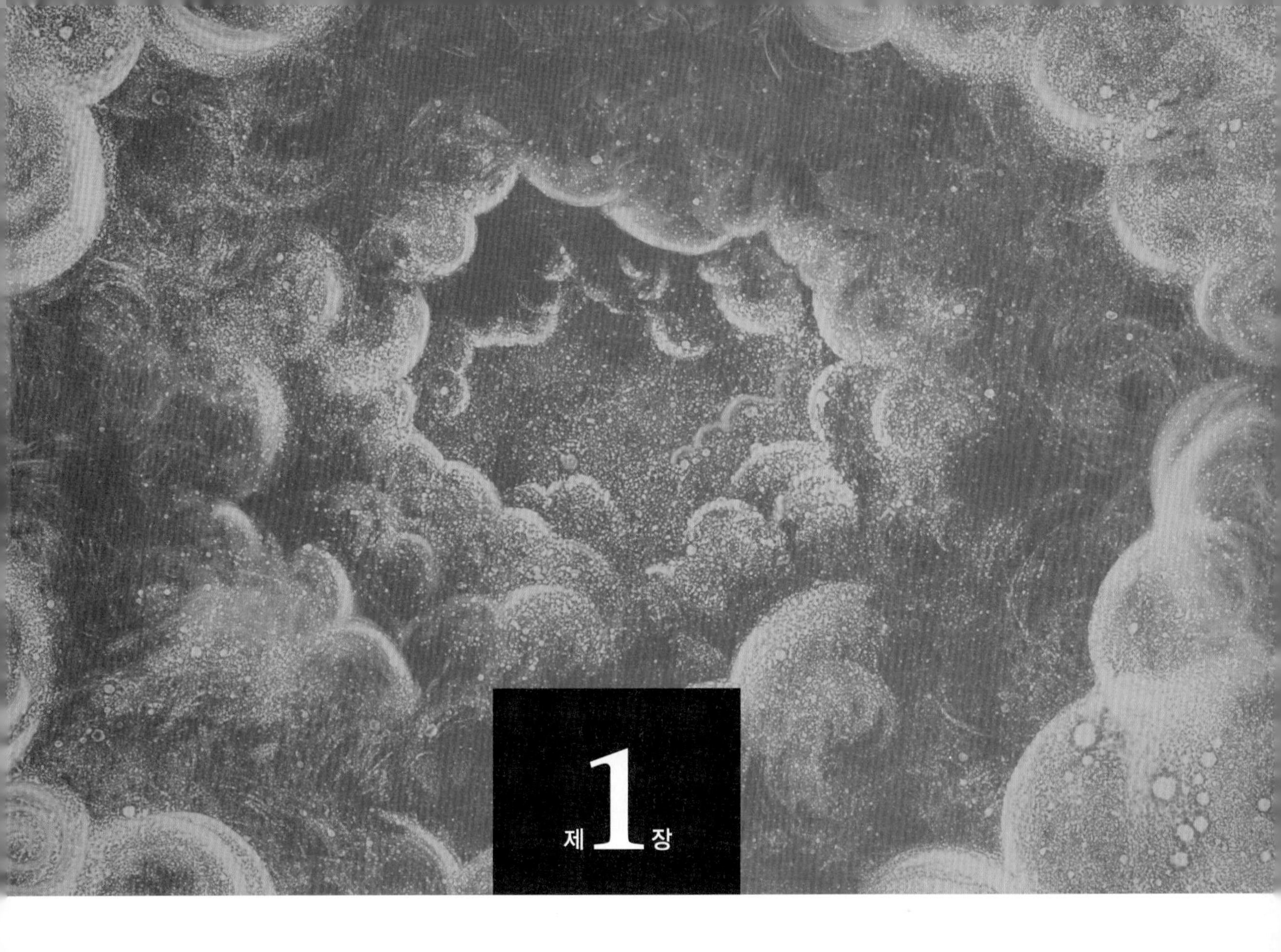

지구의 생성과 생명체의 탄생

1.1 생명체의 탄생

약 150억 년 전 빅뱅(Big Bang : 대폭발)에 의해서 탄생된 우주의 모든 물질 가운데 주로 가벼운 원소인 수소와 헬륨이 가장 먼저 형성되었다. 이후 약 100억 년 전 빅뱅에 의해서 만들어진 물질이 모여서 은하계를 형성했으며 이 은하계에 포함된 별들의 붕괴와 폭발 과정을 거치는 동안 무거운 원소가 형성되기 시작했다. 약 50억 년 전에는 우주에 퍼져 있는 물질이 모여 태양이 형성되었으며 태양계 내의 행성(지구를 포함)들은 성간물질이 응축하고 충돌하는 과정에서 형성되었다. 그러나 우리의 태양은 무거운 원소를 포함할 만큼 나이가 많은 별이 아닌 매우 젊은 별이다.

약 46억 년 전 지구가 용해되면서 무거운 원소(Ni, Fe)는 지구의 중심부에 자리 잡고, 가벼운 원소는 지구의 표면 부분으로 상승하게 되었다. 그때 지구의 모습은 지금 미국의 옐로스톤 지역에서 보는 것처럼 원시가스를 내뿜기 시작하는 그런 모습이었으며 수증기, 수소, 염산, 일산화탄소, 이산화탄소, 질소가스 등을 포함하고 있었다. 원시지구는 생명체의 생존에 필수조건인 산소를 포함하고 있지 않았으므로 산소는 나중에 식물의 광합성에 의해 형성되었다. 불처럼 뜨거웠던 지구의 표면은 점차 수증기가 응결할 수 있을 정도까지 식기 시작하여 마침내 비가 내리기 시작했으며, 육지의 수분(fresh water ocean)이 만들어졌다. 이어 지구상에 내린 비는 암석(42)과 광물(8)을 녹여 짠 바닷물을 만들어 냈으며, 전 세계의 바다는 약 37억 년 전부터 짠물이 되기 시작한 것으로 알려져 있다. 지구와 태양을 포함한 태양계 모든 행성들은 지금부터(BP) 45억 년 전에 형성되었다. 태양에서 떨어져 나온 수많은 운석들은 지구와 여러 다른 행성들의 중력에 의하여 부딪쳐 떨어져 내려와 먼지구름(cold cloud)을 발생함으로써 지구를 위시한 태양계의 여러 행성들의 대기 가스를 Neon, Xenon, Krypton 등으로 구성하였다. 유성(planetesimals)이라 불리는 우주의 작은 운석들은 지구 중력에 의하여 계속 떨어져 내려왔고, 이로 인해 발생된 먼지구름이 지구 표면을 덮고 있었다. 이들 작은 먼지구름 중에서 휘발성이 있는 작은 입자들도 포함되어 있는데, 이들은 오늘날 수적(water)과 메탄, 암모니아 등 비등점이 낮은(low boiling points) 물질들의 얼음 덩어리 형태의 고체였다.

당시 태양의 활동이 뜨거워졌을 때 이들 휘발성 물질들은 충돌에 의하여 기체화되었다. 7~8억 년 전까지 지구는 여전히 우주의 운석과 부딪히고 있었고, 이때가 소위 하데스 시대(Hadens Epoch)라 불리는 작은 운석의 충돌 시대였다. 이 시기에 운석과의 충돌에 의한 지구는 열이 발생하여 더워지고 있었고 초기 가스는 오늘날의 대기와는 다른 지구 대기를 형성하였다. 얼음 덩어리는 증발된 수분으로 해양을 형성하고 수분은 증발되어 대기에서 해리됨에 따라 산소의 생성이 시작되었다. 그러나 이 과정에서 발생한 산소의 양은 오늘날의 산소를 형성하기에는 매우 부족한 양이다. 오랜 시간 해양의 해저에는 단일세포의 미생물이 생겨나 이들이 발달하여 바닷속 식물로 진화되었다. 바닷속 식물은 안정되고 충분한 태양 일사 환경 하에서 더욱 강하게 자라나 해양 밖으로 튀어나오는 성장 가속이 있어 네온 등 비생명 기체만이 쌓여 있는 대기 중에서 잠시나마 광합성(photosynthesis) 기능이 작용한다. 물론 해양 밖으로 나온 식물은 곧 시들어 버리지만 해양 밖에 잠시 살아 있는 식물의 잎에 작용한 광합성 역할로 잎의 기공에서 나온 산소는 대기 중에 쌓이고 쌓여 그 양은 수억 년을 지난 오늘날 우리의 생명체인 대기의 산소가 되고 있다. 산소의 대기 중 체류시간은 3,200~7,600년으로 식물의 광합성만이 공급의 원천(main source)이며 전파 속도는 시간당 약 780km 정도로 지구의 어느 곳이나 산소의 농도는 일정하게 분포되어 있다.

지구가 생성된 이후 전 지구적인 큰 변화를 보면 (1) 지자기 극의 변화, (2) 외계로부터 운석 충돌, (3) 환경변화를 수반하는 기후변화 등 세 가지를 들 수 있다. 이러한 변화를 수없이 되풀이하여 겪고 난 다음 생명체는 탄생하였고 오늘의 인간시대가 왔다. 생물학적 진화는 다양한 주거환경들이 제공하는 가능성 안에서 처음에는 서로 다른 유기체로 후에는 서로 다른 동물로 믿기 힘들 만큼 느리게 조금씩 전진했다. 다른 주거환경을 가능케 한 결정적인 인자는 기후였다.

그림 1.1 카리나 대성운 폭발 (NASA의 허블망원경 촬영, 2009)

(a) (b)

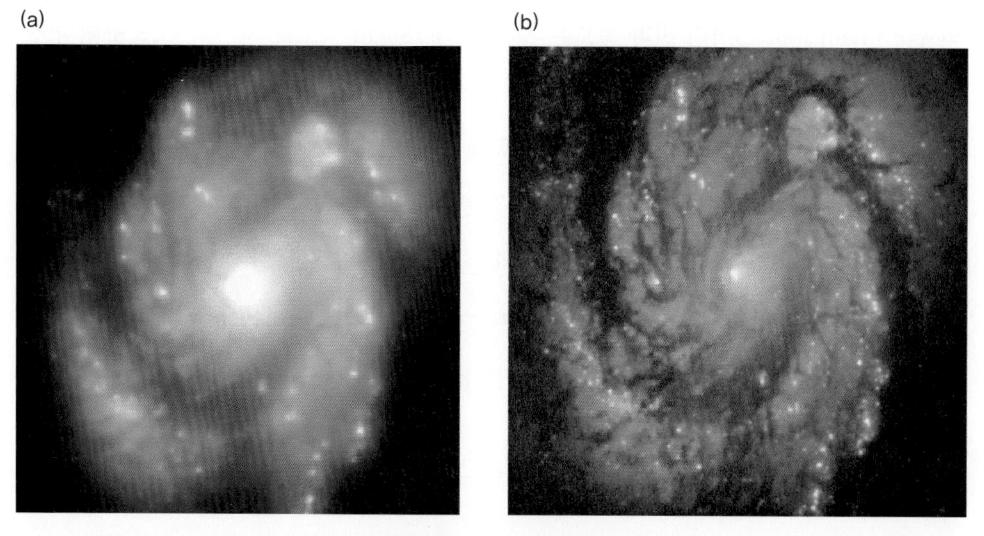

그림 1.2 성운의 폭발(a)과 은하계 형성(빅뱅)(b) (NASA의 허블망원경 촬영, 2009)

(a)

(b)

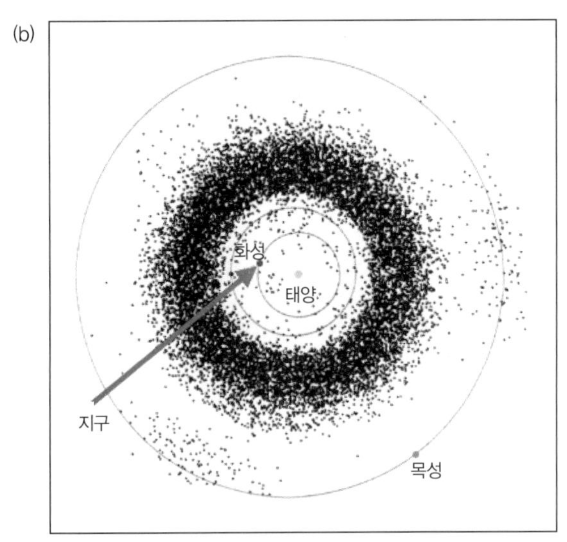

(c)

그림 1.3 태양계의 행성 계열(a), 태양계의 소행성 군집(b), 지구(c)

1.2 빅뱅 이론

러시아 출생 미국의 천문학자 가모브(George Gamow)는 1946년 대단히 작은 초고밀도 상태의 물질이 폭발하여 우주가 탄생했다는 이론을 제창하였다. 즉 멀리 있는 은하일수록 빠른 속도로 후퇴하고 있다는 허블의 법칙에 따라 시간을 거꾸로 거슬러 올라가면 은하 간의 거리가 좁아져서 과밀한 고온 상태로 되고, 이때 은하도 행성도 사라진 고온의 작은 플라즈마 상태인 초고밀도 소립자 형태로 될 것으로 추정하였다. 가모브는 이처럼 우주의 초기는 고온 초고밀도의 작은 불덩어리 같은 것이었다고 주장하였다. 이것이 어떤 원인에 의한 대폭발로 팽창되어 부피가 커짐에 따라 온도와 밀도가 낮아지게 되었다.

폭발 후 100초 정도 지나면 플라즈마 상태의 직경 1광년 정도의 중수소, 헬륨, 뉴트리노, 원자핵 등이 합성하게 된다. 이어 10만 년 정도 시간이 지나면 헬륨유전자핵과 전자가 결합하여 헬륨원자가 형성되며 온도는 1만 °K 정도로 낮아진다. 20만 년 후 온도는 4,000°K가 되며 수소원자가 형성되고 전자에 의한 빛의 산란이 사라져 투명한 상태가 된다. 이후 10억 년 동안 은하가 형성된다. 우주의 팽창이 계속되어 현재에 이르게 되면 온도는 점점 낮아져 현재에도 그 영향이 남아 있어 미래에는 우리의 우주가 절대온도 7°K 정도가 될 것이라고 가모브는 예측한 바 있다. 현재 온도는 3°K로 관측되고 있으며 1965년 미국의 팬지아스와 윌슨이 우주배경 방사관측에서 확인함으로써 빅뱅 이론이 더욱 확실하게 되고 있다.

오늘날 받아들여지고 있는 빅뱅 이론이나 블랙홀 이론은 사실 벨기에의 가톨릭 사제이자 과학자인 조르주 르메트르로부터 시작되었다. 르메트르는 후일 빅뱅 이론으로 발전된 '원시원자(primeval atom)' 개념을 도입하면서 우주는 팽창하고 이러한 팽창을 거슬러 올라가면 우주의 기원, 즉 그가 '어제가 없는 오늘(The Day without yesterday)'이라고 불렀던 태초의 시공간에 도달한다는 선구적 이론을 펼쳐냈다. 또한 그는 아인슈타인이 폐기한 우주상수가 복귀되어야 한다고 강조했는데, 1990년대 들어 과학자들이 우주의 팽창이 가속화하고 있음을 발견함으로써 우주상수를 공식적으로 복귀시킨

것보다 거의 반세기나 앞선 지혜였다.

1.3 원시대기와 물의 기원

현재의 지구 대기는 태양계에 존재하고 있는 우주 가스 조성과는 현저히 다르다. 아르곤 동위원소비(40Ar/36Ar)가 태양계 초기 대기에 비해 지구 대기의 값이 훨씬 크기 때문이다. 이로 보아 지구가 탄생할 초기에 가스는 거의 없고 운석 등의 고체부분에 포획되어 있던 성운가스가 탈가스(degas)되어 형성된 2차 대기라는 것을 알 수 있다. 지구 초기에 존재하던 1차 대기는 타우리(Tauri) 시기(태양계 형성 후 100만 년 지난 시기)에 강한 태양풍에 의해 없어지고 그 후 지구 내부에서 탈가스된 것이다. 현재 대기 중에 아르곤(Ar)이 많이 존재하고 있는 이유는 화산활동과 지각변동에 의해 연속적으로 암석에 포함되어 있는 가스가 방사성 붕괴되어 탈가스되고 있기 때문이다.

지구상 수권의 진화는 태양계의 제3의 혹성이며 물혹성이라고도 하는 지구가 속해 있는 태양계의 진화와 그 과정을 같이하고 있다. 물의 존재는 시공간적으로 변화무쌍한 기상현상을 일으키고 다양한 생태계를 탄생케 하였다. 그럼 왜 지구에만 다량의 물이 존재하는 것일까?

지구상의 물의 기원에 관한 것으로는 태양계 밖에서 왔다는 설, 태양계의 어떤 곳에서 왔다는 설, 지구의 진화과정에서 생겨났다는 설 등 여러 가설이 제기되고 있다. 여기서는 소행성의 충돌을 전제로 하는 가설을 소개한다.

우리 태양계는 다음 네 단계의 과정을 거쳐 형성된 것으로 추측된다. 먼저 가스의 구름인 성운(星雲)의 수축으로 원시태양이 형성되고 다음으로 수축과정의 누적으로 생긴 중력에너지에 의해 원시태양이 가열되기 시작하면서 다시 성운가스의 기화가 일어난다. 그다음으로 원시태양 주위에 마치 레코드판처럼 회전하던 성운가스의 미립자층이 불안정한 중력에 의해 응축되기 시작하며, 끝으로 계속된 응축으로 증가된 인력은 미립자들을 더욱 많이 끌어당기게 되어 마침내 소혹성이 탄생한다는 것이다. 소혹성의 질량은 지구 궤도 부근에서 10^{18}g 정도이며 큰 것은 지름이 10km 정도로 한 번에 100억 개도 형성된다. 이 소혹성들이 충돌에 의해 병합 성장한 것이 원시혹성이다.

소혹성충돌설은 원시태양계의 성운가스의 존재를 전제조건으로 하고 있으며, 이러한 우주의 진화는 약 150~200억 년 전의 대폭발로부터 시작된 것으로 여기고 있다. 응축과정의 시간규모는 1만 년, 그리고 침전과정은 수만 년, 소혹성의 충돌과정은 1,000만~1억 년 정도 걸린다. 물론 무엇이 태양계 성운들을 최초로 수축하게 했는지는 확실치 않으나, 아마도 가스와 먼지의 불규칙한 운동이 어떤 위치에 물질의 집중현상을 일으키고 이들 성분물질의 상호 응축작용이 성운을 수축시켰을 것이다.

원시혹성이 성장하게 되면 인력이 커지고 소혹성의 충돌속도도 증가하여 3km/sec를 넘으면 압력이 40만 기압, 온도가 900°K 이상이 되고 함수광물로부터의 이탈가스가 발생한다. 원시지구의 반지름이 현재의 1/5 정도에 달하면 이탈가스에 의한 수증기 대기의 형성이 시작되고, 반지름이 현재의 35% 정도로 성장하면 지표온도는 900°K를 넘기 때문에 대기의 증기압이 급증하게 된다. 이러한 과정에서 이탈가스에 의해 생성된 수증기와 휘발성 가스가 지구의 원시대기를 형성한다.

원시지구의 반지름이 현재의 45% 정도가 되면 대기량의 증가가 둔해지게 된다. 이것은 지표온도가 약 1,500°K로 되어 암석의 융해가 시작되기 때문이다. 즉 대기압이 증가하면 증가한 만큼의 수증기는 마그마에 흡수됨으로써 일정 대기압 이상으로는 증가하지 않게 된다. 이때 이론적인 대기압은 약 100기압이다. 지표면 온도가 1,500°K로 고온인 상태가 유지되는 것은 충돌에너지가 원시대기의 보온효과에 의해 우주공간으로 도망가지 않기 때문이다. 원시지구의 반지름이 현재와 비슷해지면 단위시간당 지표에서 방출되는 충돌에너지가 감소하고 지표면 온도도 낮아지게 된다. 이때 이론적인 수증기 대기량은 약 1.9×10^{21}kg인데, 이 값이 현재 지구의 표층 부근에 있는 물의 총량인 1.4×10^{21}kg(14억km^3, 1km^3=10억t)과 매우 근사하다. 즉 원시대기 중의 수증기량은 마그마와 원시대기 사이의 물의 융해평형에 의해 결정된다.

여기서 의문은 '원시대기 중의 수증기가 어떻게 강수로 되어 원시바다가 탄생하는가?' 하는 것이다. 수증기의 액화는 원시대기의 온도가 증기압의 임계온도보다 낮아져야 한다. 연구결과들은 원시대기의 광화학적 성질이 이 조건을 만족한다고 본다. 원시

바다는 강한 산성을 띠고 온도는 420°K 정도로 추정되고 있다. 즉 태양으로부터 지구까지의 거리와 지구의 크기, 이산화탄소 등의 휘발성 가스 성분의 비 등에 의해 지구는 물혹성으로 된 것이다.

이상의 시나리오가 맞는다면 지구상의 물은 혹성으로서의 지구가 45억~46억 년 걸린 진화 역사 중 최초의 1억 년 사이에 생성되었다. 그 후 산성의 바다는 암석들을 녹여 중화되고 점차 대기 중의 이산화탄소를 녹여 함유함으로써 원시대기의 이산화탄소량이 줄어들었다. 결과적으로 이산화탄소량이 일정량 이하로 떨어지면서 최초의 생명 탄생도 가능하게 된 것이다.

원시지구는 뜨거운 마그마오션으로 덮여 있었다. 마그마로 뒤덮인 지구 표면에 수증기가 응축되어 액상의 물을 만들 수 있게 된다. 해수의 주성분은 NaCl이다. Na^+ 이온은 암석의 침식에서, Cl^-이온은 대기에서 유래된 것이다. 초기 지구의 해수는 고온이었으므로 원시생명체는 뜨거운 바다의 미립의 진흙 속에서 탄생한 것으로 추측되고 있다. 남아프리카에서 발견된 약 31억~27억 년 전 퇴적된 처트로 된 퇴적암 중에 조류(藻類) 미화석 분석에서 고온에서 생명이 가능한 박테리아가 증명되고 있다. 또 미국 캘리포니아 주의 뜨거운 지하 2km 시추 코어와 스웨덴의 지하 4km 시추 코어에서 발견된 혐기성 박테리아 등으로부터 추측되고 있다.

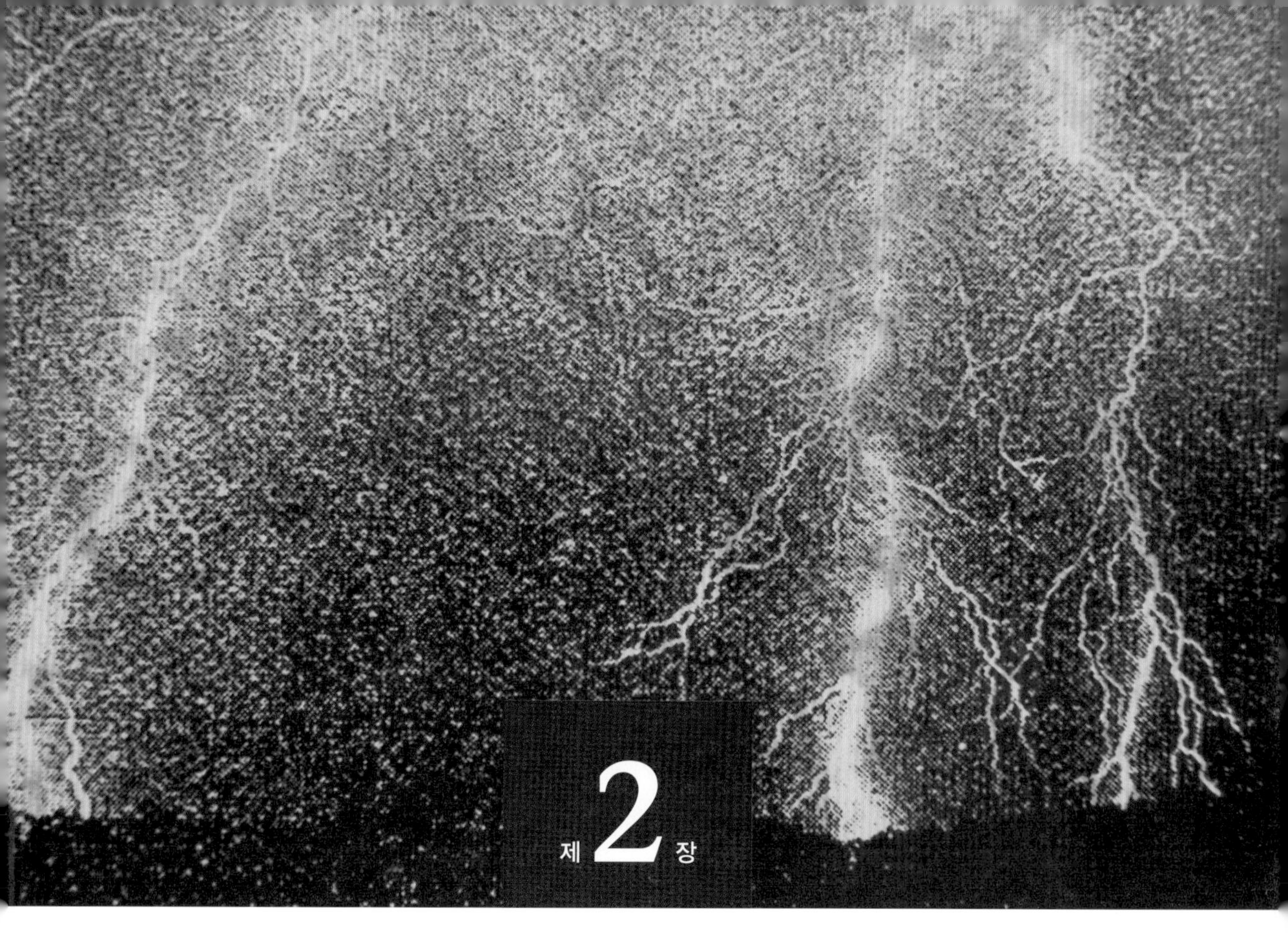

기후의 정의

2.1 기후의 뜻

포괄적 의미로 기후는 기후 시스템(climate system)의 한 상태이다. 기후 시스템은 대기(atmosphere), 해양(oceans), 지면(land surface), 빙권(cryosphere) 및 생물권(biosphere)의 다섯 부분(흔히 권역이라 함)들이 상호작용하며 접합된 시스템이다. 기후는 지구 표면의 복사 가열과 냉각, 그리고 대기와 해양 순환의 작용으로 나타난다. 이 가열과 냉각의 원천인 태양복사는 그 기후 시스템에 대한 강제(forcing)이고 그 작용은 그 시스템의 반응(response)이다. 이런 기후는 늘 변동한다. 계절적으로 변동하고 해가 바뀜에 따라 변동한다. 변동성(variability)은 기후의 특징이고 기후 시스템의 기본 특성이다.

그럼에도 불구하고 기후는 당분간 변하지 않을 것처럼 보인다. 기후는 일정한 기후 기간이 바뀌지 않는 한 변하지 않는다. 기상청에 따르면 기후는 날씨들의 30년 통계이다. 이때 30년은 1951~1980년, 1961~1990년 등과 같이 역법으로 정해지는 기간이며, 이를 기후 기간이라고 한다. 기후 기간은 정례적으로 10년마다 바뀌어 왔다. 현재의 기후 기간은 1971~2000년이고 이는 지난 2001년 벽두에 갱신된 것이다. 현재의 기후는 이 기후 기간에 대한 날씨들의 통계이다. 이 통계는 앞으로 2010년이 지나기까지 '현재 기후' 로 쓰일 것이다. 예로 1월 1일 기후는 기후 기간에 속한 모든 1월 1일 날씨들의 통계로 정의됨으로써 그것은 당연히 2010년이 지나기까지 변하지 않을 것이다. 그러나 1월 1일 기후는 마찬가지로 정의된 1월 2일 기후, 1월 3일 기후 등과 다를 것이다. 이런 의미에서 기후는 한 기후 기간 안에서 나날이 변하고 철따라 변한다. 다만 이 변동하는 모습들은 앞으로 2010년이 지나기까지 안 변할 것이다. 기후는 이처럼 정체성(stationarity)을 보인다.

2.2 기후의 정의

기후는 날씨의 통계적인 특성으로, 주어진 지역과 기간에 대한 기상 통계이다. 기상청에 의하면 '현재(2005년) 기후' 는 1971년부터 2000년까지의 30년에 대한 날씨의 통계적인 특성이다. 30년을 날씨 통계 기간으로 정한 것은 세계기상기구(WMO)의 권장사항이다. 그러나 기후는 대기 상태만으로 규정될 수 있는 것은 아니다. 바다, 지면, 빙하 및 식생의 각 상태들이 지구의 기후를 정의하는 데 모두 필요한 인자가 된다.

즉 기후(climat)란 대기권-수권-지표 시스템의 느린 변화 양상으로, 관례적으로 날씨의 한 달 또는 그보다 오랜 기간의 평균 또는 평균된 양이 포함하고 있는 변동성을 의미한다.

BC는 'years Before Christ'의 약칭이고, BP는 'years Before the Present'의 약칭이다. BP에서 쓰는 현재 시점은 서양인들의 관례로 1950AD이다. 1950AD에 일어난 지구적 사건은 이른바 한국 전쟁(the Korean War)이다. 이 해 6월 25일 새벽에 우리에게 육이오로 알려진 이 전쟁이 발발되어 이후 3년 동안 1770년 이래 계속 관측되어 오던 서울의 강수량 기록이 중단된 바 있다.

2.3 기후의 정상과 극단

기후의 연 변동은 한 기후 기간에 나타난 날씨들의 '정상적(normal)' 변동으로 정의된다. 주어진 어떤 한 해(예로 2006년)에 나타난 날씨들의 연 변동은 기후의 연 변동이 아니다. 그러나 어떤 목적으로 전자와 후자는 비교될 수 있다. 한 기후 변수로, 예를 들어 지표 기온에 대해 기후 기간에 대한 그의 평균값은 정상값(normal value)이라 불린다. 일평균 기온이면 일평균 정상값, 월평균 기온이면 월평균 정상값 등이다. 정상값은 흔히 기후값이라 부르기도 한다.

한 기후 변수가 그의 정상값을 갖지 않을 때 우리는 그 기후 변수가 이상값(anomalous value)을 갖는다고 말한다. 정상값에 대한 이상값의 편차는 아노말리(anomaly)라 불린다. 실변수인 기후 변수의 아노말리는 음일 수도 있고 양일 수도 있다. 아노말리가 0일 때 해당 기후 변수는 정상값을 가질 것이다.

기후 기간 안에서 관측된 기후 변수의 모든 아노말리들의 평균은 0이고, 이들은 흔히 그 평균 주위에서 정규 분포를 이룬다. 이때 정상값의 출현 빈도는 어떤 이상값의 그것보다도 더 높다. 그러나 현실적으로 관측은 참고로 쓸 기후 기간이 지난 시점에 수행되고, 이 경우에 관측된 '아노말리들'의 평균이 0이 될 필요는 없다. 많은 아노말리들이 관측될 때 이 값들은 평균값에서 정상 분포를 보인다. 만일 아노말리들이 주로 양으로 나타난다면 분포의 봉우리는 양의 한 아노말리에서 나타날 것이고, 이는 기후변화의 한 징후로 간주될 수도 있다.

한 기후 기간에 나타난 한 기후 변수의 최고값과 최저값은 그 기후 기간에 대한 변수의 극단값(extreme values)이다. 한 연장된 기간에 관측된 날씨의 통계가 기후의 극단에 가까우면 우리는 날씨가 이상하다(abnormal) 또는 이상 기후(abnormal climate)를 보인다고 말한다. 그러한 특성이 계속된 기간은 짧게는 한 주에서 길게는 수년에 이를 수 있다. 예를 들면 지난주에 이상 기후가 나타났다, 지난해에 이상 기후가 나타났다 등이다.

2.4 기후변화와 예측

기후변화는 기후의 공식적 의미에서 상이한 기후 기간들에 대한 기후값의 차이로 정의된다. 이때 이들은 (10년 간격으로) 인접한 기간일 수도 있고 상당히 길게 분리된 기간일 수도 있다. 그러나 앞에 논의된 기후 예측에서와 같이 기후를 한 연장된 기간에 나타나는 날씨들의 통계로 보면 기후변화는 상이한 연장된 기간들의 평균값에 대한 기후의 차이로 정의될 수 있다. 지구온난화와 같은 기후변화를 고찰할 때 앞의 두 정의는 연장된 기간과 기후 기간이 서로 다른 크기의 시간 구간일 수 있다는 특성 외에 본질적으로 다를 게 없다. 기후변화는 개념적으로 과거에 나타난 기후변화, 현재 진행 중인 기후변화, 그리고 미래 기후변화와 같이 구체적 의미를 가질 수 있다. 사실 지구온난화와 관련해서 우리가 관심을 두는 것은 미래 기후변화이다.

미래 기후변화(future climate change)의 투영(projections)은 미래 기후변화를 현재 기후변화의 입장을 통해 투시하는 것이다. 이는 현재를 보면 미래를 알 만하다는 생각에 그 바탕을 둔다. 하지만 이 투영은 기후 예측과 달리 단순한 초기치 문제가 아니다.

관심을 둔 미래가 충분히 먼 시점에 있을 때 그 미래에 나타날 기후변화는 현재 우리가 아는 기후변화에 의존하지 않을 수도 있다. 이는 긴 시기에 걸친 기후 시스템의 발달이 주로 그 시기에 그 시스템에 작용할 외적 강제에 의해 지배되기 때문이다. 지구온난화에서 주요 변수는 온실 기체들의 대기 중 함량이다. 우리가 관심을 둔 미래에 나타날 온실 기체들의 대기 중 함량은 기후 시스템의 자발적 진화보다 오히려 인류의 의도적 또는 비의도적 행동에 더 따를 것이다. 그러므로 미래 기후변화는 현재 기후변화보다 인류의 현재 및 미래 역할에 더 의존할 것이다.

홀로세에 들어와 인류가 지구를 지배하기 시작하면서, 더욱이 인류가 이른바 문명을 일으키고 나서부터 인류의 행동이 기후변동을 제어하지 않았던 시기가 있었을까? 이 질문에 대한 답을 뒤로 하고 그런 시기가 있었다고 잠시 가정하자. 그런 시기에 기후변동은 인류의 간섭 없이 기후 시스템의 자발적 진화의 결과로 나타났을 것이다. 그때 그 변동의 예측은 충분히 짧은 예측 기간에 대해 원리적으로 초기치 문제일 것이다. 하지만 기후 시스템은 다섯 권역들이 상호작용하는 한 복합계이다. 복합계가 일반적으로 카오스(chaos)임은 잘 알려져 있다. 카오스는 그것이 결정론적 실체임에도 불구하고 충분히 긴 기간에 대해 예측될 수 없다. 따라서 미래 기후변화의 투영은 참으로 힘든 일이 아닐 수 없다.

기후 예측이란 기후의 정의에 의하면 다음 기후 기간 또는 그 후에 올 기후 기간에 나타날 날씨들의 통계, 즉 기후값을 미리 알아내는 것이다. 실제로 기후 예측은 다음 달 또는 다음 계절에 나타날 날씨들의 통계를 예측하는 것이고 기후 예보는 흔히 다음 달 또는 다음 계절에 나타날 것으로 예측된 날씨들의 통계값이다. 여기서 다음이란 '바로 다음'이란 뜻 이외에 '그보다 더 뒤에 올 달 또는 계절'을 가리킨다.

현재 용어의 예로 미루어 기후 예측(climate prediction)은 일종의 초기치 문제[1]이다. 주어진 달 또는 계절에 관측된 날씨들이 초기 조건으로 주어질 때 기후 예측은 정해진 예측 기간의 마지막 달 또는 마지막 계절에 나타날 날씨들의 통계를 결정한다. 다만 예

1. 미래 상태가 현재 상태로부터 결정되는 문제

측되는 기후는 기후 기간에 대한 것이 아니라 이보다 훨씬 짧은 기간, 즉 한 달 또는 한 계절에 대한 날씨들의 통계이다.

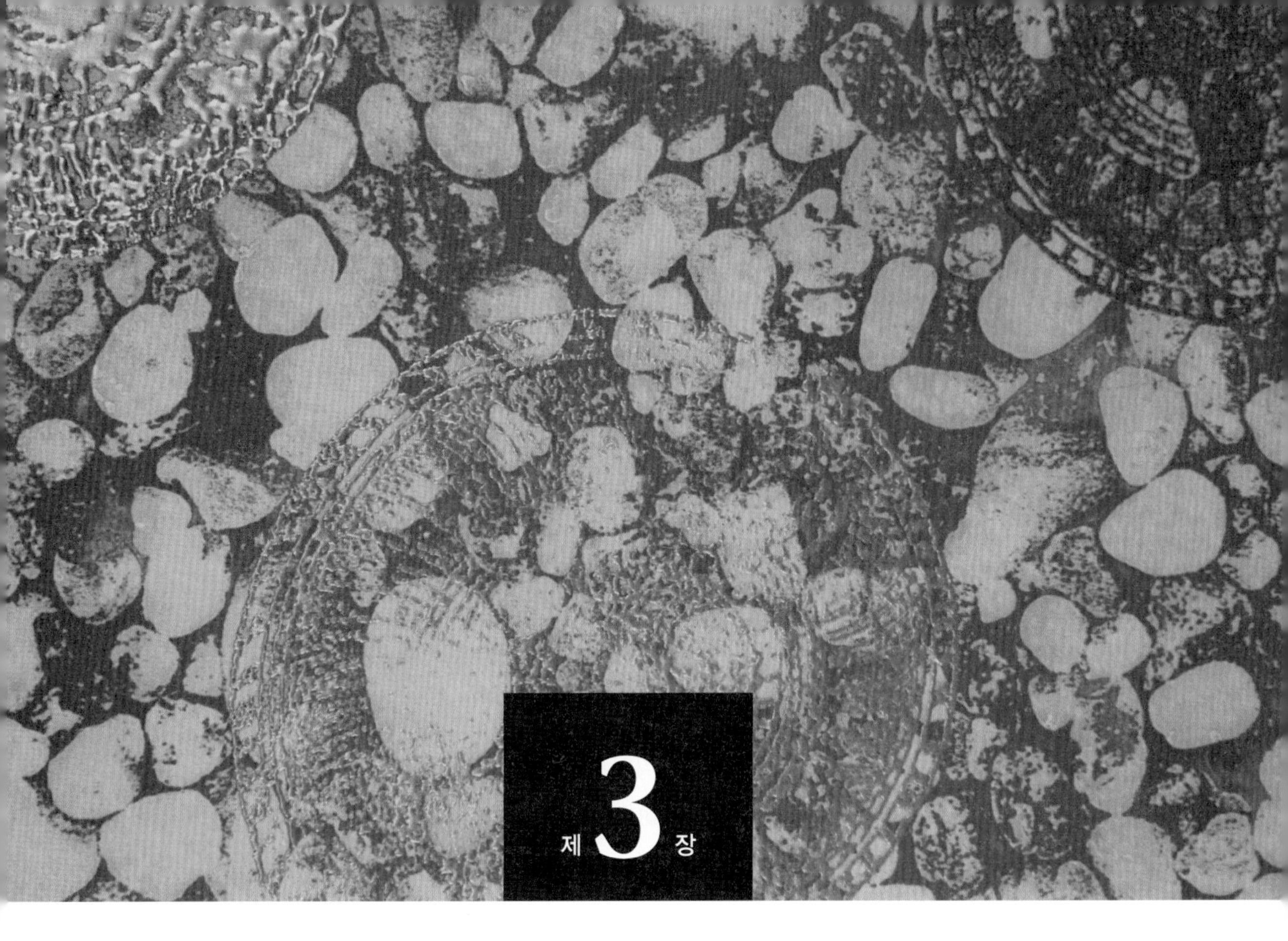

고기후

고기후학의 관점에서 볼 때 현재 우리는 기후가 변화하는 전환 시기에 살고 있다. 미래에는 지구의 기온이 더욱 증가하여 우리의 삶에 나쁜 영향을 미칠 기후 구조가 될 것이라 한다(IPCC, 2007; Schneider, 2009). 미래에 일어날 기후변화를 이해하기 위해서는 현재의 기후와 과거의 기후를 명확하게 파악해야 한다. 앞으로 일어날 기후변화를 예측함으로써 그 기후가 우리에게 어떻게 영향을 미칠지 알 수 있게 된다. 지구가 생긴 이래 46억 년 동안 기후는 수없이 변화했지만 현재보다 지구의 온도가 낮거나 이산화탄소의 함량이 낮은 적이 지구 역사상 10분의 1도 되지 않는다.

지질연대표에 따르면 지구의 나이를 선캄브리아기(38억~5억 7,000만 년 전), 고생대(5억 7,000만~2억 5,000만 년 전), 중생대(2억 5,000만~6,600만 년 전), 신생대(6,600만 년 전~현재)로 나눈다. 46억~38억 년 전은 은생대(Hadean)라 부르며 기록이 남아 있지 않다(Levin, 1994). 선캄브리아기, 고생대, 중생대, 신생대는 각각 다른 기후 특성을 가지며, 그 기후에 따라 바다와 육지에는 지금과는 완전히 다른 동물과 식물들이 살고 있었다(Levin, 1994). 물론 대기의 화학성분도 달랐다.

이들의 경계는 또한 생물체의 멸종과 진화에 의해서 그 특성이 나타난다(Rahmstorf, 2010). 마치 우리 인류 문명의 흥망성쇠(Pringle, 2009)와 전쟁의 승패가 기후와 기후변화에 의해 지배되었듯이 각 시대에 살던 동물과 식물의 형태, 종류, 개체 수 또한 그 당시의 기후에 의해 지배되었다.

과거의 기후와 환경변화를 이해함으로써 현재와 미래의 기후를 이해하고 예측할 수 있다.

3.1 선캄브리아기 기후 : 38억~5억 7,000만 년 전

선캄브리아기(Precambrian Eon)는 시생대(38억~25억 년 전)와 원생대(25억~5억 7,000만 년 전)로 나뉜다(Levin, 1994). 선캄브리아기는 기후변화를 지시하는 화석이 많이 남아 있지 않고 보존 상태도 좋지 않아 기후변화에 대한 연구가 충분하지 못하다. 46억 년 전 지구의 모습은 원시가스를 내뿜는 그런 모습이었으며 대기는 수증기, 수소,

염산, 일산화탄소, 이산화탄소, 질소가스 등을 포함하고 있었다(Levin, 1994). 원시지구는 생명체의 생존에 필수적인 산소는 없었으며 산소는 약 29억 년 전에 광합성에 의해 생겨났다(Lesile, 2009). 불처럼 뜨거운 지구가 약 40억 년경에는 지금처럼 식어 단단한 모습이었으며 혜성과 운석이 지구에 많이 떨어졌다(Science, 2009). 이후 최초의 생명체는 박테리아로, 약 38억~35억 년 전에 생겨났다(Gaucher et al., 2008). 이러한 박테리아가 화석으로 많이 발견되는데, 이를 스트로마톨라이트라고 한다.

선캄브리아기 중 시생대(38억~25억 년 전)의 해양 온도에 관한 연구가 최근 출판되었다. 규소 동위원소와 단백질 연구에 의하면 약 35억 년 전에 해수의 온도는 55~85℃였다(Gaucher et al., 2008). 하지만 인산염 산소 동위원소 연구에 의하면 약 35억~32억 년 전 해수의 온도는 26~35℃였다. 산소와 수소 동위원소를 이용한 또 다른 연구에 의하면 시생대 동안 해수의 온도는 40℃ 정도였다고 한다(Hren et al., 2009). 과거 46억 년 동안(Kintisch, 2008) 지구에는 40억 종의 생물체가 잠시 번성하다가 기후 및 환경 변화로 영원히 사라졌으며 온도가 생물의 진화와 적응을 통제하였다. 아직은 40억 종 중 단 1종도 그들의 선조가 어디서 어떻게 생겨났는지 알려진 게 없다.

원생대(25억~5억 7,000만 년 전)는 현재 일어나고 있는 것처럼 판구조 운동도 일어났으며 빙하기도 있었다(Love et al., 2009). 판구조 운동이란 우리가 살고 있는 땅을 판이라고 생각하며 이러한 판이 움직이는 현상을 의미한다. 현재 판은 지역에 따라 다르지만 1년에 약 2~15cm 정도 움직인다. 이러한 판이 다른 판과 충돌할 때 습곡, 단층, 지진, 화산활동 등이 일어난다. 원생대는 대기 중에 산소도 충분이 있었다. 원생대는 두 번의 빙하기 동안 서늘한 기후도 있었지만 전반적으로 따뜻한 열대성 및 아열대성 기후가 지배적이었다. 특히 10억~5억 4,000만 년 전 동안은 이상 기후가 빈번히 발생하였다(Love et al., 2009).

3.2 고생대 기후 : 5억 7,000만~2억 5,000만 년 전

고생대(Paleozoic Era)는 약 3억 2,000만 년 동안 지속되었다. 수백만 년의 기간을 제외하면 현재보다 해수면이 상당히 높았고 고생대의 기후도 오늘날과 마찬가지로 양쪽에 극지방과 적도가 있었다(Levin, 1994).

캄브리아기 초(약 5억 4,200만 년 전)에는 완전한 형태를 갖춘 후생동물 아계(metazoans)가 갑자기 나타났다. 캄브리아기 말(약 5억 년 전)에는 다세포 생물이 지구상에 출현하였다. 고생대는 일반적으로 온난했다. 하지만 높은 산들이 많이 위치해 있어 산악지방에서 일어나는 것과 비슷한 현상이 자주 발생했다. 즉 대기의 흐름이 높은 산에 가로막혀 원만히 흐르지 못해 기후는 오늘날보다 변동이 심했으며 이상기상 현상이 오늘날보다 더 자주 발생하였다. 고생대 초기에 지구는 지금보다 빨리 돌았기 때문에 하루가 지금보다 짧았으며 조석의 영향이 매우 강했다(Levin, 1994).

고생대 이전, 즉 선캄브리아기에 빙하기가 있었는데 고생대 초기에는 이제 막 빙하기에서 벗어난 약간은 차가운 상태였다(Nisbet, 2003). 하지만 곧 기후는 따뜻해졌다. 바다는 현재의 동해처럼 급격히 깊어지는 모양이 아니고 해안가에서 바다 쪽으로 수심이 얕은 지역이 광범위하게 분포하고 있었다. 즉 오늘날의 황해처럼 해안가에서 대양으로 향해도 상당한 거리가 수심이 얕은 그런 바다의 모습이었다. 북미, 유럽, 심지어는 남극도 고생대 초기에는 적도 근처에 위치해 있었다. 이러한 사실은 북미, 유럽, 남극지역에서 발견되는 화석과 석회암, 산호초 화석으로 알 수 있다(Levin, 1994). 이러한 화석과 석회암은 현재 따뜻한 지역에서 발견되고 있기 때문에 이들의 분포로 고생대의 기후를 유추할 수 있다.

또한 고위도 지역에서 따뜻한 곳에서 형성되는 증발암과 화석, 석회암이 발견되는데, 이는 고생대 초의 고위도 지역도 따뜻했음을 의미한다. 고생대 초 중 오르도비스기(약 5억~4억 4,000만 년 전)에는 현재의 사하라 사막에서 빙하기에 나타나는 퇴적물이 발견되기도 했다(Levin, 1994). 고생대 초 실루리아기(약 4억 4,000만~4억 1,000만 년 전)는 위도에 따라 오늘날과 비슷한 기후를 보였다. 위도 65도 이상에서만 빙하퇴적물이 이를 뒷받침한다. 실루리아기에는 많은 지역이 건조한 상태를 유지했다(Levin, 1994). 고생대 초에는 삼엽충, 물고기, 어패류, 곤충, 양서류, 상어, 파충류, 산호 등이 번성했다(Levin, 1994). 물론 오늘날 우리 주변에 살고 있는 동식물의 모습과는 형태가 전혀 다른 모습이었다.

고생대 말기는 빙하기와 열대기후에 해당하는 기후변화가 있었지만 일반적으로 약간 서늘한 기후였다. 고생대 말 또한 고생대 초기처럼 어떤 지역은 장기간 건조한 상태를 유지했다(Levin, 1994).

고생대에도 외계로부터 많은 운석이 지구에 떨어졌다. 약 4억 8,000만 년 전의 운석 잔해가 발견되기도 하는데 아마 많은 생물체들이 이로 인해 멸종했거나 아니면 개체수가 급격히 줄어들었을 것이다. 과거 5억 년간 열대지역의 바닷물 표층의 온도는 약 10℃ 범위 내에서 상승과 하강을 반복했다. 고생대 말 열대지역의 표층온도는 오늘날보다 약 3℃ 높았으며 고위도 지역의 바닷물 온도는 오늘날보다 약 10℃ 정도 높았다(Zhang, Follows and Marshall, 2003). 현재 전 지구적으로 온난화로 인하여 바닷물의 온도가 약 0.5~1℃ 상승하였으며 이러한 바닷물의 온도 상승으로 인하여 태풍과 허리케인이 자주 발생하며 강도도 강해져 자연재해에 의한 피해가 증가하고 있음을 우리는 잘 알고 있다. 고생대에는 이러한 현상이 더 심했을 것이다.

고생대 말에는 전 지구의 바다가 산소가 부족한 무산소 환경이었던 적도 있었다. 이는 따뜻했던 기후가 지속되다가 후에 무산소 환경으로 바뀌었다. 바닷속의 많은 생물체들이 산소 부족으로 인해 죽었을 것이며 육지와 바다의 물은 무산소 환경에서 살 수 있는 박테리아만 우글거리는 모습이었을 것이다. 현재 또한 지구온난화로 인하여 바다가 무산소 환경으로 변해가고 있으며 과거에도 이러한 현상이 일어났다.

왜 바닷물의 산소가 줄어들까? 이유는 간단하다. 현재를 상상해 보자. 보통 해양 표면에 녹아 있는 산소는 그 물이 밑으로 가라앉으면서 산소를 바다 깊은 곳까지 운반한다. 하지만 온난화로 인하여 현재 빙하가 녹고 있으며 그 물은 소금을 포함하고 있지 않기 때문에 가볍다. 그러므로 그 물이 가벼워 해양의 깊은 곳으로 가라앉지 못하게 되어 바다의 깊은 곳에 사는 생물체들은 숨을 쉬기 위하여 물속에 녹아 있는 산소를 다 소비하기 때문에 바닷물은 산소가 고갈된다.

바닷물에 산소가 고갈되는 또 다른 이유는 지구온난화로 인하여 대기 중의 수증기량이 증가하기 때문이다. 수증기의 증가로 비의 양도 늘고 집중적으로 비가 오는 날도 많아지게 된다. 집중적으로 내리는 비는 토양을 침식시켜(Palmer, 2007; Lal and Pimentel, 2008) 토양 속에 함유된 영양분을 바다로 운반한다. 이로 인해 바닷물에는 일시적으로 영양분이 증가한다. 영양분은 탄소로 구성되어 있으며 물속에 있는 산소와 쉽게 결합해서 이산화탄소를 발생시킨다. 그러므로 바닷물의 산소는 줄고 이산화탄소의 농도는 증가하게 될 것이다. 이산화탄소는 부식성이 강하며 산성을 띠고 있다. 바다생물체의 약 50%는 탄산칼슘(즉 조개껍데기 성분)으로 구성되어 있는데 해양이 산성화되어 생물체의 껍데기를 녹여 생물체를 멸종시킨다. 이러한 현상은 현재 지구온난화로 인하여 지구상에 일어나고 있으며(Kerr, 2009; Checkley et al., 2009) 많은 생물체들의 껍데기가 녹아들어가고 있을 것이다. 이러한 생물체의 멸종은 생물다양성을 감소시켜 결국 생태계의 파괴로 이어지며, 이러한 생태계의 파괴는 궁극적으로 우리가 이용하는 해양 생물자원의 양을 줄어들게 만든다.

지구의 역사가 늘 그랬듯이 고생대 말인 약 2억 5,000만 년 전(Mundil et al., 2004)에는 외계로부터 운석이 지구를 강타해 약 90%의 생물체가 지구상에서 영원히 사라졌으며(Dalton, 2004), 새로운 모습을 가진 생물체와 기후가 중생대라는 출현을 예고했다. 2억 5,000만 년 전에 지구를 강타한 분화구 흔적이 오스트레일리아 북동연안에 보존되어 있다. 중국의 경우 약 2억 6,000만 년 된 지층에서 대멸종의 증거가 발견되기도 한다. 또한 약 2억 5,000만 년 전(Permo-Triassic boundary)에는 전 지구적인 온도 상승으로 인하여 물 순환의 변화가 일어났으며, 이로 인하여 무산소 환경이 지배적이었다. 약 2억 5,000만 년 전(Late Permian) 고위도(남위 70도) 지역의 표층해수 온도는 오늘날 같은 지역의 표층해수 온도보다 약 10~15℃ 높았으며, 열대 해역의 표층수온은 오늘날보다 약 3℃ 높았다. 그리고 심층수의 산소농도는 많이 줄어들었다(Zhang et al., 2003).

3억~2억 4,000만 년 전의 기간 중(고생대 일부) 페름기 초(early Permian), 2억 9,000만~2억 7,500만 년 전)를 제외하고 모든 기간은 대기 중 이산화탄소의 농도가 1,000ppm 이상이었다. 지질시대의 이산화탄소 농도와 온도의 상관관계 연구에 의하면 지난 5억 년간 온도는 이산화탄소의 농도에 의해서 통제되었다(Kurschner, 2001).

3.3 중생대 기후 : 2억 5,000만~6,600만 년 전

고생대 말기는 육상의 많은 지역이 서늘한 기후였다. 많은 높은 산들과 육지의 융기 등이 서늘한 기후를 유발했다. 하지만 기후가 따뜻해지면서 아프리카, 오스트레일리아, 아르헨티나, 인도 지역의 빙하가 녹기 시작했다. 일반적으로 중생대(Mesozoic Era)는 지구의 대부분 지역이 따뜻했다. 중생대의 대기 중 이산화탄소 농도는 1,000~2,000ppm이었으며 때에 따라 2,000ppm 이상인 적도 있었다. 지질연대표에서 중생대는 트라이아스기(Triassic), 쥐라기(Jurassic), 백악기(Cretaceous)로 나뉜다. 이 중 백악기의 기후와 환경변화가 가장 많이 연구되고 있다.

특히 중생대 초(트라이아스기, 약 2억 5,000만~2억 1,000만 년 전)에는 많은 산들이 융기로 인하여 높이 솟아 있는 상태라 습기를 가진 공기가 여러 대륙으로 잘 흐르지 못해 많은 지역이 건조했다. 증발암, 사구, 붉은색을 가진 암석 등이 고위도 및 저위도에 널리 펴져 있었으며 이는 중생대 초는 비교적 건조하고 따뜻한 기후였음을 의미한다(Levin, 1994). 앞에서도 언급했지만 고생대에는 육지와 해양의 모습과 위치가 현재와는 완전히 달랐다. 하지만 중생대 초 육지와 해양의 모습이나 위치는 그래도 상대적으로 오늘날과 유사한 위치에 있었다. 트라이아스기 중 약 2억 1,400만 년 전에 다섯 번의 운석충돌 구조가 육상에서 발견된다(Spray, 1998). 트라아아스기 대부분은 이산화탄소 농도가 1,000ppm 이상이었다.

중생대 중반(쥐라기, 2억 1,000만~1억 4,000만 년 전)에는 많은 건조한 지역이 있었으며 몬순의 특징을 나타내는 기후 형태도 있었다. 몬순이란 계절풍으로 번역되며 많은 정의가 내려지고 있지만, 대륙과 해양의 온도차이 때문에 바람의 방향이 변하면서 대기대순환이 바뀌어 비가 내리는 양의 변화가 일어남을 의미한다.

쥐라기에는 빙하의 존재를 나타내는 빙하퇴적물이 현재까지 발견되지 않는 점으로 미루어 보아 빙하는 지구상에 없었던 것으로 생각된다. 남극, 인도, 중국, 캐나다 등지에는 쥐라기에 형성된 석탄층이 발견된다. 식물화석의 연구에 의하면 쥐라기 동안 현재의 온대지역은 열대성 기후가 우세했음을 알 수 있다(Levin, 1994). 쥐라기 동안 이산화탄소 농도는 대부분 1,000ppm 이상으로 높았다(Berner, 1997).

중생대 말인 백악기(약 1억 4,000만~6,600만 년 전)의 기후는 쥐라기의 기후처럼 따뜻하며 매우 안정되었다(Bush and Philander, 1997). 전 세계적으로 따뜻한 기후에 사는 식물이 무성하게 분포했으며 위도 70도부터 적도에 이르기까지 아열대 식물이 분포했다. 심지어 백악기 동안에 석탄층이 고위도 지역까지 형성되었다. 하지만 이렇게 좋은 기후는 영원히 지속되지 않았으며 백악기 말에 다소 불안정한 기후로 변했다(Carpenter, Erickson, and Hollandet, 2003). 백악기 초(early Cretaceous; Aptian, Albian)는 따뜻하고 습윤한 기후였으며 해양은 비교적 영양분이 풍부했다(Dingle and Lavelle, 1998). 백악기 초 표층해수의 최고온도는 오늘날보다 3~5℃ 높았으며, 이로 인하여 표층수의 층별화(stratification)가 붕괴되어 무산소 환경을 초래했다(Wilson and Norris, 2001). 백악기 초(1억 년 전)는 또한 지구상에 처음으로 꽃이 피는 식물이 나타난 시기이기도 하다(Pennisi, 2009).

백악기 중기(1억 2,000만~8,000만 년 전)는 극지방의 해수온도가 매우 따뜻했으며 유기탄소를 많이 함유한 퇴적물이 퇴적되었다. 이로 인하여 무산소 환경이 지배적이었고 생물상에 급격한 변화가 일어났다(Wilson and Norris, 2001). 백악기 말 전 지구의 기후는 오늘날보다 높았다. 대기의 온도는 오늘날보다 약 4℃ 높았고 적도해역 표층수의 온도는 약 5℃ 높았으며 강수량은 약 10% 이상 많았다(Bush and Philander, 1997).

백악기 말에 코콜리스라고 하는 식물플랑크톤이 전 세계 바다에 풍부히 서식했으며 이가 굳어 나중에 초크층을 만들었다. 초크(chalk)는 말 그대로 칠판에 쓰는 분필이다. 실제로 백악기의 초크로 칠판에 글씨를 쓰면 현재 사용하는 분필과 똑같이 잘 써진다. 백악기에는 식물플랑크톤이 해양에 너무나 많이 번성하여 이들의 광합성 작용으로 대기 중의 이산화탄소 농도가 낮아졌다. 백악기 말 식물플랑크톤의 증가는 적어도 부분적으로나마 대기 중의 이산화탄소 농도를 낮추어 대기의 온도를 떨어뜨리는 데(Hollis, Rodgers, and Parker, 1995) 부분적으로 기여하였다. 백악기 말의 온도 하강은 약 7,300만 년 전에 시작되었으며, 이때 태평양과 대서양 중층수의 온도가 약 5~6℃ 하강했다. 식물화석에서도 증거가 있다. 열대종의 식물들이 숫자가 감소했다.

백악기 말에 생물체의 약 75%가 멸종했다. 일부 학자들은 백악기 말의 온도 하강이 동식물의 멸종을 초래했다고 보고 있다. 약 75% 생물체의 멸종은 지구상에 박테리아만 살아남고 눈에 보이는 움직이는 물체가 없다고 생각하면 된다. 멸종 이유에 대한 학설은 약 서른 개 이상 존재하지만 크게 외계로부터의 지구에 운석이 충돌했다는 설과(Alvarez, Asaro, and Michel, 1984) 운석충돌과 관계없이 지구상의 화산활동(Officer and Drake, 1983) 때문이라는 두 가지 설로 요약할 수 있다.

3.4 신생대 기후 : 6,600만 년 전~현재

수억 년 동안 지속된 중생대의 따뜻한 기후에서 지구의 기후는 차가운 상태로 넘어갔다. 이것이 신생대(Cenozoic Era)의 시작이다. 신생대 초는 전 지구적으로 빙하기의 상태를 유지했다. 하지만 신생대 전 기간이 모두 빙하기의 상태는 아니었다. 신생대 초(6,600만~3,600만 년 전)에는 빙하가 없었으며 따뜻했다(Miller, Fairbanks, and Mountainet, 1987). 현재 습기가 많은 온대지역에 서식하고 있는 나무들이 신생대 초에는 알래스카와 그린란드 등지에 많이 살고 있었다. 올리고세(3,600만 년 전)부터 대륙빙하가 형성되기 시작했으며 지구의 온도가 차가워지기 시작했다(Miller, Fairbanks, and Mountainet, 1987). 신생대 중 플라이스토세(160만~1만 년 전)는 빙하기였다. 특히 약 18,000년 전에는 지구 역사 46억 년 중 가장 지구상에 빙하가 많았던 시기이기도 하다. 빙하기 때 해양의 온도는 현재보다 최대 약 10℃ 정도 낮았다(Petit et al., 1999). 이러다가 약 12,000년 전 또다시 지구의 온도가 상승하기 시작해 간빙기가 현재까지 지속되었다. 간빙기는 온도도 높고 강수량도 적당하고 기후의 변동성도 크지 않은 지구 역사상 매우 보기 드믄 안정된 기후상태였다. 이러한 안정된 기후 덕분에 우리의 선조들은 수렵과 사냥 위주의 생존방식에서 벗어나 이동하지 않고 한곳에 정착해서 농사를 짓는 안정된 삶을 시작했다. 신생대의 기후변화에 대한 많은 연구가 이루어졌으며, 이 신생대는 현재 우리가 살고 있는 시대이기도 하다.

3.5 팔레오세 기후 : 6,600만~2,100만 년 전

6,500만~5,000만 년 전은 온실상태의 지구였으며, 특히 5,500만 년 전과 5,200만~5,000만 년 전의 시기에 최고조에 달했다. 이때 대기 중의 이산화탄소 농도는 현재보다 몇 배 높았으며 심층수가 형성되는 곳이 남쪽 지역의 고위도 지역에서 북태평양으로 바뀌었다(Diekmann, 2004).

6,150만~5,500만 년 전은 해양의 저층수(바다 제일 밑바닥에 있는 물)의 온도가 약 6℃ 상승하였다. 이러한 온도 상승으로 인하여 대서양, 태평양, 인도양에서 동물플랑크톤의 일종인 유공충의 종조성에 급격한 변화가 일어났다.

5,800만~5,200만 년 전은 메탄의 증가에 따라 온도가 급격히 상승했다(Clift and Bice, 2002). 특히 5,500만 년 전에 온도가 최고조에 달했는데 이때 고위도 심층수의 온도가 약 5~7℃ 상승하였으며, 상승하는 데 걸리는 시간은 10,000년 이하였다(Clift and Bice, 2002). 이때 열대지역 해수의 온도는 5℃ 정도 상승하였으며, 대기 중의 이산화탄소 농도는 지금보다 2~3배 높았으며, 해수는 산성화되고 탄산칼슘을 구성된 식물플랑크톤은 멸종하였다(Gibbs et al., 2006). 또한 에오세(5,800만~3,700만 년 전)에 운석/혜성 충돌로 인한 생물체의 대멸종이 있었다.

약 5,500만~3,500만 년 전은 신생대 중 전 지구온난화가 최고조에 달했던 시기이기도 하다. 전 지구(열대, 고위도, 중위도, 극지방)가 오늘날보다 온도가 크게 높은 전 지구 온난 시기였다(Huber and Caballero, 2008). 모델로 모의한 결과에 의하면 태평양 심해의 온도와 고위도의 표층수 온도가 약 10℃ 정도 상승했다. 산소 동위원소의 연구 결과에 의하면 5,500만 년 전 열대해역의 온도는 대기 중의 이산화탄소가 약 2~3배 증가하면서 약 5℃ 상승하였다.

약 5,000만 년 전에는 판구조론에 의해 인도가 유라시아 대륙과 충돌했으며 이 충돌로 인해 히말라야 산맥이 형성되었다. 이러한 충돌은 또한 기후변화를 야기했으며 강수 형태(몬순의 진화)에 변화를 가져오기도 했다. 약 5,000만 년 전 열대해역의 온도는 약 28~32℃였다. 이는 현재 열대해역의 온도가 25~27℃(Kump, 2001)임에 비추어 볼 때 약 3~5℃ 높았다.

에오세 초와 올리고세 말(3,700만 년 전~2,400만 년 전) 말에 저서성유공충의 연구에 의하면 심층수는 산소가 부족한 상태였는데 이때 또한 전 지구 온난상태였다. 심층수의 산소가 적은 이유는 해수의 순환이 느려졌기 때문이다(Kaiho, 1989). 에오세 말(약 3,700만 년 전) 대기 중의 이산화탄소 농도는 1,400ppm이었다(Godderis and Donnadieu, 2009). 이러한 저산소의 해양 상태는 쥐라기(약 2억 ~1억 4,000만 년 전)의 경우에도 있었으며 현재에도 우리 주변의 해양에서 일어나고 있다(Diaz and Rosenberg, 2008).

3,400만~1,500만 년 전(올리고세~마이오세)은 전 지구 온도가 현재보다 3~4℃ 높았고 대기의 이산화탄소 농도는 2배 높았으며, 이때 남극의 빙하는 상당히 불안한 상태였다. 참고로 현재의 이산화탄소 농도는 390ppm이다. 이 시기는 현재 우리가 염려하고 있는 100년 후의 모습과 비슷하다. 즉 2100년까지 우리가 이산화탄소의 배출을 줄이지 않을 경우 지구의 온도가 약 4~6℃ 정도 올라간다고 했으며, 현재 온 인류가 이러한 온도 상승을 막기 위하여 화석연료의 사용으로 배출되는 이산화탄소 농도를 줄이고자 노력하고 있다. 이 시기는 아마 불안정한 극지방의 빙하로 인하여 대기 중의 에너지 재분배가 일어나며 빙하가 녹으면서 배출된 수증기 양의 변화로 인하여 집중호우나 천재 지변적인 홍수나 가뭄 등이 빈번히 발생했을 것이다.

3.6 신제3기 기후 : 2,400만~160만 년 전

지질연대표에서 신제3기는 마이오세(2,400만~530만 년 전)와 플라이오세(530만 ~160만 년 전)로 나뉜다. 마이오세에 폭이 약 2,000km, 해발고도 약 5,000m에 달하는 티베트고원이 융기했으며 티베트고원의 융기는 우리나라를 포함한 전 지구 기후변화에 영향을 미쳤으며 몬순강도에도 영향을 미쳤다(Spicer et al., 2003). 마이오세 동안에 동남극의 빙하가 형성되었다.

마이오세 초(2,400만 년 전~1,700만 년 전)에는 현재보다 해수면이 높았다. 마이오세 초의 전 지구 온도는 오늘날보다 3~4℃ 높았으며 대기 중의 이산화탄소 농도는 오늘날보다 약 2배 높았다. 참고로 현재의 이산화탄소 농도는 389ppm이다(King, 2009). 남극 얼음의 부피 또한 현재와 마찬가지로 기후변화에 커다란 영향을 미쳤다. 약 2,200만~2,000만 년 전에는 남극이 빙하로 꽉 찬 상태였다. 마이오세 중반(약 1,450만 년 전)에 급격한 전 지구적인 기후변화가 있었다. 이 당시 기후변화의 원인은 남극 주변을 둘러싸고 있는 해류인 남극순환해류로, 남극순환해류가 강해지면서 남극의 빙하의 부피가 증가하게 된 것이다. 이 당시(1,420만~1,380만 년 전) 고위도 지역(~55°S)에 위치한 남서태평양의 표층해수의 온도는 6~7℃ 하강했다(Shevenell, Kennett, and Lea, 2004). 마이오세 중반(약 1,400만 년 전) 북극해는 연중 얼음으로 덮여 있었으며 남극의 빙하 부피는 오늘날과 비슷했다(Barrett, 1992).

마이오세 말(1,100만~500만 년 전)은 전반적으로 대기 중 이산화탄소의 농도가 낮았으며, 그 이유는 목초지가 전 지구적으로 늘어나면서 광합성에 의해 이산화탄소를 흡수해 이산화탄소의 농도가 낮아진 것이다. 마이오세 말에는 해수면 또한 전 지구적으로 현재보다 낮았다(Pagani, Freeman, and Arthur, 1999). 마이오세 말은 전반적으로 온도가 낮았으나 약 600만~550만 년 전은 대서양 심층수가 현재보다 2℃ 높았다. 마이오세와 플라이오세의 경계(약 530 만 년 전) 또한 잠시 동안 온도가 상승했다. 남극 빙하의 부피 변화는 일반적으로 지구 자전축의 변화에 따른 태양으로부터 지구에 도달하는 에너지 양의 변화에 의해서 통제된다. 남극의 빙하 형성 시기는 아직도 논란의 대상이다. 남극을 남북으로 가로지르는 산맥을 중심으로 동쪽을 동남극 서쪽을 서남극이라 부른다. 남극 빙하의 대부분은 동남극에 위치해 있다. 하지만 서남극의 빙하 형성 시기에 대해서는 논란이 많다. 남극의 빙하 부피가 전 지

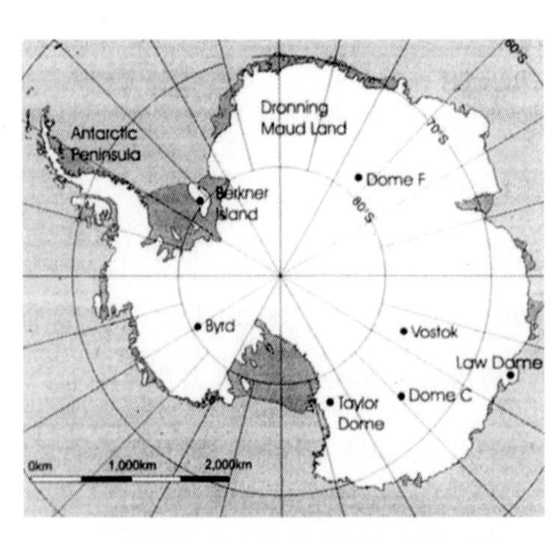

그림 3.1 남극대륙

구 기후변화 및 강수에 미치는 영향이 크기 때문일 것이다. 마이오세 말(600만 년 전)에 서남극의 빙하가 형성되어 그 이후 서남극의 얼음은 녹지 않았다고 생각했다(Scherer, 1991). 하지만 최근에 서남극에서 600만 년보다 젊은 층에서 따뜻한 기후에 사는 동물 및 식물플랑크톤들이 발견됨으로써 서남극의 빙하가 여러 번 녹았다 얼었다 하였음이 밝혀졌다. 즉 서남극의 빙하는 플라이오세(530만~160만 년 전), 플라이스토세(160만~10,000년 전) 동안에도 여러 번 녹았다 얼었다를 반복하였다. 이러한 사실은 기후변화에 중요한 정보를 제공한다. 즉 지구상의 빙하는 비교적 짧은 시간 간격으로 얼었다 녹았다 한다는 것이다. 여기서 짧은 시간 간격이란 정확히 정의를 내릴 수는 없지만 수만~수십만 년 정도이다. 그 당시 남극의 빙하녹음은 현재 우리가 극지방의 빙하녹음에 대해 기후변화가 일어나고 있다는 증거로 사용하며 염려하고 있듯이 육상 및 해양 생태계에 많은 영향을 미쳤을 것이다.

아시아 기후의 진화는 마이오세 말(900만~800만 년 전)에 발달하였다. 즉 마이오세 말에 아시아 지역에 가뭄이 극심했으며 인도와 동아시아 몬순이 시작되었다. 360만~260만 년 전에 아시아 몬순이 강화되었으며 이때 많은 양의 먼지가 북태평양으로 이동되어 바다 밑에 퇴적되었다. 약 260만 년 전에는 몬순의 변동이 심했으며 여름 몬순은 약화되고 겨울 몬순은 강화되었다.

플라이오세는 현재보다 온도가 높은 전 지구 온난상태였다(Shin, 1998). 일반적으로 플라이오세 초(530만 년 전)에서 말(160만 년 전)로 향할수록 온도가 감소하며 변동 폭 또한 감소한다(Shin, 1998). 온난상태의 지구가 그렇듯이 온도, 강수 등의 변동성도 컸다. 특히 약 500만 년 전을 전후하여 20만 년 간격으로 해수면의 심한 변동이 있었다. 약 520만 년 전, 500만 년 전, 그리고 480만 년 전은 세 번 다 극심한 빙하기가 도래했으며 미국 해안의 해수면이 약 40~60m 낮아졌다.

플라이오세 초(530만~480만 년 전) 기후는 따뜻했으며 심층수는 주변의 해양과 순환이 좋지 못한 환경이었다(Heinrich et al., 1989; Shin, 1998). 480만~310만 년 전은 노르웨이와 그린란드 해로부터 차가운 물이 많이 형성되어 지구의 기후는 차가워졌다(Heinrich et al., 1989).

또 다른 태평양의 심해퇴적물을 이용한 고기후 연구에 의하면 플라이오세 동안에 세 번의 차가운 기후가 있었다. 이들은 플라이오세 초(470만~350 만 년 전), 플라이오세 말(310만~270만 년 전), 플라이오세 말~플라이스토세 초(220만~100만 년 전)에 일어났다(Wang, 1994). 특히 220만~100만 년 전은 태평양 아열대 지역의 겨울철 해수의 표층 온도가 3.3~5.4℃ 감소했으며 여름철은 1.0~2.1℃ 감소하였다. 적도해역에서는 0.9℃ 감소하였다(Wang, 1994).

280만 년 전에 스칸디나비아 지역의 빙하 부피가 증가해 해안가까지 빙하로 가득 찼다(Jansen et al., 1989). 빙하의 부피 증가로 날씨가 추워져 해수의 온도는 하강했으며 바다에 살던 탄산칼슘으로 구성된 생물체는 개체수가 급격히 감소했다. 특히 250만 년 전은 빙하의 부피가 급격히 증가한 시기이며, 기후가 따뜻한 상태에서 차가운 상태로 바뀌었다. 그러다가 200만~120만 년 전은 기온 상승으로 인하여 빙하의 부피가 줄어들었다(Jansen et al., 1989). 이외에도 190만 년 전, 150만 년 전 등 여러 차례의 기후변화가 있었으며 이에 따른 환경변화도 여러 번 있었다.

현재 바다에 살고 있는 생물체의 약 50%는 껍데기가 탄산칼슘(조개 등)과 규산질(규조 등)로 구성되어 있으며 탄산칼슘으로 구성된 생물체는 해수의 온도가 높은 곳에 살며 규산질로 구성된 생물체는 해수의 온도가 낮은 곳에 살고 있다(Kennett, 1982). 그러므로 기후변화로 인한 해수의 온도 변화는 이러한 생물체 종의 종류 및 개체 수에 영향을 미쳐 궁극적으로 먹이사슬의 균형이 깨져 생태계가 파괴되거나 심하면 멸종에 이른다. 현재 전 지구 온도 상승으로 이러한 생태계의 불균형 현상이 해상과 육상에서 일어나고 있다.

3.7 제4기 기후 : 160만 년 전~현재

제4기는 플라이스토세(160만~12,000년 전)와 홀로세(12,000년 전~현재)로 나뉜다. 제4기는 지구 역사 46억 년 중 기후변화 연구가 가장 많이 된 시기이다. 이에 대한 이유는 고해상도의 연구가 비교적 가능하며 고기후를 연구할 수 있는 화석이 비교적 변형되거나 오염되지 않고 해양 퇴적물 속에 잘 보존되어 있기 때문이다.

일반적으로 플라이스토세는 빙하기로 대변되며 홀로세는 간빙기로 대변된다. 플라이스토세는 기후가 현재보다 추웠으며 홀로세는 따뜻했다. 플라이스토세는 지역마다 많은 차이가 있지만 대략 온도가 현재보다 약 5∼10℃ 낮았다(Petit et al., 1999). 하지만 플라이스토세 중에도 현재보다 기후가 높은 적이 여러 번 있었다(Petit et al., 1999). 이런 점에서 우리가 지금 살고 있는 홀로세는 기나긴 빙하기 중 잠시 따뜻한 시기인지 아니면 진짜 12,000년 전에 빙하기는 끝나고 지구의 기온이 얼마나 오랫동안 따뜻한 상태로 지속될지 우리는 알 수 없다.

플라이스토세(빙하기) 동안에도 기후변화가 여러 번 있었으며 이에 따른 변동 폭 또한 매우 컸다. 일반적으로 150만 년 전에서 현재까지는 전 세계 해양의 수온약층이 매우 얕았다. 수온약층이란 바닷물의 수심은 표층에서 깊어질수록 온도가 감소하는데 온도가 급격히 감소하는 지점을 수온약층이라 한다. 수온약층의 깊이 변화는 생태계의 안정성과 밀접한 관련이 있다.

120만∼60만 년 전은 대서양 연안에서 탄산칼슘으로 구성된 생물체가 번성했으며 이들은 바닷속에서 채취한 퇴적물 코어 속에 그 당시 살 때와 화학성분도 변하지 않고 거의 원형대로 잘 보존되어 있다(Caralp, 1984). 100만 년 전에 급격한 기후변화가 일어나기도 했으나 기후변화를 야기한 원인은 잘 알려져 있지 않다(White, 2004).

90만 년 전은 북대서양에서 채취한 퇴적물 코어의 연구에 의하면 급격한 기후변화가 일어난 시기이다(Ruddiman, Shackleton and McIntyre, 1986). 780,000년 전은 수온약층이 깊어졌으며 해수의 온도는 감소했다. 플라이스토세 중에 온도 상승으로 인하여 서남극 빙하의 면적이 급격히 줄어들었거나 완전히 빙하가 없었던 시기는 60만 년 전, 423,000∼362,000년 전, 128,000∼110,000년 전이었다(1993; Scherer, 1993). 이는 상당히 놀라운 사실이다. 일반적으로 빙하기 하면 지구상에 얼음이 녹지 않는 매우 추운 상태라고 생각하기 쉬우나 빙하기 동안에도 여러 번의 온난시기가 있음을 의미한다.

475,000∼425,000년 전은 모래알갱이만 한 크기의 동물플랑크톤의 일종인 유공충의 산소 동위원소 및 종의 분포 연구에 의하면 대서양 밑바닥의 물은 산소가 매우 낮

은 상태였다(Caralp, 1984). 이는 앞에서도 언급했지만 많은 양의 탄소를 포함한 유기물이 해양에 다량 유입되어 탄소가 물속의 산소와 결합하면서 물속의 산소가 줄어든 것이다.

플라이스토세 말(60만~10,000년 전)은 기후변화가 여러 번 일어났으며 남극의 빙하코어에서 채취한 시료를 이용하여 비교적 연구가 잘되어 있다. 빙하코어는 빙하의 기포 속에 빙하가 형성될 당시의 대기를 포함하고 있다. 그러므로 빙하코어에서 과거의 이산화탄소, 메탄 농도 등을 추출해 낼 수 있다. 남극에서 채취한 빙하의 연구에 의하면 과거 450,000년간 대기 중의 이산화탄소 농도는 290ppm을 넘은 적이 없었으며 메탄 농도는 700ppb를 넘은 적이 없었다(Petit et al., 1999).

현재(2009년 기준) 이산화탄소의 농도는 약 389ppm이며 메탄의 농도는 1,850ppb를 넘어서고 있다. 왜 현재가 과거 450,000년보다 이산화탄소와 메탄의 농도가 높은지 정확히 알 수는 없다. 그러나 산업혁명(1850년) 이후 농경지 개간과 산업화 및 도시화로 인한 화석연료의 사용 때문에 이산화탄소와 메탄의 농도가 증가했다고 한다(IPCC, 2007).

온도의 경우 과거 450,000년간 현재보다 높았거나 비슷했던 적은 410,000년 전, 320,000년 전, 125,000년 전, 12,000년 전이었다. 과거 450,000년 동안 대기의 평균 온도는 약 8~10℃의 범위 내에서 상승과 하강을 반복하였다(Petit et al., 1999). 또한 이산화탄소의 농도와 대기의 온도 변화 커브는 평행한 관계를 보인다. 즉 이산화탄소의 양이 증가하면 대기의 온도는 상승하고 감소하면 대기의 온도는 하강한다.

특히 18,000년 전은 지구상에 빙하가 제일 많았던 시기였다. 즉 현재보다 빙하의 부피가 약 2배였다(지표의 약 35%는 빙하로 덮여 있었다). 그래서 이때를 빙하 최대기라고 한다. 18,000년 전은 동태평양 적도해역 해수의 온도가 현재보다 약 3℃, 서태평양 적도해역 해수의 온도가 현재보다 약 4℃ 낮았다(Patrick and Thunell, 1997). 저위도 해역은 오늘날보다 약 5~6℃ 낮았다(Ortiz and mix, 1997). 빙하기와 간빙기의 경계(홀로세, 플라이스토세, 12,000년 전)에 해당하는 시기에는 급격한 온도 상승이 있었으며 해양생물체의 종 조성 및 양들에 급격한 변화가 일어났다.

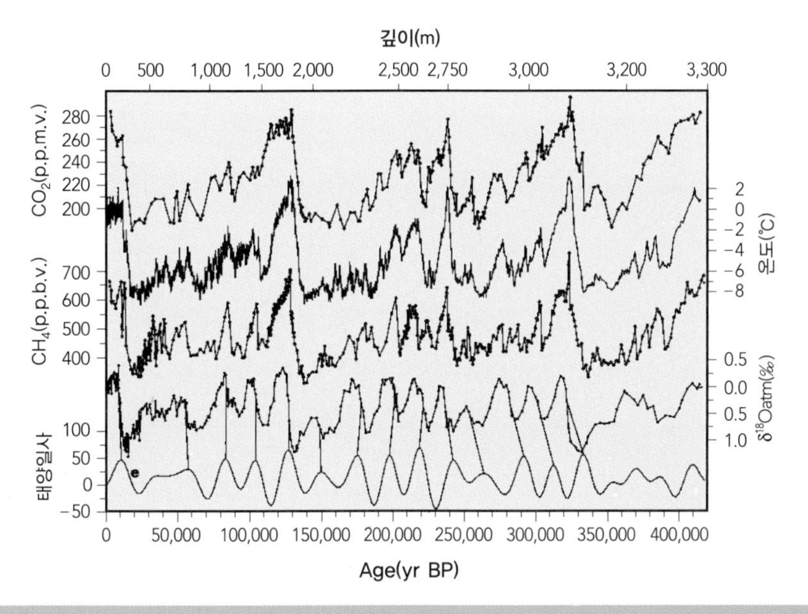

그림 3.2 과거 450,000년간의 온도, 이산화탄소, 메탄의 농도 (Petit et al., 1999)

홀로세(12,000년 전~현재) 기간은 안정된 기후였다. 전 지구적으로 온도가 1℃ 범위 내에서 상승과 하강을 반복하였다. 매우 안정된 기후 덕분에 홀로세 이전의 수렵사회에서 농경사회로 기반을 다질 수 있었다. 빙하기 때 강수량은 현재에 비해 25~50% 정도였으나 홀로세 동안에는 강수량이 증가하고 기후변동성이 적어 농사를 짓기에 좋은 기후였다. 홀로세 동안에 일어났던 중요한 기후변화를 몇 가지 알아보자. 빙하기와 간빙기의 경계인 12,000년 전부터 지구상의 온도가 상승해 빙하가 녹기 시작했다. 그리고 약 2,000년 후 빙하가 녹은 물은 염분을 함유하지 않기 때문에 가벼워 표층의 물이 바다 밑으로 가라앉지 못하게 되자 표층의 열이 바다 밑으로 전달되지 못해 지구는 또 다시 약 10,000년 전 빙하기에 가까울 정도로 차가운 기후를 맞게 되었다. 이를 영거드라이아스 한랭현상이라고 한다(Lehman and Keigwin, 1992).

현재 빙하가 녹아 심층해류의 순환에 붕괴가 일어나고 있다. 즉 해양에서 표층의 물은 열, 산소, 염분, 영양분을 심층에 전달하여 심층의 생물체가 살고 있으나 이의 순환이 붕괴되거나 느려짐으로써 바다 밑에 살고 있는 생물체들의 생존에 치명적인 영향을 미친다.

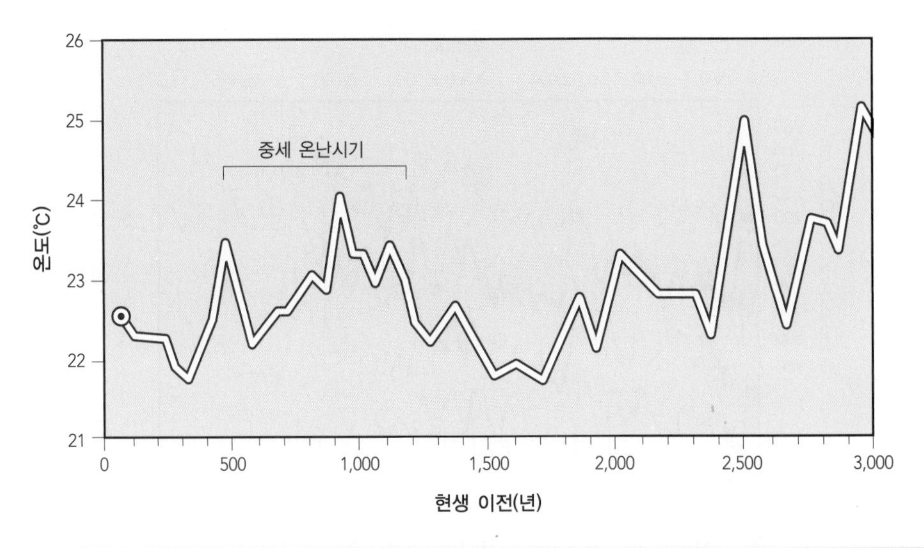

그림 3.3 중세 온난시기의 온도 변화 곡선

궁극적으로 심층수의 순환이 붕괴되면 산소 부족으로 바닷물은 썩게 되고 박테리아만 우글거리는 해양이 된다. 우리가 현재 지구온난화로 인하여 빙하가 녹는 것을 염려하는 데에는 물 부족 현상도 있지만 이처럼 해양의 산소 부족으로 생태계가 파괴될 수도 있기 때문이다. 앞에서도 언급했지만 이러한 무산소 환경은 과거에 무수히 많았다.

10,000년 전의 혹독했던 빙하기를 거쳐 약 6,000년 전은 전 지구가 따뜻한 시기였다. 일사량이 증가했으며 대기의 평균 온도는 약 0.5~1℃ 상승하였다. 대기 중의 이산화탄소 농도는 약 270ppm(parts per million, 100만 분의 1)이었으며 메탄의 농도는 600ppb(parts per billion, 10억 분의 1)이었다. 대기 순환의 변화가 일어났으며 이로 인하여 몬순의 강도가 증가해 아프리카의 경우 강수량이 약 25% 증가하였다(Kutzbach and Liu, 1997).

지금부터 약 1,000~500년 전은 중세 온난시기라고 하며 전 지구 해수의 온도가 현재보다 약 1℃ 높았으며 이산화탄소의 농도는 275~285ppm, 메탄의 농도는 700ppb이었다. 특히 중세 온난시기는 산악지역에 있는 빙하가 녹아 산의 규모가 작아진 증거가 많이 남아 있다.

이후 1390~1890년 기간은 전 지구가 현재보다 최대 약 1℃ 낮은 적이 있었으며 이를

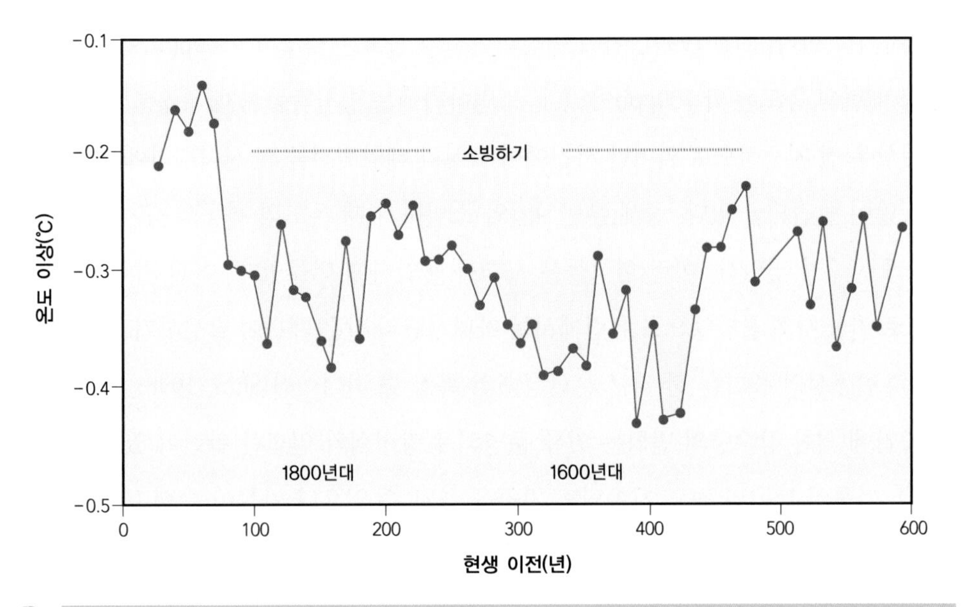

그림 3.4 소빙하기의 온도 변화 곡선

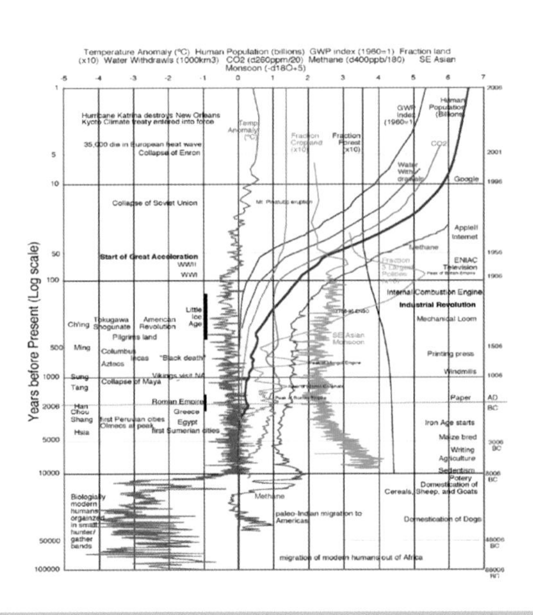

그림 3.5 과거 10만 년 전부터의 현재(2009년)까지의 기온(빨간색 선), 전 지구 인구수(파란색 선), 지구 대기 이산화탄소(CO_2)의 양(초록색 선) 등의 변화 (미국 기상청, 2009년)

소빙하기라 한다(Kerr, 1999). 이때 이산화탄소의 농도는 약 270~300ppm이었으며 대기 중 메탄의 농도는 약 700ppb이었다. 소빙하기에는 황사활동이 매우 활발했다. 이러한 현상은 전 지구적으로 일어난 사건이며 육상과 해양퇴적물 및 산악빙하에서 그 증거들이 많이 발견되고 있다. 중세 온난시기와 소빙하기 때 온도의 변동성 증가로 인하여 가뭄과 홍수가 잦았다. 이런 현상들은 사회를 불안하게 만들었다. 이때 기후변동성의 증가로 인한 사회 불안정으로 유럽에서는 마녀사냥과 같은 폐습이 발생하기도 했다.

기후변동성의 증가는 전 지구 온난상태의 특징 중 하나이다(Shin, 1998). 특히 변동폭 증가에 의한 강수량의 변화는 인류 문명의 흥망성쇠와 밀접한 관련이 있다(Pasotti, 2007). 가뭄이 1~2년 정도 지속되면 기근을 견딜 수 있으나 가뭄이 수백 년 지속되면 문명은 붕괴되었다. 한 예로 마야 문명을 들 수 있다. 마야 문명은 약 3,000년 전에 발달해 750~900년경에 붕괴하였다. 화분화석, 산소 동위원소 및 퇴적물에 함유된 화학성분의 연구결과에 의하면 수백 년 지속된 산림파괴와 가뭄이 붕괴의 직접적인 원인이었다(Pringle, 2009).

3.8 종합 해석

지구 46억 년의 역사를 은생대(46억~38억 년 전), 선캄브리아기(38억~5억 7,000만 년 전), 고생대(5억 7,000만~2억 5,000만 년 전), 중생대(2억 5,000만~6,600만 년 전), 신생대(6,600만 년 전~현재)로 나누며 각각 다른 기후와 환경으로 특징지어진다. 이러한 각각 다른 기후에 따라 바다와 육지에는 지금과는 완전히 다른 동물과 식물들이 살았다. 이들의 경계는 또한 생물체의 멸종과 진화에 의해서 특징이 구분된다.

46억 년 전 지구의 모습은 원시가스를 내뿜는 그런 모습이었으며 생명체의 생존에 필수적인 산소는 없었다. 은생대 기간은 화석이 발견되지 않아 기후에 대해 알려진 게 거의 없다. 선캄브리아기는 최초의 생물체인 박테리아가 생겨난 시기였으며(38억~35억 년 전) 약간의 빙하기도 있었지만 전반적으로 열대성 및 아열대성 기후가 지배적이었다.

약 3억 2,000만 년 동안 지속된 고생대는 수백만 년의 기간을 제외하면 양쪽에 극지방과 적도가 있었으며 일반적으로 온난했다. 기후는 오늘날보다 변동이 심했으며 이상기상 현상도 더 자주 발생했다. 고생대 말 열대지역의 표층온도는 오늘날보다 약 3℃ 높았으며 고위도 지역의 바닷물 온도는 약 10℃ 정도 높았다. 고생대 말에는 전 지구의 바다가 산소가 부족한 무산소 환경이었던 적도 있었다. 이는 따뜻했던 기후가 지속되다가 후에 무산소 환경으로 바뀌었다. 고생대 말인 약 2억 5,000만 년 전에는 외계로부터 운석이 지구를 강타해 약 90%의 생물체가 지구상에서 영원히 사라졌다. 일반적으로 중생대는 지구의 대부분 지역이 따뜻했다. 중생대 중반(쥐라기)에는 현재의 온대지역은 열대성 기후가 우세했다.

중생대 말인 백악기의 기후는 쥐라기의 기후처럼 따뜻했다. 전 세계적으로 위도 70도부터 적도에 이르기까지 아열대 식물이 분포했다. 중생대 말에 생물체의 약 75%가 멸종했다.

큰 시간 규모로 볼 때 중생대에는 지구상에 빙하가 거의 없는 전 지구 온난상태인 반면 신생대는 지구상의 빙하의 존재로 빙하기라 부른다. 마이오세에 폭이 약 2,000km, 해발고도 약 5,000m에 달하는 티베트고원이 융기했으며, 티베트고원의 융기는 우리나라를 포함한 전 지구 기후변화에 영향을 미쳤으며 몬순강도에도 영향을 미쳤다.

제4기는 플라이스토세와 홀로세로 나뉜다. 제4기는 지구 역사 46억 년 중 기후변화 연구가 가장 많이 된 시기이다. 일반적으로 플라이스토세는 빙하기로 대변되며 홀로세는 간빙기로 대변된다. 플라이스토세는 기후가 현재보다 추웠으며 홀로세는 따뜻했다. 플라이스토세는 지역마다 많은 차이가 있지만 대략 온도가 현재보다 약 5~10℃ 낮았다. 특히 18,000년 전은 지구상에 빙하가 제일 많았던 시기였다. 즉 현재보다 빙하의 부피가 약 2배였으며 지표의 약 35%는 빙하로 덮여 있었다. 홀로세는 안정된 기후였다. 전 지구적으로 온도가 1℃ 범위 내에서 상승과 하강을 반복하였다.

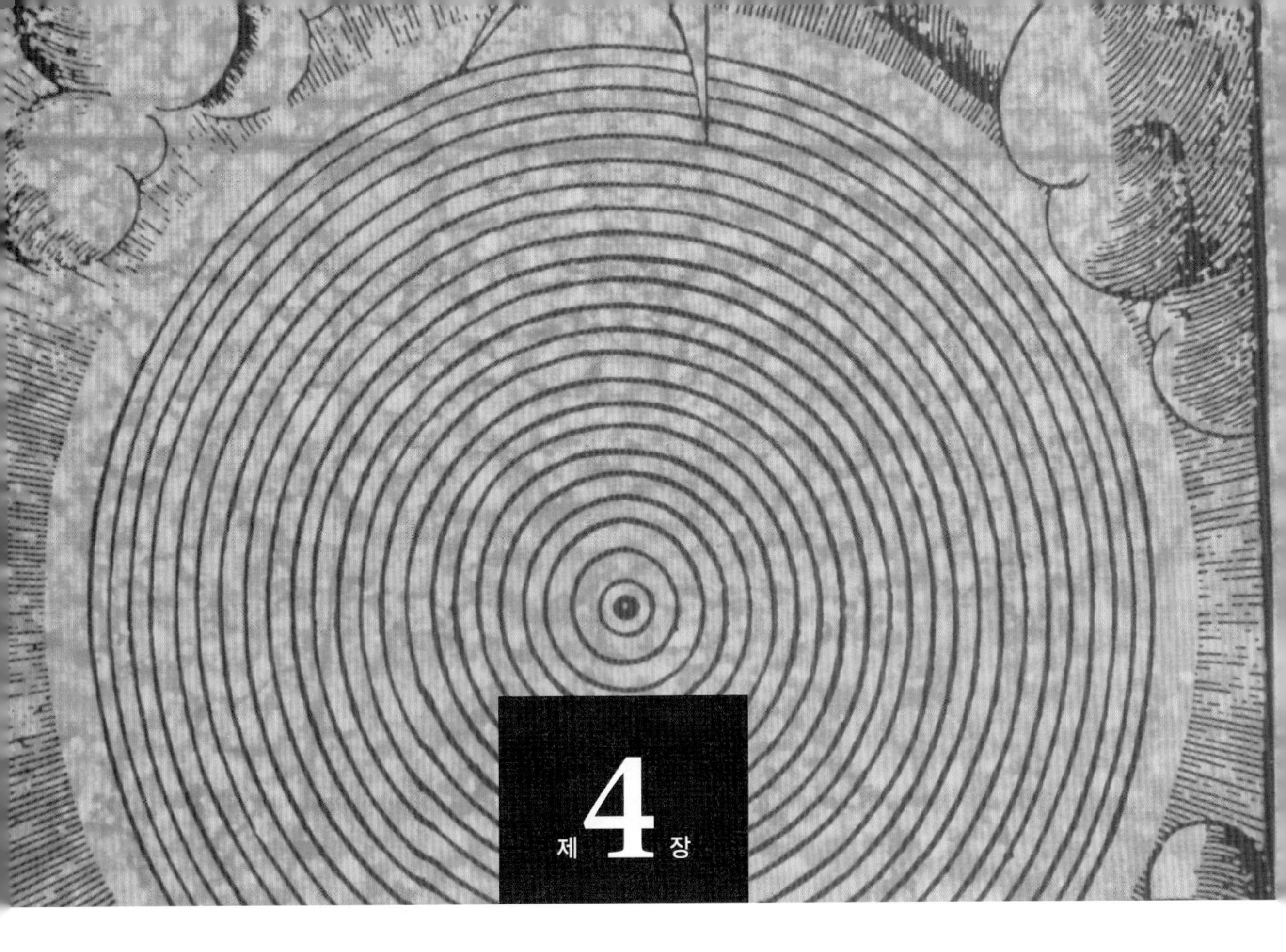

제 4 장

인류의 발달과 기후변동

4.1 인류의 발달

인간 진화의 초기 단계와 그 진화가 일어났던 속도를 조금만 간략하게 조사해 본다면 한 가지 인간 형태의 갑작스런 출현과 다른 인간 형태의 사라짐에 대한 특성을 이해할 수 있다.

사람(Homo)이라 불릴 만한 생명체들의 첫 흔적들이 나타난 시기는 BP 300만 년 시기이다. 농사는 남서 아시아에서 BC 1만 년경에 시작되었고 인류의 첫 문명은 BC 3,500년경에 수메르인들에 의해 메소포타미아에 세워졌다. 지난 300만 년은 빙기(ice age)가 17～19번이나 나타났던 격동적인 기후변동의 시기였다. 첫 빙기는 BP 300만 년에 시작되었고, 마지막 빙기는 영거드라이아스(Younger Dryas)와 함께 BC 1만 년에 끝났다. 즉 빙하기가 도래하기 전 수백 년 동안 급격히 빙하가 녹는 시기가 있었는데, 이로 인해 당시 해양 심층수의 순환이 이루어지지 않아 표층의 열(heat)이 심층으로 전달되지 못함으로써 주위의 잠열효과로 전 지구상에 빙하기가 도래하였다.[1] 이것이 영거드라이아스 한랭시기(Younger Dryas cooling event)이다. 그러나 지난 1만여 년은 BC 6200년에 출현한 미니 빙기를 제외하면, AD 1365～1860년의 소빙기(Little Ice Age)를 포함하더라도 기후학적으로 매우 안정된 시기였다. 그러나 AD 1860년쯤에 추위가 더위로 바뀐 다음부터 지금까지 현대인은 '지구온난화(global warming)' 라 불리는 기후변화를 경험하고 있다. 이것은 인간활동이 대기 속으로 배출한 이산화탄소 등 미량 기체들의 온실효과로 설명되고 있다. 특히 지난 100년의 기온 증가율은 지난 1,000년 기록에서 유일하고, 지난 42만 년 기록에서도 유일하다. 지난 100년은 이른바 '현대 문명' 이 급속도로 발전해 온 시기이다. 이와 비교해 보면 지난 42만 년이라면 인류의 한 종인 호모 에렉투스가 다른 한 종인 호모 사피엔스 네안데르탈, 호모 사피엔스 사피엔스 크로마뇽을 거쳐 현대 인종들로 진화하는 기간이다. 앞으로 기후와 사람은 어떤 상

1. 최근에는 영거드라이아스가 혜성 출동에 의하여 촉발되었다는 의견이 대두되고 있다. 이에 대한 증거로 나노 다이아몬드 층의 발견을 들 수 있다(Kennett et al. 2009). 그러나 이 이론의 신뢰성에 의문을 제기한 연구도 있다(Surovell et al. 2009).

그림 4.1 인류의 진화

호작용의 관계를 가지고 발전할 것인가? 우리는 기후변화와 환경변화를 새롭게 인식하는 시대에 살고 있다. 기후와 기상변화에 의하여 발생되는 재해는 일면 기후요란(氣候搖亂)이라 칭하고 있다.

화석을 통해 300만~400만 년 전에 살았던 두 발로 걸어 다닌 원인들 중에 현대 인종의 선조라 간주될 사람(Homo)이 분별되기 시작하였고 대강 인간과 비슷하다고 할 수 있는 최초의 생물이 발견된 시기이다.

18,000년 전까지 지구상에는 단 한 종류의 인간만이 살고 있었다. 바로 우리와 같은 호모 사피엔스 사피엔스다. 즉 크로마뇽인이라 불리는 종족이 우리의 조상이다. 약 10만 년 전에 아프리카 북부의 기후가 몹시 추워지면서 건조해진 기후는 가축과 인간을 육지의 가장자리로 내몰았다. 북쪽은 지중해 연안이었고 동쪽은 나일 강 유역이었다. 당시 현생인류는 서남아시아의 동굴에서 아직 현대 인류로 진화되지 않은 다른 종의 인류 네안데르탈인과 5만 년 동안 어울려 살았다.

4.2 알디피테쿠스(Ardipithecus)

1974년 지금의 에티오피아 지역에서 320만 년 전에 존재했던 오스트랄로피테쿠스 아프아렌시스(Australopithecus afarensis) 종의 화석이 발견됐다. 이 화석의 별명은 루시(Lucy)이며, 그 뜻은 '당신은 놀랍습니다' 이며, 이 종은 남방원인의 일종으로 400~

300만 년에 걸쳐서 동아프리카에 존재하였던 것으로 알려져 있다. 루시는 키가 약 110 cm이고 몸무게는 29kg으로 추정되는 여성으로, 전체적으로는 침팬지를 닮았고 뇌의 크기도 작은 편이지만, 골반이나 다리뼈는 현대 인간과 거의 같은 형태라고 할 수 있어서 직립보행을 했음을 보여 준다. 루시의 발견은 진화에 대한 매우 중요한 단서를 제공해 주었다.

그러나 루시의 발견보다 더 중요한 발견이 이루어진 것은 1992년 루시가 발견된 지점에서 수십 km 떨어진 지금의 에티오피아 지역에서 발견된 440만 년 전의 인류 조상인 알디피테쿠스 라미더스의 화석이다. 이 화석의 별명은 알디(Ardi)이며, 키는 약 120cm이고 몸무게는 약 50kg의 여성이다. 알디가 발견된 것은 1992년 이었지만, 이를 재구성하고 분석하는 데 15년이 걸려서 2009년에 비로소 관련 논문이 출판되었다(Gibbons 2009; Lovejoy et al., 2009). 알디의 가치는 보존이 뛰어난 인간 조상 화석 중 가장 오래된 것으로, 유인원에서 인간에 이르는 진화 과정의 중간 단계의 모습을 명확히 보여 주고 있다는 것이다. 즉 알디는 침팬지와 해부학적으로 매우 유사하면서도 보다 발전된

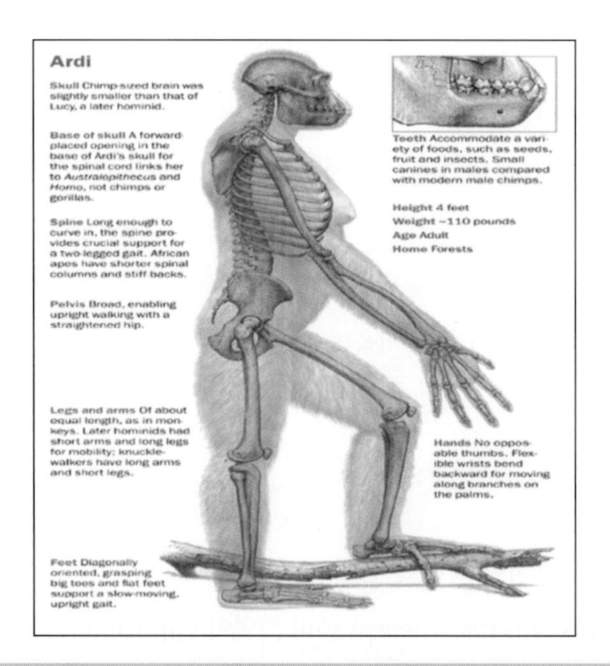

그림 4.2 Ardi의 구조

형질, 즉 침팬지도 인간도 아닌 그 중간적인 형태를 지니고 있다. 다리와 골반뼈 그리고 팔에 나타난 특징을 보면 지상에서는 두 발로 이동을 하였고, 나무에서는 팔과 다리를 이용하여 이동하였을 것으로 추정된다. 알디가 살았던 지역은 숲으로 덮여 있었던 것으로 추정되는데, 만일 이것이 사실이라면 초원에서의 용이한 이동을 위하여 이족 보행을 시작했을 것이라는 '사바나 가설(4.8.1절)' 과는 다소 모순된다고 할 수 있다.

4.3 아프리카 남방원인

탄자니아 올두바이 협곡에서 1952년에 1,000여 개의 치아, 열두 개 정도의 해골, 세 개의 엉덩이 뼈, 한 개의 어깨뼈(견갑골), 그 밖에 흐트러진 다른 뼈들로부터 그때까지 알려지지 않았던 형태를 가진 생명체들의 유적이 발견되었다. 화석에 의한 대강 인간과 비슷하다고 할 수 있는 최초의 생물이 발견된 시기인 약 BP 300만~400만 년에 살았던 인류의 한 조상으로 추정되는 이 생명체들은 아프리카 남방원인(Australopithecus africanus)이라 불린다. 4피트의 키, 유인원보다 사람에 더 가까운 엉덩이, 다리, 그리고 발이 특징인 반면 해골은 유인원같이 고릴라의 것만 한 뇌와 육중한 턱을 보인다. 이들은 사냥 등 육식(당시 불을 쓰지 않았음으로 생식의 흔적)이 주생활이었으며, 또한 수백만 년 동안 오늘날 아프리카의 에티오피아에서 남아프리카 초원 지역과 동아프리카 대초원 목초지를 방랑한 오스트랄로피티시안들이다. 오스트랄로피 티시안들은 여러 가지 면에서 원숭이와 흡사하여 지능이 낮고 오늘날의 침팬지보다 작았으며 턱이 튀어나오고 눈 위의 눈썹이 넓고 작은 뇌를 가지고 있었다. 그러나 그들은 습관적으로 뒷다리로 서서 걸었고 발을 이용하여 어떤 물체를 잡을 수는 없었다. 또한 그들은 침팬지처럼 다양한 자연 도구를 사용하고 더 나아가 투박한 절단 도구나 자르는 도구의 이용법도 알고 있었으며 널리 퍼진 식물 음식과 작은 사냥감을 이용하였다.

돌로 된 바람 가리개 모양의 축조물들이 발견된 것으로 미루어 그들이 올두바이 협곡에 오래 정착했으리라 추정된다. 뒤에 밝혀진 바에 따르면, 남방원인들은 같은 시기에 여러 종으로 존재하였다. 적어도 체격에 있어서 뒤에 나온 인류에 더 가까운 생명체들이 같은 시기에 동아프리카에 산 흔적이 발견되었다. 케냐의 루돌프 호숫가에서 십 수 년 전에 발견된 것은 5피트의 키와 현대 침팬지보다 갑절 큰 두뇌를 가진 해골 등이었다. 그래서 이들 가운데 어떤 종들은 Homo(사람)라는 과(family)에 편입되었다.

오스트랄로피 티시안들은 적어도 300만~400만 년 동안 이런 형태로 존속하였고 이들 중 하나가 큰 뇌를 가진 종으로 진화하였으며 후세 선사학자들은 이 진화된 종을 호모 하빌리스, 즉 숙련된 인간이라는 이름을 붙였다. 호모 하빌리스가 확실히 얼마나 능숙한가는 정확하지 않다. 보다 나은 도구를 만들어 사용하고 더 큰 사냥감을 사냥하였지만 오늘날 흩어져 있는 몇 안 되는 유물들로 추적하여 판단하는 것은 어렵다. 그러나 단순하게 뇌의 크기를 근거로 하여 판단해 보면 현대의 저능아 수준에도 못 미친다고 생각되는 하빌리스가 그 당시에는 가장 지적인 동물이었다는 점은 꽤 확실하다.

남방원인들은 생물학적인 입장에서 볼 때 매우 성공적이었다. 약 100만 년 전쯤에 살았던 이들의 흔적은 미주와 오스트레일리아를 제외한 세계 도처에서 발견된다. 지난 300만 년에 걸쳐 한 번의 시기가 약 5만~10만 년 동안 지속된 17~19번의 빙기들이 있었다(첫째 빙기는 약 300만 년 전에 시작되었고, 마지막 빙기는 약 1만 년 전에 끝났다). 남방원인들은 이 빙기들의 대부분을 거쳐 살아남은 생명체들이다.

4.4 호모 에렉투스

지금부터 80만 년 전에서 25만 년 전 기간에 인류의 새로운 종들이 '구세계' 전체를 덮고 있었다. 이 기간의 초기에 살았던 종은 호모 하빌리스(Homo habilis, 영리한 사람)라 불리고, 그 뒤에 발전된 다른 종들은 호모 에렉투스(Homo erectus, 똑바로 선 사람)라 불린다.

호모 에렉투스가 다른 원인들과 특히 다른 점은 두뇌의 크기에 있다. 이들 중에서 어떤 혈통은 남방원인의 것에 두 배 되는 두뇌를 가져 이전의 원인에 비해 현대인과 훨씬 더 가까운 두뇌를 발달시켰다. 이런 큰 두뇌를 가진 생명체들의 흔적이 중국과 자바 등지에서도 발견되었지만, 아프리카에서 시작된 형태가 유럽과 대부분의 아시아로 퍼진 것으로 학자들이 추정하고 있다. 호모 에렉투스는 유럽에 화석을 전혀 남기지 않았지만 손도끼(hand ax)라 불리는 특별한 도구를 사용하였음이 추정된다. 이들은 크로마뇽인 이후의 인류보다 약 열 배 정도 긴 세월 동안 존재했다. 우수한 사냥꾼이었던 호모 에렉투스는 여러 번의 빙기를 넘어 살아남았다.

4.5 호모 사피엔스

4.5.1 네안데르탈인(Neanderthals, 학명 Homo sapiens neanderthalis)

지난 빙기 바로 앞 빙기가 끝날 무렵인 BP 13만 년쯤에 처음 나타난 인류의 한 종으로, BP 8만 년쯤에 유라시아 대륙에 널리 퍼져 있었다. 이들은 사후 세계에 대한 관심을 암시하는 장례 의식을 가졌었고, 환경을 극복하려는 기술을 사용했다. (동물의) 피부와 가죽을 매만지는 데 사용된 껍질 고무래(skin-scraper)로 미루어 네안데르탈인들은 옷을 입었을 것으로 보인다. 하지만 불행하게도 그들이 입었던 옷은 하나도 남아 있지 않다(옷 입은 몸채로 발견된 인류로 가장 오래된 것은 BC 35000년에 러시아에 살았던 한 고대 인간이다). 동시대에 더 널리 퍼져 살던 고대 인간에게 점차로 정복당하면서 네안데르탈인은 유전학적으로 멸절되었다.

4.5.2 고대 인간(Archaic Human Form)

약 BC 135000년에 처음 아프리카(탄자니아 올두바이 협곡)에 나타나, 동지중해 연안, 중동 지역, 더 먼 아시아로 퍼져 나갔다. 이 종은 BC 4만 년쯤에 오스트레일리아와 해양 대륙에 이르고, 이때쯤엔 유럽을 식민지로 만들었고 적어도 수천 년 동안 네안데르탈인들과 이웃해 살아야만 했을 것이다. 이처럼 퍼져 나가면서 점차로 동시대에 이웃해 살던 네안데르탈인들을 정복해 나갔다.

고대 인간은 호모 에렉투스의 한 종으로 생각되지만 초기부터 해부학적으로 현대인과 같았고, 네안데르탈인보다 더 작은 얼굴, 더 가벼운 두개골, 더 곧바른 수족을 가졌었다.

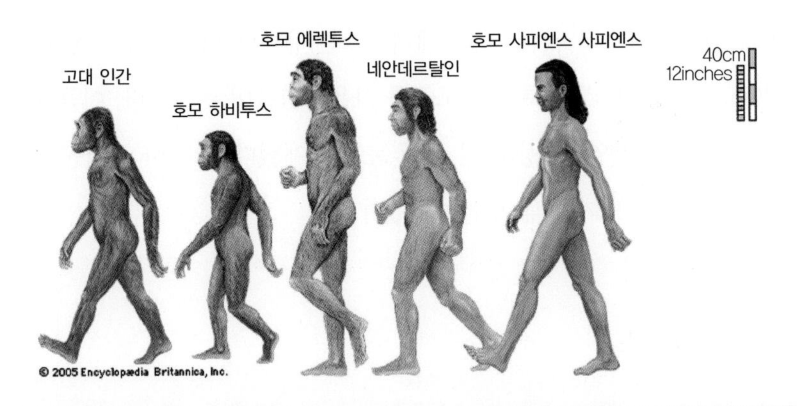

그림 4.3 인류 진화 계보

4.5.3 호모 사피엔스 사피엔스(Homo Sapiens Sapiens)

고대 인간들과의 접합을 통한 네안데르탈인들의 유전 송달이 왜 그리 경감되었는지에 대해 우리는 아직 모른다. 네안데르탈인들은 유전적으로 멸절되었다. 이 과정은 약 BP 5만 년경에 끝이 나고 네안데르탈인과 고대 인간의 후계자는 흔히 크로마뇽인이라 불리는 최초의 신인, 즉 호모 사피엔스 사피엔스이다. 현대 인종들과 생물학적으로 구별되지 않고 모두 호모 사피엔스 사피엔스에 속한다.

네안데르탈인이 크로마뇽인으로 대체되는 사건은 BP 12만 년에 시작해 BP 1만 년에 끝난 지난 빙기(the Last Ice Age)의 중간쯤에 완성되었다. 아직 지난 빙기가 끝나기 전인 BC 15000년쯤에 호모 사피엔스 사피엔스의 일부가 오늘날 베링 해협이 된 대륙을 건너 아메리카로 들어갔다.

4.6 인류의 구분

인류의 다양성이라는 현상은 분류 그 자체보다는 분류에 대한 전통적인 개념의 정립에서 비롯되었다. 인간의 종족이 각각의 종족을 대표하는 표본적인 인간형에 의하여 대표되는 관점에서 구분할 수 있기 때문이다. 따라서 전형적인 몽고인은 몽고에서, 전형적인 니그로는 아프리카에서만 찾을 수 있기 때문이다.

어떤 인간형의 집단은 유전적 특성을 지니고 있지만 이러한 특성이 일괄적으로 유전되는 것이 아니라 한 가지씩 따로 유전되어 왔다. 예를 들어 푸른 눈과 금발은 필수적으로 연관되어 유전되는 것이 아니라 우연히 또는 평범하게 관련되어 유전되었을 뿐이다. 가령 아일랜드에는 푸른 눈과 검은 머리를 가진 사람들이 수없이 많다는 것이다. 어느 한 종족의 특성은 다른 종족과의 교류를 통하여 이어지고 혼합되어 또 하나의 특성을 이룬다. 그럼에도 불구하고 공통적인 역사와 거주지를 공유하고 있는 종족들은 공통된 유전 특성을 나타낸다. 만약 인류 문명에 2개의 다른 집단 사이에 인간들의 2종 교배가 활발했다면 종족들이 가지는 대표적인 특성을 잃어버렸을 것이다. 인간의 역사에 이러한 2종 교배를 방해하고 차단한 주요 요소들은 지형과 지리적 거리와 기후 등 자연환경에 대한 인간의 선택적 적응이다. 인도에서 시작한 문명은 높고 험한 산맥이 북쪽으로의 문화 전파를 막았고 서쪽의 광활한 사막은 동부와 서부 아시아인들의 교류를 차단하였다. 시베리아와 신대륙을 연결하는 육지의 소멸은 아메리카 신대륙의 거주자들을 적어도 8,000년 가까이 고립시켰다. 이러한 고립은 미국 인디언들의 선조인 아시아인들을 북미로 이주시키는 계기가 되었고 미국 인디언으로서 새로운 종족의 특성을 나타내게 하였다.

덥고 메마른 기후 또한 인간의 체형을 변화시킨다. 이러한 기후 조건에서 생활하는 사람들은 키가 크고 팔과 다리가 길며 홀쭉하다. 바로 덥고 메마른 기후에 적응하기 위한 체형이 형성된 것이다. 또 남부 아시아 사람들은 북부 중국계 사람들보다 체구가 작고 홀쭉하다. 덥고 습기 찬 열대지방의 밀림 기후에 적응하고 사냥과 생활이 수월해지기 때문이다.

4.7 석기 시대

4.7.1 구석기 시대(Paleolithic Periods, BP 60만~1만)

- 하층 구석기(Lower Paleolithic, BP 60만~12만 년) : 호모 에렉투스가 나타나 전 세계로 퍼져 나간 시대이다. 이 시기에는 주로 손도끼를 사용한 것으로 추적되며 호모

에렉투스의 시대로 알려져 있다. 역사적 기록은 존재하지 않고 화석으로 추정하고 있다.

- **중층 구석기**(Middle Paleolithic, BP 12만~5만 년) : 고대 인간과 네안데르탈인이 나타나 구세계 전체로 퍼져 나간 시기이며 지난 빙기의 시작으로 네안데르탈인의 멸절로 끝났다.
- **상층 구석기**(Upper Paleolithic, BP 5만~1만 년) : 이 시기는 호모 사피엔스 사피엔스, 즉 신인의 출현으로 시작되고 지난 빙기를 끝으로 끝난다. 하층 구석기 시대는 지난 빙기(BP 12만~1만 년)의 도래로 끝난다. 지난 빙기는 상층 구석기 시대와 중층 구석기 시대를 함께 아우른다. 이 빙기의 시작에 호모 사피엔스(고대 인간과 네안데르탈인)가 출현했다는 사실은 환경의 격변기에 진화의 선택이 작동함을 우리에게 상기시킨다. 지난 빙기 바로 앞 간빙기에 풍미했던 온난 다습한 기후에 익숙해진 대다수 종의 호모 에렉투스는 별안간 들이닥친 지난 빙기의 서두에서 선택의 행운을 놓치고 손도끼로 추적되던 이들의 시대, 즉 하층 구석기 시대는 종말을 맞이한다. 네안데르탈인이 BP 5만 년에 완전히 사라짐으로써 중층 구석기 시대의 종말을 긋는다. 이때 네안데르탈인을 대체한 고대 인간은 신인인 호모 사피엔스 사피엔스(유럽에서는 크로마뇽인)로 나타나고 상층 또는 후기 구석기 시대를 연다(상층 구석기 시대를 후기 구석기 시대라고 하며 중층 및 하층 구석기 시대를 합쳐 전기 구석기 시대라고 한다). 지난 빙기에서 가장 혹독한 추위가 BP 22000년에 시작되었지만 혹독한 추위를 이겨낸 현대인과 생물학적으로 동일한 신인들에게 빙기는 전혀 위협이 될 수 없었음을 의미한다. 이러한 경지에서 우리는 빙기를 무서워할 이유가 없다고 본다.

4.7.2 신석기 시대(Neolithic period, BP 1만 년~청동기 시대의 시작)

BP 1만 년 이후 청동기 시대의 도래까지 농사가 시작되고 인간 정착이 이루어진다. 지난 빙기는 비교적 따뜻하고 습한 시기인 아간빙기와 이에 이어진 춥고 가뭄 시기인 영거드라이아스로 끝이 나고 현재의 간빙기로 이어진다. 따라서 신석기 시대는 현재 간빙기의 첫 부분을 이룬다.

이 간빙기의 시발점에서 현재에 이르는 기간을 지질시대의 구분으로 홀로세라 부른다. 우리는 현화 겁, 신생대 제4기 홀로세에 살고 있다. 지난 빙기의 거의 마지막에 나타난 아간빙기의 온난 다습한 기후는 남서아시아의 수렵채집자들인 신인들이 정착하며 안주할 수 있는 주식 환경을 제공했을 터이다. 그러나 이 아간빙기에 이어서 거의 1,000년 동안 닥친 춥고 건조한 영거드라이아스는 남서아시아에 혹독한 추위와 한발로 정착을 허락하지 않았을 것이다. 사람들은 물이 남아 있는 유프라테스 강과 티그리스 강 주변으로 모여 야생초들의 씨를 뿌려 수확을 시도할 수밖에 없었을 것이다.

농사는 그렇게 시작되었다. 영거드라이아스의 충격이 가장 먼저 덮친 곳이 레반트(Levant : 레바논, 시리아, 이스라엘 등 지중해 동안 지역)이기 때문에 결과적으로 이때 발생된 1,000년의 가뭄을 견딜 수 없어 정착지를 버리고 메소포타미아로 이주했을 것으로 추정된다. 이것과 관련된 고고학적 자료에 따르면 농사는 레반트 아부후레이라(Abu Hureyra)에서 최초로 시작되었다(Roberts et al., 2006).

4.8 기후와 인간의 진화

무엇이 인간의 진화를 촉발했는가에 대하여는 아직 명확하게 밝혀진 것은 아니지만, 최근 연구에 따르면 기후의 변화가 인간의 진화를 유도했다는 논의가 지배적으로 대두되고 있다. 즉 기후의 변화가 유인원에서 인류와 오랑우탄 · 침팬지 · 고릴라 · 원숭이로 분화를 유도했을 것이라는 내용이다.

4.8.1 사바나 가설

유인원은 아프리카 대륙 전역에 퍼져 살고 있었지만, 유독 아프리카 대륙의 동쪽 지역에서만 원인들이 화석이 발견된다는 것은 매우 흥미로운 사실이다. 그렇다면 왜 아프리카 대륙의 동쪽 지역에만 인류의 진화가 이루어졌을까? 이 지역의 기후변화와 인간의 진화 사이에는 어떤 연관성 있는 것일까? 이에 대한 해답으로 사바나 가설(Savanna

Hypothesis)을 들 수 있다. 현재 열대 서아프리카는 열대 우림과 같은 습윤한 기후가, 동아프리카는 겨울에 건조한 사바나 또는 1년 내내 건조한 사막 · 스텝 기후에 속한다. 사바나 기후란 여름에 온난 습윤하고, 겨울에 온난 건조한 기후를 의미하며, 주로 잡목이나 초원이 발달한다. 그리고 열대 우림 기후는 여름과 겨울 모두 온난 습윤하여 빽빽한 숲을 이루는 지역이다. 사바나 가설에 따르면 인간의 진화가 발생하기 전 아프리카는 동, 서 구분 없이 모두 열대 우림 지역에 속했다고 한다. 그런데 동아프리카 지역에 건조한 기후가 도래하면서 사바나 지역으로 바뀌게 되었고, 이에 적응하기 위한 진화 과정에서 인류의 진화가 이루어졌다는 가설이다. 그렇다면 사바나 기후는 어떻게 인류의 진화를 유도한 것일까? 그중 가장 중요한 요소가 숲이 사라짐에 따라서 숲에서 생활하기 편리하게 이루어졌던 신체 구조가 건조한 초원에서 생활하기 편리한 쪽으로 변화한 것이다. 건조한 지역은 습윤한 지역에 비해 음식물이 풍족하지 못했을 것으로 여겨지며, 음식을 구하기 위하여 보다 먼 거리를 이동해야 했을 것이다. 그리하여 초원에서의 이동에 용이한 두발 걷기(bipedalism, 이족 보행)가 시작됐을 것이다. 이족 보행의 증거는 발견된 화석의 해부학적 구조를 통하여 알아낼 수 있다. 예를 들면 선 자세를 유지하기 편리한 골반뼈와 다른 발가락과 동일한 방향을 향하는 엄지발가락, 걷기에 편리한 무릎뼈의 구조 그리고 휘어진 긴 척추 등을 들 수 있다. 앞서 소개한 알디나 루시 등의 구조가 다른 유인원들과 구분되는 점이 바로 이러한 예이다. 숲이 우거진 지역에 사는

(a)

(b)

그림 4.4 사바나 기후(a)와 열대 우림 기후(b)

다른 유인원들이 땅에 내려오지 않고도 나무 사이를 이동하거나, 짧은 거리를 이동 할 때 주먹을 땅에 딛고 걷는 것(knuckle-Walking)과 대조된다.

이족 보행은 뇌의 발달을 촉진시켰으며, 자유로워진 두 손은 도구의 운반을 용이하게 하였다. 이로써 점차적으로 뇌의 크기가 커지고, 도구의 사용이 점차 빈번해지면서 발달을 촉진하였을 것이다. 물론 이족 보행이 사바나 기후의 도래와 관련이 없을 것이라 주장하는 연구도 있다(그림 4.2 참조).

4.8.2 지형의 변화와 건조 기후의 도래

그렇다면 실제로 건조 기후가 도래하기 시작한 시기와 인간의 진화 시기가 동시에 이루어졌는가? 그리고 건조 기후를 이끈 원인은 무엇인가?

약 3,000만 년 전 동아프리카 지역의 일부가 융기하기 시작했다. 융기한 지형은 남-북 방향으로 길게 늘어진 모양으로 길이는 약 6,000km, 폭은 600km이며, 높이는 5km 정도까지 솟아올랐다. 그리고 실제로 가장 활발한 융기가 진행된 시기는 700만~200만 년 전이며, 이는 고대 인류와 아프리카 원숭이(African ape, 특히 침팬지)가 분화된 시기(700만~400만 년 전)와 일치한다. 갖가지 화석 증거뿐만 아니라 최근 기후 모형 실험(Sepulchre et al., 2006)에서도 융기에 의한 지형의 변화가 동아프리카와 서아프리카의 기후를 갈라놓는 역할을 했음을 입증하고 있다. 특히 융기된 지형은 인도양으로부터 유입되던 습윤한 공기의 흐름을 바꾸어 놓았으며, 이와 함께 인도 대륙과 아시아 대륙이 충돌하면서 형성되기 시작한 티베트고원의 형성은 서남아시아의 건조한 공기를 동아프리카로 유입되도록 작용하여 기후를 더욱더 건조하게 만들었다.

신생대 초인 5,500만 년 전부터 이산화탄소의 양이 점차적으로 감소하면서 온도가 감소하였다. 이와 더불어 지구 공전 운동의 주기적인 변화로 인하여, 약 300만 년 전부터 빙기와 간빙기가 주기적으로 나타나기 시작했다. 빙기에는 지구 전체적으로 건조한 기후가 지배적인데, 첫 번째 빙기가 기록된 약 275만 년 전은 인류의 진화가 진행되었던 시기와 일치한다. 아마도 지구 전체적인 기온의 하강과 지역적인 융기 현상이 이끌어 낸 기후변동이 겹쳐져서 아프리카 지역에 건조한 기후를 만들어 냈을 것이다.

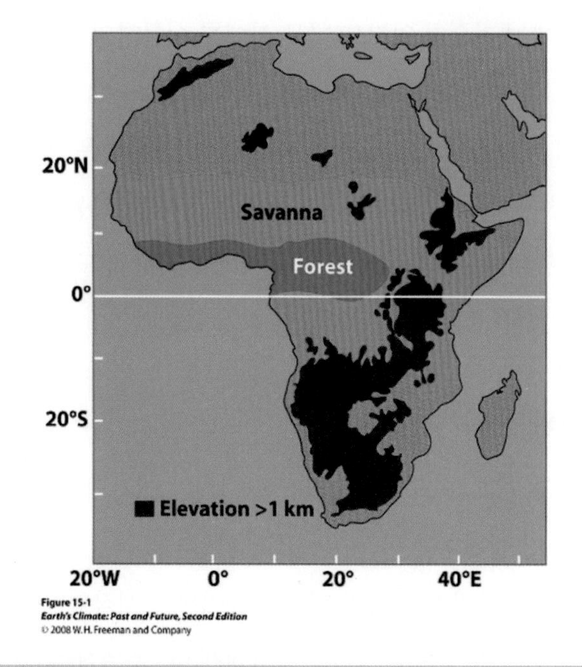

그림 4.5 아프리카 대륙의 기후 분포와 지형 (Ruddiman, 2008)

4.8.3 기후변동에 대한 선택적 진화(Variability selection hypothesis)

사바나 가설이 점진적인 진화에 대한 이론이라면, 급격히 변동하는 기후에 대하여 진화가 이루어지고 인류가 전파되었다는 가설이 기후변동에 대한 선택적 진화라고 할 수 있다. 즉 초기 빙기 동안에 기후의 변동이 매우 심했는데, 이러한 극심한 기후변동에 잘 적응할 수 있는 방향으로 인류가 진화했다는 것이다. 동의원소 분석에 따르면 270만, 190만, 110만 년 전에 뚜렷한 습윤한 기후가 나타났고, 이러한 기후는 약 20만년 동안 지속되었다고 한다. 흥미롭게도 이 기간 동안에 인간 종들의 다양한 분화가 이루어졌으며, 각각의 습한 기후가 끝난 후에 뇌 크기의 변화가 뚜렷하게 나타났다. 결국 반복된 환경적인 스트레스에 대한 적응과 재적응 과정을 반복하면서 보다 적응력이 강한 형태로 진화했을 것이라 여겨진다. 이에 대한 또 다른 증거로 고대 인간의 화석이 다양한 환경에서 발견되고 있다는 것이다. 특히 동일한 종인 알디피테쿠스 라미다스의 경우 숲이 우거진 지역과 초목이 번성한 지역 모두에서 활동했다는 증거가 발견되었다.

이후 고대 인간들의 활동 범위의 팽창에도 기후의 변화가 많은 영향을 미쳤다는 증가가 발견되고 있다. 특히 13만 5천~7만 5천 년 전 동안에 발생한 메가급 가뭄 동안에는 아프리카 호수 물의 95%가 감소하였고, 이는 지난 마지막 최대 빙기(Last Glacial Maximum) 동안의 가뭄보다도 더 극심한 경우로 기록되었다. 이로 인해 당시의 고대 인간들은 다른 지역으로 이주하면서 넓은 지역으로 퍼져 나가는 계기가 되었다(Scholz et al., 2007).

기후 시스템과 기후 구분

5.1 기후 시스템

기후 시스템은 크게 대기 · 해양 · 생물 · 빙하 · 지표의 다섯 권역(표 5.1)으로 이루어져 있다. 이 권역은 서로 다른 시간 규모를 가지고 변화하며 상호작용한다. 기후 시스템은 우리가 경험하는 매일의 날씨의 통계적 특성을 의미하지만 대기권 내에서만 이뤄지는 것이 아니라 비교적 긴 시간 동안 다른 권역과의 상호작용을 통해 변화해 간다. 더구나 기후는 해양과 빙설, 식생과 지표의 변화 등 자연환경뿐만 아니라 인간활동 영역과도 영향을 주고받는다. 이런 의미에서 기후가 변화하는 것은 우리의 사회, 경제, 환경 문제와 매우 밀접하게 연관되어 있다. 대표적으로 기후 시스템의 수권 변화는 지구 규모 또는 국지 규모로 이루어지는 대기의 물 순환(그림 5.2)에서 시작된다.

표 5.1 기후 시스템의 다섯 가지 권역들의 정량적 해석

구성요소	면적		질량 (10^{-24}kg)	밀도 (g/cm^3)
	(100만 km^2)	지표면적(%)		
지권	148(대륙 빙하 포함)	29(대륙 빙하 포함)	5,976	5,717[c]
수권	362(해빙 포함)	71(해빙 포함)	1.4	1
설빙권	16(육빙[a]) 26(해빙[b])	3(육빙) 5(해빙)	0.024 0.00004	0.9 0.8
대기권	–	–	0.005	0.003[d]
생물권	–	–	0.005	0.003

a. 지면에 얼어 있는 물 제외, b. 빙산 제외, c. 고체 지구 전체에 대한 평균치. 암석권에서는 단지 2,600g/cm^3, d. 평균 해수면 고도에서의 밀도

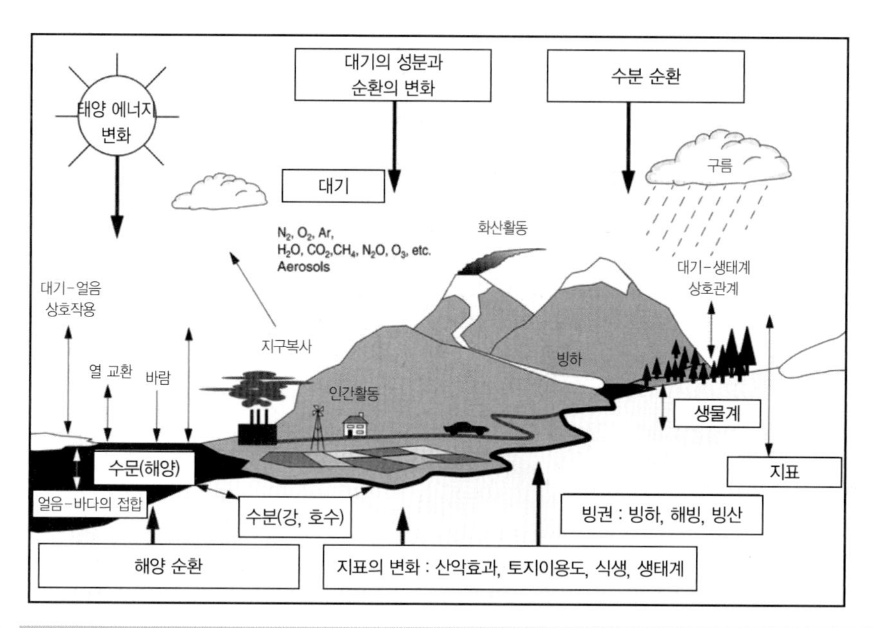

그림 5.1 기후 시스템

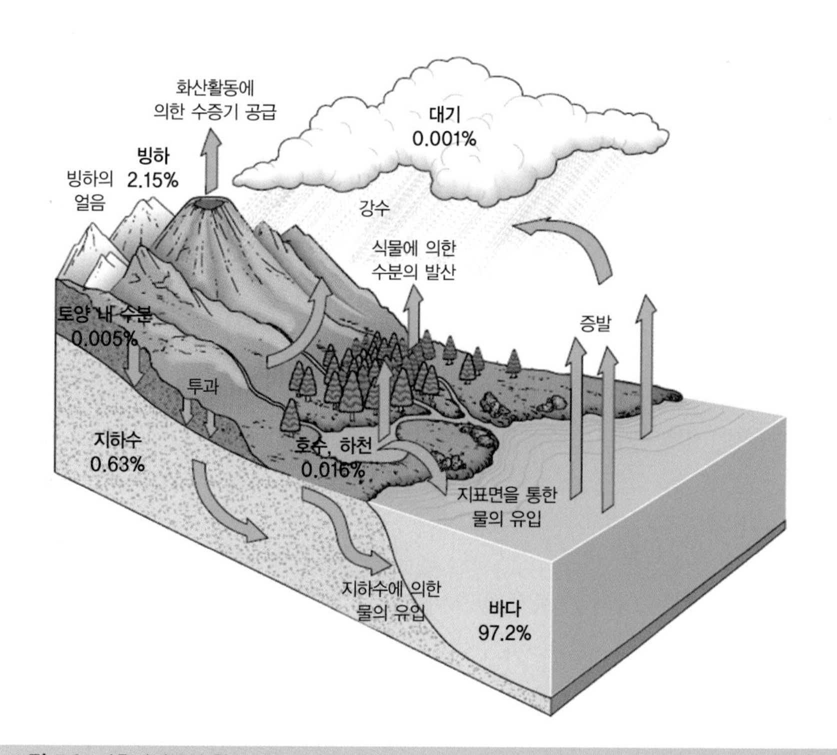

그림 5.2 기후계의 물순환

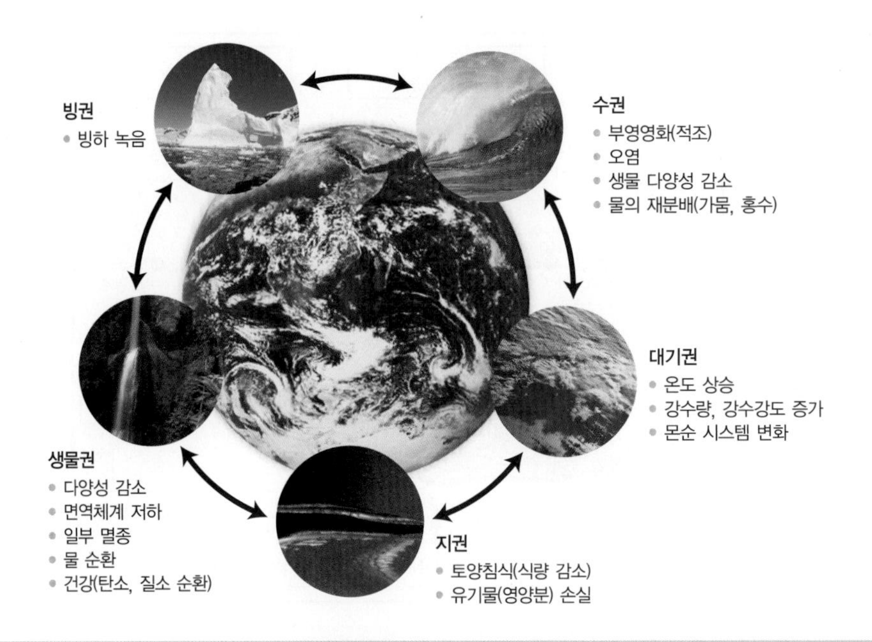

그림 5.3 기후 시스템의 다섯 가지 권역 (Sabadini, 2002)

5.2 기후 구분

기후는 기상학적 개념으로 과거 30년 동안 어느 지역에서 관측된 기온, 기압, 습도, 강수형태, 강수량, 풍향, 풍속, 일사, 일조, 구름 등이 포함된 기상요소의 평균값과 변화량으로 결정한다. 기후 구분은 전 세계 모든 기상관측소에서 관측한 기상값에서 기후적인 유사성을 찾아내고 조직화하여 기후에 대한 과학적 이해를 돕기 위해 기후 과정 사이의 장기적인 영향을 구조화하는 과정이다.

5.2.1 쾨펜의 기후 구분

기후 구분의 방법에는 여러 가지가 있으나 크게 기원적 기후 구분법과 경험적 기후 구분법으로 나뉜다. 경험적 방법은 기온 · 습도 · 강수량 등의 관측된 기후자료를 직접 이용하는 방법이고, 기원적 방법은 기단 · 순환계 · 전선 · 제트류 등과 같이 기후자료의 시간적 · 공간적 형태를 결정하는 모든 인자들의 요소 등에 기초를 둔 방법이다. 기원적 방법이 과학적으로 더 타당성이 있지만 관측자료를 직접 이용하는 경험적 방법이 더 보편화되었다. 경험적 방법은 기후를 지배하는 인자의 특성에 따라 기후를 구분을 하며 기후인자로서 위도, 경도, 해륙분포, 해발고도, 식생 등이 있다.

쾨펜의 기후 구분은 독일의 기후학자 쾨펜이 식생분포에 기초한 1923년에 고안한 기후 구분 방법이다. 기온과 강수량의 두 가지 변수의 단순 계산만으로 기후를 구분하는 경험적 방법에 의해 구분한 것이 특징이다. 분류 기준이 간결하고 명확하며, 식생 및 토양의 특징을 반영하고 있다. 이 구분은 현재까지 기후, 산업, 문화, 농업 등 여러 분야에서 가장 보편적으로 이용되고 있다. 그러나 식생에만 주목하고 있어 인간생활 등 문화적인 면에서 적합하지 않은 부분이 있으며, 아시아나 아프리카의 기후에 대해서는 정확하지 않다는 평을 받고 있다.

쾨펜은 세계 기후를 A, B, C, D, E로 나누어 B를 제외한 다른 기후형은 기온에 따라 구분하였고 B형은 건조도에 의해 구분하였다. 건조도는 수분을 공급하는 강수량과 식생의 증발에 의한 수분수지에 의해 결정된다. 증발량은 관측이 어려우므로 기온–강수량 지표에 의해 건조(BW)와 반건조(BS) 기후로 세분되었으며 이들 값을 다시 온난 · 한랭의 정도에 따라 h와 k로 세분하였다. A, C, D형 기후는 연중 강수량 분포에 따라 다시 세분하여 온난 · 한랭 정도에 따라 세 번째로 다시 세분하였다. E형 기후는 식생이 자랄 수 있는지에 따라 툰드라(ET)와 빙설(EF) 기후로 구분되었다. 이후 트레와다(Glenn T. Trewartha)에 의해 H(고산 기후)가 추가되는 등 기후 구분에 대한 보정이 이루어졌다. 1953년에 완성된 쾨펜–가이거–폴 체계에 의한 주요 기후 구분의 기준을 표 5.2와 같이 나타냈으며, 이에 의해 구분된 쾨펜 기후형의 세계적 분포는 그림 5.4와 같다. 쾨펜의 기후 구분법은 1940년 그가 생을 다할 때까지 계속 보완되었으며, 이후에도 많은 기후학자들에 의해 보완되었다. 그러나 식생의 생장에 큰 영향을 미치는 가뭄과 한파와 같은 현상과 일사와 바람과 같이 식물 성장에 중요한 기상요소들이 쾨펜의 분류 방법에서는 제외되어 있고 기후에 대한 식생의 적응도가 매우 느려 현재의 식생은 지난 기후의 소산물일 수도 있기 때문에 쾨펜의 기후 구분법을 적용하는 데 대한 논란은 아직도 있다. 이에 따라 미국의 지질기후학자인 C. 워런 돈웨이트와 같은 많은 사람들에

표 5.2 쾨펜의 기후 구분

A(열대)	Af(열대 우림 기후) Am(열대 몬순 기후) Aw(사바나 기후) As(열대 하계 보슬비 기후) : 극히 드물고 하와이의 일부 등 한정된 지역에만 존재
B(건조대)	BW(사막 기후) BS(스텝 기후)
C(온대)	Cf(온난 습윤, 서안해양성 기후) Cw(온난 동계 보슬비 기후) Cs(지중해성 기후)
D(냉대)	Df(냉대 습윤 기후) Dw(냉대 동계 보슬비 기후) Ds(고지 지중해성 기후) : 극히 한정된 지역에만 존재
E(한대)	ET(툰드라 기후) EF(빙설 기후)

의해 쾨펜 기후법이 개정되기도 했으나 아직도 지리학적 구분에는 널리 사용되고 있다.

5.2.2 기후 분포

기후가 날씨의 통계적 특성으로 대변되는 만큼 기후 분포는 날씨를 가늠하는 기상 시스템들(meteorological systems)과 밀접하게 관련된다. 날씨를 가장 두드러지게 표현하는 것은 열대 지역을 제외하면 해면 기압 패턴이다. 저기압 지역은 흐리고 강수, 고기압 지역은 구름이 적고 맑은 날씨를 보인다. 중위도와 고위도에서 저기압은 이동성이고 고기압도 거의 이동성이다. 그러나 시베리아 고기압과 같이 한 계절 동안 한 지역에 반영구적으로 발달하는 고기압들도 있다. 흔히 바람은 고기압 지역에서 약하고 저기압 지역에서 강하다. 그러나 팽창하는 고기압의 연변에 나타나는 봄바람이나 겨울바람은 매우 강하다.

저위도에서 날씨는 태풍을 제외하면 해면 기압 패턴보다 바람과 구름의 발달에 더 의존한다. 특히 적도에 평행하게 지구를 거의 한 바퀴 둘러싸는 열대수렴대(InterTropical Convergence Zone, ITCZ)는 두 반구의 편동풍들이 수렴하는 구역으로서 구름과

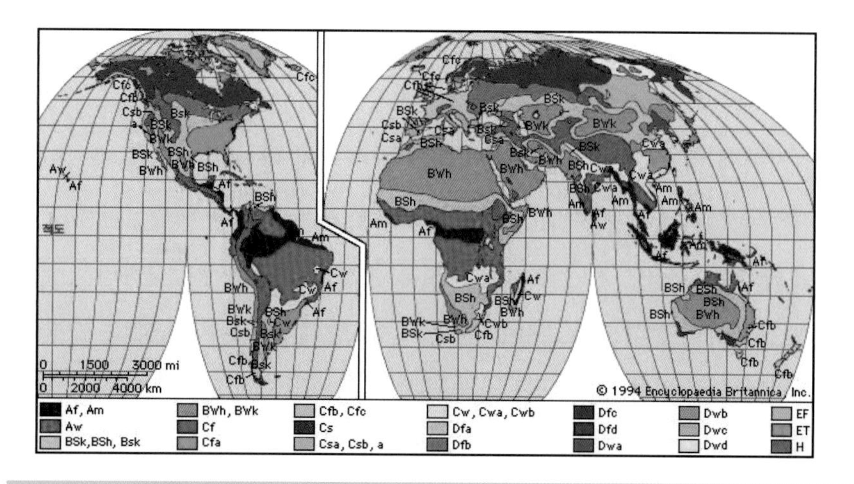

그림 5.4 쾨펜의 기후 구분법에 따른 세계의 기후 분포

강우의 집수구역이다. ITCZ가 육지와 만나는 해양 대륙(인도네시아, 스마트라, 뉴기니 등 동남아 도서들을 통틀어 이름), 아마존 유역 및 적도 아프리카는 세계에서 강우량이 많은 지역들이다.

아열대(subtropical zone)[1]는 고기압이 거의 영구적으로 머무는 지역이기 때문에 구름과 강수가 드물다. 사하라, 아라비아, 오스트레일리아 내륙에 전형적인 사막이 발달되어 있다. 사막의 총 면적은 지구 전체 지면의 1/4에 이른다. 아열대를 벗어난 중위도에 위치한 타클라마칸과 고비 지역, 카스피 해와 아랄 해를 포함한 지역에도 광대한 사막이 형성되어 있다. 이 사막들도 반영구적인 고기압들의 지배를 받는다.

열대저기압(cyclone)은 매우 특이한 저기압 시스템으로 저위도 해양 위에서 작은 소용돌이로 발생하여 아열대 고기압 연변의 편동풍을 따라 서진하면서 매우 깊은 저기압으로 발달한다. 이 동안에 많은 수증기가 저기압 속으로 들어가 강수를 만들게 된다. 계속 서진하며 육지에 상륙하면 수증기의 공급이 줄게 되어 급격히 소멸 과정을 밟는다. 그렇지 않고 해상 고기압의 연변을 따라 아열대를 지나게 되면 급격한 구조 변화를 거쳐 열대 밖(extra-tropical) 저기압으로 바뀌거나 소멸한다. 우리나라에 상륙하는 태

1. 원래 북회귀선과 남회귀선 사이에서 열대를 제외한 지대이나 위도 30도까지 연장된다.

풍(typhoon)은 저기압 구조가 변한 열대저기압이며, 상륙 후에 소멸하거나 열대 밖 저기압으로 우리나라를 벗어난다.

고기압 지역의 지표 공기는 상층에서 하강하며 퍼져 나가는 건조한 공기인 반면에 저기압 지역의 지표 공기는 주변 하층에서 모여들면서 지표에서 증발한 수증기를 포함하게 된 습한 공기이다. 저기압 지역의 지표 공기는 조만간에 상승하면서 낮은 기압을 만나 팽창하여 단열적으로 냉각된다.[2] 충분히 냉각되면 공기 속에 든 수증기가 응결하여 구름의 수적(얼음 결정 또는 빗방울)이 되고 이들이 구름속의 상승과 하강하는 요란에 의하여 작은 얼음덩이 또는 물방울이 병합되는 과정을 거쳐 큰 수적으로 성장한 후 되어 낙하한다. 낙하할 때 얼음은 녹아서 비가 된다. 구름이나 안개 등은 대기와 함께 움직이는 아주 작은 수적들의 집합이다.

2. 이 원리는 냉장고를 냉각시키는 원리와 같다. 냉장고는 작용 액체가 진공을 만나 급히 단열적으로 기화하며 팽창할 때 온도가 급감하는데, 이 찬 기체를 순환시켜 냉장고를 차게 만든다. 그 순환으로 열을 얻어 더워진 이 기체는 곧 컴프레서로 압축되어 액화되면서 더욱 뜨겁게 되고 액화된 상태로 방열장치를 통과한 다음 식어서 원 위치로 돌아온다. 한때 그 작용물질로 프레온, 즉 CFC가 사용되었다.

대기의 조성과 기후 시스템

6.1 대기의 조성과 구조

기후 시스템을 구성하는 대기권은 지표에서 약 100km에 달하는 공기 범위로서 대부분의 공기는 지표에 몰려 있기 때문에 지구의 크기(평균 반지름 6,375km)에 비해 매우 얇은 층이다. 대기는 태양계의 다른 행성에서 볼 수 없는 독특한 조성과 연직 구조를 형성함으로써 지구에 생명체가 존재할 수 있는 환경을 만들어 주고 있다.

대기를 이루는 주체인 공기는 보이지도 않고 냄새도 나지 않는 기체들의 혼합체이다. 대기의 성분은 공기를 구성하고 있는 성분들의 절대량보다는 상대적 양으로 설명한다. 또 대기 중의 수증기와 미세먼지(에어로졸)의 양은 변화가 크기 때문에 일반적으로 공기 성분의 상대적 양은 수증기와 에어로졸이 제외된 비율이다. 수증기를 제외한 나머지 기체들의 집합을 건조 공기라 한다. 지표 부근에서 건조 공기를 구성하는 기체들의 구성비를 표 6.1에 제시하였다. 지구 대기의 99.96%(체적비)는 질소(N_2), 산소(O_2), 아르곤(Ar)으로 이루어져 있다. 이 세 가지를 제외한 나머지 기체 성분들의 양은 매우 적지만 이 미량 기체들 중에는 온실효과를 가져오거나 치명적 자외 복사에 대한 방패 역할을 할 수 있는 지구상의 생명체에 매우 중요한 성분들이 있다.

이산화탄소(CO_2)와 오존(O_3)은 수증기와 함께 지구의 생명체를 유지시키는 기체이다. 이러한 기체들을 일반적으로 온실 기체(greenhouse gases)라 부른다. 그 이유는 유리로 둘러싸인 온실에서와 같이 이 기체들은 지표 부근에 따뜻한 환경을 만들어 주기 때문이다. 성층권 20~30km 부근에 가장 높은 농도로 존재하고 있는 오존은 매우 적은 양이지만 태양복사 에너지 중에서 생명체에 치명적으로 영향을 주는 자외선을 대부분 흡수해 줌으로써 지상의 생명체를 보호하는 자외선 방패 역할을 한다.

표 6.1과 같이 대기를 조성하고 있는 건조 공기의 구성비는 대략 80km 이하의 대기층에서는 고도 변화에 관계없이 일정하다. 그러나 그 이상의 대기층에서는 기체의 원자나 가벼운 기체 분자로 구성된 공기의 조성비가 증가한다. 대기의 하부층 100km까지는 질소가 주성분이지만 대략 170km 고도부터는 산소 원자가 주된 성분이 되고 1,000km 고도 부근에서는 헬륨이 그리고 그보다 더 높은 고도에서는 가장 가벼운 수

표 6.1 지표 부근의 대기 조성

성분	분자식	분자량	존재비율(%)	
			체적비	중량비
질소	N_2	28.01	78.084	75.527
산소	O_2	32.00	20.946	23.143
아르곤	Ar	39.94	0.937	1.282
이산화탄소	CO_2	44.01	3.5×10^{-2}	0.0456
일산화탄소	CO	28.01	1.2×10^{-5}	1×10^{-5}
네온	Ne	20.18	1.8×10^{-3}	1.25×10^{-3}
헬륨	He	4.00	5.24×10^{-4}	7.24×10^{-5}
메탄	CH_4	16.05	1.4×10^{-4}	7.25×10^{-5}
크립톤	Kr	83.70	1.14×10^{-4}	3.3×10^{-4}
일산화질소	N_2O	44.02	5×10^{-5}	7.6×10^{-5}
수소	N_2	2.02	5×10^{-5}	3.48×10^{-5}
오존	O_3	48.00	2×10^{-6}	3×10^{-6}
수증기	H_2O	18.02	가변	가변

소가 주류를 이룬다.

지구는 해양과 하천 등 수권으로부터 증발이 일어나기 때문에 대기권 하부층에는 수증기의 농도가 높다. 대기 중 수증기의 체류시간(life time)은 3일 정도로 매우 짧고 지역마다 증발 양이 다르므로 시공간적으로 분포도가 크게 차이가 있다. 열대 해양지역은 증발과 기온이 높아 대기 중 수분이 4% 정도까지 존재하지만 추운 극지역이나 사막지역의 대기에는 0.3%의 수분밖에 포함하고 있지 않다. 또 고도 증가에 따라 수증기의 양도 감소한다. 수증기는 자연 상태에서 3개의 상 (phase)으로 존재할 수 있는 유일한 성분으로, 상이 변화할 때는 잠열의 교류가 일어나게 된다. 이 때문에 수증기는 거의 모든 대기 현상에서 중요한 역할을 한다.

지구 대기 중에는 기체 성분 외에 다양한 종류의 미세입자가 부유하고 있어 이를 에어로졸이라고 하며, 이는 아주 작은 물방울 또는 고체 입자들을 일컫는다. 액체 에어로졸은 안개 속의 물방울과 같은 것으로, 연무가 그 예이다. 고체 에어로졸은 화재로 발생되는 매연 입자, 또 해양으로부터의 해염 입자, 바람에 의해 올라간 먼지, 화산재 그리고 산업 활동에서 나오는 입자 오염물과 같은 것들이 있다. 에어로졸은 대기 어느 곳에나 존재하며, 특히 지표 부근에 많고 태양복사 에너지를 차단하거나 지구복사 에너지를 흡수하는 역할을 하기 때문에 오늘날 지구 기후변화의 중요한 요소로 지적되고 있다.

19세기 산업혁명 이후 빠른 속도로 발전한 인간활동은 대기 중 이산화탄소(CO_2)나 메탄(CH_4) 등과 같은 기존의 미량 기체의 양을 증가시켜 지구 환경에 중요한 변화를 일으키고 있다. 예를 들어 질소산화물(NOx) 등은 도시 대기의 중 요한 성분이 되고 있으며 질산염 에어로졸의 농도를 증가시킨다. 그리고 냉매제로 사용하고 있는 프레온 가스(CFC)는 인위적 오염물로서 대기 상층의 오존층을 파괴한다.

6.2 대기와 수권의 생성

원시지구는 수소와 헬륨의 두꺼운 대기로 덮여 있었을 것으로 추정된다. 그러나 이 원시대기는 어떤 메커니즘에 의해 지구에서 사라졌고, 그 후 지구로부터 스며 나온(화산 분출, 온천 등을 통해 대기로 방출된) 가스들에 의해 오늘날의 대기가 생성되었을 것으로 보고 있다. 현재의 화산 분출물은 대략 수증기가 85%, 이산화탄소가 10%, 그리고 질소가 수 %를 차지하고 있다. 산소가 거의 없는 것을 제외하면 화산 분출물에는 오늘날 대기에 존재하는 성분들이 포함되어 있다.

오늘날 공기에서 질소(N_2)가 가장 풍부하게 된 이유는 N_2의 화학적 성질 때문이다. N_2는 비활성이며 물에 잘 녹지 않기 때문에 대기로 방출된 질소는 부유하여 축적될 수 있었으며, 결과적으로 지구 대기에서 가장 풍부한 성분이 되었다. 지구의 수권(바다, 하천, 호수)은 대기로 방출된 수증기가 응결되어 비나 눈의 형태로 지표로 돌아와 냉각되고 있는 지구 표면의 저지대에 모여 형성된 것이다.

현재 대기에 있는 전체 산소의 양은 3.8×10^{18}kg으로 알려져 있다. 산소가 대기 중으로 들어가는 주요한 반응은 식물에 의한 광합성이다. 그 양은 4.0×10^{14}kg/yr 로서 식물의 광합성은 호흡 또는 분해, 화석 연료의 연소와 같은 산소를 소모하는 과정들과 정확히 균형을 이룬다. 지구 생성 초기에는 풍화작용이 대기 산소의 중요한 배출구였으나 현재는 동식물의 호흡, 미생물의 분해, 화석 연료의 연소 등에 의한 배출이 형성된다.

산소의 수명을 나타내는 체류시간은 3,000년 이상이다. 산소의 생성 기구로는 다음의 두 과정이 있다. 첫째는 수증기의 광해리에 의한 생성과 둘째는 녹색식물의 광합성 반응에 의한 생성이다.

$$2H_2O + h\nu\ (UV) = 2H_2 + O_2$$

$$H_2O + CO_2 + h\nu\ (PAR) = CH_2O + O_2$$

두 반응 모두 태양복사 에너지를 필요로 하는데, 자외선을 필요로 하는 수증기의 광해리가 지구에서 산소 생성의 주요 기구가 되기는 어려운 것으로 판단된다. 반응식에서는 가시광선의 에너지를 필요로 하는 것으로 녹색식물이 풍부한 지구에는 산소가 풍부하고 생물이 없는 금성과 화성에는 산소가 전혀 없음을 고려할 때, 지구 대기 중의 산소는 대부분 녹색식물의 광합성 반응에 의해 생성된 것으로 받아들여지고 있다. 이산화탄소는 화산 분출물의 주요 성분임에도 불구하고 지구 대기 조성에서 그것이 차지하는 비중은 금성과 화성에 비해 아주 작다. 그 이유는 주로 바다의 존재에 있다. 대기 중 CO_2의 상당량은 해수에 녹아 몇 차례의 화학 반응을 거친 후 탄산칼슘($CaCO_3$)을 만들게 된다. 이 $CaCO_3$는 해양 생물의 껍질 속에 들어간 후 결국에는 이 껍질이 해저에 침전하여 퇴적암인 석회암을 만들게 된다. 해양에 용해되어 있는 CO_2의 양은 대기 중 그것의 60배에 이르고 셰일이나 석회암 속에 고정되어 있는 탄소의 양은 이들 양에 비교될 수 없을 정도로 많다. 이들 퇴적암에 고정되어 있는 탄소를 CO_2의 형태로 대기에 방출시키면 지구 대기 중의 CO_2와 N_2의 농도 비는 금성과 화성의 농도와 비슷한 값을 갖게 된다. 그러나 지구에 바다가 있기 때문에 지구에는 다른 행성과는 전혀 다른 대기를 유지하고 있다.

6.3 공기의 질량

지구를 둘러싸고 있는 대기의 총 질량은 약 5.14×10^{18}kg 이다. 이 질량을 지구 표면적으로 나누면 약 10^4kg/m^{2}가 된다. 즉 1m^{2}의 지표면 위에 10톤의 공기가 놓여 있는 것이

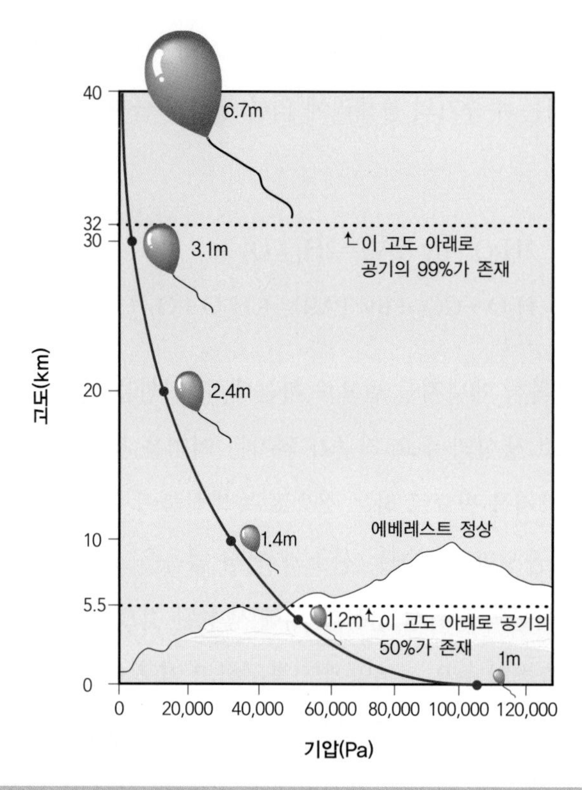

그림 6.1 지표 부근의 대기 조성

다. 기압은 공기 분자들에 의해 단위면적에 가해지는 힘, 즉 기압(p)=힘(F=mg)/면적(A)이므로, 지표에서의 기압은 10^5Pa(1,000hPa) 또는 1,000mb가 된다[1mb는 100파스칼(1 hector Pa=1hPa)이므로 mb 대신 hPa이 기압의 단위로 사용된다]. 전 지구의 평균 해면 기압은 1013.25mb이다. 이 압력 중 약 765mb는 질소, 약 235mb는 산소, 그리고 약 13mb는 아르곤에 의한 것이다.

대기는 상층으로 올라갈수록 그 밀도가 감소하고, 결과적으로 기압도 고도 증가에 따라 감소한다. 그러나 그림 6.1과 같이 기압이나 밀도는 고도 변화에 따라 비선형적으로 감소한다. 기압의 고도에 따른 비선형적 감소 이유는 공기가 압축성(compressible) 유체이기 때문이다. 하층의 공기는 그 위 공기의 무게에 의해 압축되어 있음을 뜻한다. 만약 공기가 물과 같이 비압축성 유체이면 기압과 고도는 선형의 관계를 보일 것이다. 공기의 압축성 때문에 전체 대기 질량의 50%는 5.5km 고도 아래에, 그리고 99%가

32km 고도까지 분포하고 있다. 환산하면 5.5km 고도에서의 기압은 대략 500hPa, 그리고 32km 고도에서의 기압은 약 10 hPa이다.

6.4 대기의 성층 구조 – 기온의 연직 분포

지구 대기는 다른 행성에서 볼 수 없는 독특한 성층 구조를 지니고 있다. 대기의 성층 구조는 기온의 연직 분포에 의해 나타낼 수 있으며(그림 6.2), 권계면이라고 하는 경계면으로 구별되어 있는 4개의 층이 있다.

6.4.1 대류권

대류권(troposphere)은 지표로부터 7～17km(평균적으로 11km) 고도까지이며 그 이름은 그리스어 *tropos*로부터 유래된 것으로 변화하거나 돈다는 뜻이다. 대류권에서 온도는 고도 증가와 함께 감소한다. 그 이유는 대류권 하부의 공기가 태양복사에 의해 가열되는 지표에 의해 지속적으로 가열되기 때문이다. 대류권은 지표 부근의 따뜻한 공기가 상승하고 상층의 찬 공기는 내려오는 대류가 끊임없이 일어나는 기층이기 때문에 지어진 이름이기도 하다. 대부분의 날씨는 대류권에서 일어나는 것이며 그 안에서 나타나는 운동의 결과이기도 하다. 대류권의 꼭대기, 즉 대류권계면(tropopause)의 고도는 적도에서는 대략 17km까지이나 극에서는 7km 정도까지 낮아진다.

6.4.2 성층권

성층권(stratosphere)은 대류권계면 위의 기층으로, 고도 증가에 따라 온도도 증가하여 50km 고도 부근에서 가장 높은 온도가 나타나는 층이다. *strato*란 말은 라틴어 *stratum*에서 온 말로 성층을 의미하고 있다. 고도 증가에 따라 기온이 높아지기 때문에 성층권은 매우 안정되어 연직 방향으로의 대류는 일어나지 않는다. 따라서 대류권에서 발달하는 깊은 대류 구름은 성층권을 침투해 올라갈 수 없게 되고 대류권계면까지 도달한 대류운은 수평 방향으로 퍼지게 된다. 한편 강한 화산 폭발은 종종 화산재를 성층권까

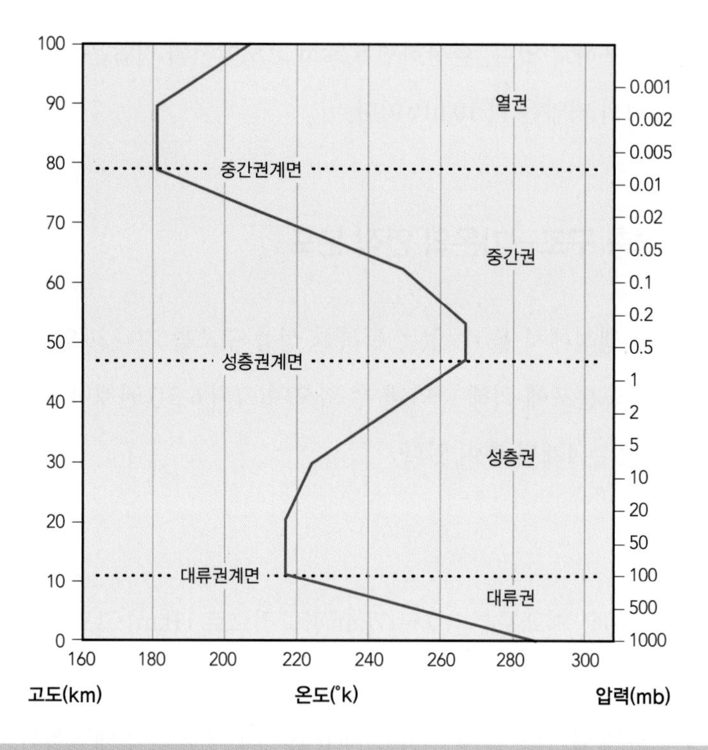

그림 6.2 기온의 수직분포와 대기층의 구분

지 유입시킨다. 이 경우 성층권의 화산재 중 작은 입자들은 안정한 성층권 대기에서 장기간(예, 수년) 체류할 수 있으며 수평 바람을 타고 전구로 확산되곤 한다. 성층권에서 고도 증가와 함께 기온이 증가하는 이유는 오존의 생성과정에서 방출되는 열이 성층권 공기의 온도를 높이기 때문이다. 대기 중 오존의 대부분은 성층권에 존재한다. 성층권의 위 경계면을 성층권계면(stratopause)이라고 한다.

6.4.3 중간권

중간권(mesosphere)은 고도 증가와 함께 온도가 다시 감소하는 층으로 약 85km의 고도에서 영하 100℃ 정도의 대기권 최저 온도가 나타난다. 중간권은 중간권계면에서 끝난다.

6.4.4 열권

열권(thermosphere)은 기온이 증가하는 층으로 500km 이상의 고도까지 연장되어 있다. 열권에서의 고도에 따른 기온 증가는 기체들에 의한 태양복사 에너지 흡수에 기인하며 또 태양으로부터 방출된 프로톤, 전자들과의 충돌에 의해서도 온도가 올라간다. 태양흑점의 활동이 강한 기간 중에는 프로톤과 전자의 수송도 최대에 이르러 기체들과의 충돌이 매우 심해지기 때문에 열권 꼭대기에서는 1,500°C의 높은 온도가 나타나기도 한다. 열권에서의 온도는 기체 분자론적으로 이해해야 한다. 온도가 높음은 기체 분자의 운동이 매우 활발함을 의미한다. 열권에서는 기체 분자의 수가 대류권의 그것에 비해 매우 적기 때문에 높은 온도라 하더라도 열은 극히 소량이다. 따라서 열권과 같이 공기가 희박한 기층에서는 1,500°C의 공기에 노출되더라도 우리는 뜨거움을 느끼지 않을 것이다.

지구 대기에서 가장 경이로운 현상 중 하나인 오로라(aurora)는 열권에서 발생한다. 태양으로부터의 복사 에너지가 열권의 기체 분자에 의해 흡수될 때 그 분자들 중 일부는 전기적으로 하전된 이온의 형태로 떨어져 나간다. 이온화된 기체들의 영역이 100~400km의 고도에서 나타나는데 이 층을 이온층이라 부른다. 오로라는 태양으로부터의 전자 흐름이 이온층의 기체들과 반응하여 중성의 원자들을 만들고 그 과정에서 빛을 내게 되면서 발생하는 현상이다.

6.5 대기의 복사 에너지와 에너지 수지

지구의 에너지는 대부분 태양에서 근원한 복사 에너지이고 지구에 도달하는 태양복사 에너지가 지구의 대기를 움직이게 하는 에너지원으로 지구의 계절과 기후를 결정하는 단초가 된다. 태양은 표면온도가 6,000°K 이상인 완전한 흑채(Block Body)로서 그림 6.3과 같이 전자파 복사인 태양복사 에너지(빛, light)를 발하여 지구-대기계에 유입시킴으로써 우리에게 생명의 근원인 에너지를 공급하고 있다.

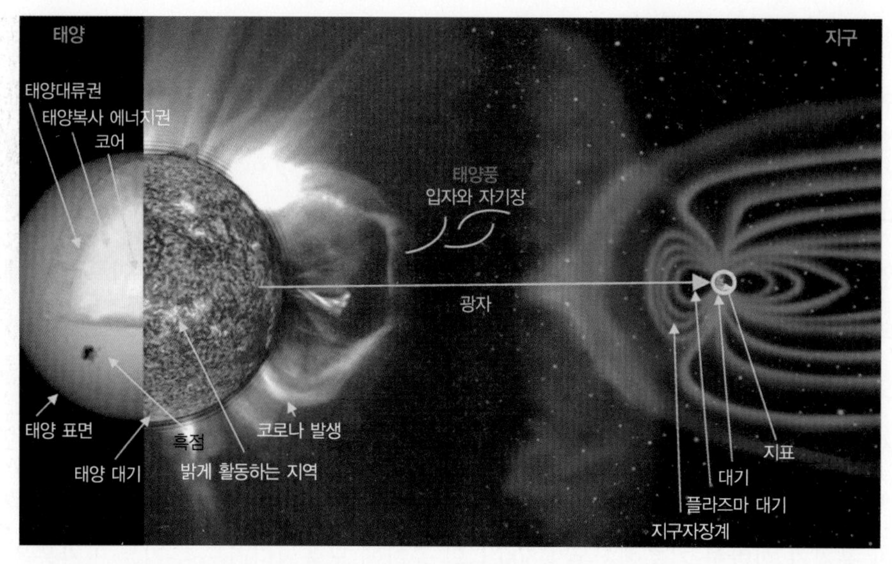

그림 6.3 태양의 복사 에너지 영향과 지구의 자기장 (미국 NASA 제공, 2009)

태양복사 에너지는 7%가 자외선 파장역, 46%가 가시광역, 32%가 근적외 파장역, 그리고 13%가 1.5~4μm의 적외선 파장역에 분포하여 에너지의 98%가 0.1~4.0μm 파장역에 속해 있다(그림 6.4). 태양복사 에너지가 대기를 통과하면서 일부는 대기의 조성분에 의하여 흡수되고 일부는 반사와 산란되어 나머지 47% 정도의 태양복사 에너지만 지표에 도달한다. 태양복사 에너지는 어떤 물질에 입사되었을 때 전자파 복사 에너지의 스펙트럼(파장대) 별로 물질에 영향을 미친다.

사람 눈의 망막은 이러한 전자파 스펙트럼 중 0.32~0.78μm 파장대의 전자파에만 반응하여 볼 수 있어 이를 가시광선(visible light) 또는 가시복사(visible radiation, VIS)라 한다. 가시복사 에너지의 파장역보다 긴 파장역은 적외복사 에너지(infrared radiation energy, IR)이며 이것은 열로 느낄 수 있다. 가시광선보다 짧은 파장역의 에너지는 자외복사 에너지(ultraviolet radiation energy)이며 파장이 짧아 반사 또는 산란 효과가 높고 동식물의 피부와 표피를 손상시키는 효과가 있다. 그러나 대기를 통과하는 과정에서 성층권 20~30km 부근에 밀집해 있는 오존층에 의하여 98% 정도 흡수되며 나머지 2% 정도의 양이 지면에 도달한다. 가시복사 에너지는 파장별로 각기 다른

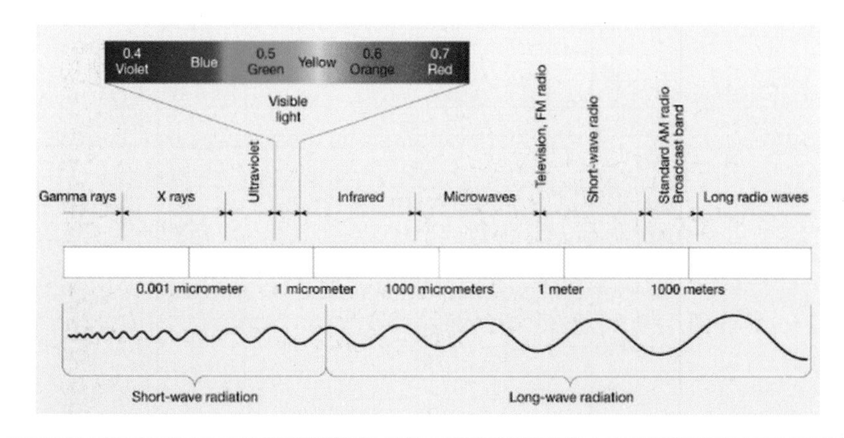

그림 6.4 복사 에너지의 전자파 스펙트럼

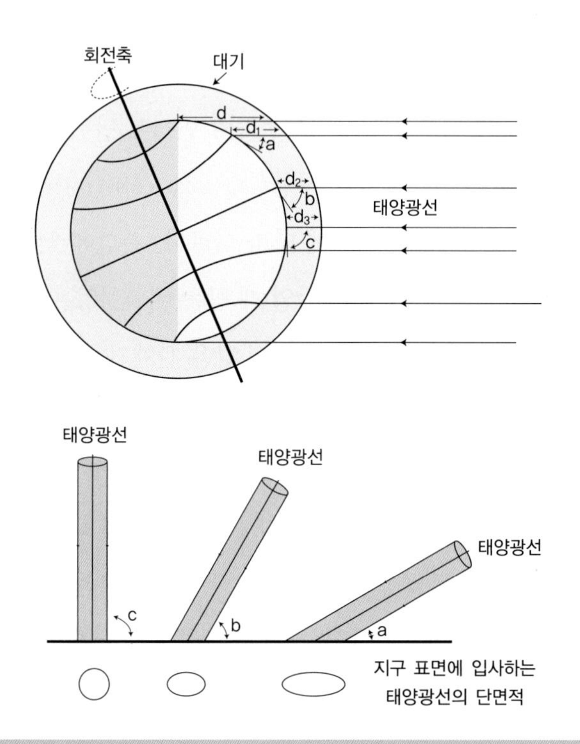

그림 6.5 지구 표면에 입사하는 각도에 따른 태양복사의 세기

색채를 띠는 여러 개의 좁은 파장역을 갖는 특성이 있다(그림 6.4). 각 파장역의 복사광을 모두 중첩하면 백색광이 된다.

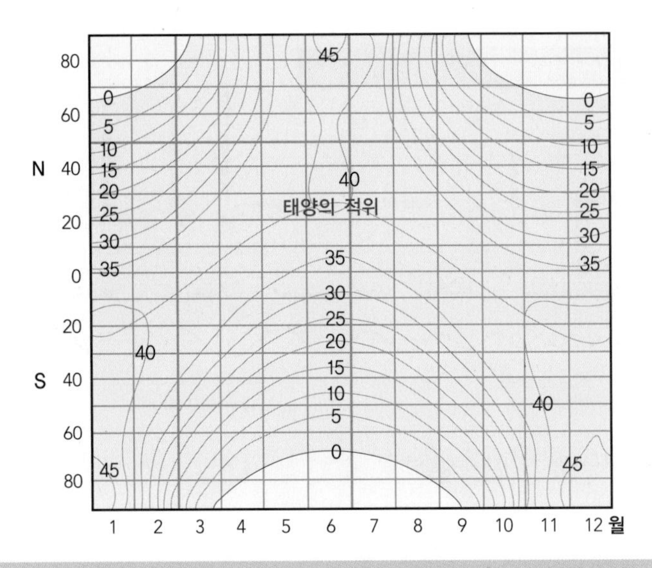

그림 6.6 대기 상단에서 단위면적의 수평면에 입사하는 태양복사 에너지양($10^6 Jm^{-2}day^{-1}$)

지구 대기 상단에서 태양복사에 수직으로 단위면적이 단위시간당 받는 태양복사 에너지는 평균 1,380W/m^{2}이며 이 값을 태양상수(solar constant)라 한다. 수평면에 입사하는 태양복사 에너지는 시간과 위도에 따라 다르다. 지상에 입사하는 태양복사 선과 지표면이 이루는 각(태양고도 각)이 직각일 때 받는 에너지양은 최대가 되고 각이 작아지면서 입사 복사량도 줄어든다(그림 6.5). 이 같은 관계가 계절이 생기는 원인이 된다. 한낮의 태양 고도 각은 여름철에 가장 높고 겨울에 가장 낮다. 또 고위도로 진행할수록 태양 고도 각이 작아진다. 그림 6.6은 대기 상단의 수평면에 입사하는 태양복사 에너지양을 위도와 시간의 함수로 보인 것이다. 최대량은 하지의 북극과 동지의 남극에서 나타난다. 이것은 여름철의 북극과 겨울철의 남극에서는 24시간 햇빛이 비추기 때문이다. 그러나 각 위도에서 일사량을 1년 전체에 대해 합산하면 저위도에서 최대치가 나타난다.

태양에서 지구로 입사되는 태양복사 에너지는 지구가 둥글기 때문에 이를 받는 지표면에서의 에너지 세기(단위면적당 받는 에너지)는 위도에 따라 다르다. 적도에서는 태양복사 에너지를 직각 단면으로 받기 때문에 그림 6.6과 같이 경사면으로 태양 에너지를 받는 고위도보다 많은 양의 태양복사 에너지를 받게 된다. 따라서 적도지역은 극지방보다 더워진다. 반면 태양 에너지를 받은 후 지구가 내보내는 지구복사 에너지는 태양복사 에너지에 비해 위도별로 차이 없이 내보낸다. 들어오는 태양복사 에너지와 나가는 지구복사 에너지의 양을 합하면 결과적으로 저위도에서는 에너지가 남고 고위도에서 에너지가 부족하게 되는 것이다. 이러한 복사 에너지의 위도별 부등가열(또는 차등가열)을 극복하기 위해 대기는 저위도의 남는 열을 고위도로 운반한다. 이것을 에너지 자오 수송이라 부르며, 이 수송은 삼세포 이론이라 불리는 대기대순환을 통해 이뤄진다.

6.6 온실효과

지구 대기의 중요한 특성 중 하나는 복사 에너지의 흡수이다. 지표에 도달하는 복사 에너지는 대기 상한에 도달한 에너지에 비해 현저히 전 파장에서 줄어든다. 복사 에너지의 감소는 대기 성분 기체와 먼지에 의한 산란과 흡수에 기인한다.

각 흡수체는 복사 에너지의 특정 파장역(band)에서 흡수 능력을 가지며, 또 물질에 따라 흡수 파장역은 다르다. 또 한 물질의 흡수 능력은 흡수 파장역 간에도 큰 차이를 보일 수 있다. 예를 들어 이산화탄소는 태양복사에 대해서는 흡수가 약하나 적외복사 에너지는 강력하게 흡수한다. 대기 중의 주요 흡수체는 수증기, CO_2, 아산화질소(N_2O), 메탄(CH_4)으로, 이들은 CO_2와 같이 태양복사에 대해서는 대체로 투명하고 지구복사에 대해서는 강력한 흡수를 하는 선택적 흡수의 특성을 지니고 있다. 이 같은 선택적 흡수는 온실효과를 발생시키는 대기의 중요한 특성이다.

대기의 선택적 복사 에너지 흡수 특성 때문에 (구름과 에어로졸에 의해 반사되고 남은) 태양복사 에너지는 상당 부분이 대기를 통과하여 지표에 도달하고 흡수되나 지표로부터 방출되는 장파복사 에너지는 대부분 대기에 의해 강력히 흡수된다. 즉 에너지가 들어오는 것은 짧은 파장역(주로 0~4μm 파장역)의 복사 에너지가 나가는 긴 파장(4~100μm)의 영역이 되어 흡수가 주원인이 된다. 대기는 다시 흡수한 만큼의 장파복사 에너지를 재복사하여 지표 방향과 상향 외계로 방출한다. 따라서 지표는 대기로부

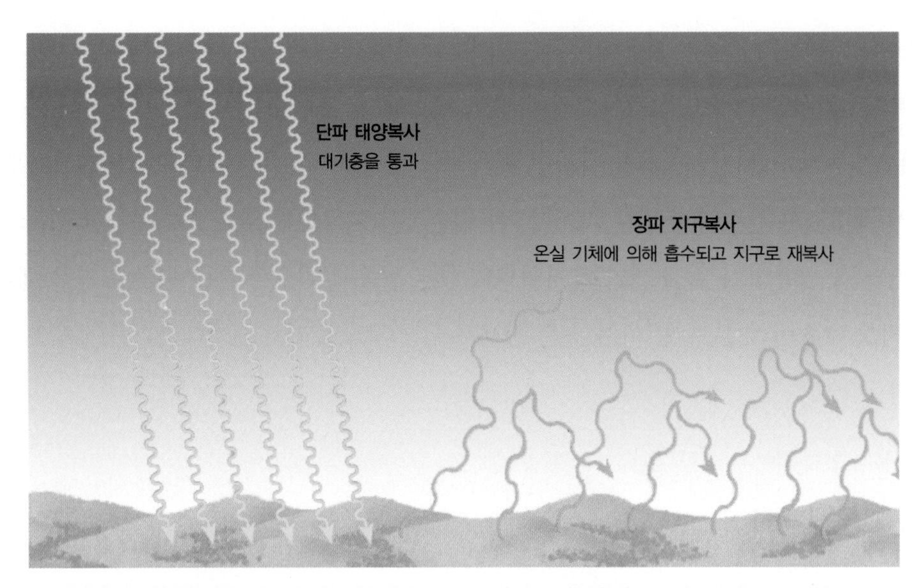

그림 6.7 온실효과

터 상당한 양의 복사 에너지를 받게 됨으로써 대기가 없을 때에 비하여 현저히 많은 양의 복사 에너지를 흡수하게 되고 그 결과 지표의 평균 온도는 대기가 없을 때보다 현저히 더 높은 온도를 가지게 된다(그림 6.7). 이것을 지구 대기의 온실효과(greenhouse effect)라 한다. 지구의 경우 대기가 없다면 지표의 평균 온도는 현재(약 15°C)보다 33°C 낮은 −18°C가 된다.

온실효과를 가져오는 대기 성분들을 온실 기체(greenhouse gases)라 하며 주요 온실 기체는 수증기, CO_2, CH_4, N_2O, O_3 등이다. 앞에서 언급한 바와 같이 지구 대기의 온실효과는 지표의 온도를 33°C 높인다. 이 효과에 가장 큰 기여를 하는 온실 기체는 대기 중 함량이 가장 큰 수증기이며, 그다음이 CO_2, CH_4의 순이다. 장기적으로 볼 때 지구 대기에서 수증기의 양은 대체로 일정한 편이다. 그러나 CO_2, CH_4, N_2O 등의 대기 중 함유량은 인간활동에 의해 지속적으로 증가하고 있어 온실효과의 증가 원인이 되고 있을 것으로 추정된다. 현재 많은 관심을 받고 있는 지구온난화는 온실효과 자체에 대한 것이 아니라 온실 기체량의 인위적 증가로 온실효과가 상승하는 결과인 것이다.

6.7 지구-대기계의 복사 에너지 평형

지구 대기의 연평균 기온은 항상 일정하다. 이것은 지구가 태양으로부터 받는 단파복사 에너지(즉 지구-대기가 흡수한 태양복사 에너지, 파장 범위 0~4μm)와 장파 형태로 우주 공간으로 내보낸 지구복사 에너지의 입출입의 균형을 의미한다. 이를 지구-대기의 에너지 평형(energy balance)이라 한다.

그림 6.8은 지구-대기계의 복사 에너지 평형으로 지구의 대기 상부에 입사한 태양복사 에너지양은 342W/m^2이다. 이 중에서 77W/m^2는 대기의 구름과 에어로졸에 의해 반사되고 67W/m^2은 대기의 분자에 의하여 흡수되며 나머지 168W/m^2 복사 에너지양이 지표에 도달하게 된다. 그중에서 30W/m^2의 양이 지표에 의해 반사됨으로써 결국 107W/m^2(77+30)가 지구에 의하여 반사되는 양이 되며 이것은 입사하는 태양복사 에너지의 30%가 되는 지구의 평균 알베도가 된다. 지구 표면은 흡수된 태양 단파복사 에너지에 의하여 열적 현상을 일으키며 지구 온도(약 300°K)의 방출 장파복사 에

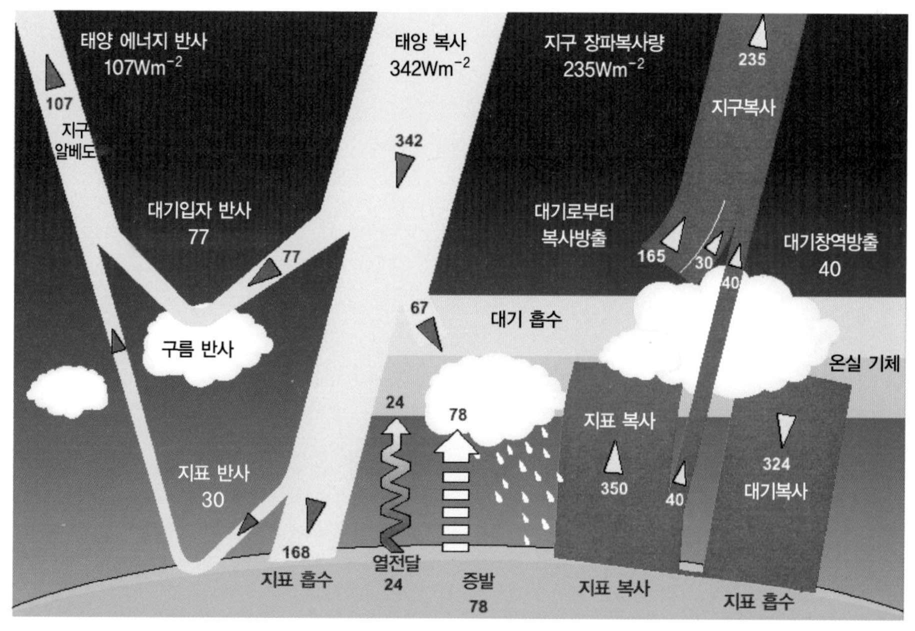

그림 6.8 대기와 지표의 복사 에너지 출입과 복사 에너지 수지

너지(4～100μm) 형태의 390W/m^2 양이 대기로 방출되는데, 이 중에서 40W/m^{2}은 대기를 통과하여 우주 공간으로 나가고 나머지는 대기에 의하여 흡수된다. 또 지표는 열적 효과로서 대기의 잠열효과와 현열효과로 각각 78W/m^{2}와 24W/m^2 양이 대기로 방출된다. 대기로 방출된 잠열은 대기 중에서 응결할 때 그리고 현열은 직접적인 열전달의 과정으로 대기의 온도를 상승시킨다. 대기에 흡수된 장파복사 에너지는 다시 지표로 향하는 하향복사 에너지 324W/m^{2}를 만들어 지표가 흡수하는 복사 에너지는 대기가 재복사하는 에너지를 받음으로써 입사한 태양복사량에 비하여 53% 많은 복사 에너지를 흡수하게 되어 더 높은 지표 온도를 가지게 된다. 그리고 195W/m^2 복사 에너지를 우주 공간으로 방출함으로써 결국 종합적으로 입사 태양복사 에너지 값에 해당하는 에너지를 복사함으로써 지구-대기계는 복사 에너지 평형(balance)을 이루며, 대기의 장기적 평균 온도는 15°C가 된다. 이로써 지구의 대기-지표의 에너지 수지(Energy Budget)는 균형을 이루게 된다.

대기의 운동과 순환

7.1 대기의 움직임을 지배하는 힘

공기의 움직임을 지배하는 힘 중에는 움직임을 일으키는 힘(driving force)과 움직이는 물체에 대해 작용하는 힘이 있다. 전자에 해당하는 힘은 중력과 기압 경도력이며, 후자에 해당하는 힘은 지구 전향력과 마찰력이다. 공기의 운동은 주로 이 힘들의 균형에 의해 결정된다.

7.1.1 기압 경도력

기압은 대기의 무게로 단위면적당 대기가 수직으로 미치는 무게이다. 또 기압 경도는 단위거리당 기압의 변화량으로 일기도에서 등압선으로 표현된다. 등압선은 같은 기압을 연결한 지도 위의 등치선이고(그림 7.1) 등압선 사이의 거리는 기압 경도를 결정한다. 등압선이 조밀할수록 기압 경도가 크다. 기압이란 단위면적에 가해지는 힘이므로 기압 경도란 그 단위거리 사이에 위치한 공기에 가해지는 힘의 기울기를 의미하며, 그 공기에 가해지는 순힘(net force)이 기압 경도력이다.

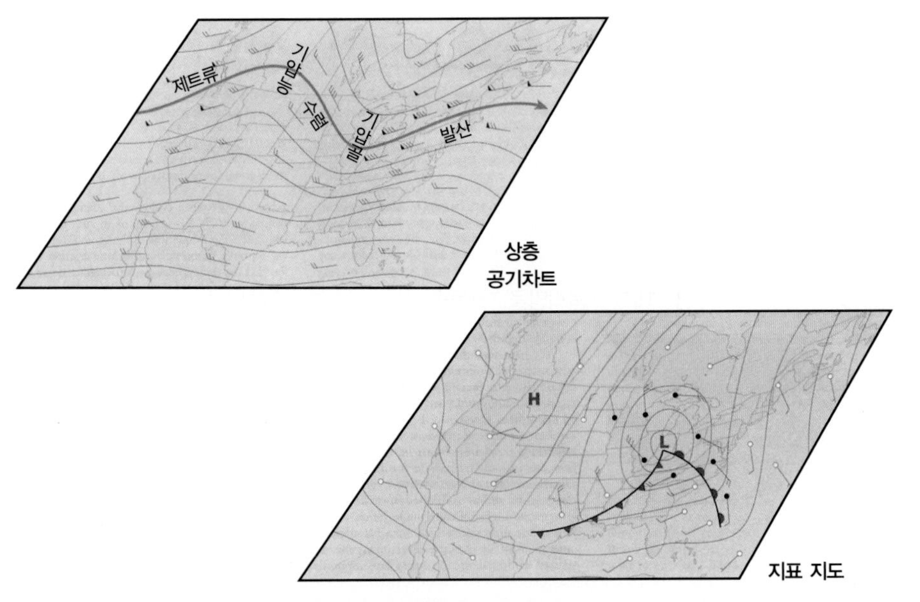

그림 7.1 상층 일기도와 지표(하층) 일기도의 관계

기압은 언제나 고도에 따라 감소하므로 공기는 연직 방향에서도 위로 향하는 비교적 강한 힘(상향의 연직 기압 경도력)을 받게 된다. 그런데 저기압 중심 또는 구름 지역과 같이 교란이 있는 곳 일부를 제외하면 공기의 움직임은 거의 수평적이다. 즉 공기는 둥둥 떠서 흘러 다니는 것이다. 위로 향하는 강한 힘을 받고 있다면 공기는 빠른 속도로 위로 향해 움직여야 하지만 대기의 연직 기압 경도력과 거의 같은 힘, 즉 중력이 반대 방향(하향)으로 작용하고 있기 때문에 공기덩이는 위로 움직이지 않고 있다. 위로 향하는 연직 기압 경도력과 아래로 향하는 중력이 균형을 이루기 때문에 공기는 수평적으로 움직인다. 따라서 지구의 기압 경도력은 수평면에서의 공기집단의 기압차에 의한 것이다.

7.1.2 지구 전향력

대기의 상층 공기 흐름을 나타내는 상층 대기의 일기도를 보면 바람은 저기압을 향해 등압선을 가로질러 불어 들어가기보다는 대체로 등압선에 나란히 불고 있음을 알게 된다.

이것은 기압 경도력 외에 다른 힘이 공기에 작용하고 있음을 의미한다. 이 같은 공기의 움직임은 지구의 자전 효과를 받고 있기 때문이다. 지구의 공기를 포함한 모든 움직이는 물체는 지구 자전 효과를 받는다. 자전 효과를 설명하기 위해 그림 7.2에서와 같이 지상에서 발사된 로켓의 진행을 상상해 보자. 북극에서 적도를 향해 발사된 로켓이 적도에 도달하는 데 한 시간 걸린다고 가정하자. 지구는 한 시간에 경도 15도만큼 자전함을 기억하자. 지구상에 있는 관측자가 이것을 보았다면 로켓은 오른쪽으로 휘면서 서쪽으로 15도만큼 목표물을 빗나가게 된다. 움직이는 물체에 대한 이 같은 지구 자전 효과를 지구 전향 효과 또는 코리올리 효과(Coriolis effect)라 한다. 또 이러한 움직이는 물체에 휨을 갖게끔 영향을 미치는 힘을 전향력이라 한다. 전향력을 받는 물체는 북반구에서는 진행 방향의 오른쪽으로 남반구에서는 진행 방향의 왼쪽으로 휘게 된다. 전향 효과는 위도가 높을수록 더 높은 값을 가지며 전향력의 크기(C)는 물체의 속력 (V)에 비례한다. 즉 $C=fV$이다.

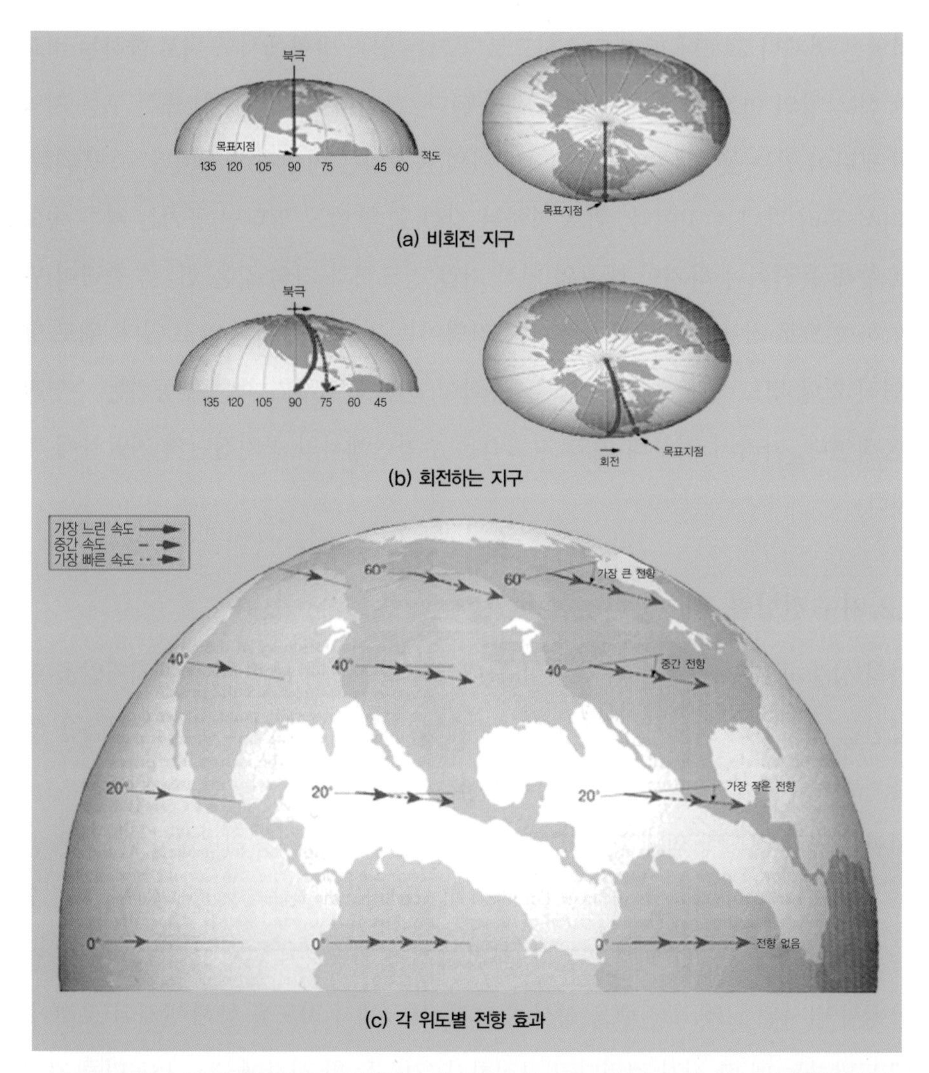

그림 7.2 지구 자전 효과에 따른 전향력

여기에서 f(=2Ω sin φ)는 코리올리 모수(parameter)라 하며, Ω는 지구 각속도(7.3 × 10^{-5}/sec)이고 φ는 지구 좌표상 위도이다. 빠르게 움직이는 물체는 천천히 움직이는 물체보다 주어진 시간에 더 긴 거리를 이동하기 때문이다. 궤적이 길어질수록 각속도의 변화는 커지고 이에 따른 휨도 커진다. 전향력은 어느 정도 큰 규모의 대기운동에서 중요한 영향을 미치는 요소이나 토네이도 같은 작은 규모의 움직임에서는 전향 효과가 무시될 수 있다.

7.1.3 마찰력

접해 있는 2개의 물체가 다른 속도로 움직일 때 두 물체 사이에는 마찰이 있게 되고 이 마찰은 움직이는 물체의 운동에 대한 저항으로 작용하게 된다. 바람이 땅 위에서, 나무 사이를 통해서 또는 고형 구조물 위를 불어 갈 때 마찰은 풍속을 감소시킨다. 전향 효과의 크기는 움직이는 물체의 속력에 비례함을 기억하라. 마찰로 인한 속력의 감소는 지구 전향 효과를 감소시킨다. 이 영향으로 북반구에서의 바람은 왼쪽으로 약간 방향을 바꾸며 남반구 바람은 약간 오른쪽으로 방향을 바꾼다. 마찰은 작은 규모의 공기 운동과 지표 부근의 모든 바람에 중요하다. 그러나 대략 지표 2km 고도 위에서의 바람은 자유대기로 지표 마찰력의 영향이 무시된다.

7.2 대기의 수렴과 발산

지표 마찰은 흐름의 방향을 비스듬한 각도에서 등압선을 가로지르게 한다. 그 결과 저기압에서의 바람은 저기압 중심으로 향하는 나선 운동을 보인다(그림 7.3). 같은 과정을 통해 고기압에서의 공기 흐름은 고기압 중심에서 나선 모양으로 흘러 나간다. 북반구에서는 중심을 향하는 저기압성 나선 흐름은 반시계 방향이며 고기압에서는 시계 방향이다. 남반구에서는 그 반대이다. 나선 흐름은 스웨덴 과학자 Vagn Walfrid Ekman(1874~1954)에 의해 처음 설명되었으며, 흔히 에크만 나선(Ekman spirals)이라 부른다.

나선 형태의 하층 공기 흐름은 일기도에서 거의 매일 볼 수 있으며, 텔레비전에서 보여 주는 구름의 위성 영상에서도 분명하게 나타난다. 일기도에서 L 또는 Low로 표시되는 저기압 중심으로 흘러가는 공기의 나선 흐름을 사이클론(cyclone)이라 한다. 이와 반대로 일기도에서 H 또는 High로 표시되는 고기압 중심에서 바깥으로 흐르는 공기의 나선 흐름을 앤티사이클론(anticyclone)이라 한다.

사이클론에서 중심으로 향하는 나선 흐름은 공기의 수렴을 일으켜 저기압 중심에서 공기의 상승을 가져온다. 이 상승 기류는 단열 팽창에 따른 냉각과 수증기의 응결을 통해 구름과 비를 가져온다(그림 7.3). 앤티사이클론 중심에서 밖으로 향하는 나선 흐름

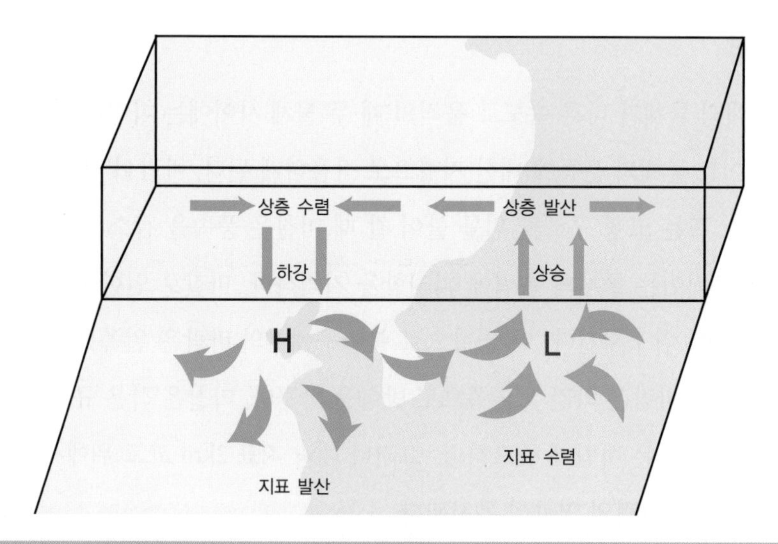

그림 7.3 지표 저기압(수렴)과 고기압(발산)의 공기 흐름

은 공기의 발산을 일으켜 공기를 중심에서부터 밖으로 유도한다. 밖으로 향하는 하층 공기의 흐름은 높은 고도의 공기가 엔티사이클론 중심에서 하강함을 의미한다(그림 7.3). 하강하는 공기는 압축되어 단열적으로 온도가 상승한다. 그 결과 상대습도가 낮아지고 날씨가 맑아 구름 없는 하늘이 된다. 저기압은 구름이 많고 변화가 상대적으로 흐린 날씨를 그리고 고기압은 맑고 건조한 날씨를 가져오는 경향이 있다. 이와 같이 지표 마찰은 마찰에 의한 바람의 수렴 또는 발산을 가져옴으로써 날씨에 대해 중요한 영향을 줄 수 있다.

7.3 대기 순환

공기의 움직임은 결과적으로 대기의 순환을 형성하게 된다. 지구 대기 중에는 여러 가지 다양한 크기의 흐름을 나타내는 규모를 보이는 대기 순환이 존재한다. 전 지구 규모를 갖고 흐르는 거대한 흐름(예, 편서풍) 속에는 수천 km의 순환 규모를 갖는 온대사이클론과 같은 흐름이 있고 또 그 속에는 지형 또는 해륙 분포에 의해 변형되어 나타나는 작은 규모의 흐름(예, 해풍 순환)이 존재할 수 있다. 또 그 보다도 더 작은 규모의 순환들이 국지적 규모의 흐름으로 나타난다.

7.3.1 대기대순환(전구 규모의 순환)

항해자들은 오래전부터 전구 규모의 바람 구조를 알고 있었으며 이를 이용해 왔다. 예를 들면 1,300년 전의 폴리네시아 항해자들은 하와이를 발견하고 그곳에 정착하는 데 북동 · 남동 무역풍을 이용하였다. 크리스토퍼 콜럼버스 역시 1492년 항해를 시작할 때 전 지구 규모 바람에 관한 지식을 이용하였다. 그는 아프리카 해안을 따라 남으로 항해하면 동풍을 만날 수 있음을 알았고, 1492년 8월 3일 스페인을 떠나 남쪽으로 멀리 카나리아 제도 부근까지 항해하여 동풍의 무역풍대에 들어섰다. 그는 무역풍을 등뒤로 받으면서 대서양을 건넜고, 그 후 유럽인들은 이 항로를 아메리카를 침략하는 해로로 이용하였다. 유럽으로 돌아오는 항해에서 콜럼버스는 북쪽으로 향해하여 서풍을 잡았다. 오늘날 우리가 알고 있는 전구 규모의 순환은 훨씬 더 체계적이나 이들의 발견과 상충되는 것은 없다.

전구 규모의 공기 흐름은 근본적으로 지표에 도달하는 태양열이 극지방보다 적도 지역에 더 많기 때문에 생긴 것이다(그림 7.4). 지구-대기 전체는 받는 에너지와 방출하는 에너지의 양이 같기 때문에 열평형 상태에 있다. 그러나 위도 별로 볼 때 복사 에너지의 수지는 불균형을 이루어 저위도에서는 순이익 그리고 고위도에서는 순손실이 있게 된다(그림 7.4). 이 같은 복사 에너지 불균형은 지표에 도달하는 태양복사 에너지의 양이 위도 증가에 따라 비교적 급격히 감소하나, 지표-대기가 방출하여 내보내는 장파복사 에너지의 양은 위도 변화가 상대적으로 작기 때문이다. 이러한 복사 에너지 수지의 불균형이 해소되지 않는다면 저위도 지역은 점점 더 뜨거워지고 고위도는 더 차가워져야 할 것이다. 그러나 어느 곳이건 온도의 경년 변화는 그리 크지 않고 장기적으로 거의 일정하다. 이는 저위도의 과잉 에너지가 고위도로 전달되기 때문이며, 이러한 에너지 전달을 가져오는 것을 지구 대기대순환(atmospheric general circulation)이라고 한다. 저위도에서의 편동풍, 중위도에서의 편서풍 등은 대기대순환을 구성하는 중요한 요소이다. 대기대순환의 또 다른 중요한 특징은 흔히 남북 방향의 경도선을 따라 움

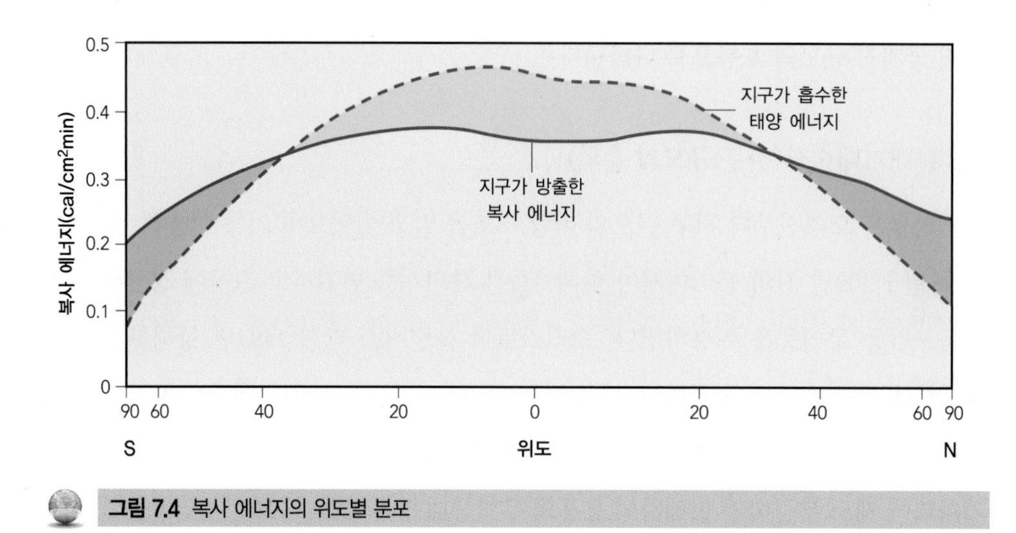

그림 7.4 복사 에너지의 위도별 분포

직이는 평균 자오 순환(mean meridional circulation, MMC)에 의해 설명되는데, 이 평균 자오 순환은 해들리, 페렐, 극 순환 세포로 구성된다(그림 7.5).

기후가 대기의 상태만으로 규정될 수 있는 것은 아니지만, 대기의 주요 운동 시스템들과 기후는 깊은 관계를 맺고 있는 것이 사실이다. 가장 기초적이며 스케일이 큰 시스템

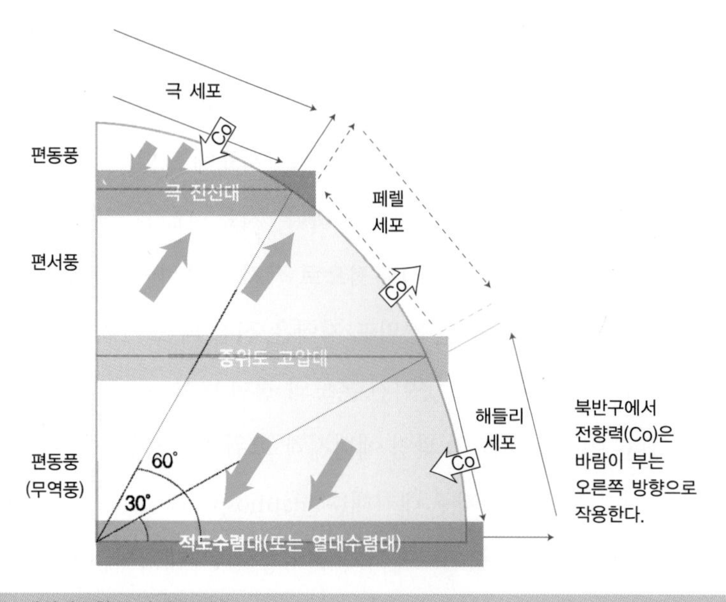

그림 7.5 대기대순환의 삼세포 이론

은 대기대순환이다. '동서로 평균된' 바람(동서 및 자오 성분), 기온 및 습도로 그 상태가 표현되는 시스템은 자오 순환 시스템이라 불린다. 한 달, 한 계절, 한 해, 10년 등 적절히 긴 시간에 대해 평균된 자오 순환은 평균 자오 순환이라 불린다.

7.3.2 해들리 순환

1735년 해들리는 지표에 도달하는 태양열의 불균형 때문에 적도의 따뜻한 공기는 상승한 후 극지방으로 그리고 극지방의 찬 공기는 적도로 흘러야 함을 지적하고 결과적으로 거대한 순환(해들리 순환)이 존재해야 함을 주장하였다. 만약 지구가 자전하지 않는다면 하나의 순환은 적도의 열을 적도로부터 그대로 극까지 수송할 것이다. 적도 상공의 따뜻하고 가벼운 공기는 상승한 후 극 방향으로 흐르고 차가운 극지방 공기는 지표를 가로질러 적도로 흐른다. 그러나 이 같은 주장은 지구의 자전 효과를 고려하지 않은 것으로 실제와는 차이가 있다.

지구의 자전 효과 때문에 극쪽으로 흐르는 공기와 적도로 돌아오는 공기는 전향 효과로 편향되어 그 흐름은 간단하지 않다(그림 7.6). 비회전 지구와 마찬가지로 회전하는 지구에서도 적도의 따뜻한 공기는 열대수렴대(ITCZ)라 불리는 저기압 수렴대를 형성하고 상승한다. 그러나 대류권 상부에서 극쪽으로 흐르는 공기는 30°N 또는 30°S 부근에 도달하면서 전향 효과로 편향되어 서풍의 지균풍이 된다. 동쪽으로 부는 바람은 분명히 극에 도달하지 못하며, 따라서 30°N 또는 30°S 부근에 공기가 쌓이고 이 위도 지역에 지구를 둘러싸는 아열대 고기압대가 만들어진다. 이 고기압대 상공의 공기는 지표로 하강하여 발산 지역을 형성시킨다. 약간의 발산된 공기는 극쪽으로 흐르지만 대부분의 공기는 다시 적도를 향하여 흘러 적도 양쪽에 거대한 대류 세포를 만들어 적도와 열대 지역의 바람을 지배한다. 이 세포의 그 존재를 설명한 사람을 기리기 위하여 해들리 세포(Hadley cells) 또는 해들리 순환(Hadley circulation)이라 부른다.

해들리 순환은 ITCZ에서 상승한 공기가 상층에서 고위도로 움직여 아열대에 도달하고 거기서 하강하여 하층에서 저위도로 움직여 ITCZ에 돌아오는 순환이다. 지구의 자전 때문에 상층에서 고위도로 움직이는 공기는 편서풍을 만들고 하층에서 저위도로 움직

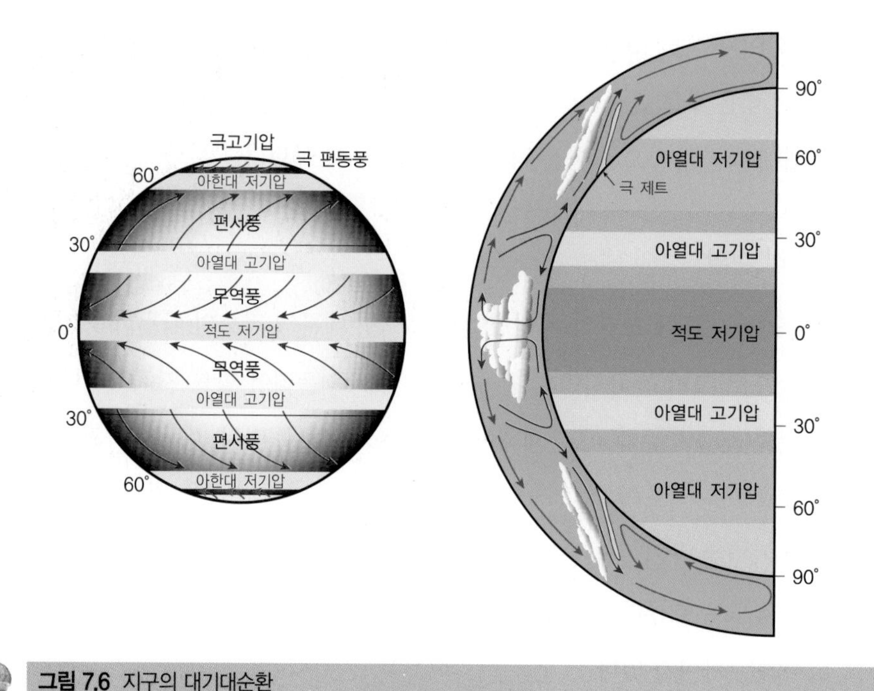

그림 7.6 지구의 대기대순환

이는 공기는 편동풍을 만든다. 하층 편동풍은 지표와의 마찰을 통해 해들리 순환 시스템에 편서 운동량을 제공하게 된다. 한편 상층 편서풍은 하층에서 제공된 편서 운동량으로 보강되지만 받은 만큼 고위도로 편서 운동량을 보내게 되므로 전체적으로 일정한 세기를 유지하게 된다.

이때 해들리 순환 시스템으로부터 편서 운동량을 받아 고위도로 운반하는 매개 시스템은 편서 파동(westerly wave)이다. 편서 파동은 공기가 전체적으로 동쪽으로 움직이면서 교차적으로 북풍과 남풍이 되어 요동치는 모습 때문에 붙여진 이름이다. 이 파동은 페렐 순환(Ferrel circulation)을 동반한다. 페렐 순환은 중위도 수렴대(Mid-latitude convergence zone)에서 상승한 공기가 상층에서 저위도로 움직여 아열대에 도달하고 거기서 하강하여 하층에서 고위도로 움직여 중위도 수렴대에 돌아오는 순환이다.

해들리 세포에서 상층의 바람은 서풍이고 적도로 되돌아오는 하층의 바람은 거의 동풍이다. 북반구에서는 하층의 바람은 북동풍이어서 북동 무역풍이라 하며 남반구에서는 남동 무역풍이라 한다.

7.3.3 페렐 세포와 극 세포

페렐 순환의 상층부와 하층부 모두에서 편서풍이 나타난다. 특히 상층 편서풍대의 중심 위도를 따라 제트 기류가 흐르고, 이 제트는 편서 파동을 통해 해들리 순환에서 받는 편서 운동량으로 유지된다. 페렐 순환 상층부의 저위도 쪽에서 파동 축은 남서쪽에서 북동쪽으로 향해 놓이고 그 때문에 그 파동은 편서 운동량을 제트 축의 위도로 운반할 수 있다. 상층 편서풍대의 고위도 쪽에도 편서 파동이 있으나, 이 파동은 그 파동 축이 북서쪽에서 남동쪽을 향하기 때문에 극 순환으로부터 편서풍을 받아 역시 제트 축의 위도로 운반한다. 고위도 쪽에서 찬 공기가 상승하고 저위도 쪽에서 더운 공기가 하강하는 페렐 순환은 간접 순환(indirect circulation)이다. 각 반구에서 해들리 세포의 극 쪽에는 중위도 순환이 존재한다. 이 중위도 순환 세포를 미국 기상학자 William Ferrel (1817～1891)의 이름을 따서 페렐 세포(Ferrel cells)라 부른다. 이 중위도 페렐 세포에서 바람은 일반적으로 서풍이다.

극 세포(polar cell)라 불리는 고위도 순환은 극지역 위에 놓여 있다. 극 세포에서는 차고 건조한 상층 공기가 극 부근으로 하강하여 발산하는 고기압 지역을 만든다. 그다음 이 지역의 공기는 하층 바람(극동풍)에 의해 저위도 방향으로 이동한다. 이 공기가 저위도 방향으로 천천히 이동하면서 중위도 페렐 세포 내의 서풍대를 만난다. 이 2개의 바람계는 극전선(polar front)이라 불리는 지역을 따라 만난다.

해들리 순환과 페렐 순환 공기들이 마주쳐 하강하는 아열대에서는 날씨가 맑고, 극 순환과 페렐 순환 공기들이 마주쳐 상승하는 극전선에서는 날씨가 흐리고 강수가 있다. 극전선은 남북으로 움직이며, 여름철에 남쪽으로부터 우리나라에 접근할 때 장마전선으로 나타난다. 이때 그 전선의 북쪽에 차고 습한 오호츠크 기단과 남쪽에 덥고 습한 북태평양 기단이 서로 팽팽하게 대치하여 장마를 초래한다.

7.4 극전선과 제트류

극전선은 차가운 극 공기와 따뜻한 아열대 공기의 경계선이다. 이 전선 지역은 상대적으로 심한 대기 요란을 일으키는 불안정한 공기 지역이며, 중위도 지역에서 나타나는 저기압은 바로 이 전선에서 발달한다. 따라서 극전선은 일기에 매우 중요한 요소이다.

차가운 극 공기가 극전선의 극쪽 대류권을 채우며, 극전선의 적도 쪽에는 따뜻한 아열대 공기가 대류권을 채운다. 그 결과 극전선 위의 대류권 상부와 성층권 하부에는 매우 강한 기압 경도가 있다. 상층에서는 마찰이 무시되고, 바람은 지균적이기 때문에 강한 기압 경도는 빠른 바람을 의미한다. 결과적으로 극전선 지역의 상공에는 강한 서풍 기류대가 존재하는데 이를 극전선 제트류(polar jet stream)라 한다(그림 7.7). 이 제트류는 매우 빠른 기류로, 풍속 460km/h까지 나타난다. 이 제트류가 파동하면서 중위도 지역의 일기에 큰 영향을 미치게 된다.

아열대 제트류라 불리는 서풍의 2차 제트류가 위도 20~30°N, 20~30°S 지역의 해들리 세포 위 대류권계면 상공에서 발생한다. 아열대 제트류는 풍속이 380km/h까지 도달하지만 저위도 대류권계면의 고도가 높아 극전선 제트류만큼 일기에 큰 영향을 미치지는 못한다. 이 논의에서는 육지와 바다의 분포가 전 세계적으로 고르지 않다는 사실에는 별로 주목하지 않았으나, 이들의 분포는 바람과 몬순 시스템에서 중요한 역할

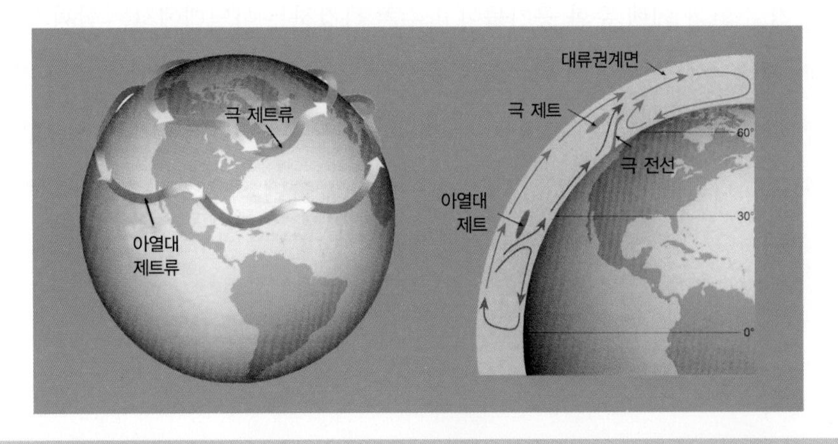

그림 7.7 제트기류의 흐름

을 한다. 해양의 면적이 넓고 대륙이 남극 지역에만 자리 잡은 남반구에서의 대규모 대기 흐름은 북반구와 큰 차이를 보인다.

7.5 강수대와 사막의 분포

전 세계에는 3개의 다우대와 4개의 소우대가 있다. 다우대는 전구 규모의 수렴대인 열대 지역과 각 반구의 극전선 지역에 위치하며, 소우대는 발산 지역인 30°N, 30°S 부근에 중심을 둔 2개의 아열대 고압대와 2개의 극지역이다. 전구 규모의 공기 순환의 영향은 사막 분포로 잘 나타난다. 지구에서 가장 넓은 사막인 Sahara, Kalahari, Great Australian, Rub-al-Khali는 해들리 세포의 하향 흐름(각 반구의 위도 20~30°에 위치) 지역이다.

7.6 온대사이클론과 앤티사이클론

전구를 돌아 흐르는 편서류(偏西流) 흐름 속에는 크고 작은 소용돌이들이 여기 저기 나타난다. 이 같은 소용돌이는 반시계 방향으로 도는 사이클론 순환과 시계 방향으로 도는 앤티사이클론 순환으로 구분된다. 여기에서는 2,000~3,000km 수평 규모를 갖는 온대사이클론(extratropical cyclone)(또는 온대저기압)과 앤티사이클론(또는 고기압)에 대해서만 간단히 언급하도록 한다.

이들 순환은 그림 7.7에서와 같이 사이클론은 저기압을 중심에 두고 하층 바람이 중심으로 수렴하여 상승 기류를 동반하고 그 상부에서는 빠져나가는 기류(발산 기류)가 있게 된다(그림 7.8). 상승 기류는 공기의 단열 냉각−수분의 응결−구름과 강수의 발달을 가져오기 때문에 위성사진에서는 구름의 모습으로부터 사이클론의 존재를 확인할 수 있다. 반면에 앤티사이클론에서는 하층에서의 바람이 바깥으로 빠져나가는 발산 형태를 보여 하강 기류를 동반하고 상부에서는 안으로 수렴하는 형태를 보인다. 하강 기류는 구름의 쇠퇴를 가져오기 때문에 앤티사이클론 지역은 맑은 날씨를 보인다. 앤티사

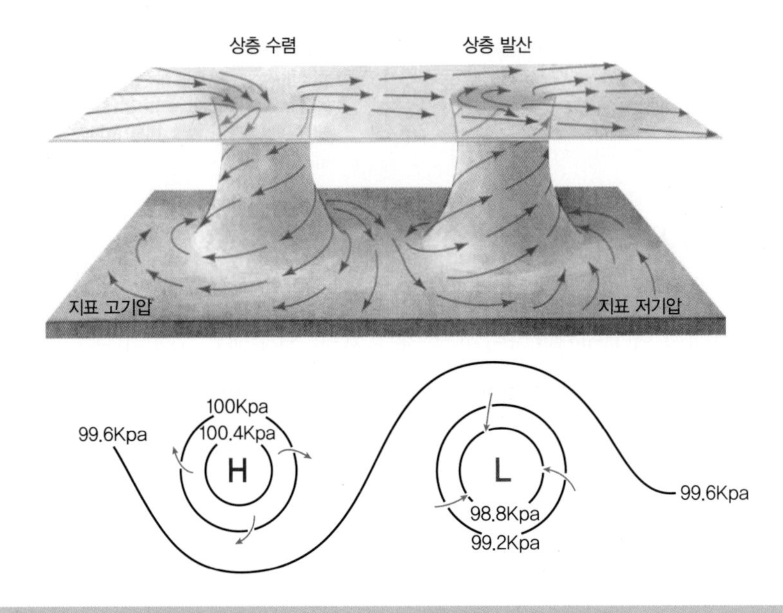

그림 7.8 나선 모양의 대기의 저기압 지역 수렴과 고기압 지역 발산 흐름

이클론과 극전선 지역에서 발달하는 사이클론은 전 계절에 걸쳐 중위도의 일기를 결정짓는 가장 중요한 현상이다.

7.7 국지 바람

바람은 기압 경도 때문에 생기는 것으로 편서풍 같은 대규모 바람은 대규모 원인에 의한 기압 경도 때문에 발달하며, 중규모 바람은 국지적 원인에 의해 생긴다. 여기서는 중규모 바람을 일반적 관례에 따라 국지 바람이라 부르기로 한다. 국지적 기압 경도는 주로 지표의 성질 차이로 인한 차등(또는 비균질) 가열이나 지형의 효과 때문에 발생한다. 그외에도 다른 국지적 원인에 의해 독특한 국지 바람이 형성될 수 있다.

7.8 해풍과 육풍

해안에서는 육지와 해양 간의 열적 용량 차이로 인해 국지적 기압 분포의 일변화가 일어나고, 그 결과 낮에는 해풍(sea breeze) 밤에는 육풍(land breeze)이 발달한다. 낮에 태양복사에 의해 가열된 육지는 그 위의 공기를 가열시켜 팽창시킨다(그림 7.9a). 반면 해양은 하루 중 온도의 변화가 매우 작다. 따라서 낮에는 육상에서는 공기의 팽창 때문에 상층에서 먼저 기압 경도가 나타나게 되고 상층의 공기는 육지에서 바다 쪽으로 불어나간다. 육지에서 바다 쪽으로의 공기 이동으로 인해 하층에서는 육지에 저기압, 바다에는 고기압이 나타나게 된다(그림 7.9). 그 결과 낮에는 하층에서는 바다로부터 육지로 불어가는 바람, 즉 해풍이 발달하게 된다. 밤에는 육지의 표면이 복사 냉각에 의해 해수면보다 차가워져 낮과는 반대 상황이 된다. 따라서 하층에는 육지로부터 바다로 향하는 육풍이 나타난다.

해풍은 대규모 바람이 약한 맑은 여름에 가장 잘 발달하는데, 정오 전에 발달하기 시

(a)

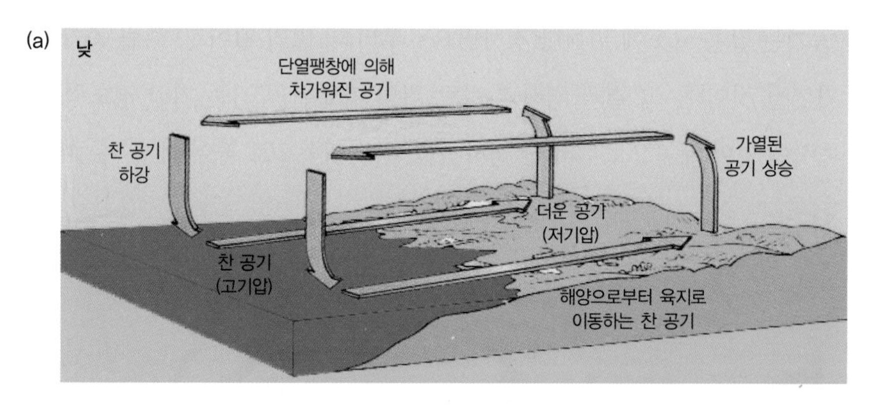

(b)

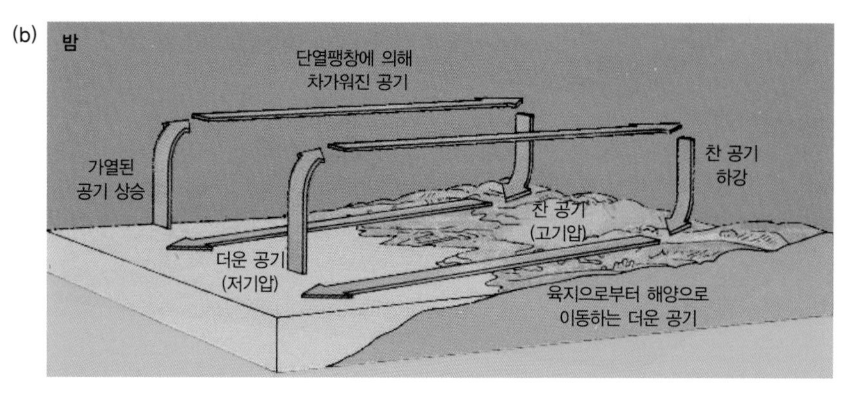

그림 7.9 해풍(a)과 육풍(b)

작하여 오후 중반에 가장 강하게 발달한다. 또 오후가 되면서 해풍은 내륙으로 진입해 들어간다. 더운 내륙 지점을 해풍이 통과하면 시원한 바다 공기를 이끌고 들어가기 때문에 한결 시원해진다. 해풍의 가장 전면에서는 해풍이 급격히 약해져 수렴 구역이 생기는데 이 수렴 구역을 해풍 전선이라 한다. 해풍 전선에는 상승 기류가 있기 때문에 습기가 많은 곳에서는 해안선에 나란히 나타나는 해풍 전선 위에 대류운이 발달한다. 한반도 해안에서는 대략 늦은 봄부터 이른 가을까지 해풍이 나타난다.

7.9 산풍과 곡풍

대규모 바람이 약한 맑은 날, 산에서는 곡풍(valley wind)과 산풍(mountain wind)이 낮과 밤에 각각 나타난다. 낮에는 산 경사면이 태양복사에 의해 가열되므로 경사면과 접해 있는 공기는 같은 고도에 위치한(경사면으로부터 더 멀리 떨어진) 주변 공기보다 더 강하게 가열될 것이다. 그 결과 경사면 바로 위의 가열된 공기는 기압 경도력과 상향 부력을 동시에 받아 계곡으로부터 산 경사면을 따라 위쪽으로 불어 가게 되는데, 이 바

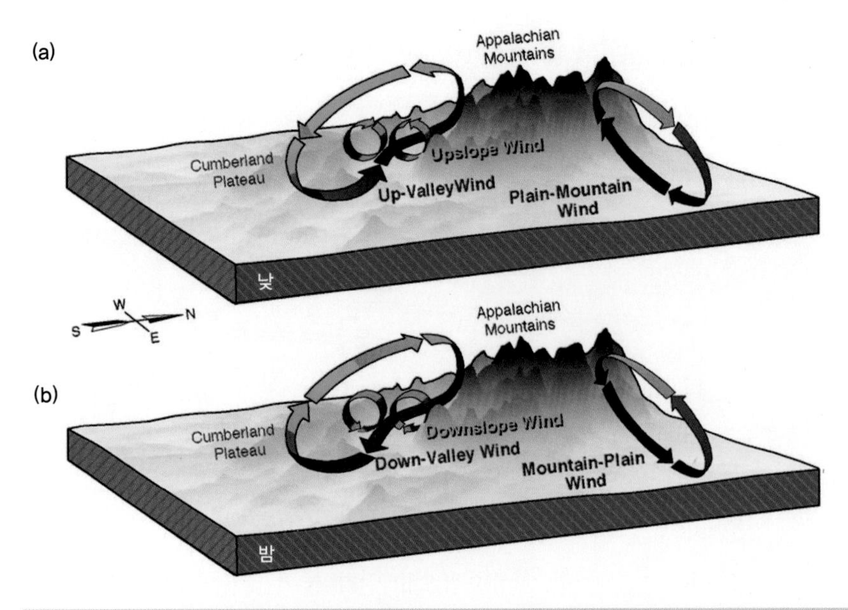

그림 7.10 낮과 밤의 곡풍(a)과 산풍(b)의 개념도

람을 곡풍이라 부른다. 산 정상에서는 가열된 공기가 위로 상승하여 종종 적운을 발달시키고 대기가 불안정하면 적란운이 발달하여 강한 비와 번개를 일으키기도 한다. 이 때문에 산에서는 후덥지근한 여름 오후에 종종 뇌우가 발생하는 것이다. 야간에는 산 경사면이 빠르게 복사 냉각되므로 공기의 흐름이 바뀌어 산 위쪽에서 계곡으로 내려오는 바람, 즉 산풍이 분다.

7.10 푄

푄(Fohn)은 육지의 경사면을 따라 하강하는 또 다른 종류의 바람으로 다양한 지역 이름들로 불리는데 로키 산맥의 동쪽 경사면을 따라 흐르는 것을 치누크(Chinook) 그리고 알프스에서의 그러한 바람을 푄이라 부른다. 그러나 우리가 여기서 설명하는 것은 사용되는 이름에 관계없이 이런 종류의 바람에 모두 적용될 수 있다. 푄은 산의 풍하측에 저기압이 있을 때 잘 발달한다. 산을 넘어오는 공기는 하강하면서 단열 압축에 의해 승온된다. 또 그 전에 산을 타고 올라오면서 구름을 형성하여 비를 뿌린 후 산을 넘어온 공기는 수분이 상당량 제거되고 수증기 응결 시 방출된 잠열에 의해 가열된 상태이기 때문에 건조하고 온도가 높은 바람으로 산을 타고 내려오게 될 것이다. 이러한 건조하고 상대적으로 더워진 산 뒤쪽의 바람을 푄이라 한다. 푄 바람이 흔하게 나타나는 곳은 상대적으로 온난 건조한 기후가 나타난다[예, 우리나라 태백산맥의 동쪽과 서쪽(강릉 지역)].

7.11 활강 바람

비교적 높은 곳에 위치한 차갑고 밀도가 높은 공기가 중력에 의해 아래로 흘러가는 것을 활강 바람(katabatic wind)이라 한다. 이 바람은 겨울에 찬 공기가 잘 축적되는 고원에서 발생한다. 축적된 차가운 공기는 중력으로 인해 물이 낮은 곳으로 흘러 내려가듯이 낮은 곳을 향해 흘러가고, 계곡을 따라 흘러가는 공기는 상대적으로 더 빠르게 흘러

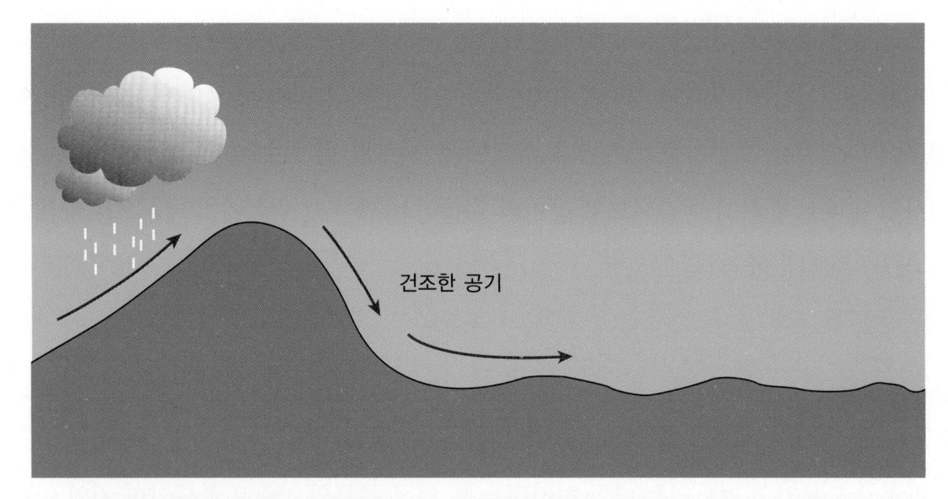

그림 7.11 산맥을 넘어가는 푄(높새) 바람

내려간다. 내려가는 공기는 단열 압축에 의한 승온이 있지만 워낙 차게 냉각되어 있었기 때문에 낮은 지역에 도달한 활강 바람은 여전히 주변보다 차갑다. 활강 바람은 밀도가 상대적으로 더 큰 공기의 이동이기 때문에 충분히 차갑지 못하다면 활강 바람이 있기는 어렵다.

가장 유명한 활강 바람은 그린란드와 남극에서 발생하는 바람이다. 매우 추운 빙산 위에서 축적된 높은 압력의 공기 덩어리는 빙산의 경사 부분으로 흘러내리거나 인접한 해양 위로 빠져나간다. 빙산의 경사가 급하면 활강 바람의 속도는 더욱 커진다. 남극 대륙 케이프데니슨에서의 연평균 풍속이 전 지구 어느 곳보다 큰 것은 이 지역의 강한 활강 바람 때문이다.

몬순 기후의 특성과 아시아 여름 기후

8.1 몬순의 정의

대기의 지구 규모 순환에서 최대의 계절변화가 몬순이다. 아시아와 같은 큰 대륙은 대륙과 해양 사이에 열용량의 차에 의하여 계절적으로 기온과 기압의 분포에 강한 영향을 미친다(그림 8.1). 따라서 대륙에는 지구 표면의 일차적인 풍계와 직접적인 관계가 없는 별도의 탁월풍이 발생하는데, 일반적으로 여름과 겨울에 풍향이 거의 정반대가 되는 바람이 광범위한 지역에 걸쳐서 불 때 이것을 계절풍 또는 몬순(monsoon)이라 한다. 이는 계절적으로 풍향의 현저한 반전을 나타내는 바람 시스템을 일컫는다. 일반적으로 겨울철은 대륙 바깥으로 우세하게 불어 나가는 건조한 겨울 몬순을 생성시키는 바람과 온난 다습한 공기가 바다에서 육지로 불어오는 여름 몬순이 탁월하게 나타난다. 따라서 풍부한 강수와 연관된 여름 몬순을 우리는 우기라 하여 몬순을 대표하기도 하나 몬순의 순수한 의미는 풍향의 계절적 반전이다.

같은 양의 태양복사가 있을 때 육지의 온도가 더 많이 상승하여 대륙에는 저기압이 생성되고 상대적으로 기압이 높은 해양에는 고기압이 형성하여 해풍이 불게 된다. 이 때의 해풍은 많은 수증기를 포함하고 있어 다습한 공기가 대륙의 높은 지형이나 대기의 상태에 따라 상승하여 강수현상을 나타낸다. 이와 같이 여름철 많은 강수와 함께 해양으로부터 바람이 불오는 시기를 여름 몬순(Summer Monsoon)이라 한다.

가장 잘 알려진 현저한 몬순 순환은 남아시아 및 남동아시아에서 나타난다. 아시아 몬순은 아시아 대륙과 해양 간의 지표면의 차등 가열에 의해 형성되는 기압차에 의하여 구동된다. 해양, 육지, 대기, 지형, 그리고 대기 순환 과정에서 유발되는 열적 에너지 간의 복잡한 상호작용에 의해 경년변동과 계절 내 변동을 보인다. Bjerknes(1969)가 아시아 몬순의 경년변동에 영향을 미치는 중요한 요인으로 엘니뇨(El Niño) 발생에 연관된 남방진동(Southern Oscillation)을 지적한 이후 최근 많은 연구를 통하여 ENSO(El Niño-Southern Oscillation)와 몬순 간의 상호작용이 워커 순환(Walker Circulation)과 해들리 순환을 통하여 열대 지역과 중위도 지역을 포함한 전 지구 순환에 미치는 영향이 점차 구체화되고 있다(Rasmusson et al., 1990; Lau and Shen, 1992; Nigam, 1994).

(a)

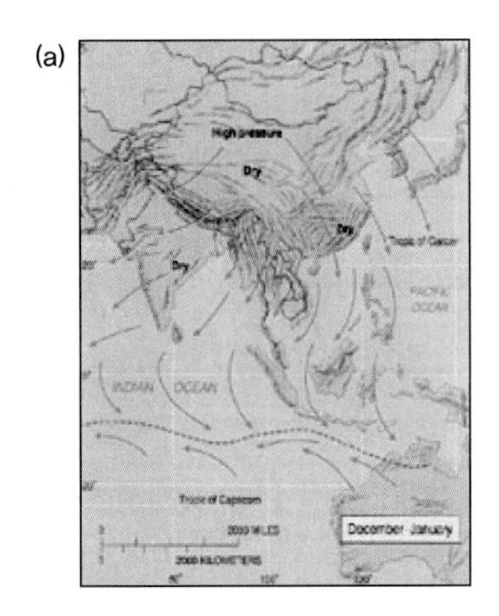

(b)

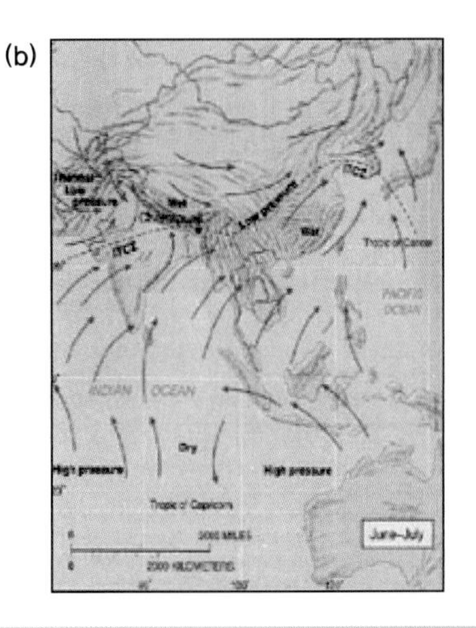

그림 8.1 아시아 몬순의 겨울(a)과 여름(b) 바람 장

몬순의 경년변화는 ENSO의 영향 이외에 티베트 고원에 연루된 열적 에너지나 유라시아 지역의 지표 상태와 정상파의 움직임을 포함한 중위도 지역 순환에 민감한 반응을 보여 동아시아 지역 몬순에 대한 변동성 예측에 어려움을 더해 준다(Yanai and Li, 1994; Barnett et al., 1989).

8.2 몬순의 특성

여름 몬순의 경우 중앙아시아와 동아시아는 폭우(heavy rainfall)와 덥고 습한 기후를 수반하는 하층 남서풍의 영향을 받는다. 여름철이 다가옴에 따라 인도와 주변 남동아시아는 기온이 상승한다. 인도의 뉴델리의 경우 기온이 40°C를 넘기도 한다. 강렬한 태양열로 강한 상승기류가 발생하고 이로 인하여 이 지역은 저기압 지역으로 형성되어 상층 공기의 유출과 하층 지표 공기의 유입을 촉진시킨다. 그 결과 인도양으로부터 많은 수증기를 함유한 공기가 대륙으로 흘러 들어오고 이로 인한 전형적인 여름 몬순의 강수현상이 발생하게 된다. 지구상에 단시간 가장 많은 폭우현상을 나타내는 지역들 중 하나가 히말라야의 경사면이다. 이는 인도양으로부터 유입된 온난 습윤한 공기가 지형성 상승으로 응결되어 이곳에 많은 강수를 생성시키기 때문이다. 인도양의 체라푼지에서는 예전에 2,500mm의 연강수량을 기록한 적이 있는데, 이것은 대부분 4개월의 여름 몬순 기간 동안 내린 것이다. 동아시아 몬순의 시기별 발생 모습을 세분해 보면, 5월에 중국 남동 해안에서 일본 남부 해안에 이르던 강수 밴드는 북쪽으로 약간 북상하여 강화된다(6월 중순에 메이유와 바이유 시작). 7월에는 중국 남부와 중부의 강수가 상당히 감소하며, 중국 북동부에서 한반도 및 일본 서부에 걸친 강수 밴드가 북상하여 강화된다(6월 말에서 7월 초에 장마 시작). 남중국해의 강수는 6월에 비해 약간 감소하지만 지속되는 경향이 있다. 8월에는 중국 대륙에서 강수가 많이 약화되는 반면 남중국해에서는 몬순이 다시 강화되는 경향이 있다. 한반도의 강수는 7월에 비해 약화된다. 9월에는 중국 대륙에서 몬순이 물러나며, 동시에 한반도까지 북상해 왔던 강수 밴드가 다시 일본 남부로 남하한다. 이 시기에 우리나라에 비가 내리는데, 8월 중순에서 9월 말의 시기가 가을장마이다. 그 이후 아열대 지역의 몬순 활동도 전반적으로 약화된다. 그리고 이러한 몬순 활동의 약화와 강수 밴드의 남하는 10월까지 지속된다.

Fu와 Wang(2004)은 아직 GCM(대기 대순환 모델)을 이용한 경년변동에 있어 강수량의 모의 능력은 특히 동아시아 몬순 강수 밴드의 모사 능력이 떨어진다고 지적하고 동아시아 하계 몬순에 있어 국지적 해양-대기 상호작용에 관한 연구를 강조하고 있다. 미국 항공우주국(NASA)의 연구결과에 의하면, 바다의 해수 표면온도(sea surface temperturature, SST)가 더욱 더워지거나 더욱 차가워지는 것은 남아시아와 오스트레일리아의 몬순기후와 관련된 세계적으로 중요한 거대 규모의 대기 순환에 영향을 끼칠 수 있고, 결과적으로 이 지역 강우량의 강도와 휴지기에 영향을 미치게 된다고 한다.

몬순은 계절에 따라 방향을 바꾸는 바람이다. 몬순은 육지와 바다의 온도변화에 의해 유발된 대기 순환의 변화 패턴에 따라서 발달한다. 가장 강력하고 가장 널리 알려진 것 중 하나는 6월과 9월 사이에 인도와 남동아시아에 영향을 끼치는 것이다. 여름의 아시아 몬순은 인도양을 가로질러 남서쪽으로 불며 아주 습하다. 여름 몬순, 특히 7월에는 몬순의 휴식기가 있는데, 이때 비가 멈추고 다시 비가 오기 시작한다. MJO(Madden Julian Oscillation)라고 알려진 현상이 그 휴지기에 영향을 미치고 MJO의 변화는 SST의 변화에 영향을 받는다.

아시아 몬순보다는 규모는 작지만 북아메리카 일부 지역에서도 몬순의 특성이 뚜렷하게 나타난다. 북아메리카 몬순이라 일컫는 이 순환은 건조한 봄철에 이어 비교적 비가 많이 오는 여름을 만들고 미국 남서부 및 멕시코 북서부의 넓은 영역에 영향을 준다. 애리조나 주 투손에서 관측한 결과를 보면 건조한 5월에 비하여 7월에는 거의 60배가 넘는 강수가 내린다. 전형적으로 이 여름 강수는 건조한 조건이 다시 찾아오는 9월까지 계속된다.

MJO는 열대지방에서의 기온 변화를 설명해 주는 대기 순환의 주된 변동(fluctuation)으로, 남아시아 몬순을 조절한다. MJO의 변화에는 바람, SST, 구름층, 강우량 등 여러 가지 인자가 영향을 미친다. MJO는 적도 부근의 동부 인도와 대략 7.5마일(200hPa) 높이의 서부 태평양 상공에 위치하고 20~70일의 주기를 가지고 있으며, 상층부 대류권(upper troposphere)에서 동쪽을 향해 움직이는 거대한 규모의 공기층으로 이루어져 있다. NASA의 연구원인 Man Li Wu는 이 지역의 기후를 컴퓨터를 통해 모의실험하였다. 이번 연구의 목적 중 하나는 계절 간의 SST 변화의 어느 정도 범위가 MJO에 영향을 미치는가를 연구하는 것이었다. SST에서의 변화는 남부 아시아 지방의 MJO로 알려진 거대한 규모의 대기 순환에 영향을 끼치고, 이는 몬순의 변화를 조절한다고 Wu는 설명했다. MJO의 다양한 변화는 인도양과 서부 태평양 지역에서의 열대성 강우량의 변화와 일치한다. Wu는 관찰결과로부터 해수면의 온도가 상승하는 것은 MJO의 시간적 주기에 따른 강우량이 발달되기 이전 5~10일 정도에 통상적으로 발견된다는 점에 주목하였다.

이 논문의 공동저자인 Siegfried Schubert는 MJO는 남부 아시아 몬순의 변화에 있어 중요한 역할을 하고 있으며, SST에서의 변화는 MJO의 강화로 인해 발생하는 기후변동에 대해 15~30% 정도의 관련성을 갖는다고 설명하였다. MJO의 변동사항을 예측하는 것은 몬순의 영향을 받는 지역에서의 기상 예측에 있어 앞으로 매우 중요한 단계이므로 보다 정확한 일기예보를 위해서는 MJO의 발달된 모델링이 필요하다.

우리나라 강수량 분포 패턴과 밀접한 관련성이 있는 아시아 몬순은 엘니뇨 영향을 받을 뿐 아니라 약화된 몬순이 다시 엘니뇨의 발달을 초래하는 원인이 될 수 있음이 지적되고 있다. 따라서 아시아 몬순과 엘니뇨는 수년간의 시계열 안에서 서로 긴밀한 관계를 유지해야 한다(기상청 "1997/1998년 엘니뇨와 한반도 기상특성", 1998b).

8.3 엘니뇨와 라니냐

엘니뇨란 페루나 에콰도르 해안가의 어부들이 그들의 어업 활동과 관련해 지역적으로 쓰던 용어로 '어린 남자아이' 또는 '아기 예수' 라는 뜻의 스페인어이다. 원래 12월경에 남반구 페루 앞바다 수온이 이상적으로 상승하는 현상을 가리켜 현지인들이 말해 온 것으로 오늘날 이것이 약 2~7년 주기로 나타나는 적도 동태평양 해수면 온도의 이상 온난 현상이다.

연중 강한 태양복사 에너지를 받고 있는 적도 부근에는 강한 상승기류가 발생하고, 대기의 하층에는 양쪽 반구로부터 이를 향하여 수렴하는 바람장이 형성된다. 이렇게 하층 수렴이 이루어지는 지역을 열적도(intertropical convergence zone)라 부르며, 이 지역은 연중 비가 오거나 구름이 끼여 있는 지역이다. 특히 동태평양의 남아메리카 페루 근해에서 에콰도르에 이르는 지역에는 열적도로 향하는 남동풍이 우세한데 이로 인해 해안가를 따라서 용승이 발생하게 된다. 이러한 남동풍은 해양 표면에 응력(stress force)으로 작용하여 해류를 유도하게 되는데, 남반구의 코리올리 힘에 영향으로 해양 표면 근처의 해류는 바람 방향의 왼쪽으로 전향하게 된다. 결국 육지 해안으로부터 태평양으로 흐르는 해류가 발생하게 되고, 이로 인해 빠져나간 해수를 보충하기 위해 깊은 바다의 찬물이 수면까지 올라오게 된다. 이를 해안 용승(costal upwelling)이라 하며, 이 작용으로 바다 밑바닥의 많은 영양분이 수면 근처로 올라오게 되고, 이를 먹기 위해 많은 물고기들이 몰려들어 페루 앞바다에는 풍부한 어장이 형성된다. 아열대 고기압의 영향으로 발생된 편동풍의 영향으로 남아메리카 연안에서 흐르는 해류는 계속 서쪽으로 흘러 동아시아 인도네시아 지역까지 흐른다. 따라서 용승으로 차가워진 해류는 동아시아 지역에서 수온이 상승하여 그 지역의 기압이 낮아지는 현상이 나타나 차가운 해류가 있는 페루 지역은 기압이 상승하는 효과가 나타난다. 동아시아 지역에 쌓인 해류는 상대적으로 높은 고도가 형성되어 다시 동쪽 페루 지역으로 흐르는 반류가 나타난다. 이러한 반류가 나타날 때 페루 지역 앞바다는 다시 더운 해류로 채워지게 되고 이 지역의 대기압은 저기압 형으로 바뀌게 되며 인도네시아 지역은 고기압 형이 된다. 즉 두 지역의 기압이 상대적으로 2~3년마다 오르고 내리는 현상이 나타나 이를 우리는 남방진동(Southern Oscillation)이라 한다. 그러나 매년 크리스마스를 전후로 해안을 따라 흐르는 해류의 방향이 바뀌면서 용승이 일시 중단되고, 해수면 온도가 상승하게 되면서 동시에 평소에 많이 잡히던 물고기들이 자취를 감추게 된다. 이때부터 연안의 해면 온도가 상승하면서 난류를 따라 평소 볼 수 없던 고기가 간혹 잡히기도 하지만, 어부들은 이 현상이 지속되는 이듬해 3~4월까지 일손을 놓고 쉰다. 그곳의 어부들은 크리스마스 전후로 해안을 따라 남하하는 이 따뜻한 해류를 '엘니뇨' 라 불러 왔다.

학자들은 엘니뇨가 엘니뇨-남방진동(간단히)의 한 표징으로서 열대 태평양 지역에서 해양과 대기의 상호작용에 의해 발생하는 현상으로 본다. 해양의 경우 주로 해수면에서 수온약층에 이르는 지역에서 발생한다. 여기서 수온약층은 수온이 깊이에 따라서 급히 감소하는 층으로 열대 태평양에서는 대체로 30~200m 사이에 나타난다. 수온약층은 연 변동을 보이며, 그 깊이가 깊은 곳의 수온이 얕은 곳에 비해 수온이 더 높다. 일반적으로 태평양 해수면 온도는 서쪽이 높고 적도를 동으로 가면서 낮아진다. 엘니뇨 시기란 동태평양 해수면 온도의 아노말리가 양인 기간으로, 이 지역 해역에서 월평균 아노말리가 +0.6도 이상 3개월 넘게 계속되면 그 기간을 엘니뇨 시기로 간주한다. 한편 이와는 반대로 음의 아노말리가 나타나는 시기를 엘니뇨의 반대 의미로 리니냐(La Niña)라고 부른다. 라니냐는 스페인어로 '여자아이' 를 뜻한다. 엘니뇨와 라니냐는 서로 반대의 현상이기 때문에 해수면 온도의 동서 구배는 라니냐 때 강하고 엘니뇨 때 약하다.

8.3.1 엘니뇨의 발생과정

열대 태평양의 해수면 온도 분포는 서태평양이 고온이고, 동태평양 남미연안에서는 남쪽으로부터 페루 한류가 흘러들어서 저온이 된다.

위도 30도 지역의 아열대 고기압의 영향으로 발생되는 위도 5도 지역의 동풍대는 남미지역의 해수를 해양 대륙(maritime continent, 남동아시아의 많은 섬과 반도로 이루어진 지역) 지역으로 흐름을 생성한다. 이에 따라 남미 연안의 용승현상[1]으로 차가운 하층 해수가 해수면으로 용출함에 따라 동태평양 페루연안에는 차가운 해수면 온도가 늘 유지된다.

대기의 순환은 이러한 해수면 온도 분포를 유지하는 데 중요한 역할을 하며 적도 지역에서 서쪽으로 부는 무역풍은 서태평양의 더운 해수와 동태평양 차가운 해수 분포를 유지하는 역할을 한다.

무역풍이 따뜻한 해수면 물을 태평양 서쪽으로 운반하기 때문에 난수층의 두께는 서쪽에서 두껍고 동쪽에서 얇아지며, 해면 수위는 동쪽보다 서쪽이 40cm 정도 높아진다. 이 무역풍이 약해지면 서쪽의 난수층은 보통 때보다 얇아지고 동쪽의 난수층은 두꺼워진다. 이는 무역풍의 약화에 따른 용승 효과의 감쇠로 인하여 차가운 하층 해수의 유입

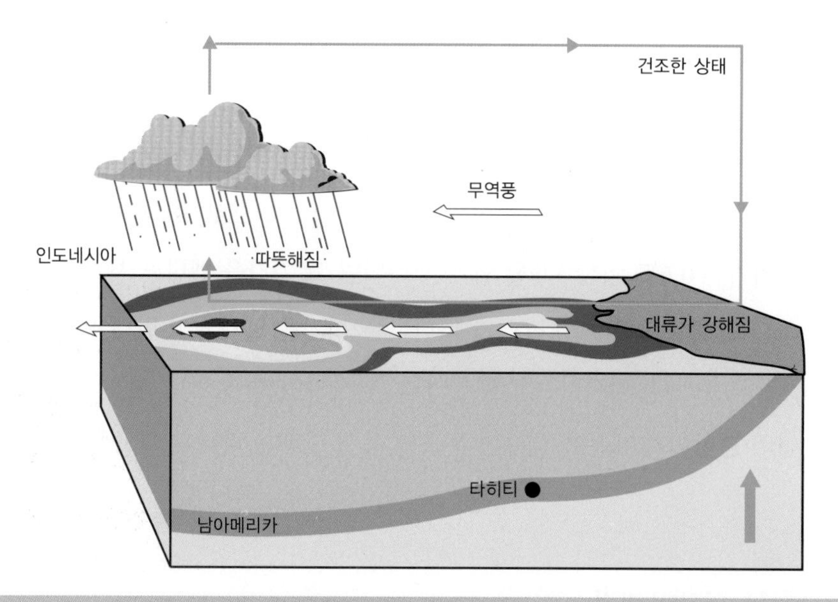

그림 8.2 정상 상태에서의 적도 해면 온도와 강수 패턴

1. 50~300m 깊이의 해저 중층의 찬 해수가 여러 가지 원인으로 상승하여 해면으로 솟아 오르는 현상

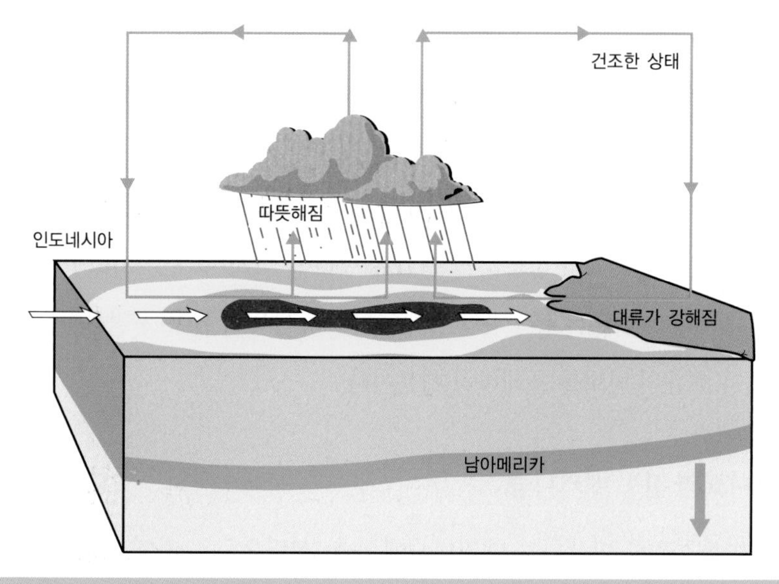

그림 8.3 엘니뇨 상태에서의 적도 해면 온도와 강수 패턴

이 억제되기 때문이다. 이 결과 더운 해수가 동쪽으로 이동함에 따라 적도 중 · 동 태평양의 해수면 온도는 점차 상승하게 된다. 엘니뇨의 발달은 이와 같이 적도 무역풍의 약화와 동반되며, 이를 촉발하는 작용은 열대 서태평양에서 불규칙적으로 발생하는 서풍 강화 현상(westerly wind burst)이나 계절 내 대기 변동 현상인 'MJO(Madden-Julian Oscillation)' 가 유도하는 것으로 알려져 있다. 즉 열대 서태평양에 발생한 서풍은 해양의 캘빈파를 유도하고, 이는 동쪽으로 진행하면서 열대 동태평양에 에너지를 전달하게 된다. 이때 적도 동태평양의 해수면 온도의 상승은 동-서 간의 기압차를 약화시키면서 무역풍을 약화시키는 작용을 하며, 이로 인해 용승의 약화를 초래하고 결국 열대 동태평양의 해수면 온도는 더욱더 상승하게 된다. 이 같은 양의 피드백 과정을 비에르크네스 피드백(Bjerknes 1966, 1969)이라 하며, 이는 엘니뇨의 성장 메커니즘을 설명한다. 이와 같은 해양과 대기의 상호작용 과정이 1년에서 1년 반쯤 지속된다.

엘니뇨 현상이 나타날 때 일반적으로 필리핀, 인도네시아, 오스트레일리아 동북부 등지에서는 강수량이 평년보다 적으며, 반면에 화남 및 일본 남부 등 아열대 지역과 적도 태평양 중부, 멕시코 북부와 미국 남부, 남미 대륙 중부에서는 홍수가 나는 등 예년보다 많은 강수량을 보이는 경향이 있다. 또한 알래스카와 캐나다 서부에 걸쳐 고온 경향이, 미국 남동부는 저온이 되기 쉽다. 즉 엘니뇨 현상이 발생하면 태평양상의 에너지 분포가 바뀌고 대기의 흐름을 변화시켜 페루 등 남미 지역과 태평양을 둘러싼 열대, 아열대 지역인 인도네시아, 필리핀, 오스트레일리아 등지에 이상기상을 일으키는 경향이 뚜렷하다. 동태평양에서 발달하는 엘니뇨 영향이 멀리 떨어진 서태평양 연안 지역에 뚜렷이 나타나는 이유는 동태평양 열대역의 대류활동의 분포가 변하여 전 지구적으로 많은 대기 흐름의 변화를 초래하기 때문이다.

8.3.2 엘니뇨의 진동 메커니즘

엘니뇨가 반복적으로 발생하는 메커니즘에 관한 설명으로는 자연 진동자 이론[2]과 충전 · 방전 이론[3]이 있다. 특히 지연진동자 이론은 다음과 같은 간단한 열대 동태평양의 해수면 온도 아노말리 방정식으로 표현할 수 있다.

$$dT(t)/dt = cT(t) - bT(t-\tau) - eT(t)^3$$

여기서 τ는 지연 시간이다. 이 식의 오른쪽 항들은 다음과 같은 과정들을 나타낸 것이다. 첫 번째 항은 적도 동태평양 해수면 온도와 적도 중태평양 대기 하층의 바람(즉 무역풍) 사이에 존재하는 양의 되먹임(계수 $c>0$)을 나타낸다. 예를 들어, 현재 동태평양의 해수면 온도 아노말리가 양이면, 하층의 기압이 감소하면서 동에서 서로 향하는 바람 편차가 발생하게 된다. 이러한 바람은 적도 수온약층의 동서 구배는 감소시키고, 이로 인해 열대 서태평양의 수온약층은 얕아지고 열대 동태평양은 더 깊어지게 된다.

---

2. 자연 진동자 이론(Delayed oscillator theory)은 Suarez와 Shopf(1988) 그리고 Battisti와 Hirst(1989) 등이 제시한 이론이다.
3. 충전 · 방전 이론(Recharge · Discharge Theory)은 Jin(1997)이 제시한 이론으로 엘니뇨가 발생하기 전에 열대 서태평양에 에너지가 충전되었다가, 엘니뇨가 발생하면서 그 에너지가 방전하여 아열대 지역으로 방출되고, 이 과정에서 이어서 발생한 라니냐는 다시 열대 서태평양에 에너지를 충전시켜서 엘니뇨의 발생을 유도하게 된다. 즉 에너지의 충전과 방전이 반복되면서 엘니뇨와 라니냐가 반복적으로 발생하는 현상을 설명하였다.

더 깊어진 수온약층은 해수면 온도를 상승시키는 작용을 하여 결국 양의 되먹임 작용을 하게 된다. 이러한 일련의 과정은 엘니뇨의 변동 시간 규모에 비해 매우 빠르게 진행되기 때문에 시간 지연 없이 동시 상관적으로 발생한다. 한편 엘니뇨 동안의 해수면 온도 상승과 동반된 무역풍의 약화는 아열대 부근 해양에 음의 편차를 갖는 로스비파[4]를 만들어 내게 된다. 이 파동은 서쪽으로 진행한 후 서쪽 경계면에서 역시 음의 편차를 갖는 캘빈파[5]로 반사되어 동진한 후 열대 동태평양에 도달하여 이곳의 수온약층을 얕게 만들어 결국 엘니뇨의 성장을 방해하게 된다. 이렇게 지연된 음의 피드백 과정은 두 번째 항(계수 $b>0$)과 같이 표현할 수 있으며, 여기서 지연 시간 τ는 로스비파가 발생한 순간부터 서안 경계에서 캘빈파로 반사되어 동태평양에 도달하기까지의 시간을 의미하게 된다. 즉 첫 번째 항과 두 번째 항은 엘니뇨의 진동 현상을 표현하는 방정식이 된다. 앞의 두 항만을 고려할 경우 계수 c와 b의 상대적인 크기에 따라서 진폭이 계속해서 증가하거나 감소하는 해를 갖게 되는데, 이는 비현실적인 해라고 할 수 있음으로 엘니뇨의 진폭을 조절할 수 있는 세 번째 항을 포함시켜서 해수면 온도 아노말리 방정식을 완성하였다. 이 세 번째 항은 주로 해양에서 나타나는 비선형 역학 과정으로 엘니뇨가 극도로 성장하는 것을 제어하고, 일정한 진폭을 유지하게 하는 역할을 한다. 한편 최근에는 지연 진동자 이론의 단점을 보완한 충전 · 방전 이론이 대두되었다. 이 이론은 열대 해양의 전반적인 적응 과정을 바탕으로 엘니뇨의 진동 현상을 설명하고 있어서 지연 진동자 이론을 아우르고 있다. 구체적인 설명은 보다 전문적인 내용이 될 수 있어 이 책에서는 생략하기로 한다.

---

4. 로스비파(Rossby wave)는 지구 자전에 의한 회전력이 존재하는 지역에서 행성 와도(planetary vorticity)와 상대 와도(relative vorticity)의 합이 보존되기 때문에 발생하는 파동으로 배경 흐름에 의한 도플러 효과가 없는 경우에 서쪽으로 진행하는 파동
5. 캘빈파(Kelvine wave)는 적도 혹은 해안가를 따라서 발생하는 중력파의 일종이지만 이와는 달리 한 방향으로만 진행하는 특징을 지닌다. 적도에 나타나는 캘빈파는 동진하는 파동으로 고도의 변화와 동서류의 변화가 공간적으로 일치하는 특징을 지닌다.

8.3.3 ENSO의 예측성

결정론적인 시스템의 예측(가능)성(predictability)은 '불가불 존재하는' 초기 오차들의 성장률에 달려 있다. 이 오차들이 더 빨리 성장할수록 시스템의 예측성은 더 떨어진다. 가장 빨리 성장하는 오차들이 시스템의 정상 모드일 필요는 없다. 사실 일반적인 경우에 가장 빨리 성장하는 오차들은 성장하면서 모습을 바꾼다. Ferrel(1990)은 일반적인 예측성 문제를 '주어진 초기 상태에 얹힐 때 가장 빨리 성장할 교란'을 찾는 문제인 것으로 보았다. Blumenthal(1991)은 적도 태평양에서 가장 빨리 성장하는 교란을 이론적으로 연구한 첫 번째 사람이다. 선형적으로 불안정하지 않은 시스템에서 가장 급히 성장하는 유한 진폭의 교란은 '최적 성장'을 경험한다고 말했다. Blumenthal은 Zebiak와 Cane(1987)의 대기-해양 결합 모형에서 자유롭게 발전하는 구조들을 조사하여 정리된 모형 출력 자료로부터 선형 자가 회귀(Markov) 모형을 유도함으로써 최적 섭동을 결정했다. 그가 발견한 것은 9개월에 걸친 최대 성장이 섭동을 2월에 적용할 때 나타난다는 것인데, 이처럼 교란의 성장이 계절에 의지하는 것은 Cane 등(1986)이 보고한 바와 같이 예보 기량이 계절에 의존하는 것과 어느 정도 합치한다.

8.3.4 엘니뇨 동생의 출현

최근 들어 기존에 알려진 엘니뇨와는 다른 형태의 엘니뇨의 발생이 증가하고 있는 것

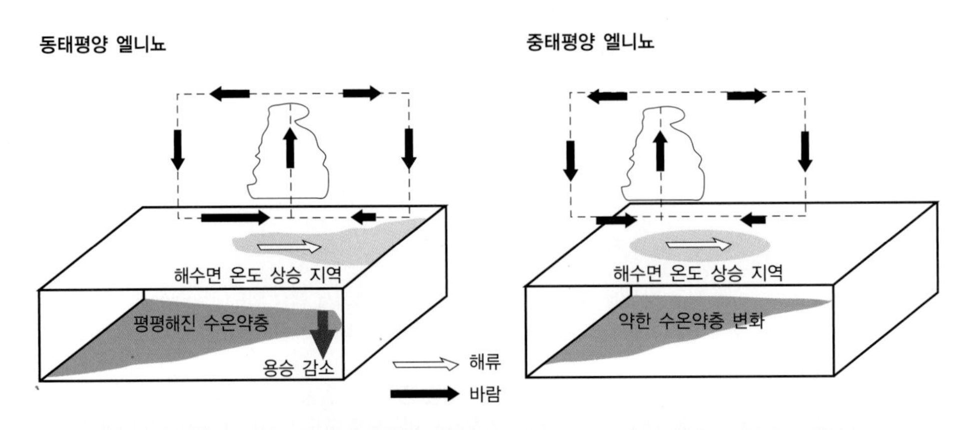

그림 8.4 기존의 엘니뇨인 동태평양 엘니뇨와 새로운 형태의 엘니뇨인 중태평양 엘니뇨의 모식도

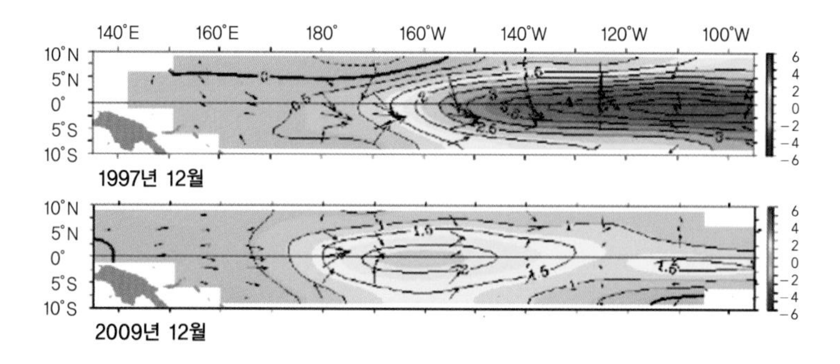

그림 8.5 동태평양 엘니뇨(위, 1997년 12월)과 중태평양 엘니뇨(아래, 2009년 12월) 동안에 나타난 해수면 온도(℃)와 지상 바람(ms^{-1}) 아노말리 분포 (TAO/TRITON 자료 참조)

으로 보고되고 있다(Yeh et al., 2009). 이 새로운 형태의 엘니뇨는 열대 중태평양에서 서태평양에 이르는 지역의 해수면 온도가 평년에 비해 상승하는 현상으로 기존의 엘니뇨가 열대 동태평양의 해수면 온도가 상승하는 것과 비교될 수 있다. 현재 이 새로운 형태의 엘니뇨는 중태평양 엘니뇨(Central Pacific El Niño), 유사 엘니뇨(El Niño Modoki), 웜풀 엘니뇨(Warm Pool El Niño)로 불리고 있다(이 책에서는 중태평양 엘니뇨). 현재까지의 연구에 따르면 중태평양 엘니뇨의 발생은 동-서 방향의 온도 이류와 관련이 있는 것으로 밝혀졌다. 이는 기존의 엘니뇨가 수온약층의 변화에 민감한 것에 비해 중태평양 엘니뇨는 동-서 방향의 해수면 온도 구배 변화에 민감한 것으로 밝혀졌다. 기존의 엘니뇨 시기에 뚜렷하게 나타나는 열대 동태평양 지역의 수온약층이 깊어지는 현상은 중태평양 엘니뇨 시기에는 나타나지 않는다. 흥미롭게도 지구 온난화가 진행되면서 중태평양 엘니뇨의 발생이 증가할 것으로 예견되고 있다(Yeh et al., 2009).

빙하의 변동과 기후변화

46억 년 전 지구가 생성된 이래 빙하기와 간빙기가 되풀이되어 왔다. 빙하기와 간빙기에 대한 정확한 정의는 없다. 그러나 전 지구상에 빙하의 면적이 늘어나면서, 일반적으로 빙하기는 간빙기보다 전 지구 평균 해수(심층수)의 온도가 최저 약 3℃ 정도 낮게 나타난 시기이다. 참고로 약 6억 년에서 7억 5,000만 년 전 사이에는 수천만 년 동안 해양을 포함한 전 지구가 완전히 얼음으로 덮였다는 주장도 있으나 이는 현재 학계에서 열띤 토론 중이다. 이를 제외하면 지구상에 빙하가 최대였던 시기는 약 18,000년 전으로 현재의 약 두 배에 달했다.

최근의 빙하기와 간빙기의 역사를 살펴보면 현재부터 약 12,000년 전 홀로세 기간을 간빙기라 하며 12,000~160만 년 전 플라이스토세 기간을 빙하기라 정의한다. 플라이스토세 중에도 온도가 현재와 비슷한 시기가 짧게 여러 번 있었다. 이런 관점에서 보면 현재 우리가 살고 있는 홀로세가 진짜 온난기간인 간빙기에 속하는지, 아니면 기나긴 빙하기(플라이스토세)의 여정 중 잠깐 더운 시기에 속하는지는 아직은 밝혀지지 않고 있다.

9.1 제4기의 빙하 변동

카오스로서의 기후 시스템의 모든 권역들은 지구의 (46억 년 기간) 여정을 통해 예측을 불허하는 변동들을 보여 왔다. 대기, 해양, 그리고 지면의 조성과 분포가 비교적 정착된 제4기에 들어서서조차 빙권과 생물권은 변동해 왔다. 당시 인류는 생물권 밖에 있는 존재였고 인류가 기후 시스템의 생물권으로 진입하기 시작한 시기는 극히 최근 현상으로 이러한 증거는 속속 드러나고 있다. 지구온난화, 오존층 파괴, 지표의 변화, 생물권의 변동 등은 다음에 살펴보기로 하고 이 장에서는 빙권의 변동만을 알아본다.

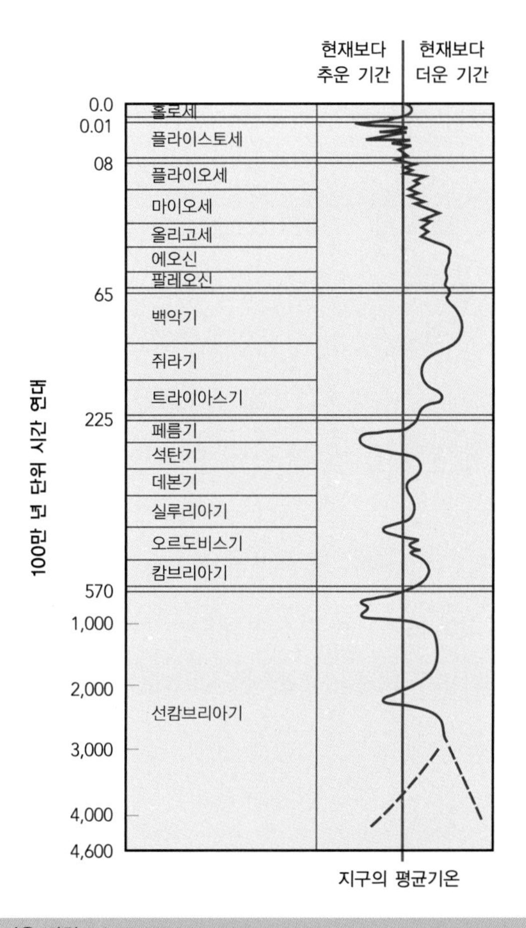

그림 9.1 지구의 기온 변화 (기상청, 2009)

9.2 설면의 지구

바랑고이 빙기(Varangian glaciation)라고도 알려진 빙하의 지구는 설면으로 뒤덮인 눈뭉치 지구(snowball earth)였다. 하버드대학교의 Sturgis Hooper 박사와 지질학 교수인 Paul F. Hoffman에 의해 구성된 최근의 한 가설은 선캄브리아기에 일어난 빙기가 매우 혹독해서 지구의 수분이 완전히 얼어 1km보다 더 두터운 얼음 아래로 액체상태의 물이 그 지구 행성 핵심에서 나오는 열만 가지고 존재했었다고 주장하였다. 이와 관련하여 더 최근의 연구는 당시 해양이 열대 표면에서는 액체로 남아 있었으리라 시사한다.

1960년대 이후 연구에 의하면, 지구의 대륙들은 약 7억 5,000만 년과 5억 8,000만 년 사이에 빙하 작용을 받았다. 고생물학자 W. Brian Harland는 동연대의 빙역토 퇴적물들이 모든 대륙들에서 발견될 수 있다는 점을 지적하면서, 이때 지구가 빙기에 있었음에 틀림없다고 처음으로 주장했다. 문제는 빙역토 퇴적물이 모든 대륙에서 발견된다는 점이다. 심지어 바로 지난 최악의 빙기 중에도 얼음은 적도 대륙에서 흔치 않았다. 처음 그 당시에 새로웠던 판구조론이 한 구실을 제공할 것 같았지만 사실 그 상황을 더 나쁘게 만들었다. 그 기간 바위들의 자기 방향 연구들은 그 대륙이 양극 주변에 있었던 것이 아니라 적도를 한 바퀴 빙 둘러온 초대륙 로디니아(the super-continent Rodinia)로 존재했음을 보였다.

눈뭉치 지구 이론은 이들 빙하들이 떨어뜨린 빙력암들의 기록으로부터 지구가 얼었다는 것을 시사한다. 이러한 메커니즘은 신비롭지만, 한 시사점은 처음에 얼음 없는 대륙들의 존재가 석영 바위들의 부식을 통해 이산화탄소 재흡수의 자연 과정을 강화했고, 그로 말미암아 감소된 온실효과가 지구를 차게 만들어 결국 지구가 한 도피점에 이르게 되었다는 것이다. 그러나 지구의 얼음이 풀리는 메커니즘은 (과거 한 시점에 얼었었다면 뒤에 녹았어야 되므로) 뚜렷이 구별된다. 즉 눈뭉치 지구의 화산에 의한 이산화탄소의 대기 속 증가는 결국 후에 지구 기온을 50℃까지 높였을 것이라 추정된다.

또 다른 설면의 눈뭉치 지구는 23억 년 전 최초의 빙기로 알려진 시기이다. 여기에 제안된 메커니즘은 공기 중에서 메탄을 흡수했을 대기 산소의 첫 출현이다. 메탄은 강력한 온실 기체이므로 그리고 태양은 그때 (지금보다) 현저히 더 약했으므로 온도는 급강하했다. 이에 대하여 철이 많은 한 층의 바위가 역시 이 당시의 증거로 발견될 수 있다.

적도 대륙들에서의 얼음의 존재를 설명하는 한 이론은 지구의 축 기울기가 위도 60도 부근에 육지를 '고위도'에 두었으리라는 것이다. 또 하나의 가능성은 얼음으로 덮인 대륙들을 시사한 자기 기록들은 자극과 자전극이 비교적 서로 비슷하다는 점에 의존하기 때문에, 지구의 축이 기울어진 경사각으로 인해 지구의 자극은 매우 혼란한 상태였다. 이들 두 입장 중 어느 하나에서도 지구의 동결은 오늘날의 경우에서처럼 비교적 작은 면적에 제한되었을 것이고, 지구 기후에 급격한 변화는 필요치 않았다.

Hoffman의 모형 연구에서는 당시 눈뭉치 지구는 모든 지역이 1km 얼음 두께로 덮여 있었고 결국 바위틈에서 새어 나온 이산화탄소의 대기 속 증가로 이들은 결국 녹아 온난기로 변하였다(James Kasting, 2010).

9.3 설면의 지구에 대한 증거

지구가 완전히 눈으로 뒤덮인 빙하 시대라는 가설의 증거로 철이 많은 바위들과 탄산염 갓바위들로 나타난 지질학적 형태들이다. 그 설면의 지구가 생성된 것은 캄브리아기 폭발 사건과도 관련이 있다.

9.3.1 식생의 존재가 없음

두 형태의 탄소가 바닷물 안에 있다. C_{12}와 C_{13}이 그것이다. 해양 거주 식물들은 C_{12}를 선호하고, 그래서 식생 있는 해양은 C_{13}을 가진 탄산염 바위들이 좀 있고 반면에 죽은 해양 안 탄산염 바위들은 더 많은 C_{12}를 가질 것이다. 그 눈뭉치 지구가 있었으리라고 사료되는 시기 중에 식생은 해양과 물속에 존재하지 않았던 것으로 이것은 물속에 식생을 생장하지 못하게 하는 깊은 냉동을 의미한다.

9.3.2 철이 많은 바위들

지구의 대기 안에서 철은 산소에 의하여 자연적으로 산화하여 녹슨다. 철이 많은 바위들은 그 산소가 없을 때에만 형성될 수 있고 이들 퇴적물들은 그 가장 고약한 빙하기의 가상된 때에 보인다. 그 이론의 지지자들은 지구 대기 안에 있는 산소가 자연적으로 안정하지 않으며, 그래서 생물권으로부터 계속적으로 보수를 받지 않으면 안 됨을 지적한다. 엄청난 빙하기는 지구 위에서 생명체를 줄일 것이고 그 대기 산소가 사라지고 철이 많은 바위들이 생기도록 조성되는 것이다. 반대론자들은 이런 종류의 빙하기는 생명체를 완전히 멸절시킬 터인데, 그런 일은 없었다고 논박한다. 그에 대해 지지자들은 깊은 해양의 열수의 통기로 에너지를 얻는 혐기성 저산소 생명의 숙주들이 지구의 깊은 해양들과 지각 속에 남아 그런 사건을 견뎌냈을 수 있었을 것이라고 주장한다.

9.3.3 탄산염 갓바위

언 지구를 녹이기에 필요한 이산화탄소 수준은 오늘날 그것의 350배로 추정되었지만, 먼저 그 동결을 부추기는 메커니즘으로 앞에 언급된 그 효과의 반대로 인해 축적될 수 있을 것이다. 만일 지구가 얼음으로 완전히 덮였다면, 규산염 바위들은 부식에 노출되지 않을 것이고, 그러면 이산화탄소는 대기로부터 제거되지 않을 것이다.

드디어 충분한 이산화탄소가 화산 분출로 축적되어 적도를 따른 해양들이 결국에 녹을 것이고, 이렇게 생산되는 얼음 없는 열린 물의 띠는 고도로 반사적인 얼음보다 훨씬 더 어둡고 특성적으로 낮은 알베도를 가짐으로써 태양으로부터 더 많은 에너지를 흡수할 것이다. 이것은 차례로 지구를 데우고, 더 많은 물을 녹여 더 많은 빛을 흡수하는 등 계속적으로 이어질 것이다. 이 양의 되먹임 고리는 지질학적으로 조속히, 아마 한 1,000년보다 더 짧은 시간에 그 얼음을 녹일 것이다.

당시 이산화탄소 수준은 아직 두 차수의 크기로 평소보다 더 높을 것이다. 비는 대기로부터 약한 탄산 용액으로 씻어 내고 그 용액은 노출된 규산염 바위를 탄산염 바위로 바꾸고, 이 바위는 쉽게 부식되어 해양 속으로 씻겨 들어가 탄산염 퇴적암의 깊은 층을 이룰 것이다. 바로 이 무생물적 탄산염 퇴적물의 두터운 층들이 최초로 그 눈덩이 지구를 시사한 빙하 빙역토 위에서 발견될 수 있다.

9.3.4 캄브리아기의 폭발

5억 7,000만 년 전에 시작한 캄브리아기는 에디아카라 시기의 하등동물들이 진화한 고등동물들의 시작이었다. 삼엽충, 연체동물(대합), 극피동물(성게), 바다달팽이 등이 생존하였다. 이들 고등동물들은 캄브리아기 폭발보다 수백만 년 앞선 벤디아기(Vendian period)의 시작에 끝난는지 모른다고 학자들은 지적했다. 그 자체로 입증되는 것은 아니지만, 그들은 다세포 생명체의 명백한 돌연 출현이 생명을 볼모로 잡고 있던 어떤 거대한 환경적 압박(스트레스)이 제거됨을 시사하는 것으로 간주하고, 그 깊은 동결이 그

압박자(스트레스의 요인)였다고 제안한다.

9.4 제4기의 정의

빙기(glacial period) 또는 빙하기 중에서 지구 표면에 빙판(ice sheet)이 넓게 형성되어 있었던 시기를 제4기라 한다. 빙판의 면적은 시간에 따라 변해 왔다. 지난 46억 년에 지구 표면에 빙판이 전혀 없었던 시간이 있었던 시간보다 훨씬(열 배 이상) 더 길다. 보다 더 구체적으로 빙기는 빙판의 면적 R이 극대인 한 시점을 포함하는 시기이다. 이와 관련해 간빙기(interglacial period)는 R이 극소인 한 시점을 포함하는 시기이다. 일반적으로 간빙기는 두 빙기들 사이에 있다. 한 빙기 안에 R의 극대점이 여러 번 나타난 경우에 이 빙기는 R의 한 최대점을 포함하는, 그러나 여러 극대점들을 포함하는 기간으로 정의되었을 것이다. 이 경우에 R의 극소점들이 이 빙기 안에 여러 번 나타날 수밖에 없다. 그 극소점들을 포함하는 기간들은 아간빙기(interstadial)라고 한다.

빙기에는 해빙의 양이 늘어나고 대륙에는 여름에 녹는 물의 양보다는 겨울에 내리는 눈의 양이 더 많아서 대륙의 빙하가 증가되고 해수면은 하강한다. 또 극지방 빙원이 확대되면서 얼음으로 덮인 지면은 알베도가 증가함에 따라 태양복사 에너지를 우주로 더 많이 반사시키며 지표면 온도는 더욱 내려간다. 이를 빙기의 알베도 피드백이라 한다.

9.5 제4기 이전의 큰 빙기들

지구 역사의 첫 22억 년 동안 빙기는 없었다. 최초의 빙기는 고원생대의 첫째 기인 시데리아기 말 BP 24억 년에 시작해 둘째 기인 리아시아기 말 BP 21억 년에 끝난 휴론 빙기이고, 둘째 빙기는 신원생대의 둘째 기인 크라이오제시아기(BP 8억 5000만~6억 3500만 년) 중에 나타났던 스터시안(BP 750~700Ma) 및 마리노안/바랑기안(635Ma에 끝난) 빙기이다. 이 첫 빙기들은 이른바 눈뭉치 지구를 동반했던 시기들인 것으로 생각된다. 제4기 빙기 이전에 큰 빙기들이 다음과 같이 두 번 더 나타났다.

- 안데스-사하라 또는 오르도비스 빙기(BP 450~420Ma) : 고생대 초 오르도비스기
- 카루 또는 석탄기-페름기 빙기(BP 360~260Ma) : 고생대 말 석탄기 후반에서 페름기 말까지 약 1억 년

이 두 빙기들은 앞의 둘에 비해 잘 조사되어 있다.

9.6 제4기 빙기들과 고기후 자료

제4기 빙기들은 지난 300만 년 전 신제3기 후반 초에 남극대륙에서 시작해 현재까지 진행되고 있다. 신제3기 후반과 제4기, 즉 지난 300만 년은 빙기들의 시기이다. 이 기간은 과거 빙기들이 짧게는 3,000만 년, 길게는 3억 년에 걸쳐 나타났었던 것에 비해 결코 길다 할 수 없다. 플라이스토세에서만 빙기들이 20여 회 나타났다. 이들은 집합적으로 '현재 빙기(the present ice age)' 를 이룬다. 첫째 빙기와 둘째 빙기가 원생 겁의 초와 말에 각각 있었고, 셋째 빙기와 넷째 빙기가 현화 겁 고생대의 초와 말에 각각 있었다. 공룡의 멸종이 확인되는 신생대 초에도 마치 고생대 초의 오르도비스 빙기처럼 비교적 짧은 빙기가 있었으리라는 주장이 많다. 그렇다면 지금 진행되는 이른바 제4기 빙기는 신생대의 말을 예고하는가?

고생대 초기인 오르도비스기 후반부터 실루리아기 초까지(BP 450~420Ma) 3,000만 년 동안 비교적으로 약한 빙기가 있었다(일부 학자들은 고원생대 초의 휴론 빙기 대신에 이 빙기를 4대 빙기들의 하나로 간주한다). 신생대 초에도 빙기들이 있었다는 연구 결과들이 있다. 이들이 지구 역사에서 큰 빙기들로 분류될 수 있는지는 명확하지 않다.

고생대 말기인 페름기에 많은 생물들이 멸절했는데 이는 석탄기 말에 나타난 빙기의 지속 때문이었다. 페름기의 주요 생물은 양서류(개구리, 두꺼비, 도롱뇽 등), 어류, 겉씨식물(송백류, 은행류, 소철류 등이 출현)이다. 이 시기는 양서류의 진화가 극에 달해 양서류의 시대라고도 불린다. 그러나 석탄기 말부터 페름기 초에 빙기가 내습했고 세계적인 해퇴가 일어나 많은 얕은 바다가 육지가 되면서 고생대 바다에 살았던 무척추

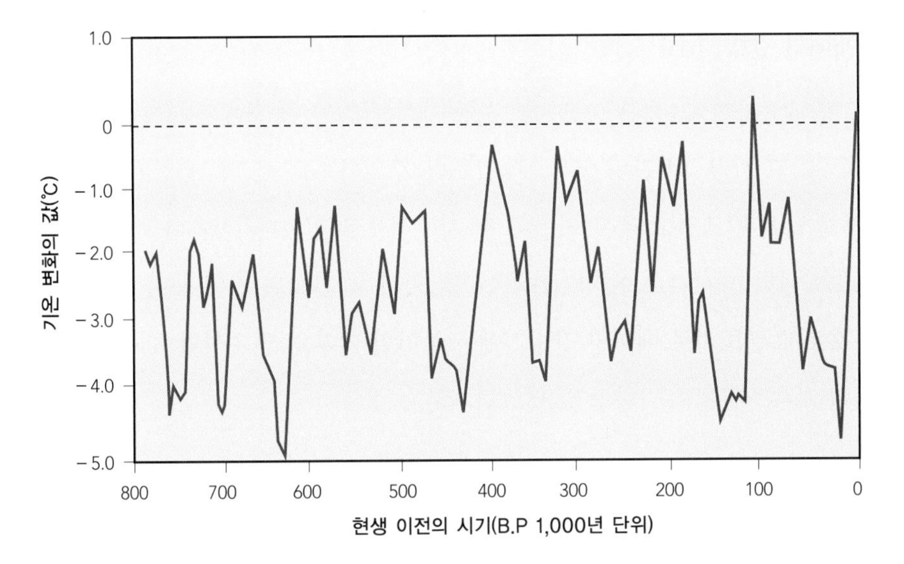

그림 9.2 제4기 빙하기 시대

동물의 90%가 이 시기에 멸종한다. 이 빙기는 (오늘날의 석탄층을 이룬 당시 소형 식물군들의 급성장에 기인한) 이산화탄소의 급감에 기인했을 수 있다. 중생대 말기인 백악기에 여러 종의 공룡들이 멸절했는데, 이와 관련해 나온 여러 설들에 따르면 쥐라기 말에 빙기가 출현해 저위도 지역은 나무가 없는 건조한 기후로 지배되었다고 한다. 이 빙기의 한 원인으로는 소행성과의 충돌로 발생된 먼지로 인한 한랭화를 들 수 있다.

80만 년 동안 지속되어 온 제4기 마지막 빙기는 지구 빙적의 부피변화를 추적하여 마지막 최대 빙적들의 규모와 기온의 변동을 산정하였다. 즉 기구의 지표온도를 산정할 수 있게 한다. 마지막 빙하기 동안인 18,000년 전에는 1억 km^2의 빙권의 최대 부피를 가졌던 위스콘신 빙하 작용으로 지구상에 오늘날보다 세 배 이상 많은 양의 얼음이 존재하였다.

고기후 자료로부터 (1) 에미안 간빙기(Eemian Period interglacial), (2) 아간빙기와 하인리히 사건(Heinrich event), (3) 영거드라이아스기, (4) 홀로세, (5) 소빙하기(Little Ice Ages)로 분류한다.

9.6.1 에미안 간빙기(BP 13만 년)

지난 두 빙기들 사이에 나타난 13만 년 전에 시작해 11만 년 전에 끝난 간빙기를 '에미안' 간빙기라고 한다. 이 간빙기는 오늘날보다 기온이 1~2℃ 더 높았고 이 기간 중간에 한 차례 짧은 건조하고 추운 기간이 전 지구적으로 있었다. 이른바 가장 최근의 드라이아스가 나타난 시기로 이 영거드라이아스기가 10,500년 전에 끝이 났다. 이후 오늘날의 홀로세 간빙기로 에미안 간빙기에는 불안한 기후의 연속이었으나 홀로세 기간은 안정된 기후조건을 유지하고 있다(그림 9.3).

9.6.2 아간빙기와 하인리히(BP 115,000년)

에미안 간빙기 이후 수많은 짧은 기간의 빙기와 간빙기가 반복되었다. 아간빙기들과 차가운 하인리히 사건들이 지난 빙기 안에 많이 있었음이 강조되고 있다.

아간빙기는 BP 11만~10만 년 빙하기 기간에 짧게 나타난 온난기를 의미한다. 고기후 자료는 그린란드에서 채집된 아이스 코어(ice core) 조사기록에서 아간빙기의 확실한 증거를 발견하였다. 이 조사에서 BP 11만 5000년에서 BP 14000년 동안 24회의 아간빙기가 나타난 것으로 조사되었다. 아간빙기의 지속기간은 누적된 빙설의 연별층으로 계산된다. 하인리히 사건은 짧게 나타난 빙하기이다. 아담은 빙하 기후의 일반적 배경

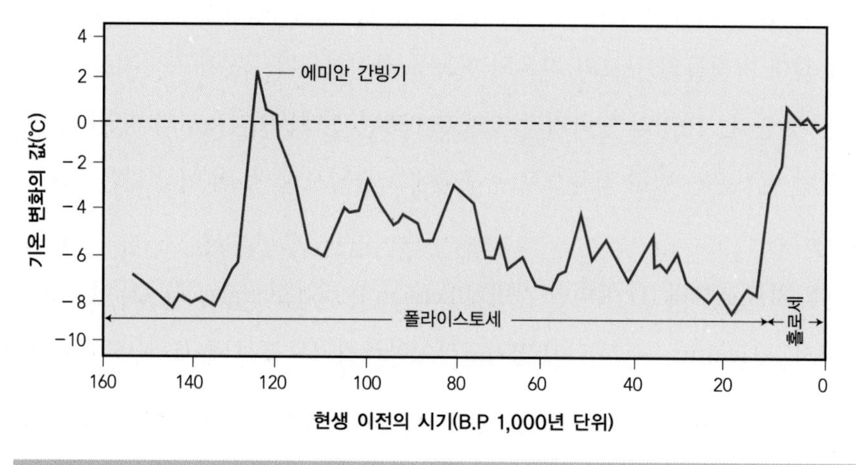

그림 9.3 에미안 간빙기

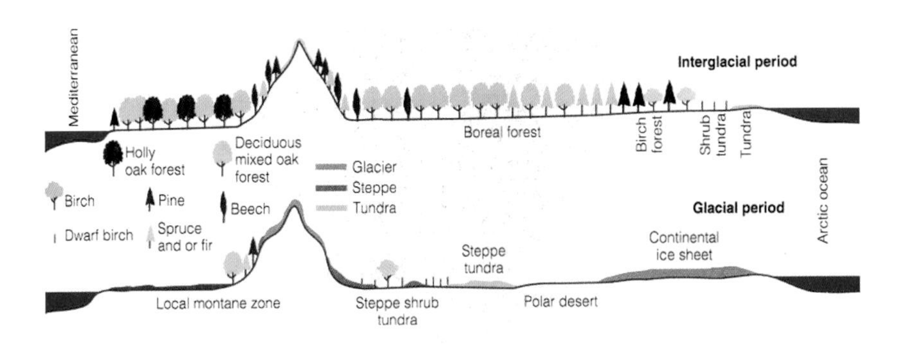

그림 9.4 빙기와 간빙기의 식생 분포 비교

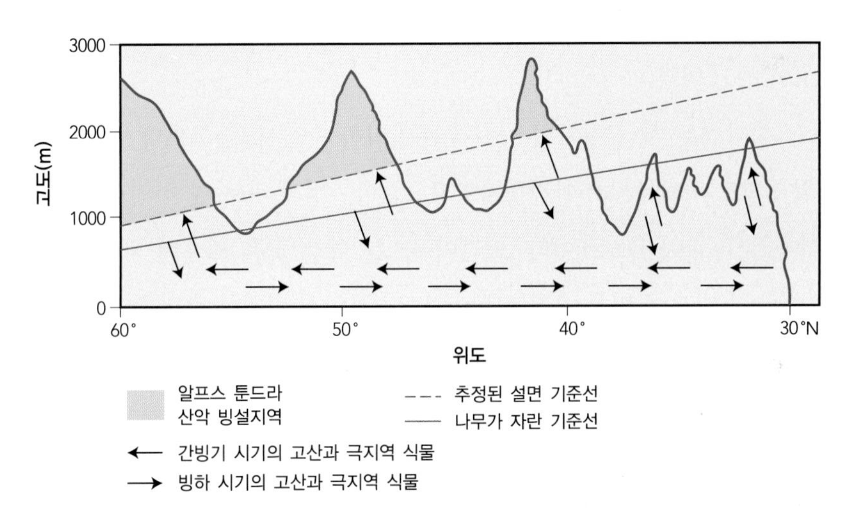

그림 9.5 빙기의 식생 이동

과 극단적 빙하기 조건을 간략 명료하게 표현하였다. 미국의 캘리포니아와 오리건 해양의 침전물에서 추출된 고기후학적 자료는 태평양 북서 호수지역에서 발견된 꽃가루와 북미의 서북부 지역에서 발견된 빙하 기록에서 전 지구적 하인리히 사건을 추정할 수 있었다.

9.6.3 영거드라이아스(BP 12900~11500년)

영거드라이아스는 BP 12900~11500년 동안 짧게 나타난 차고 건조한 아간빙기 기간에 갑자기 나타난 기후 시기였다. 고기후학적 자료는 꽃가루 채집 자료를 통해 영거드라

그림 9.6 극지에서 생존하는 드라이아스 식물

이아스를 보여 주며, 고기후학적 자료에 의하면 최근 유럽 지역에서 개발된 산림 지역은 빙하기에 뒤이어 도래한 온난기 동안 북극 지역의 덤불과 잡초 등이 사라지고 그 대신에 유럽 지역에서 형성된 숲이다. 그린란드 빙하 코어(Greenland ice cores)는 아간빙기 동안 국지적으로 짧게 기온이 평균 6℃ 정도 떨어진 시기였음을 보여 주고 있다.

영거드라이아스는 지난 빙기의 마지막 하인리히 사건이고, 그보다 바로 앞선 아간빙기는 알러뢰드기(Alleroed) 아간빙기였고, 그 아간빙기 바로 앞 하인리히 사건은 올더드라이아스기(Older Dryas)이다. 드라이아스는 예쁜 꽃을 피우며 극지에 자생하는 *Dryas Octopetala*라는 학명을 가진 식물이다. 이 꽃의 광범위한 출현은 극지 기후의 도래를 의미할 것이다.

9.6.4 홀로세(BP 10000년)

영거드라이아스기 직후 출현한 온난기를 우리는 지질학적으로 홀로세 간빙기라 한다. 홀로세는 11,500년 전에 갑자기 시작되어 그린란드의 얼음은 8,200년 전에 갑자기 깨져버렸다. 200년 동안 지속되어 온 차갑고 건조한 기후는 급속히 따뜻하고 습한 기후로 변하였다. 이 결과 북아프리카 지역과 중동아시아 지역은 몬순 구조의 변화로 건조한 지역으로 변하였다. 또 남아메리카 북부지방과 동북아메리카, 북서 유럽은 차고 건조한 지역으로 변하였다.

9.6.5 소빙하기(AD 1350~1850년)

소빙하기 또는 소빙기는 AD 1350~1850년(500년) 기간이다. 최근의 홀로세는 소빙기를 제외하고는 비교적 따뜻한 시기였다. 소빙기의 기온은 오늘날 평균 기온보다 0.5~

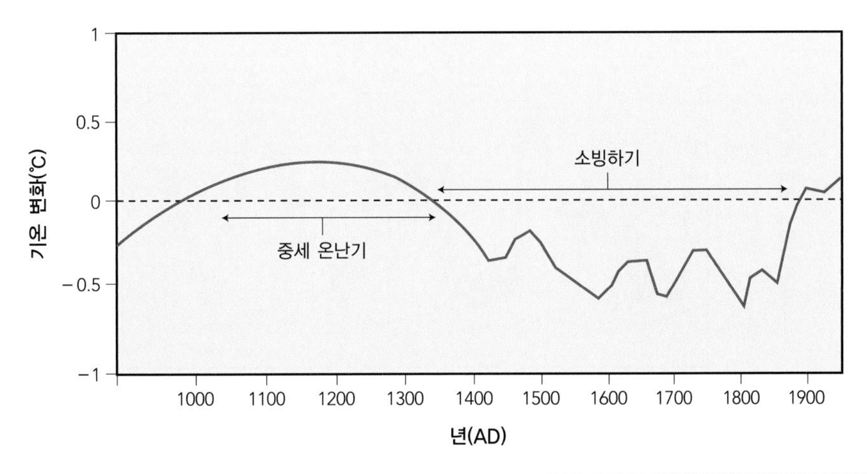

그림 9.7 역사시대 소빙하기

1.0℃ 정도 낮았다. 소빙기에 대한 고기후학적 증거로서 16세기 및 17세기경의 고문서와 석판화가 있다. 한 예로 알프스 계곡을 그린 그림들을 보면 조그만 산간 마을까지 빙하가 전진해 있어 인간이 기억하는 어느 때보다 빙하가 성장했음을 알 수 있다. 이와 유사한 빙하의 전진이 세계의 다른 지역에서도 일어났으며, 대부분의 경우 1만 년 전 최후 빙하기 이후 빙하가 가장 크게 확장되었다. 13세기 중반에 시작하여 19세기 중반까지 지속된 최근의 한랭기 동안 고산 빙하는 전 세계적으로 확장되었다. 소빙하기로 알려진 이 기간은 빙하가 짧은 기간에 걸쳐 확장했던 기간으로 주기가 더 긴 빙하기와 간빙기의 순환에 중첩되어 있다.

9.7 최근의 빙기와 간빙기

최근의 빙기는 약 BP 70만 년에서 BP 12000년까지 오래된 것부터 차례로 비버, 도나우, 귄츠, 민델, 리스, 뷔름이라는 여섯 번의 빙기가 있었다고 본다[위스콘신/뷔름 빙기(BC 15~70ka), 일리노이/리스 빙기(BC 130~180ka), 캔자스/민델 빙기(BC 230~300ka), 네브래스카/귄츠 빙기(BC 330~470ka), 네브래스카/도나우 II 빙기(BC 540~550ka), 네브래스카/도나우 I 빙기(BC 585~600ka)].

(a)

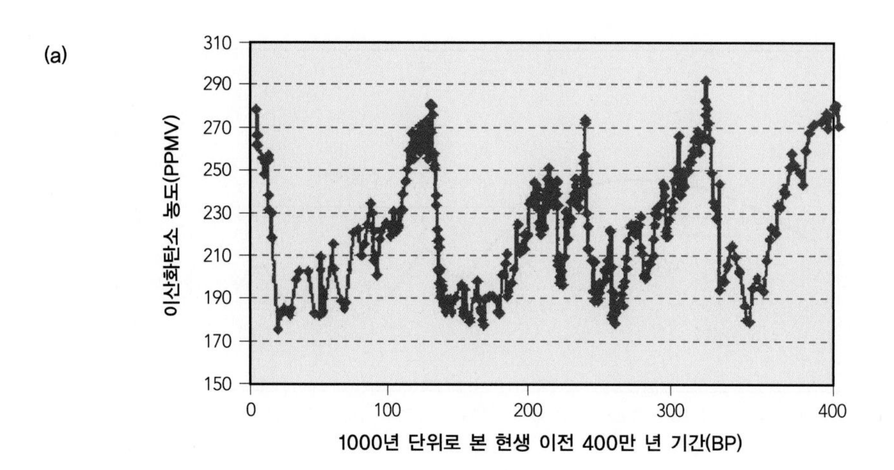

(b)

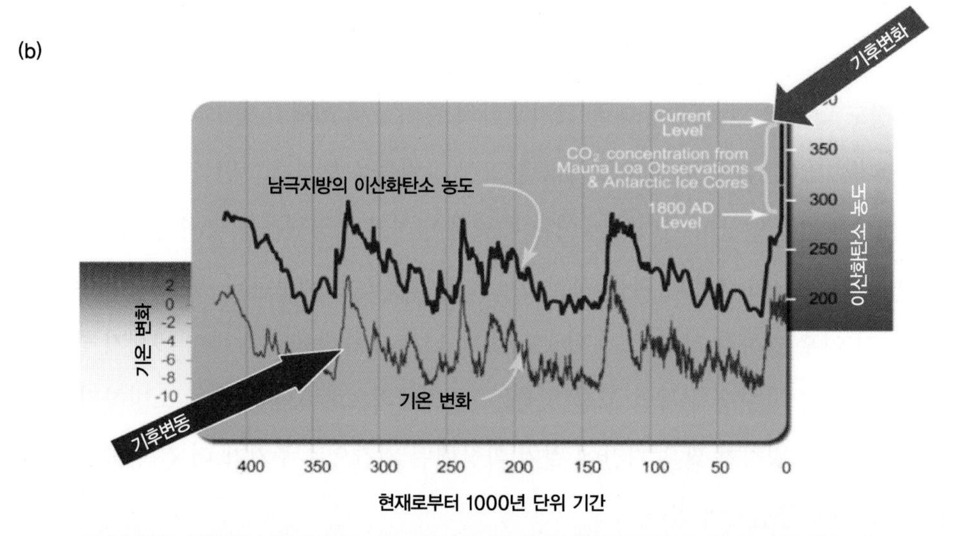

그림 9.8 40만 년 동안의 남극 빙하의 이산화탄소양 변화

인류가 정착하고 농사를 시작한 이래 빙기와 간빙기는 짧은 기간 번갈아 출현하였다. 그림 9.8은 남극 대륙의 보스토크 기지에서 시추된 얼음 채취 샘플 분석으로 얻어진 지난 42만 년 동안의 기온과 CO_2의 변동을 각각 보이고 있다. 이 기간에 4회의 빙기들을 나타내는 이산화탄소와 기온의 변동은 양의 상관을 보인다. 특히 기온 시계열은 앞에 보인 최근 40만 년 그림과 매우 높은 상관을 보인다.

표 9.1 소빙하기의 출현과 지속 기간(단위 : 1,000년)

Wisconsinan/Weichsel or Vistula(뷔름)	빙하기	15~70(55000년)
Sangamon/Eemian	간빙기	70~130(6만 년)
Illinoian/Saale	빙하기	130~180(5만 년)
Yarmouth/Holstein	간빙기	180~230(7만 년)
Kansan/Elster	빙하기	230~300(7만 년)
Aftonian/Cromer	간빙기	300~330(3만 년)
Nebraskan/Gunz(귄츠)	빙하기	330~470(14만 년)
–/Waalian	간빙기	470~540(7만 년)
–/Donau II	빙하기	540~550(1만 년)
–/Tiglian	간빙기	550~585(35000년)
–/Donau I	빙하기	585~600(15000년)

9.8 지난 빙기

9.8.1 에미안 간빙기가 끝나는 시점에 대한 견해

지난 빙기는 에미안 간빙기가 끝나는 시점부터 영거드라이아스가 끝나는 시점까지의 시기이다. 에미안 간빙기가 끝나는 시점에 관해 두 가지 견해가 있다. 하나는 네안데르탈인이 발견되기 시작하는 BP 12만 년쯤으로 보는 것이고, 다른 하나는 네안데르탈인이 멸절되기 시작하는 BP 7만 년쯤으로 보는 것이다. 이 차이는 네안데르탈인들이 활동했던 그 5만여 년의 시기를 빙기 아니면 간빙기로 보는 서로 상반되는 견해에 기인한다. 에미안 간빙기가 BP 13만 년쯤에 시작된 것으로 보는 데에 이견이 없기 때문에, 이 간빙기는 비교적으로 짧은 1만 년 동안 지속되었거나 그보다 훨씬 더 긴 7만 년 동안 지속된 것이 된다.

에미안 간빙기의 시작(BP 13만 년)에 나타났던 네안데르탈인들은 적어도 1만여년 동안 따뜻한 기후에 동화되어 살았을 것이다. 하지만 1만 년 뒤에 닥친 추위에(그것이 빙기의 시작이든 아니든 간에) 그리고 그 뒤에 점차적으로 더 혹독해진 추위에 그들은

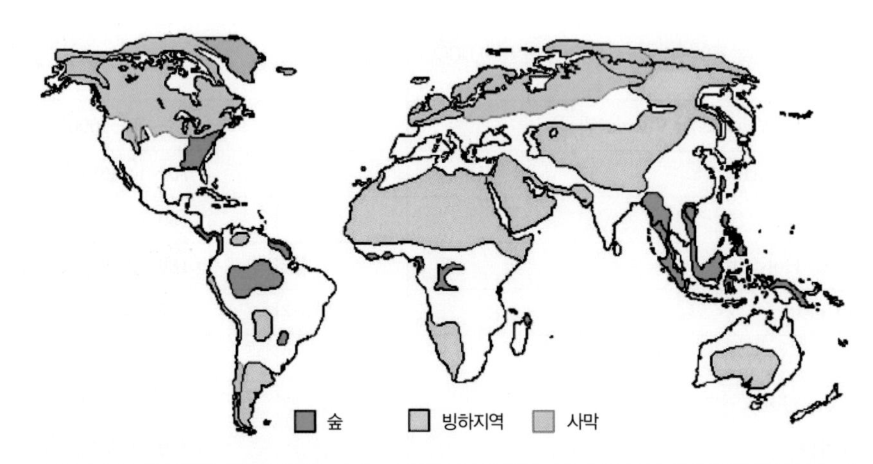

그림 9.9 BP 18000년의 지구 기후도

고전했을 것이다. 그림 9.8에 보인 보스토크 기온 자료를 보면 에미안 간빙기의 정점(BP 12만 5000년쯤) 이후에 BP 11만 년쯤, BP 7만 년쯤, BP 22000년쯤에 각각 기온 극소점을 보인다. 이들 가운데서 BP 22000년쯤에 보인 극소는 지난 빙기의 최저점을 나타내고, BP 7만 년쯤에 보인 극소는 네안데르탈인이 멸절하기 시작하는 시점을 가리킨다.

9.8.2 지난 빙기 최고점에서의 기후 분포

지난 빙기(위스콘신 빙기)의 최고점은 BP 22000년에 있었던 것으로 추정되고 있다. 그림 9.9는 BP 18000년에 나타났을 것으로 추정되는 간단한 기후 분포이다.

9.9 빙기 이론

9.9.1 빙기의 주원인

지구의 기후변화에서 빙하기가 시작되는 주원인으로 다음과 같은 변화를 들 수 있다.

- 대기의 성분기체 조성에서 특히 이산화탄소(CO_2)와 메탄(CH_4)과 같은 온실 기체의

농도가 줄어드는 변화
- 태양 주위를 공전하는 지구 공전 궤도와 지구가 자전하는 회전율의 모수들의 변화가 나타날 때(일명 밀란코비치 주기와 은하 주위의 태양 궤도 변화)
- 지구 내부의 에너지 변화에 의한 대륙 분포의 배열 변화가 나타날 때

위의 빙기가 시작되는 세 가지 원인 중 대기의 온실 기체 농도가 줄어드는 변화는 지구의 첫 번째 빙기의 원인이다. 따라서 첫 번째 빙기는 지구 원생대 후반에 시작된 지구 전체를 눈과 얼음으로 뒤덮인 눈뭉치 지구라 부르는 극심한 빙기로 결국 대기의 이산화탄소 농도가 증가한 후에야 끝나게 되었다. 또 다른 두 가지 원인으로 북극과 남극 지역의 육지 팽창은 빙설을 형성할 수 있는 더 많은 공간을 제공함으로써 지표의 알베도를 증가시키며 이에 따라 대기의 냉각 현상이 가중되어 빙하기의 시작과 강도를 더욱 강하게 하는 되먹임(Feedback)의 단초가 되었다. 장기간 계속되는 빙하기의 주원인이 지구 궤도 변화만으로는 설명될 수 없다. 그러나 다만 당시 발생된 빙하기 중에 복잡한 응결 현상이나 눈녹음에 대한 양상을 가늠하게 한다. 지구 궤도의 복잡한 형태와 알베도의 변화는 빙하기 발생에 큰 영향을 주었으며, 이러한 현상은 밀란코비치 이론으로 설명이 가능하다.

밀란코비치는 태양 주위를 도는 지구 궤도에서 미세한 변동과 지구 회전축의 기울어짐에 따라 주어진 위도에 도달하는 복사 에너지양에 작지만 중요한 변화를 일으키는 것을 발견하였다. 지구는 팽이처럼 돌면서 25,000년마다 한 번씩 태양 주위를 도는 타원 궤도를 수정한다. 또 41,000년마다 한 번씩 21.5~24.5도 회전 자축을 변경한다. 또 10만 년마다 한 번씩 타원 공전 궤도의 이심률을 수정한다. 이에 따라 태양의 복사 에너지를 받는 지구의 에너지양이 변동한다. 이에 따라 빙기와 간빙기가 반복될 수 있다. 이 기간에 밀란코비치 지구 궤도 강제력에 따른 빙기의 발생 빈도수는 이론과 잘 부합되었고 그 변화량은 북위 65도 지역의 25%(즉 $1m^2$ 넓이에 400~500W 에너지) 정도 변동성이 있는 것으로 환산된다. 현재 빙기의 특성과 존재에 대한 대한 충분한 연구결과가 있다. 특히 과거 40만 년 전부터 형성된 빙설(ice core) 기록을 상세히 살펴보면 대기의 성

분과 기온, 빙설체 등에 대한 사실을 발견한다. 이러한 현상은 지구와 태양 간의 거리 변화와 지구의 세차운동(preccession)의 변동 효과가 복합적으로 나타나는 것으로 해석된다.

지구 빙기의 변동은 과거 80만 년 전 동안 10만 년 주기로 나타났으나, 이러한 현상은 지구의 기울기와 이심률의 변동과 같으나 밀란코비치가 예언한 3-진동 이론과 거리가 있다. 그러나 아직도 이에 대한 정확한 이론과 설명이 부족하며 지구 기후의 변화에 대한 원인 규명은 많은 미래 연구 과제로 남아 있다. 300만 년 전부터 80만 년 전 동안 나타난 빙기는 약 40만 1,000년 동안이었지만 이는 지구의 암흑기와 잘 부합된다.

9.9.2 외계 공간 구름

미국 항공우주국(NASA) 우주생물연구부에서 발표된 연구결과를 보면 현생 이전 시기에 지구의 거대한 공간 구름들이 지구의 빙하기를 초래했을 것이라는 이론적 증거를 제시하고 있다.

이들 연구에 의하면 지구가 생성된 이래 영겁의 세월이 흐르는 동안 지구 대기에 두터운 구름층을 형성시켰고, 이 두꺼운 공간 구름으로 덥인 대기는 입사 태양 에너지의

그림 9.10 미국의 세인트헬렌스 화산 폭팔

감소와 지구 대기에 입사되는 태양전자파에 의해 야기되는 대기분자의 하전 전리 입자 구성에 방해되는 역할로 오늘날 형성되어 있는 오존층을 파괴하고 또 오존의 형성을 어렵게 하였다.

외계 공간 구름 이외에 화산 폭발에 기인한 에어로졸이 대기, 특히 성층권에 유입되어 장기간 체류함으로써 대류권에 찬 기후를 유발할 수 있다. 중생대 말에 있었던 빙기들의 출현 이유로 유성 충돌에 기인한 에어로졸의 대기 유입이 원인이라는 주장이 제기된다.

9.9.3 밀란코비치 주기

플라이스토세 동안 관찰된 빙하기와 간빙기의 반복은 1920년대와 1930년대에 처음으로 이를 계산한 유고슬라비아의 지구물리학자인 밀란코비치가 주장한 밀란코비치 주기(Milankovitch cycle)에 의해 잘 설명된다. 이 주기들은 태양으로부터 받는 복사 에너지의 주기적 변동이다. 태양 주위를 도는 지구의 공전 궤도는 주기적으로 원형이었다가 타원형으로 변하는데 원형의 궤도는 작은 이심률을 그리고 타원 궤도는 높은 이심률을 보인다. 이러한 주기는 약 10만 년이 되고 이심률의 변화로 지구 자전 각도가 약

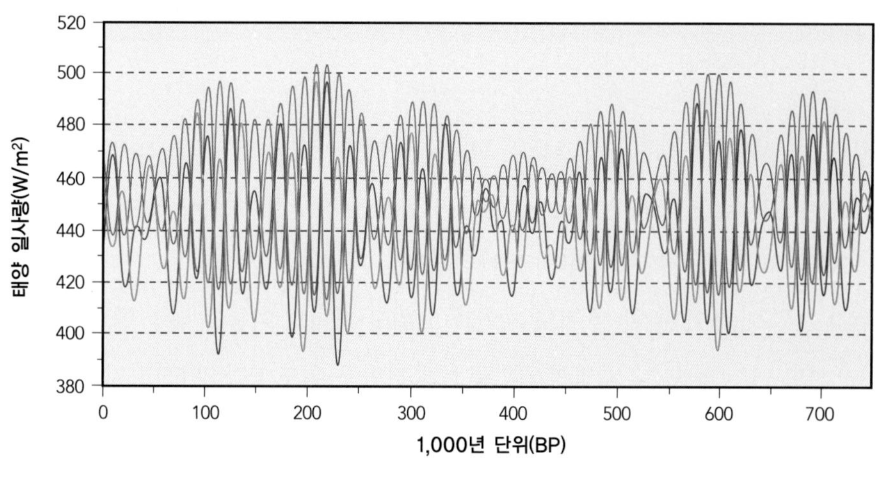

그림 9.11 태양복사 에너지의 입사

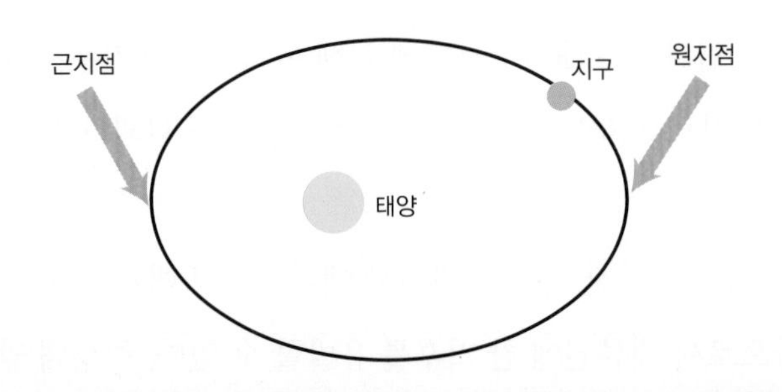

그림 9.12 지구 궤도의 태양 원지점과 근지점

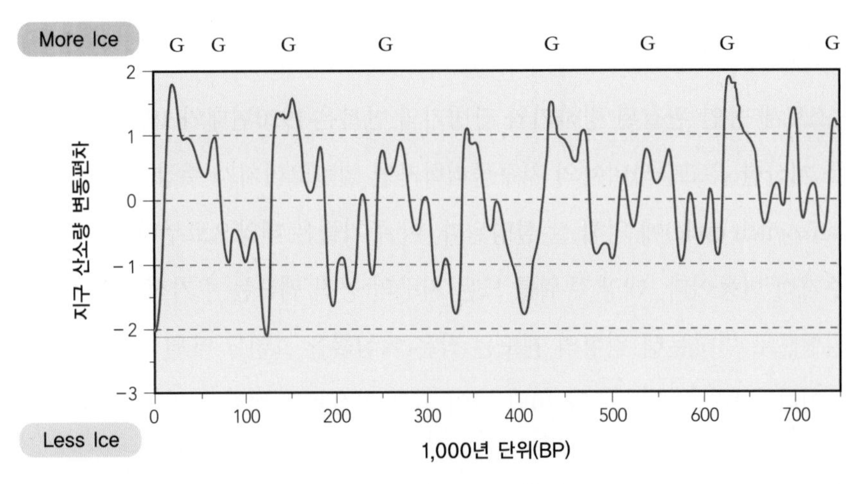

그림 9.13 과거 75만 년 동안 지구표면에 발생된 빙하체적의 주기 변동

41,000년 동안 변화를 가져와 21.5도와 24.5도 사이에서 변동한다. 또 23,000년 동안은 지구의 세차운동의 변화도 일어난다. 높은 이심률은 지구가 태양의 복사 에너지를 낮게 받으며 약 10만 년 주기로 빙하기가 나타난다.

그림 9.11은 과거 75만 년 전 적도 지역과 고위도 지역의 여름철 태양 에너지 입사량(북반구 위도 15°N과 65°N 지역의 7월 중순과 남반구 위도 15°S와 65° S 지역)의 일 변동값이다. 각 변동값은 지구의 춘분 및 추분의 세차운동과 지구의 기울기 그리고 궤도 이심률의 변동값이다. 지구의 공전 궤도의 변동에 따른 지구에 도달하는 태양복사 에너지의 변화량은 비록 태양의 지구에 도달하는 전체 태양복사 에너지에 비하여 매우

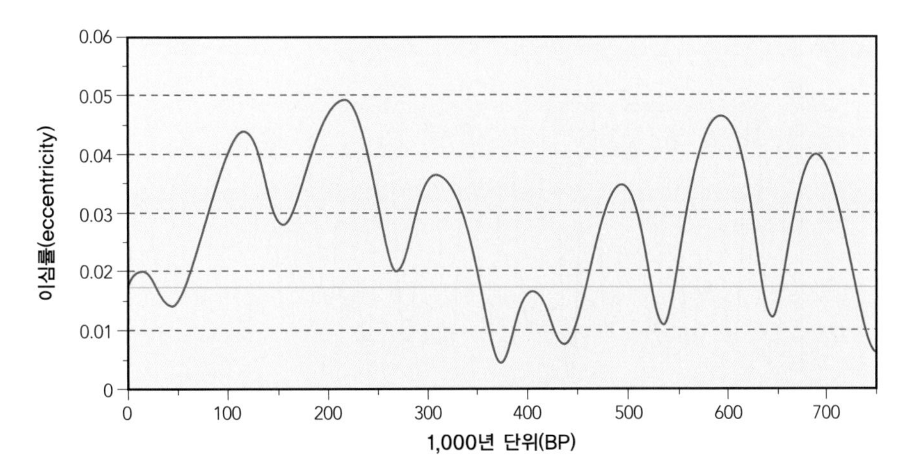

그림 9.14 지구 궤도 이심률의 변동값, (자전축의) 기울기

작은 값이지만 지구의 해수팽창을 일으키는 열적 효과를 발생시키고 지구의 빙하지역을 녹이기에는 충분하다. 태양 주위를 공전하는 지구 궤도의 이심률은 주기적으로 변동을 거듭하지만 그 주기는 100,000년 간격이다. 그림 9.13은 과거 75만 년 동안 지구의 빙하체적의 주기 변동이다. 빙하체적의 과거 변동은 Imbrie(1984) 연구팀이 해양생물인 플랑크톤(planktonic foraminifera)의 변화 분석에서 발견된 산소 동위원소의 양 변화를 살펴봄으로써 추정되었다. 그림 9.13에서 표기된 G는 빙하가 북미 중서부 대륙에 도달했을 때의 시기를 나타낸다. 이후 빙하의 변동에 대해서는 Richmond와 Fullerton(1986) 등이 더욱 세분되고 발전된 변동을 연구한 바 있다.

그림 9.14는 지구 궤도 이심률의 변동값이다. 파란색의 변동곡선은 이심률이며 주황색은 현재 시기의 지구 이심률 값이다. 지구의 자전축은 태양 주위를 회전하는 공전축에 비하여 23.5도 기울어져 있다. 그 기울기는 주기적으로 21.6도에서 24.5도까지 변동을 반복한다. 그림 9.15와 같이 75만 년 동안 변동을 반복하는 주기는 41,000년이 된다.

지구 자전축의 기울어짐은 지구가 받는 태양복사 에너지의 편차를 발생시켜 지구의 계절효과를 나타내게 하고 극지역의 오랜 어두운 겨울철을 나타내는 원인이 된다. 이러한 태양복사 에너지 편차는 지구 기울기의 변동에 따라 지구 고위도 지역에서 받는 태양복사 에너지의 15% 정도 차이를 나타내지만 저위도로 갈수록 그 영향은 적게 나타난다.

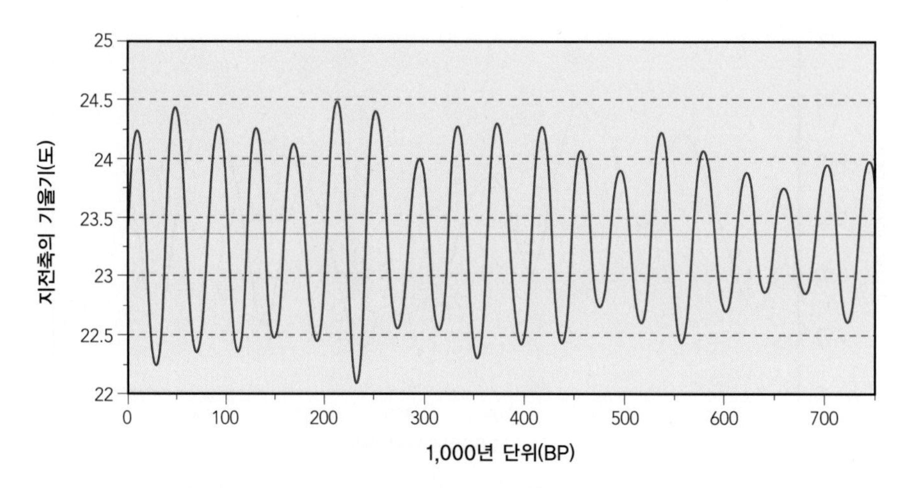

그림 9.15 지구 자전축의 기울기

지구가 받는 태양복사 에너지의 변화를 초래하는 지구 기울기의 변동은 지구의 자전에 따른 세차운동과 긴밀한 연관성이 있다. 그러나 이러한 복사 에너지의 변동은 지구 빙하 지역의 팽창과 축소를 야기시키기에 충분한 주요 요인이 된다. 그림 9.15는 과거 75만 년 동안 지구 자전축의 기울기 변동에 대한 조사 결과이다(Berger and Loutre, 1991).

9.10 천 년의 가뭄과 농사의 시작

지구의 마지막 대빙기인 뷔름 빙기(일명 위스콘신 빙기)를 끝으로 최고점인 18,000년 이후 기온은 상승하다가 12,800년경에 다시 하강하기 시작하였다. 그러나 이 기온 하강은 10,500년 전에 끝났고 현재의 간빙기가 시작되었다. 이 간빙기 바로 앞 짧은 1,000년의 빙기를 영거드라이아스라 명명했다.

9.10.1 마지막 아간빙기

지난 빙기의 마지막 아간빙기(BP 14700~12800년, 알러뢰드 아간빙기)에 기온은 꽤 상승되어 있었다. 그러나 BC 10800년쯤에 다시 기온이 하강하며 영거드라이아스기라 불리는 추운 기간(BP 12800~11600년)이 도래했다. 영거드라이아스기는 신인들에게 큰

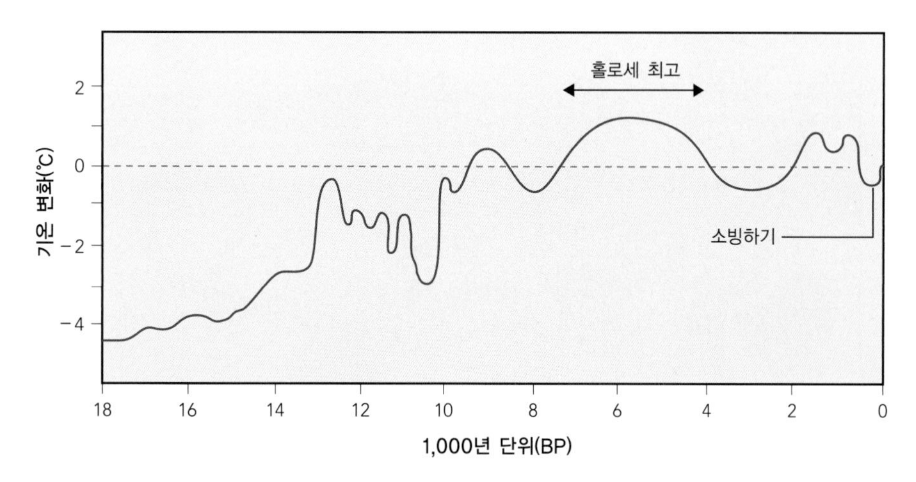

그림 9.16 천 년의 가뭄과 빙기

충격이었기 때문에 현대 과학이 발달하기 시작한 이래 그의 발생에 관한 많은 연구들이 있었다.

지난 빙기 말미에는 북미를 덮고 있던 로렌타이드 빙판(Laurentide Ice Sheet)과 코르딜레라 빙판(Cordillera Ice Sheet)이 갈라지고, 이들 사이에서 녹은 물이 모여 형성된 호수 애거시즈(Lake Agassiz)는 로렌타이드 빙판의 녹은 물로 인해 더욱 크게 확장되었다. 결국 이 호수의 동쪽 경계를 이루던 로렌타이드 빙판의 남부, 즉 대돌출부(super lobe)가 녹아 빙판의 경계가 더욱 북쪽으로 퇴각하면서 애거시즈의 담수 전체가 더 이상 막힘 없이 성 로렌스 계곡(St. Lawrence Valley)을 통해 대서양으로 유입되는 사건이 발생했다. 이때 사라진 호수 애거시즈 자리에 축소된 면적으로 남아 있는 것이 오늘날의 위니펙 호(Lake Winnipeg)이고 그 동쪽으로 생긴 호수들이 북미의 오대호들이다.

9.10.2 발생 원인

대서양으로 벗어난 애거시즈의 담수는 소금기로 무거운 북대서양의 만류 위에 덮치면서 래브라도 근처에서 만류의 짠물이 가라앉던 것을 방해하게 되고, 대서양과 인도양 그리고 태평양에 걸쳐 존재하는 움직이는 해수의 한 고리, 이른바 운반테(Conveyor Belt)를 정지시켰다. 이로써 저위도로부터 따뜻하고 습한 공기의 유입을 돕던 만류는

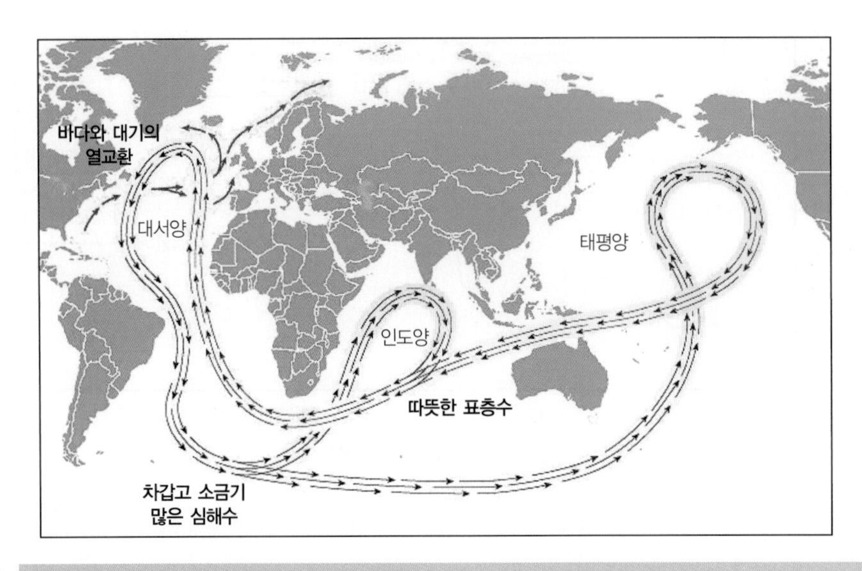

그림 9.17 대양의 운반테와 인도네시아 통과류

정지하고 유럽 지역은 다시 춥고 가문 시기에 들어섰다. 이것이 영거드라이아스의 추위와 가뭄이 촉발된 과정이다. 오늘날에도 북극해에서 형성된 빙산들이 계절적으로 북대서양에 유입되어 녹는데, 이때 생기는 담수들이 만류의 계절적인 약화를 초래한다.

9.10.3 대양의 운반테

대양의 운반테는 대서양, 인도양 그리고 태평양을 연결하는 해수의 운동 고리이다. 그림 9.17은 그 운반테의 개념도이다. 운반테의 시작은 북대서양에서 일어나는 차가운 표수의 깊은 하강과 심층수의 연이은 남향 이동이다. 한 테는 인도양을 돌아 나오고 다른 테는 태평양을 돌아 나와 그 둘이 인도양 표층에서 만나 북대서양의 찬 바다로 돌아간다. 이 운반테의 한 부분이 오스트레일리아와 인도네시아 사이에서 매우 빠른 유속으로 표층에 나타난다고 믿어진다. 인도네시아 통과류는 인도네시아 군도를 지나 태평양과 인도양 사이에 해류를 교환하는 해류 순환(ocean current)이다. 이 해류 순환은 북반구에서 마카사르 지류(Makassar Strait)와 말라카 지류(Malacca Strait)를 통과하여 인도양으로 흘러 들어간다. 또 롬보크 지류(Lombok Strait)와 티모르 지역을 통과하여 해류는 인도양을 빠져나간다. 태평양에서 인도양까지 남쪽으로 흐르는 해류는 계절적 ·

경년적으로 흐름의 순 이동이 강한 주기성을 나타낸다. 또 남쪽 경계지역을 통과하여 북쪽으로 흐르는 해류의 연별 순 이동 흐름은 1998년에 나타난 대표적 사례이다. 이를 엘니뇨 후 영향이라 보고 있다. 이러한 흐름의 방향성의 원인은 인도네시아 통과류와 지구 기후변화의 상관성에서 비롯된다고 학자들은 판단하고 있다. 인도네시아 통과류의 중요한 특성은 적도 지역 서태평양의 해수 온도와 염분이 인도양보다 높기 때문으로 해석되고 있다. 따라서 상대적으로 따뜻하고 염분이 적은 해류가 통과류로 바뀌어 인도양으로 흘러 들어간다. 인도네시아 통과류는 따뜻한 열에너지를 롬보크 지류로부터 1,000km 떨어진 서태평양에서 인도양으로 운반한다(http://en.wikipedia.org/wiki/Indonesian_throughflow).

9.10.4 만류

만류(gulf stream)는 지구상에서 가장 강한 해류 중 하나이다. 열대에서 멀리 북대서양으로 열을 나르는 물의 이 강은 노스캐롤라이나 해터러스 곶 근처에서 미국 해안을 떠난다. 거기서 그 해류는 넓어져 동북방으로 향한다. 이 지역에서 해류는 더 차가운 서북쪽과 더 따듯한 동남쪽 양쪽 모두에 빙빙 도는 에디(eddy)들로 곡선과 고리를 만들면서 더 사행하기 시작한다.

그림 9.18의 영상들은 2005년 4월 18일 만류의 해면 온도(위)와 엽록소 농도(아래)를 보인다. 해면온도 영상에서, 그 만류의 따뜻한 물(붉은빛)이 아래 왼쪽으로부터 위 오른쪽으로 꿈틀꿈틀 움직이며, 몇 개의 심한 굴곡들이 그 경로에 보인다. 사실 그 두 심한 굴곡들의 북단은 그 자체로 돌아 고리를 이루어 하나의 닫힌 에디를 만든다. 그 해류의 북쪽에 차가운 물(파란색)은 남쪽으로 가라앉아 그 만류의 따뜻함 속으로 파고든다. 회색 지역은 두 영상에서 구름을 나타낸다.

해양 식생이 있음을 의미하는 엽록소는 흔히 찬물과 더운물 사이 경계에서 그 농도가 더 높은데, 여기서 해류들은 해양 깊은 곳으로부터 영양분이 풍부한 물을 섞어 올리고 있다. 그 만류의 고리들에 의한 다수의 온도 경계들은 엽록소 영상에서 옅은 파란색 또는 붉은색 줄무늬로 반영되고 높은 엽록소를 의미한다. 영상들은 미국 항공우주국

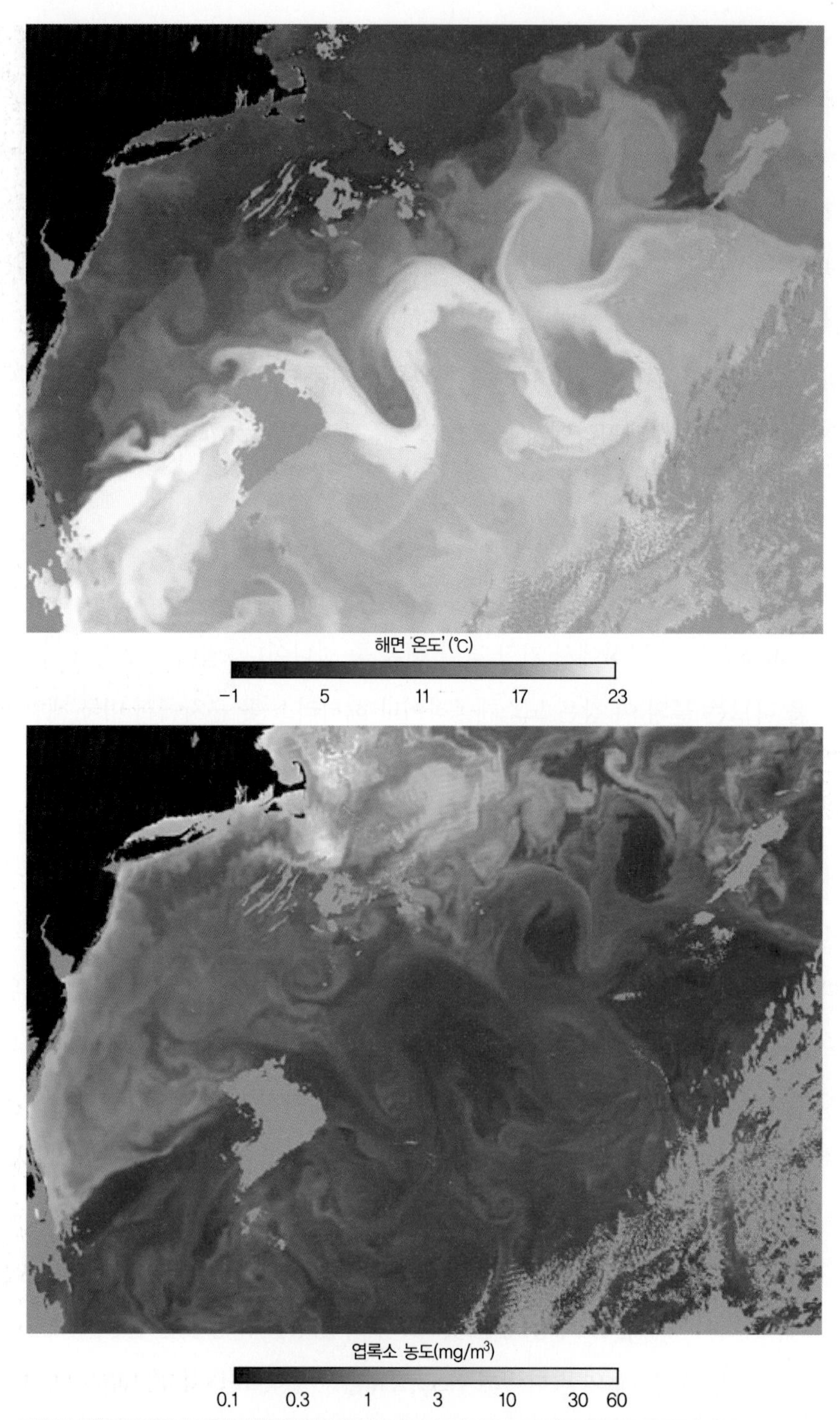

그림 9.18 해류의 흐름

(NASA)의 아쿠아 위성(Aqua Satellite)에 탑재된 해상도 영상 분광계(Moderate Resolution Imaging Spectroradiometer, MODIS)로 모아진 자료로 만들어졌다.

9.10.5 천 년의 가뭄

유럽과 남서 아시아는 영거드라이아스기에 1,000년 동안 지속된 춥고 건조한 가뭄 기후가 있었다. 한 연구에 따르면 북대서양을 가로질러 저위도에서 고위도로 해류, 특히 대서양 열염 순환(Atlantic thermohaline circulation, ATHC)이 나르는 열류는 약 1PW(petawatts$=10^{15}$W) 이다. 이에 비해 현대 문명이 현재 사용하는 에너지의 소비율

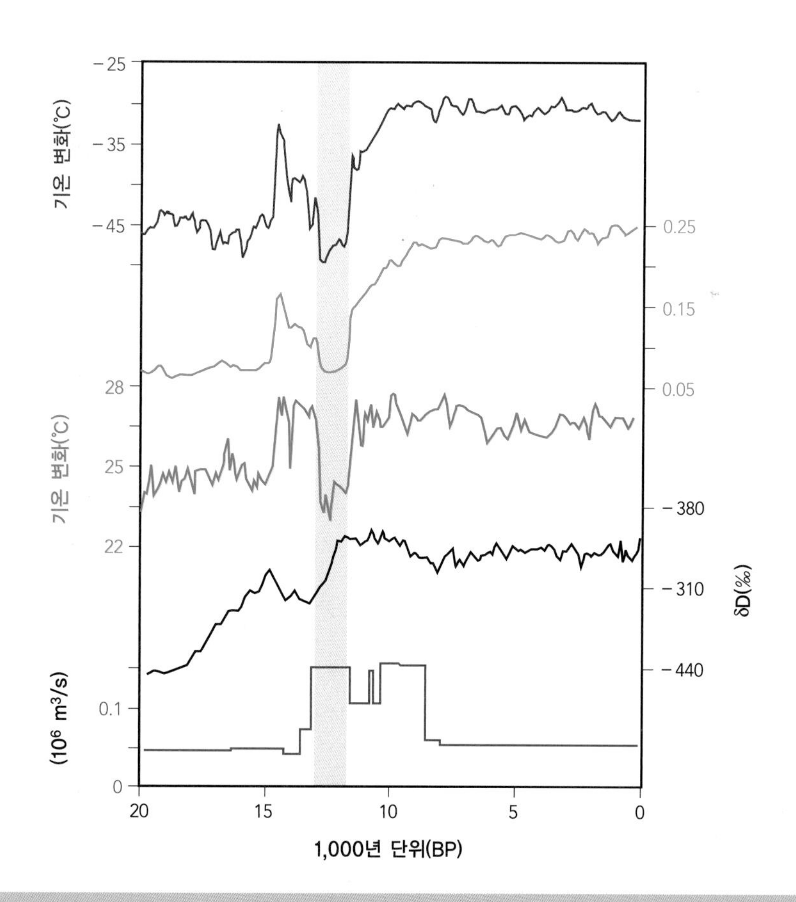

그림 9.19 지구의 돌연 기후변화의 대표적 사례가 하인리히 빙기인 영거드라이아스(그림에서 파란색 부분)이다[그린란드 지역의 기온 변화(보라색), 그린란드 지역의 적설량(하늘색), 적도의 카리아코 해분 지역의 기온 변화(초록색), 남극의 기온 변화(검은색), 로렌타이드 빙판으로부터 성 로렌스 강으로 흘러 나온 맑은 물(빨간색)].

은 약 10TW(terawatts=10^{12}W)이다. 달리 표현하면, ATHC는 약 100개의 현대 문명들이 사용하는 에너지를 공급할 만한 정도의 에너지를 수송한다. 이런 ATHC가 약화되어 전체 유럽이 추위를 겪게 됨은 지극히 작은 한 효과에 불과하다. ATHC 약화의 다른 효과들이 많았으리라 생각된다.

메소포타미아는 기상학적으로 유럽의 직접적인 하류 지역(downstream region)에 속하기 때문에 유럽과 더불어 추위를 겪었을 것이다. ATHC의 약화는 열류의 약화뿐만 아니라 동시에 습기 수송의 약화를 초래할 것이고, 이는 메소포타미아에 가뭄을 초래할 것이다.

환경 변화에 대한 한 컴퓨터 모사 실험은 영거드라이아스 같은 하인리히 사건의 원인이 제거되면 50년 안에 기온이 회복되는 것을 보였다. 그러나 보다 더 최근에 수행된 접합 대순환 모형(coupled general circulation model, CGCM)의 컴퓨터 실행은 이 운반테의 한 교란의 완화로부터의 회복이 수천 년을 요구하는 과정임을 보인다. 따라서 현재보다 훨씬 더 약한 만류가 1,000년 동안 지속될 수 있었음이 설명된다. 최근에 영거드라이아스를 컴퓨터 모형으로 모사하려는 계획이 있다.

9.10.6 아부후레이라

영거드라이아스로 닥친 1,000년의 가뭄 때문에 지난 빙기의 마지막 아간빙기에 익숙해져 레반트와 메소포타미아에 흩어져 살던 호모 사피엔스는 수렵과 과실 채집만으로 살 수 없는 척박한 환경을 만나게 된다. 야생 초식동물들의 계절적인 이주도 이제 드문 일이 되었고, 숲은 수백 킬로미터 이상 후퇴해 과실 채집에 어려움을 더했다.

숲이 점차로 빈약해지는 동안 나무 아래서 자라던 풀들은 더 많은 햇볕을 받아 더 잘 자라게 되었고, 특히 레반트 사람들은 야생 풀씨를 심어 '농사를 시작했다.' 그러나 더욱 혹심해진 가뭄으로 레반트에서의 농사는 계속될 수 없었고 사람들은 강물이 흐르는 유프라테스로 이주하지 않을 수 없었다. 아마 최초의 농사 기술은 이렇게 메소포타미아로 유입되었을 것이고, 이곳에서 최초의 성공적인 농사가 정착된 것으로 보인다.

'아부후레이라(Abu Hureyra)'는 1970년대에 시리아 정부가 유프라테스 강을 막아

타부카(Tabqa) 댐과 아사드(Assad) 호를 만드는 과정에서 침수로 사라진 11.5헥타르의 크지 않은 한 언덕이다.

아부후레이라는 BC 11500년경에 생긴 한 작은 마을이었다. 부분적으로 땅을 파 편편한 바닥을 만들고 그 위에 나무 기둥을 세운 다음 갈대의 가지와 조각들로 지붕을 만들었다. 그곳이 침수되기 전에 아부후레이라를 발굴한 영국 고고학자 Andrew Moore는 모두 712개의 열매 표본들을 얻었는데, 어떤 표본은 150개 이상의 서로 다른 식용 식물들에서 나온 500개에 이르는 열매들을 포함했다. 이들로부터 식물학자 Gordon Hillman은 13,000년 전 이 마을의 식물 수집 습관을 재생할 수 있었다. 이 표본들이 발굴된 층 밑은 물이 풍부했던 유프라테스 강의 한 범람원이었고, 위는 오늘날처럼 초지 스텝(grassland steppe)이 거류지로부터 펴져 있었다. 쉽게 걸을 만한 거리에 오크(oak : 떡갈나무, 참나무, 가시나무 무리로서 그 견과는 도토리라 이름), 피스타치오(pistachio : 옻나무 과의 관목 또는 그 열매), 그리고 다른 견과들을 맺는 나무들의 열린 숲이 묻혀 있었다. 오늘날 가장 가까운 숲에 가려면 적어도 120km는 걸어야 된다. BC 11500년 당시의 숲은 훨씬 더 가까이 있었던 것이다.

이후 500~700년 동안에 아부후레이라 사람들은 쉽게 얻을 수 있는 식물성 식품뿐만 아니라 고기를 공급받았다. 고기 공급의 80%는 철따라 이동하는 사막 가젤(작은 영양)에서 나왔다. 가젤 이동, 봄 풀 수확, 그리고 가을 견과 수집은 아부후레이라 사람들에게 안정된 식량을 제공하기에 충분했다. 다만 변동하는 강수 때문에 (다음 해를 걱정하지 않을) 식량의 저장이 필요해지고 이로 인한 집약적인 노동이 요구되었다. 한 거류지는 여러 세대들에 의해 점유되었고, 아부후레이라 사람들은 그 선조들의 이동성을 점차적으로 상실하게 되었다.

가뭄이 닥쳐왔을 때 아부후레이라는 혼란에 빠졌을 것이다. 견과와 가젤은 점차로 사라져 갔고 사람들은 아스포델(asphodel : 백합과의 식물, 그리스 신화에 나오는 시들지 않는 낙원의 꽃, 시어로 수선화), 풀씨 등 야생 곡류에 의존했다. 그러나 이들마저 BC 10600년쯤에 사라진다. 그 식물 표본들에 따르면, 사람들은 가뭄에 질긴 토끼풀과 영양분 없고 독성이 강해 먹기 전에 상당한 제독을 요하는 자주개자리(medic : 거여목

속의 한 식물) 등 맛없는 음식을 먹게 된다. 이것마저도 구하려고 멀리 나가야 했다. BC 10,000경에 아부후레이라 사람들은 드디어 풀을 길러 야생 수확을 확대시키려 했다. 최초로 길들인 나락은 호밀(rye), 아인콘(einkorn : 조잡한 밀의 일종), 편두(lentil : 렌즈 콩)였다. 그러나 이것들로 모두를 먹일 수는 없었다. 몇 년 이렇게 살다 보니 식구

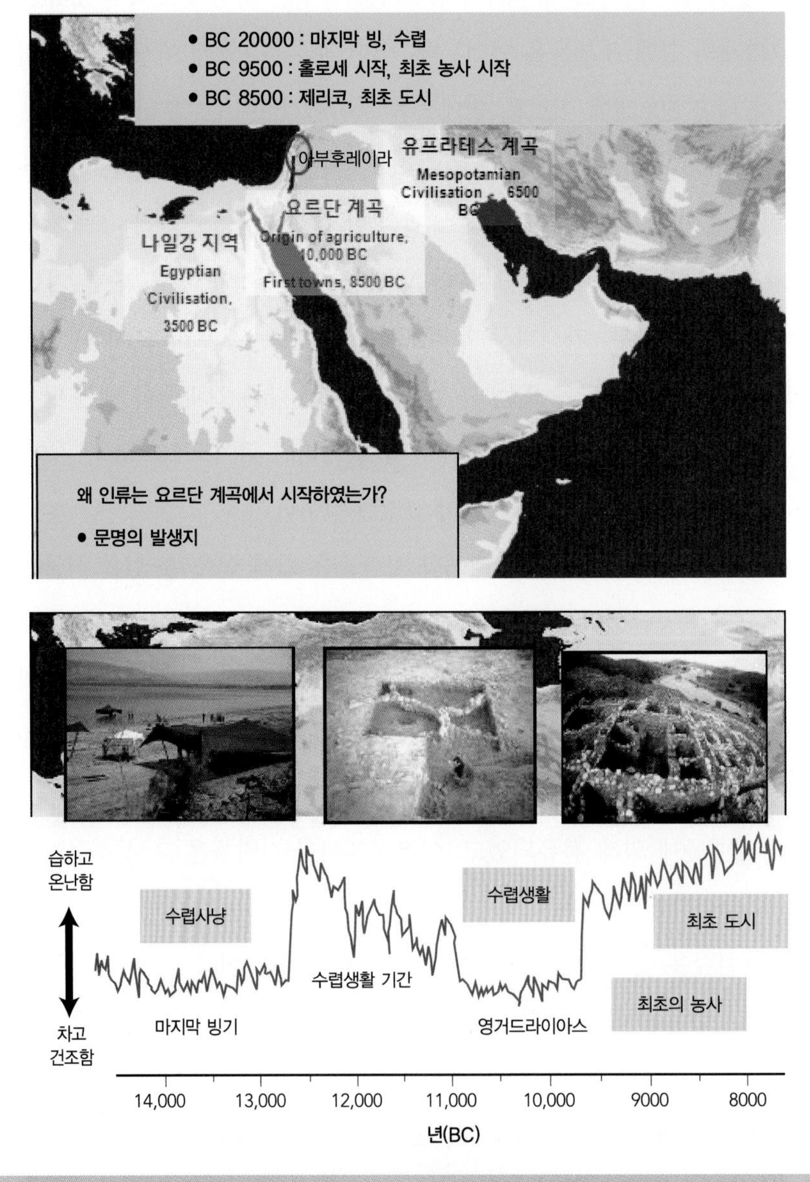

그림 9.20 오늘날 요르단 강 유역의 최초의 농사 지역 아부후레이라(빨간 동그라미 표시 지역)

가 불어나 300~400명이 되었고, 몇 대 뒤에 아부후레이라 마을은 버려졌다. 아부후레이라 사람들은 기갈과 추위로 죽거나 다른 곳으로(예로 메소포타미아로) 뿔뿔이 흩어졌을 것이다.

9.10.7 최초의 농사

아부후레이라는 세계 최초의 곡류 재배 기록 중 하나를 보이지만 최초 재배지는 아니다. 최초 재배지는 오늘날의 터키 지역 중 한 곳으로 알려져 있다. 최초의 농사를 일구었던 레반트 사람들은 유프라테스 강 주변으로 이주해 농사를 계속하면서 정착했을 것이다. 드디어 농사는 정착민들의 주요 업무가 된 것이다.

곳에 따라 농사가 시작된 시기와 연유는 다르다. 자발적으로 시작된 곳도 있었겠지만 유럽과 같은 곳에서 농사는 이웃에서 이웃으로의 전파로 시작되었다. 서유럽과 브리튼 제도에서의 농사는 약 BP 5000년에 전파된 것이다. '농사의 도래(coming of agriculture)'는 불의 지배(mastery of fire)와 말의 도래(coming of speech)에 이어 인류의 발달 여정에서 역사 이전에 일어난 가장 중요한 발전임에 틀림없다. 여기서 농사(agriculture)란 넓은 뜻으로 임업, 목축업을 포함한다.

9.11 소빙하기와 가뭄

소빙하기의 도래는 그린란드에서 가장 일찍이 감지되었다. 13세기 말에 북 항로의 뱃길에 해빙이 나타나기 시작했고, 14세기 중엽에 혹독한 추위로 그린란드는 살 수 없는 땅으로 변하고 있었으며, AD 1500년에 스칸디나비아인들은 이 섬에서 완전히 사라졌다. 사람들은 소빙하기가 14세기 중반에 시작해 19세기 중반에 끝났다고 말한다. 알프스를 중심으로 볼 때 소빙하기는 대략 AD 1360~1860년의 500년 기간이다. 그림 9.21은 최근 기후 기간(1961~1990년)의 평년값에 대한 편차로 표시된 지난 1,000년에 일어난 지구 평균 지표 기온이다. AD 1860년 이후 기온의 상승이 뚜렷한 점으로 미루어 소빙기의 끝을 AD 1860년에 두는 것은 타당하게 보인다. AD 1360년 이후 기온의 하강이 뚜렷하고 지속적 기온 증가가 상당 기간 없었던 점으로 미루어 소빙기의 시작을 AD 1360년에 두는 것 역시 타당하게 보인다.

소빙하기는 16세기 후반에 시작해 20세기 초엽 AD 1920~1930년에 끝난다. 그 대신에 중세 빙하기가 12세기 초반에 시작되어 16세기 후반에 그 소빙하기로 넘어간다. 결국 빙기의 시작은 두 세기 반 정도 앞으로 당겨지고, 종말은 반세기 정도 뒤로 미뤄진 격이다. 그렇게 보면, 소빙하기는 500여 년이지만 중세의 빙하기를 그에 합치면 빙기는 900여 년이나 지속된 셈이다.

앞의 두 경우에서와 같이 소빙하기의 시작과 끝은 명확하게 정해져 있지 못하다. 흔히 빙하의 전진과 후퇴, 태양 흑점 극소기의 출현 등이 그 시작과 끝을 정하기 위해 참고로 사용되어 왔지만, 최근에 알려진 지구 평균 기온 자료는 좋은 참고 자료가 될 것이다.

태양 흑점의 기록에 의하면 태양의 활동이 17세기 말에 활발하지 않았음을 보인다. 약 1645년에서 1715년 사이에 태양 흑점은 거의 보이지 않았고 이 시기를 태양 흑점 극소기라고 한다. 현재처럼 광범위한 범위에 걸쳐 관측이 이루어지지 않았다 하더라도,

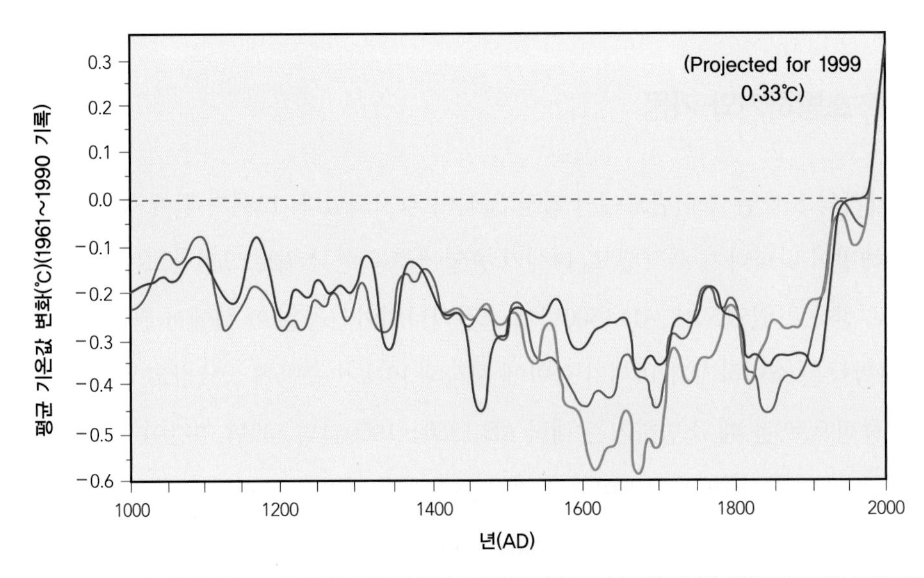

그림 9.21 소빙하기 시대의 평균 기온 변화

태양은 사실상 이 기간 동안 잘 관측되었으며 태양 흑점의 결핍은 잘 기록되어 있다. 이 태양 활동의 극소기는 또한 '소빙하기'라 불리는 기후 시기와 일치한다. '소빙하기'는 보통 얼지 않았던 강이 얼고, 높은 위도에서 1년 내내 눈 덮인 지역들이 남아 있는 시기를 말한다. 이에 아주 오랜 과거에 태양이 비슷한 비활동 시기를 가졌다는 증거가 있다. 중세 온난기(Medieval climatic optimum)로 소빙하기가 시작되기 이전에 북유럽은 온난한 기후를 맞이하고 있었다. 중세 빙하기에는 13세기 초에 아이슬란드에 빙하가 전진하기 시작했다.

소빙하기의 14세기 중엽부터 유럽에 추위가 시작되고 16세기 초에 그린란드에서 노르웨이 사람들의 정착촌들은 사라졌다. 16세기 중엽에 몽블랑 주변 빙하가 전진했다.

BP 6200~5800년의 소빙하기는 에욱시네 호와 유프라테스 강 사이에 위치한 많은 농경사회들에게 엄청난 재앙이었다. 혹독한 햇볕은 지력을 잃은 땅마저도 놔두지 않고 거북 등처럼 갈라놓았다. 주거지를 이동하는 고전적인 기근 대비 전략을 채택하지 않으면 안 되었다. 한랭하고 건조한 기후의 영향을 덜 받은 지역으로 이동해 가축으로 양식을 보충하는 방법을 택하였다. 그러다가 BP 5800년에 소빙하기가 끝남에 따라 따뜻하고 강우가 많은 좋은 시절이 돌아왔다. 대서양 순환이 회복되고 습기를 머금은 지중해 편서풍이 돌연히 재개되었다. 불과 수십 년 만에 농부들은 따뜻하고 물 사정이 좋은 환경을 찾아 비옥한 초승달 전 지역으로 근거지를 확대하여 티그리스 강과 유프라테스

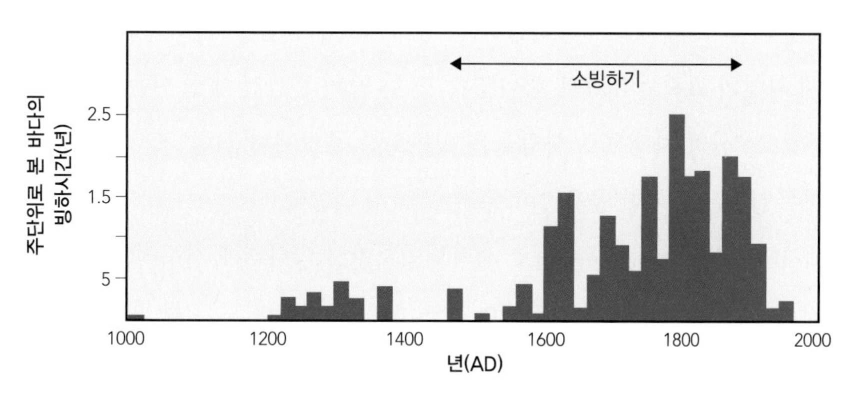

그림 9.22 연도별 해양의 빙하 지역 변동(소빙하기 시대의 영향으로 빙하지역 팽창)

강까지 진출했다.

일부 농부들은 하류 쪽으로 멀리 가서 정착지를 건설했다. 두 강이 합류해 범람원을 이룬 이곳에는 유속이 느린 하천 시내와 무수한 지류들이 있었다. 사람들은 이 풍부한 강물을 저수지와 밭으로 일구었다. 필요한 것은 소박한 제방과 수로였다. BP 5800년경부터 메소포타미아 남부 일대에 소규모 농촌들이 점점 들어섰다. '두 강 사이의 땅'을 뜻하는 메소포타미아의 남부(현재 이라크 지역)는 경작 가능한 밭, 습지, 사구가 많으나 지금은 대부분 땅이 염분이 섞인 황량한 사막으로 강우량은 거의 없다. 이 곳은 자연의 극단적인 힘들이 사방에서 압박해 오는 곳이다. 세계에서 가장 뜨거운 여름, 모진 겨울바람, 사나운 폭풍, 때로는 강물이 범람해 삽시간에 촌락을 쓸어버리기도 한다. 메소포타미아는 언제나 신들조차 종종 심술을 부리며 지배자들이 폭압적인 응징을 받는 곳이었다. 하지만 BP 5800년경 당시의 농부들은 이곳에서 번영을 일구었고 그들이 이루어놓은 조그만 부락은 BC 3000년 전 세계 최초의 도시였다. 에리두, 니푸르, 우르, 우루크 같은 중심 도시지역들은 관개가 잘 되어 좁은 수로들이 미로처럼 얽혀 있는 기름진 농지로 둘러싸여 있고, 이 지역에서 도시가 발달한 이유는 농부들이 농토에 물을 댈 수 있는 곳이었고 이 지역을 벗어난 주변 지역이 워낙 건조해 생활이 어려워 자유로운 이동이 불가능했기 때문이다. 도시는 촌락과 근본적으로 달랐다. 도시는 규모가 클 뿐 아니라 경제적 전문화와 중앙화된 사회조직이 필요했다. 이러한 차이 때문에 도시는 불가피하게 더 큰 정치적 실체인 도시국가로 발달했으며 그 결과 넓은 지역에 퍼져 있는 도시들과 그 지배자들이 동맹을 이룬 제국으로 발돋움했다. BP 5000년 전 우르는 고대 세계 최대의 도시들 가운데 하나였다. 모든 땅의 주인인 엔릴 신은 우르의 번영을 가져다주었고 "신의 덕택으로 사람들은 평화로운 풀밭에 소처럼 드러누워 평화를 즐겼고 수메르인들은 풍부한 물을 얼마든지 얻을 수 있었다."

유럽에서의 소빙기는 큰 홍수들로 시작되었지만 소빙하기에 전구적인 현상의 한 모습으로 세계 도처에 빙하들이 전진했다. 소빙하기 초에 한반도는 큰 홍수들을 겪은 것으로 보인다. 이성계가 위화도에서 큰 비를 만나 회군하고 AD 1392년에 고려가 멸망한다. 한옥 구조의 한 특징인 구들(hypocaust : 고대 로마에서 쓰이던 마루 밑 난방장치로 온돌과 유사함)은 조선시대에 들어와 서민에게까지 일반화되었다. 이는 조선 시대와 소빙기가 상당히 일치함을 의미할는지 모른다.

마지막 빙하기는 페르시아 만이 아직 마른 땅이었을 때 시작되었다. 당시 전 세계 해수면은 지금보다 90m나 낮았다. 티그리스 강과 유프라테스 강은 깊은 골짜기들을 거쳐 오만 만으로 흘러들어 두 강의 어귀는 현재의 위치에서 800km나 남쪽에 있었다. 대온난화 시기에 해수면이 상승하자 새로 형성된 페르시아 만은 메소포타미아 평원에 방대한 충적토를 쌓았다. 두 강은 700km를 흐르는 동안 강의 상류와 하류의 차이가 겨우 30m 정도의 고도 차이가 있을 뿐 기울기가 거의 없었다. 따라서 유속이 대단히 느렸기 때문에 습지와 소택지가 많이 생겼고, 주요 물길은 해마다 달라졌다.

소빙하기에 페르시아 만은 현재의 수위보다 20m 정도 낮았다. 붕괴하는 로렌타이드 빙상에서 나온 마지막 물이 해수면을 다시 상승시키자 BC 4000~3000년에 페르시아 만은 지금보다 2m가량 높아졌다.

메소포타미아의 주변은 지구상에서 가장 극단적인 환경이다. 사하라 사막, 건조한 파키스탄 북서부, 중앙아시아 추운 지역, 서로 다른 이 세 가지 기후 양식이 이곳에서 충돌한다. 겨울에는 습한 지중해 편서풍이 약간의 비를 내리지만 눈과 비의 대부분은 중부 유럽과 동유럽을 거쳐 전달되는 북극권의 기류에서 나온다. 인도양의 몬순은 더운 계절에 습기를 가져오지만 강우는 없다. 이렇게 기류가 교차되는 탓에 메소포타미아의 기후는 북대서양 순환이 차단되거나 대규모 엘니뇨가 발생해 인도양의 몬순에 영향을 미칠 경우 신속히 변한다.

BC 4000~1000년에 요르단 강을 위시한 티그리스 강 지역은 여름 기온이 높았고 강우량도 많았다. 지구 궤도 변수들이 변화한 탓에 북반구가 전보다 태양의 복사열을 7~8% 더 많이 받았다. 당시 메소포타미아의 강우량은 지금보다 25~30% 많았을 것으로 추정하고 있다. 강우량의 대부분은 여름 몬순에서 비롯되었는데 강우의 상당 부분이 증발함으로써 전반적으로 이 지역 대기의 습도는 현재보다 7배나 높았다. 편서풍과 몬순은 둘 다 강도가 상당히 높은 기후 체계다. 영거드라이아스기와 소빙하기 400년을 제외하면, 메소포타미아 북부 평원과 남부 삼각주는 6,000년 동안 온화한 기후에 물 사정이 좋았다.

소빙하기가 끝나고 갑자기 온난화가 재개되자 메소포타미아 북부 전역에 목축을 병행하는 농경사회들이 퍼져나갔다. 메소포타미아 북부 평원 그리고 현재의 이라크 모술 북부에 해당하는 아시리아 평원, 시리아의 유프라테스 강 서쪽에 위치한 하부르 평원에는 자체 경작지를 갖춘 소규모 농경 촌락들이 점점이 자리 잡았다. 겨울이면 목축민들은 큰 강변을 따라가며 가축들에게 풀을 먹였고 봄과 초여름에는 평원 전역으로 퍼졌다. 이런 방식의 계절적 이동이 수백 년 동안 지속되었다. 오늘날보다 강우량이 1/4~1/3쯤 많았으므로 농부들은 마치 관개시설을 갖춘 것처럼 겨울과 봄에 내리는 비로 밭을 경작할 수 있었다. 수백 년이 지나는 동안 농부들과 목축민들은 남쪽 멀리까지 진출했다. 이 지역은 토양의 습기는 충분했으나 기본적으로 관개가 없이는 경작이 불가능했으므로 이들에게는 우기가 길수록 유리했다. 그런데 겨울 기온이 낮았으므로 식물의 휴면기가 길었다. 그 대신 비가 봄과 초여름까지 내리는데다 여름 범람의 시기가 겹쳐 식물의 성장기를 늘려주었다. 오늘날 유프라테스 강의 범람은 아나톨리아의 강우량으로 억제된 탓에 여름 햇볕으로 바싹 마른 남쪽에 물을 공급하는 시기가 늦어 농작물에 별로 도움이 되지 않는다. BC 4000년 이전에는 성장기가 더 늦고 길었으므로 강물의 범람 시기는 물이 필요한 때와 대략 일치했다. 단 물을 저장하려면 제방과 저수지를 건설해야 했다.

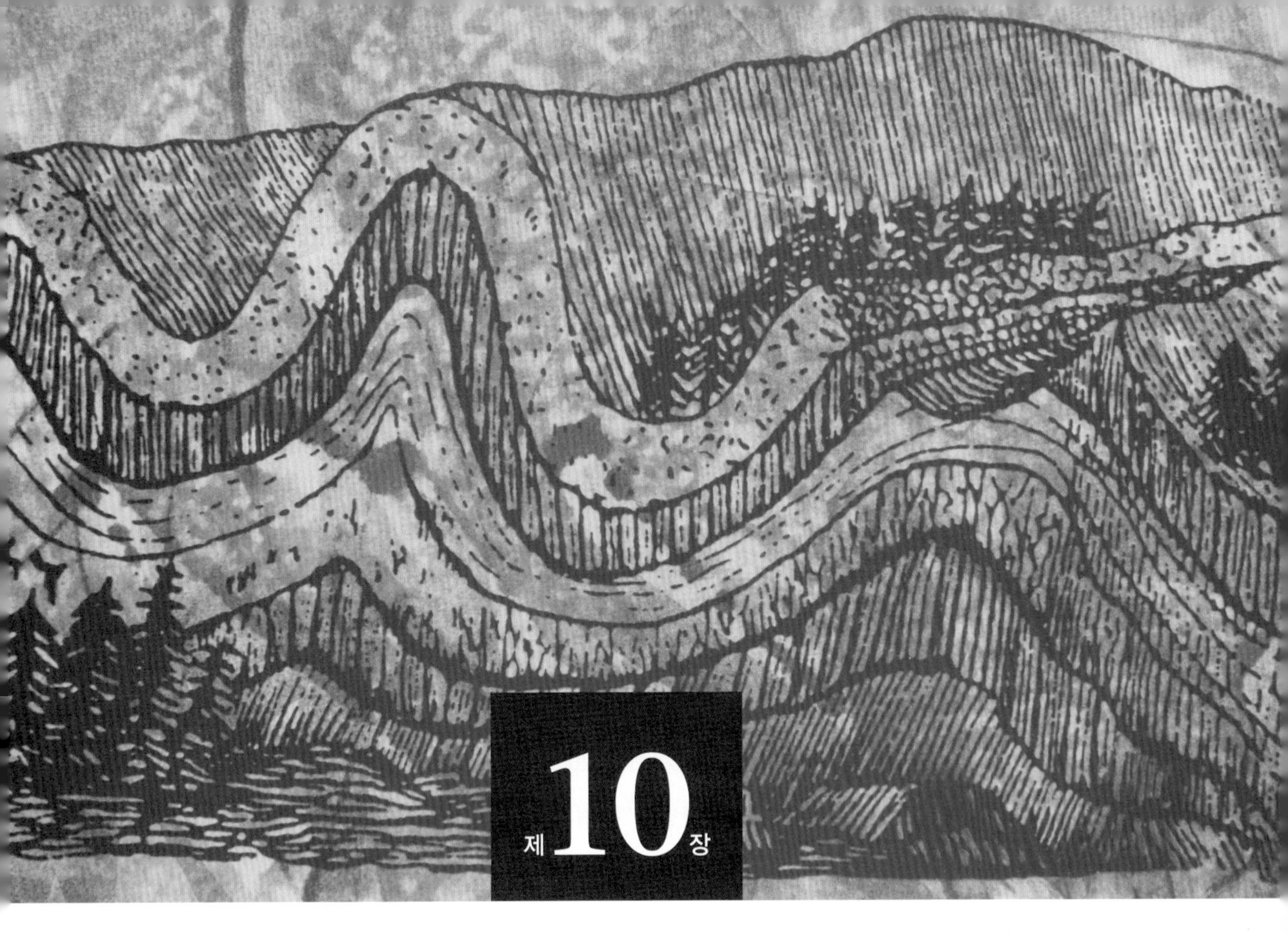

기후와 세계의 문명

10.1 기후와 문명의 시작

인류는 생존을 위한 양식으로서 문명이 그들의 발달 과정에서 의도적이든 비의도적이든 기후나 그 변동과 어떤 상관성을 가졌는지는 우리 인류사의 큰 관심사이다.

기후 최적기와 인류의 최초 문명들이 한 시대에 출현한 것이 우연일 수 있다. 그러나 60만 년이 넘을 인류의 긴 여정에서 이 새로운 생존 양식은 60만 년의 1%에도 못 미치는 5,500년이라는 짧은 인류역사만 알 수 있다. 인류 최초의 문명인 수메르인들이 문명을 일으킨 것이 최적 기후에서 비롯된 것은 아니다. 하지만 최적 기후의 출현이 수메르인들이 문명을 일으킬 단초를 제공했다는 것은 그 진위를 포함해 탐구될 만한 문제이다.

이집트와 나일 강 하류의 문명과 같이 BC 2000년대에 티그리스 강, 유프라테스 강의 저지와 인더스 강 하류, 중국에서 발달한 문명은 이들 하류 밖의 아라비아, 아프가니스탄과 라자스탄의 거대한 지역들 그리고 고비사막과 신장(Sinkiang, Xinjiang) 등의 지역들이 당시의 온난화에 의해 사막화로 되어 감에 따라 집중된 인구의 부양책으로 새로운 문명이 발달되었으리라 추측되고 있다.

10.1.1 문명의 요소

문명을 의미하는 Civilization은 라틴어인 Civitas로부터 유래되었다. 이 Civitas는 도시라는 뜻인데, 도시는 현재도 그러하지만 과거에도 역시 정치, 사회, 경제, 문화의 중심지로서의 역할을 수행하고 있었다. 그렇다면 왜 Civitas가 Civilization의 어원이 되었을까? 이는 바로 문명으로 정의되려면 바로 도시가 필요하다는 뜻을 내포하고 있음을 알 수 있다. 이렇게 도시가 형성되고 존속되려면 식생활 문제가 해결되어야 한다. 따라서 식량을 안정적으로 공급할 수 있는 농사가 이루어져야 하고, 각자의 의사를 전달하고 공동체를 형성하기 위하여 언어가 존재해야 한다. 이를 통해서 우리는 문명의 요소를 살펴볼 수 있다. 이렇게 도시에 사람들이 모이고 어느 정도 가치관과 풍습이 공유되는 문화가 발생되고, 문명은 문화의 과학적 소산이라 할 수 있다. 인류 최초의 문명은 BC 3500년경에 메소포타미아에서 수메르인들에 의하여 이루어졌다. 그 후 다른 민족들은 새로운 곳에서 또 다른 문명을 만들었다. 우리가 문명이라 일컫는 인류의 존재 양식들은 공통되는 '요소'들로 확인된다. 문명인들(civilized people)의 식품 획득 수단은 농사(agriculture)이며 주거 생활 수단은 도시(city) 그리고 의사 전달 수단은 문자(letter)였다. 즉 농사[1]와 도시 그리고 언어(문자)가 문명의 3대 요소가 된다.[2]

10.1.2 문명의 특징

오늘날 지구 위에 존재하는 인류는 많은 국가들을 이루고 있다. 이들 가운데서 농사, 도시 그리고 글이 없는 국가는 하나도 없다. 더욱이 사람은 누구든 적어도 한 국가의 국민으로 존재한다. 이렇게 볼 때 오늘날 문명을 이루지 않는 인류 집단은 존재하지 않지만, 많은 민족들과 국가들이 한 문명을 공유할 수 있다는 견해가 성립한다.

'문명'은 한 (민족이든 국가든 간에) 인류 집단의 성격이며 동시에 그런 성격을 가진 그 집단의 총체적 내용이다. 농사의 경영, 도시 생활 그리고 글의 사용은 한 '문명한'

1. 농사를 짓기 위해선 자연조건이 선행되어야 하는데, 알맞은 기후와 안정적인 수자원의 공급이 그것이다.
2. 이 분류 외에 다섯 가지 조건을 요하는 분류 역시 존재한다. 바로 '청동기 사용, 도시 형성, 계급 발생, 자연조건(강), 문자'가 그것이다.

인류 집단이 가질 기본 요소이다.

과거에 시작된 모든 문명 또는 문명인들은 시작 이후에 확장과 위축을 보였고 흔히 멸망하였다. 개척과 병합에 의한 확장, 충돌과 전쟁 등에 의한 위축은 문명의 특징이다.

10.1.3 인류의 출현과 문명의 시작

오늘날처럼 완전한 형태의 인류인 호모 사피엔스 사피엔스가 맨 처음 나타난 시기는 4만 년 전의 화석 발굴에서 추정되고 있다.

인간 진화의 초기 단계와 그 진화가 일어났던 속도를 관찰해 보면 인간 형태의 갑작스런 출현과 다른 인간 형태의 사라짐에 대한 특성을 이해할 수 있다. 인간과 유사한 유원인의 출현은 약 400만~500만 전의 화석으로 추정되고 있다. 이들은 수백만 년 동안 아프리카 에티오피아에서 남아프리카 초원과 동아프리카 목초지를 방랑한 오스트랄로피티시안(남아프리카 원인)들이었다. 여러 가지 면에서 남아프리카 원인들은 원숭이와 같았는데 현대의 침팬지보다 작았으며 지능이 낮고 턱이 앞으로 튀어나오고 눈썹이 길고 작은 뇌를 가졌다. 이들은 두 다리로 서서 걸었고 이러한 습관 후 더 이상 나뭇가지를 잡을 수 없게 되었다.

10.1.4 농사의 발달과 기후

1. 문명 이전

BC 8000~5000년 기간에 남서 아시아(레반트, 메소포타미아 및 페르시아를 포함), 아나톨리아, 그리스 및 카스피 분지에서 길들인 밀(wheat, 소맥 : 호밀과 귀리는 별종임)과 보리(barley, 대맥)를 경작하였고 양, 염소 및 소를 길렀다. 재배 및 수확 기술이 소아시아에서 유럽으로 이전됨에 따라 중국에서 기장(millet : 수수/African 또는 Indian millet, 조/German 또는 Italian millet)이 재배되었다.

2. 문명 이후

- BC 3400~3100년 : 이집트에서 아마(flax)가 직물로 사용됨. 쟁기질, 갈퀴질 및 거름

주기의 최초 증거가 거기서 나옴

- BC 3000년 : 이집트에서 당나귀(ass)가 짐꾼의 동물로 사용됨. 수메르인들은 보리, 밀, 대추야자, 아마, 사과, 자두 및 포도를 키움
- BC 2900년 : 동아시아에서 돼지들을 길들임
- BC 2540년 : (세평에 의하면) 중국에서 비단 공업이 시작됨
- BC 2500년 : 인더스 계곡에서 사육 코끼리들이 나옴. 페루에서 감자(white potato)를 키움
- BC 2350년 : 이집트에서 포도주가 제조됨
- BC 1600년 : 크레타에서 덩굴과 올리브를 경작함
- BC 1500∼1300년 : 이집트에서 관개를 위해 방아두레박을 사용하고, 도수관의 흔적이 나옴
- BC 1400년 : 인도에서 철제 보습날이 사용됨
- BC 1200년 : 아라비아에서 길들인 낙타가 나옴

10.2 홀로세 후반기 기후변동과 문명의 발달

10.2.1 기후변동

지난 빙기 말에 마지막 아간빙기가 BP 13000∼11000년에 있었고, 영거드라이아스가 BP 10800년을 중심으로 거의 1,000년 동안 지속되었다. 지난 1만 년에 추운 기간들이 3번 있었다. 이른바 8.2ky 하인리히 사건, 홀로세 최고에 이은 한랭기, 그리고 소빙기 등이다. 그 첫 두 기간들 사이에 약 3,000년(BC 5000∼2000년)의 '홀로세 최고(Holocene Maximum) 기후'가 나타났다. 이 시기에 사하라는 꽤 살기 좋은 기후를 가졌었다. 그 뒤 2,000년(BC 2000∼0) 동안에 한랭한 기후가 나타났고, 이때 사하라와 인더스 계곡에 사막화가 진행되었다.

홀로세 최고의 정점은 BC 4000년쯤이었다. 이와 비슷한 시기에 인류 최초의 문명인 수메르 문명은 BC 3500년 그리고 나일 문명은 BC 3000년쯤에 각각 시작되었다.

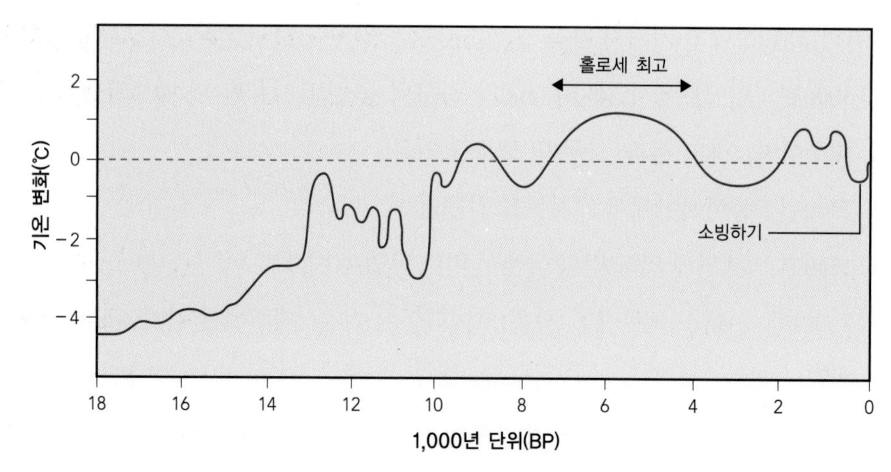

그림 10.1 홀로세의 기후변동

그림 10.2는 중세 온난기와 소빙기 중에 나타났던 기온을 나타낸 것이다. 이 두 시기들에 나타났던 몇 가지 사건들은 다음과 같다.

10.2.2 중세 온난기(AD 900~1300년)

바이킹의 팽창으로 노르만의 잉글랜드(스코틀랜드와 웨일스를 제외한 영국 땅)는 정복되었고 유럽의 첫 민족 국가의 형성이 시작되었다.

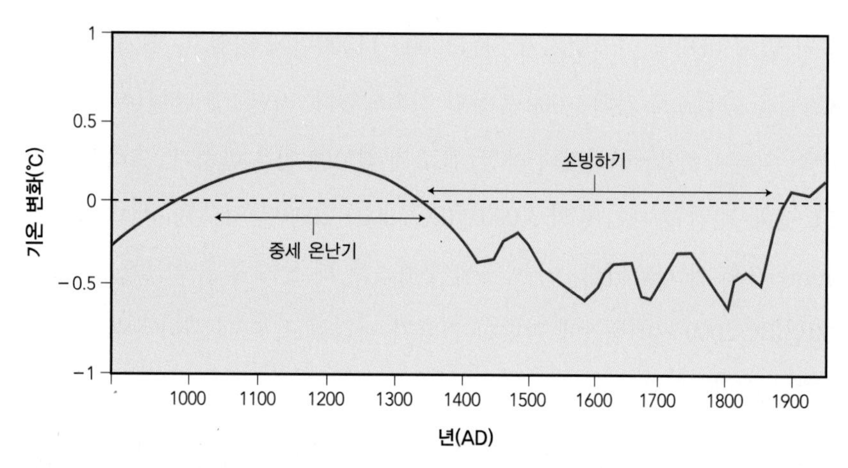

그림 10.2 중세의 기후변동

이 시기의 정점에서 에릭 더 레드는 그린란드에 최초의 스칸디나비아 식민지를 세웠다. 당시에 (그린란드) 땅은 정착할 만큼 따뜻했지만 녹지와는 거리가 멀었다. 그린란드(녹지, 초록색 땅)라는 이름을 지은 그는 일종의 프로모터였다. 역사에 신세계에 도달한 최초의 유럽인으로 기록되는 그의 아들 Lief Ericson은 북 항로를 따라 얼음 없는 물 위로 북아메리카에 범주했다. 중세 온난기가 전구적인 것인지는 분명치 않다. 예로 이 시기에 캘리포니아는 대 한발들이 빈번했고 티와나쿠(Tiwanaku)가 멸망했다. 한반도에서 왕건의 고려가 세워지고(AD 918년), 신라는 멸망하였다(AD 935년). 이때 극심한 한발이 계속되었다.

10.3 최초의 4대 유역 문명

인류의 최초 문명들 가운데서 단연 두드러진 4대 문명, 즉 메소포타미아 문명, 이집트 문명, 인더스 문명, 황허 문명 등은 유프라테스, 나일, 인더스, 황허 그리고 요하와 같이 모두 범람하는 큰 강을 지니고 발달했다. 앞서 발달한 두 문명은 지역 이름이 붙여진 데 반해서 뒤에 발달한 두 문명에는 강 이름이 붙여졌다. 그러나 이집트 문명은 흔히 나일 문명으로도 불린다. 고대 문명은 다음과 같이 분류된다.

- 요하 문명(BC 3500년) – 홍산 문화 – 고조선 문화
- 수메르 문명(BC 3500년) – 바빌로니아 문명 – 파사 문명
- 나일 문명(이집트 문명)(BC 3100년)
- 인더스 문명(하라파 문명)(BC 2500년) – 갠지스 문명
- 황허 문명(샹 문명)(BC 1700년)
- 에게 문명(미노아 문명 BC 2000, 그리스 문명)
- 로마 문명 – 중세 기독교 문명

10.3.1 메소포타미아 문명 : 수메르 문명(BC 3500년)

메소포타미아는 현재 이라크의 고대 이름으로, 이들의 최초 문명을 이룬 인류 집단은 메소포타미아 남부에 정착한 수메르인들이다. 수메르인들이 언어학적으로 확인되는 시기는 BC 5000년에 이르지만 이 언어가 조직적인 문자로 등장하는 BC 3500년을 인류 문명의 탄생 시기로 간주한다.

수메르인들은 자신들을 '사기가[흑두인(黑頭人), black-headed people]', 그리고 그들의 땅을 '키엔기(Ki-en-gi, place of the civilized lords)'라 불렀다. 수메르인들은 생김새와 말 그리고 풍습에서 그들을 둘러싼 주변의 셈족들과 달랐다. '수메르'는 키엔기를 이른 아카드 말로 인정되고 있다. 이 최초의 문명 집단은 바빌로니아인들의 군림으로 사라질 때까지 약 1,500년 동안 계속되었다. 수메르 문명은 크게 세 시기로 분할될 수 있다.

1. 제1기(BC 3500~2400년)

수메르의 제1기는 일종의 고대 기간(an archaic period)이다. 바퀴가 군사 기술에 적용되어 네 바퀴를 단 전차가 나타나 도시 국가들 사이의 전쟁에 사용되었다. 원래 수메르 사회는 민주 절차로 뽑은 대표자를 가졌었지만, 이 시기의 중반쯤에 이르러 군대를 이끌 장군으로 임명된 대표가 있었지만 비상사태가 지난 다음에도 권좌에 집착하고 일부는 왕조를 세워 서로 다투게 되었다.

2. 제2기(BC 2400~2200년)

한 위대한 개인의 출현으로 수메르는 새 시기를 맞는다. 사르곤 1세는 아직도 발견되지 않은 아카드라 불리는 유프라테스 강 상류의 한 도시의 왕으로 BC 2400~2350년 사이에 수메르의 도시들을 정복하고 그들 위에 '아카드의 지상권(Akkadian Supremacy)'이 개시됨을 선포했다. 아카드인들은 외부로부터 강 계곡의 문명을 오랫동안 압박해 왔던 셈족 일파이다. 사르곤 1세의 초상으로 여겨지는 머리 조각상이 존재하는데, 만일 이것이 사실이라면 이는 인류 최초의 황족 모습이다. 수많은 제국 창시자들의 맏형

격인 사르곤 1세는 그의 군대를 이집트와 에티오피아처럼 먼 곳까지 보낸 것으로 전해진다. 아카드 제국은 수메르의 끝은 아니었지만 한 막간이었다.

3. 제3기(BC 2200~2000년)

사르곤 1세 이후 한 세기 반(150년) 만인 그 증손자 때에 아카드의 패권이 쿠티족(Gutians)에 의해 무너지고 흔히 '신수메르 시대(neo-Sumerian Period)' 라 불리는 제3기가 시작된다(쿠티족은 카프카스인들로서 메소포타미아 북방에 항상 머문 족속이다). 이후 200여 년 동안 BC 2000년까지, 패권은 우르(Ur)에 중심을 둔 수메르 원주민들에게 돌아갔다. 이 주도권을 이룬 '제3우르 왕조(Third Dynasty of Ur)' 의 첫 왕은 그 자신을 '수메르와 아카드의 왕' 이라 불렀다. 이 제국의 속국들은 티그리스 하류 지역 엘람이라 불리던 곳에서 레바논 해변 비블로스에 뻗혀 있었다. 하지만 이는 첫 문명의 황혼기였다. 수메르의 변방은 적으로 둘러 있었던 것이다. BC 2000년쯤 어느 날 엘람 사람들이 왔고 우르는 함락되었다. 오늘날 그 이유에 대해 알려진 바는 없다. 다만 1,000년 동안 간헐적으로 적대감을 교환한 뒤에 이란 고지와 메소포타미아에게 필요했던 광물들에 대한 접근 통로를 제어하기 위한 투쟁의 결과인 것으로 보고 있다. 여하간에 이것이 우르의 종말이다.

수메르인들은 글, 문학, 신화, 기념비적인 건축물들, 정의의 개념과 율법주의, 그리고 종교적인 전통의 기반을 남겼다. 수메르가 죽었을 때 그 문명의 관습들은 벌써 멀리 확산되고 있었다.

10.3.2 인더스 문명

인더스 문명 또는 인더스 계곡 문명은 약 BC 3300~1700년에 있었으며, BC 2600~1900년경에 흥했던 문명으로, 인더스와 현재 파키스탄과 북서쪽 인도에 걸쳐 있는 가가르-하크라 강(Ghaggar-Hakra river) 사이에 있었다. 처음 발굴된 유적지가 하라파에 있었기 때문에, 가장 부흥했던 시기를 하라파 문명이라고도 부른다. BC 1920년대부터 지금까지 발굴은 계속되고 있다. 때로는 인더스 가가르-하크라 문명(Indus Ghaggar-Hakra civilization), 인더스 사라스바티 문명(Indus-Sarasvati civilization)이라 한다. 인더스 사라스바티라는 이름은 가가르-하크라 강을 리그베다에 나온 사라스바티 강으로 명명한다. 그러나 언어학적 · 지리학적인 관점에서 이 이름이 적당한가에 대해서는 논란이 있다(http://ko.wikipedia.org/).

1. 인도 문명

- **마우리아 왕조** : BC 4~2세기까지 고대 인도를 지배하던 인도 최초의 통일 왕조이다. 찬드라굽타를 세우고 불교문화를 받아들인 중앙집권 체제이다. 불교도인 제3대 아소카 왕 때가 전성기였으며 마지막 황제 브리하드라타는 BC 184에 피살되었다.
- **굽타 왕조** : AD 4세기 초에 갠지스 강 유역을 중심으로 북 인도를 지배하던 왕조이다. AD 5세기 무렵에 종교, 문학, 미술, 철학이 번성하였고, 특히 간다라 양식을 인도화한 불상 조각의 수법(手法)이 크게 발달하여 인도는 물론 스리랑카, 자바에까지 영향을 끼쳤다. 굽타 시기에 대승불교가 불교의 지배적 형식이 되었다. 10진법은 이 왕조 시기 AD 5세기에 인도인들에 의해 발명되었고 뒤에 아랍인들에 의해 서구에 전해졌다(중국 주대 BC 5세기에 공자가 주역의 『십익』을 이미 편찬했으니, 10진법의 발명이 AD 5세기라는 것은 믿기 힘든 설임).
- **무굴 제국**(1526~1858) : 인도의 마지막 이슬람 제국으로 시조는 바부르이다[그의 모계에 칭기즈칸(Genghis Khan, 1162~1227)이 있고 부계에 티무르(Timur, 1336~1405)가 있음. 무굴(Moghul 또는 Mogul)은 페르시아어로 몽골을 뜻함]. 그의 손자 악바르 황제는 제국의 기초를 확립한다. 아우랑제브 황제는 인도 데칸 지방까지 차지해 전성기를 이룬다. 그 후 내란과 제후의 자립 따위로 급속히 쇠퇴하면서 1757년에 실질적인 영국 치하에 들어갔고 1858년에 영국에 완전히 정복되었다[중앙아시아를 지배하다가 우즈베크족에게 멸망당한 티무르 왕조(1369~1508)의 수도 사마르칸트는 한때 동서 무역의 요충지로 번영하였음].

2. 인디언 문명

아스텍 문명[1248~1521, 1248~1325 Chapultepec, 1325~1521 Tenochtitlan, (1492년 10월 12일 크리스토퍼 콜럼버스가 아메리카 대륙을 발견함)]으로 언어는 나와틀어(Nahuatl)였다. 이는 멕시코 중부 토착 언어로 현재 150만 명 이상이 사용하고 있다.

아스텍이라는 용어는 과거에 중앙아메리카의 콜럼비아인과 메조 아메리카인을 의미한다. 아스텍은 아스테카의 사람들을 의미한다. 그들은 아스테카에서 출발해 오늘날의 멕시코 중부에 정착해 나라를 세웠다고 전해진다. 하지만 아스테카는 현재 어디인지 알려져 있지 않다. 멕시코 운동은 그것이 오늘날의 미국 남서부라고 주장하고, 미국-멕시코 전쟁으로 미국인들이 그곳을 차지했다고 말한다. 멕시카와 멕시코인(The Mexica or Mexicans)은 과거 아스텍 제국의 법칙에 따라 오늘날 알려진 근면하게 일하는 멕시코 계곡의 사람들을 일컫는 말이다.

3. 요하 문명

요하와 내몽고 지역에서 발견된 신석기 문화와 청동기 문화의 유적과 유물들은 만리장성 이남 중원에서는 발견되지 않고 한반도에서 발견되는 유적과 유물들로서 종래의 동북아 문명에 대한 기원을 새롭게 하는 계기가 되었다. 요령성 사해(査海)에서 발견된 BC 6000년 경 신석기시대 주거지 발굴터에서 빗살무늬토기들이 발견되었으며 빗살무늬토기는 유럽과 중앙아시아, 시베리아와 한반도에서 발견되는 북방문화를 보여주는, 중원문화와는 별개인 토기로서 사해유적에서 발굴됨으로써 이곳이 황하 문명보다 앞선 독자적인 문화가 존재했음을 보여 주고 있다(그림 10.3). 사해 유적과 비슷한 시기에 형성된 주거지가 발견된 내몽고 흥륭하에서는 옥으로 된 장식품들이 다수 출토되었다. 이곳서 발견된 옥 장식품들은 압록강변과 강원도 고성 우암리에서 출토되는 옥과 같은 것으로 판명되었고(그림 10.4) 한국형 암각화가 다수 발견되어 당시 이곳의 주민들이 한반도로 유입된 북방민족의 한 부류임을 보여 주고 있다.

사해와 흥륭하에서 시작된 요하 문명의 신석기 문화는 우하량(요령성)에서 그 꽃을 피웠으며 이곳에서는 BC 3500년경 여신 묘, 신전과 적석총이 발견되었으며(그림 10.5)

그림 10.3 빗살무늬토기(사해유적) (경향신문)

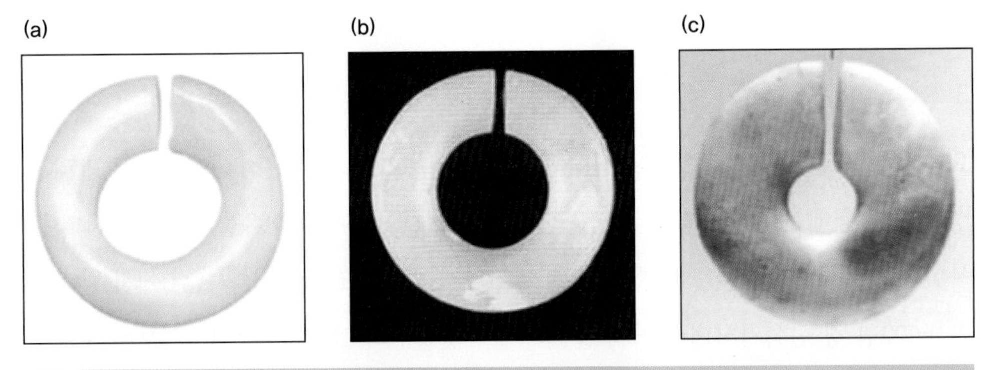

그림 10.4 옥 장식품. 사해 유적(a), 흥룡하 유적(b), 고성문암리 유적(c) (경향신문)

석관묘에서는 여신상(그림 10.6)과 옥 부장품이 출토되었고 곰발바닥 형상의 토기가 함께 발굴돼 주민들이 곰 토템신앙을 가졌던 것으로 보인다.

우하량에서 발견된 적석총은 만리장성 이남에서는 발견되지 않고 한반도와 만주에서 많이 발견되고 시베리아, 일본에도 분포되어 있다. 적석총은 종래 시베리아에서 요하를 거쳐 한반도로 유입된 것으로 알려져 왔으나 우하량 적석총이 시베리아보다 2000년 먼저 주거지가 형성된 것을 보여 줘 문화 전파 경로가 요하에서 동서로 시베리아와 한반도로 전파된 것으로 판단돼 종래의 문화 전파 경로에 대한 학계 인식의 전환을 가

 **그림 10.5** 우하량 유적지 — 원형제단, 적석총, 제단, 여신 묘 발굴 (경향신문)

 **그림 10.6** 우하량 여신상 (경향신문)

져오고 있다. 길림성 집안현의 장군총(그림 10.7)을 비롯한 고구려 고분군, 서울 송파구 석촌동의 적석총 — 백제 근초고왕 묘로 추정 — 등은 한반도에 전래된 북방민족의 중요한 군장(君長) 묘 양식이다. 이곳서 발견한 옥 장식품은 현재의 기술로도 많은 시간과 노력이 드는 고도의 정제된 장식품들로서 이를 만드는 전문 장인집단이 존재함을 보여 주며 당시 계급과 신분질서가 존재하였고 여신묘의 발견은 당시 이 지역이 제정일치의 초기 국가 단계로 진입했음을 보여 주고 있다. 요하 문명에 의해 이뤄진 신석기

그림 10.7 고구려 장수왕릉(장군총, 길림성 집안현)

문화를 내몽고 자치구 적봉시 홍산(紅山) 지명을 따라 홍산 문화라 명명하고 있다.

BC 2000년경에는 많은 성들이 축조되었으며 내몽고 자치구 적봉시에 위치한 성자사성과 삼좌점산성에서는 곰형상의 옥장식이 발굴되었고 성벽이 외부에 돌출된 치(雉)가 축조되어 있어(그림 10.7) 고구려 성벽의 독특한 양식의 초기 모습을 보여 주고 있다. 성벽이 축조된 것은 국가의 형성을 의미하며 중국 측 사서(史書)에는 이 지역에 고조선(古朝鮮) 외에 다른 국가가 기록되지 않는 것으로 보아 당시 이 지역의 국가체제를 갖춘 정치체제는 고조선으로서 신석기 문화인 홍산 문화를 거쳐 청동기 문화로 발전하면서 고조선 문화는 더욱 발전하여 이 지역에서 많이 발견되는 비파형 청동검은 한반도, 만주, 산동반도에서 많이 출현되는 고조선의 대표적 청동기 유물로서 고대 한족(漢族) 문화와는 다른 동이족(東夷族)의 독특한 청동 문화가 꽃을 피웠다.

10.3.3 기후와 동양 문명

중국의 문화는 우리 동아시아 문화 전반에 걸쳐 가장 큰 영향을 준 문화이다. 중국의 대표적인 문명으로 황허 문명, 양쯔 강 문명, 랴오허 문명이 상호 간 영향과 보안을 통하여 만들어지게 된 것이다. 보통 황허 문명과 양쯔 강 문명을 바탕으로 만들어진 것으로 평가받고 있으며, 그중 먼저 형성된 황허 문명의 영향이 큰 것으로 알려져 있다. 황허 문명은 양사오 문화(仰韶文化), 룽산 문화(龍山文化)로 나뉘며, 이후 상(商)과 주(周)의 청동기 문화로 발전하였다. 이렇게 황허 문명은 중국 문명 전반에 영향을 미치고 있는 것을 알 수 있다. 따라서 동양 문화의 기원이 된 황허 문명에 대하여 자세히 알아야 할 필요성이 있다. 황허 문명에 대하여 첫째, 문명은 어떻게 형성되는지 둘째, 황허 강 유역과 양쯔 강 유역의 자연환경은 어떠했는지, 그리고 마지막으로 사회적 조건을 살펴보아야 할 것이다.

1. 기후와 중국 역사

우리는 앞에서 기후가 문명의 발생에 큰 영향을 주었다는 것을 알았다. 기후는 비단 문명의 발생뿐만 아니라 인류의 역사 전반에 걸쳐 지속적인 영향을 주고 있다. 이는 과거 중국의 기후변화와 역사의 흐름을 통해 알 수 있다. 또한 이런 역사적 사실에 대해 정확하고 과학적인 결과를 도출하기 위한 연구방법과 중국의 사상과 통치체계에 대한 영향을 받는다.

(1) 사상과 통치체계

동양 문화권 전반에 걸쳐 중국에서 발전된 사상은 큰 영향을 끼쳐 왔다. 춘추전국시대에 등장한 제자백가(諸子百家)[3] 사상이나 남송 시기에 발전한 사상들이 그것인데, 그중에서도 유교사상과 성리학 사상이 동양 문화에 가장 큰 영향을 끼쳤 다고 평가할 수 있다. 이렇게 사상의 발전에도 어느 정도 기후가 영향을 끼쳤다고 할 수 있는데, 백가쟁명의 시기인 춘추전국시대는 평균 기온이 지금보다 2℃ 정도 높은 온난한 기후였고, 성리학이 등장한 남송 시기는 한랭기 사이에 잠깐 등장했던 온난한 시기였다. 이렇게 발달한 유학은 전한(前漢) 시기 한무제(漢武帝)에 의해 국가를 이끌어 가는 사상으로 채택되게 되었고, 국가의 왕은 곧 하늘의 대변인이고 백성은 마땅히 이를 섬겨야 한다는 지도

---

3. 중국 춘추전국시대(BC 8~3세기)에 활약한 학자와 학파의 총칭. 제자란 여러 학자들이란 뜻이고, 백가란 수많은 학파들을 의미한다. 곧 수많은 학파와 학자들이 자유롭게 자신의 사상과 학문을 펼쳤던 것을 나타낸다.

이념을 확립하게 되었다.

(2) 기후의 변천

중국의 기상자료를 보면, 서양의 기상자료보다 상세하고 일찍 기록된 것을 알 수 있다. 따라서 이런 기록들을 추론하여 중국 역사상 한랭 · 온난 · 건조 · 다습 등의 기상 상태를 밝혀낼 수 있으며, 또한 다른 자료들을 통하여 기온 상태를 추론해 볼 수 있다. 이런 기록과 연구방법에 근거하여 5기의 온난기와 4기의 한랭기가 도래[4]하였음을 알 수 있고, 표 10.1을 통해 자세히 알아볼 수 있다.

(3) 기후의 연구방법

기후가 인류의 삶에 미친 영향을 연구하기 위해선 그 당시 기후를 측정하는 것이 매우 중요하다. 과거의 기후를 알아내는 방법에는 여러 가지가 있는데, 얼음을 채취하여 두께나 먼지 등을 통해 알아내는 방법, 태양의 흑점을 통해 알아보는 방법, 호수에 퇴적된 꽃가루를 통해 알아보는 방법, 식물의 분포를 통해 알아보는 방법, 기록을 통해 유추하는 방법, 나이테를 통해 알아보는 방법 등이 있는데, 현재 주로 사용되고 있는 방법은 흑점기록을 통한 방법과 나무의 나이테를 통한 방법, 식물의 분포를 통한 방법이 사용되고 있다.

- **흑점** : 근세의 수많은 과학자들은 역사상 태양 흑점에 대한 기록에 깊은 흥미를 갖게 되었다. 몇몇 사학자들은 태양 흑점의 많고 적음이 사회의 변화나 농산물의 수확 그리고 정치의 변동과 유관하다고 인식하고 있다. 미국의 천문학자 Newcob과 독일의 기상학자 Peter Köppen은 태양 안에서 흑점의 많고 적음이 지구상의 기온 변화와 아주 밀접한 관련이 있음을 지적

그림 10.8 삼족오

4. 대체로 황허 문명이 형성된 시기는 현재보다 약 2°C가량 높았고, 남송 시기와 명 · 청기가 현재보다 약 2°C 낮은 한랭한 기온을 보였다.

표 10.1 중국의 연대별 기후

왕조	왕조 존립 기간	눈 내리고 몹시 추운 횟수	봄 · 가을에 서리 내린 횟수	여름에 서리와 눈 내린 횟수	겨울 · 봄에 눈과 얼음이 없었던 횟수	한랭 · 온난기
주	352	2	0	1	0	전반 온난기, 후반 한랭기
춘추전국	524	4	0	1	8	온난기
진	39	1	0	1	0	온난기
전한	230	7	1	5	2	온난기
후한	196	3	0	2	0	한랭기
삼국	45	3	1	0	0	한랭기
진	155	26	10	6	0	한랭기
남북조	169	24	20	15	2	한랭기
수당	318	39	15	7	19	온난기
오대	53	2	0	0	0	온난기
북송	267	31	7	3	14	전반 온난기, 후반 한랭기
남송	150	43	3	6	15	전반 온난기, 후반 한랭기
원	91	17	25	15	0	한랭기
명	276	37	13	15	7	한랭기

하였다. 즉 태양에 흑점이 많으면 지면의 기온이 내려가고, 흑점이 적으면 기온이 상승한다는 것이다. 태양에서 흑점을 제일 먼저 발견한 것은 중국이며, 따라서 역사상 태양의 흑점과 관련된 기록도 중국이 가장 빠르다.[5]

이에 의거하여 진대, 남송 시기, 명대에는 흑점에 대한 기록이 가장 많으며, 당시 기후가 특히 한랭했음을 알 수 있다. 즉 남송에서 명 초까지(12세기에서 14세기까지)

5. 『회남자』정신훈에서 이르기를 "태양 안에 준오(태양 속에 있다는 세 발 달린 까마귀)가 있다", 『한서』에서는 "전한 성제 하평 원년 3월 을미, 태양에 누런 것이 나타났다는데 검은 기운이 동전 크기이며 태양 한가운데 있다." "전한 원제 영광 원년, 태양의 한쪽에 검은 것이 있는데 크기가 탄환 같다." "한 영제 중평 5년 정월, 태양에 검은 기운이 도는데 마치 나는 까마귀 같으며 수개월 있다가 사라졌다." 등으로 표현

겨울이 가장 추웠고, 명대 중엽(15세기)은 겨울이 비교적 온화하더니 명 말(16세기)에 기후가 갑자기 다시 추워졌다고 할 수 있다.[6]

- **나무연대 측정법** : 나무연대 측정법은 다른 연구방법에 비해서 구체적인 결과물을 얻을 수 있다는 장점이 있다. 하지만 나무의 수명에는 한계가 있기 때문에 아주 오래전 기후에 관한 자료를 얻기 힘들다는 단점이 있다. 따라서 중국의 기후에 관한 연구 중 나무연대 측정법을 사용하는 것은 주로 청나라의 기후를 연구하는 데 사용되고 있다.[7]
- **감귤[8]의 재배능선** : 포도와 감귤의 경우 기온 변화에 민감하기 때문에 유럽에서는 일찍이 장기적인 기후변화를 증명해 주는 작물로 집중받았다.[9] 프랑스의 역사학자인 라뒤리(Ladurie)가 포도 수확일에 대한 분석을 통한 18세기 소빙기의 기후 변동을 복원해 내고, 역사 연구에서 중요성을 환기시킨 선구자적인 역할을 수행하였다.[10] 연구를 간략히 소개하자면, 11세기 독일 북부의 엘베(Elbe) 강변, 12세기 전반에는 폴란드의 포메른(Pomorze)까지 확대되었던 포도농원은 16세기 소빙기의 도래 이후 북

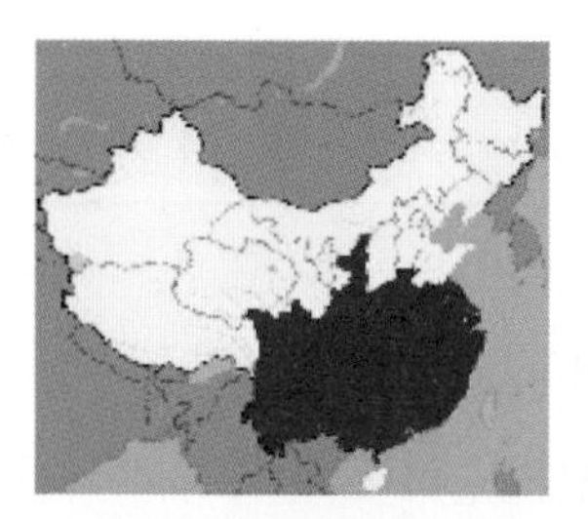
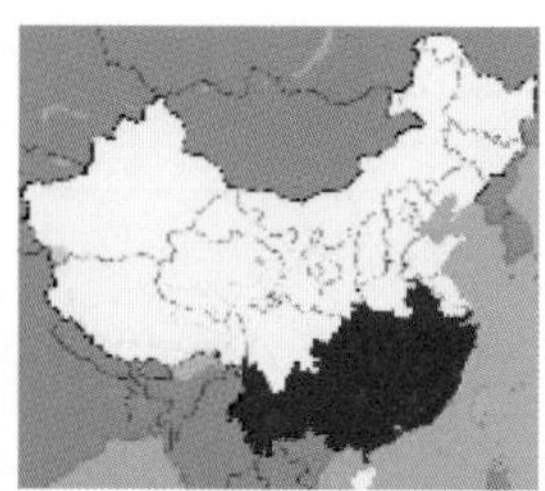
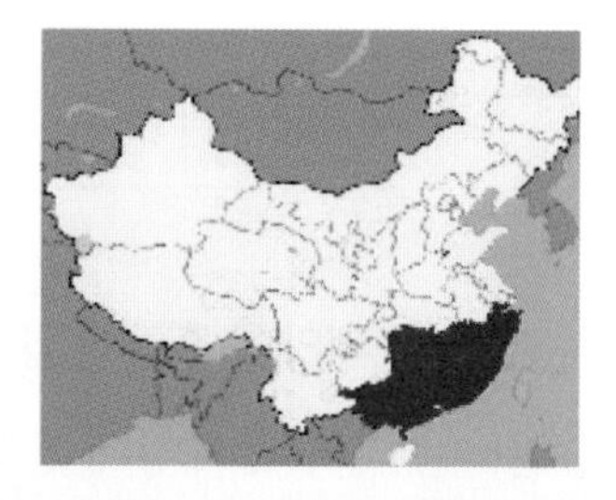

그림 10.9 감귤재배 지역의 변화(당, 송, 명, 청 순) (중국 기상청 제공, 2010년)

6. 유소민, 기후의 반역, 성균관대학교 출반부, pp. 52.
7. 정자정의 『200년 이래 북경 기후』와 『수목 연령과 북경의 강우량』
8. 서양에서는 포도의 재배능선을 이용한 방법이 발전되었다. 식목의 재배한계를 이용한다는 면에서 유사한 방법이라고 볼 수 있다(『17세기 강남의 기후변화와 명청교체』, p. 41).
9. 사과의 재배능선이 지구온난화에 따라 현재 청주까지 북상하고 있는 현상도 동일한 문맥으로 해석할 수 있을 것이다.
10. Emmanuel Le Roy Ladurie, "Forests and Wine Harvest", Times of Feast, Times of Famine–A History of Climate Since the Year 1000(The Noonday Press Farrar, Straus and Giroux, 1988), pp. 50–79.

부 유럽에서 중부 · 남부 유럽까지 급격히 후퇴하였다.[11] 심지어 1580년 이후 포도 수확은 중대한 위기를 맞이하여 중부 유럽에서까지 재정적 · 경제적 불안을 야기하게 되었다.[12] 이처럼 유럽의 포도처럼 중국의 감귤농원 역시 비슷한 길을 걷게 된다. 장덕이의 연구에 따르면, 당대 감귤재배의 북방한계는 장안과 진수까지 올라갔다. 그리고 당대에 비해 좀 더 한랭해진 송대에는 대체로 양쯔 강이 북방한계가 되고 있었다.[13] 실제로 명 · 청시대에 접어들면서 양쯔 강 감귤농원이 결정적인 위기를 맞게 된다. 지속적인 동해(凍害)로 말미암아 감귤의 재배능선이 강서(江西), 복건(福建) 등의 지역까지 내려와 이를 대체했던 것이다. 이렇게 송대 이후 중국 감귤생산의 중심지였던 동정산은 명대 이후 소빙기의 영향으로 감귤농원이 점차로 축소, 폐기되었다. 이 때문에 이전의 지위를 지키지 못하고 쇠락하게 되었다. 당대에 장안과 회수까지 올라갔던 감귤재배의 북방한계가 송대에는 양쯔 강으로 내려왔고, 명 · 청 시대에는 훨씬 남쪽인 위도상 북위 29도 지역까지 남하하게 되었다. 소빙기로 인해 감귤재배의 북방한계가 남하하여 중국대륙, 특히 강남지역은 그 피해를 고스란히 받았던 것이다.[14] 기후가 명 · 청대보다 많이 온난해진 현재 감귤재배능선은 호북(湖北) · 절강(浙江) · 하남(河南) 등 양쯔 강 북부지방까지 북상한 상태이다.

2. 민란과 기후

중국에서 일어난 민란들은 대체로 기후와 큰 연관성을 지니고 있다. 따라서 중국의 주요 민란들은 두 가지로 구분지어 설명할 수 있는데, 첫 번째로 기근과 큰 연관성을 지니고 있지 않은 민란[15]으로 진승 · 오광의 난, 방랍의 난을 예로 들 수 있다. 두 번째로 기근과 밀접한 관련성을 지니는 민란인데, 이는 황건적의 난, 황소의 난, 이자성의 난 등이 있

---

11. 1100년에서 1300년까지 영국 남부와 중부까지 확대되었던 포도농장은 15세기 중반부터 퇴보하기 시작하여, 1469년 동부 Ely에 마지막까지 남아 있던 포도농원이 없어짐으로써 포도농사의 종말을 고하게 되었다.
12. Brian Fagan, The Little Ice Age–How Climate Made History 1300~1850(Basic Books, 2000), p. 17, p. 85, p. 90.
13. 이 시기의 감귤생산의 중심지는 동정산이었다.
14. H. H. Lamb, Climate, History and Mordern World(2th edition), Methuen, 1982, pp. 230–233.
15. 기후와의 관련되었지만, 기근과 큰 관련이 없는 민란을 의미한다.

다. 또한 민란을 이해하기 위해서는 왕들이 지니는 독특한 성격 역시 이해해야 한다.

(1) 왕의 성격

동양 문화는 천문과 자연재해, 즉 기후에 관심이 많았다. 중국의 경우 성탕 원년(BC 1783년) 한재(旱災)기록을 시작으로 지금까지 기후에 대한 기록을 계속하고 있으며, 우리나라의 경우 김부식의 삼국사기에도 기후에 관한 기록[16]을 찾아볼 수 있다. 이렇게 동양의 왕조가 기후와 기상변화에 지속적인 관심을 보이고 민감하게 반응하는 데에는 동양인들의 사상과 왕의 성격에 그 이유가 있다. 예로부터 동양의 민족들은 하늘을 신성시하였는데,[17] 이상기후의 출현이 있을 때마다 그 이유를 하늘의 벌로 생각하였다. 따라서 하늘과 교감하는 사람을 필요로 하게 되었는데, 이 제사장[18]은 주로 부족의 족장들이 맡았다. 이런 전통이 국가로 계승되고, 이에 동양 국가의 왕들은 하늘을 대변하는 제사장적인 성격을 지니게 된 것이다. 따라서 중국의 왕들을 천자라고 칭하는 것도 이에 기인한다 할 수 있다.

(2) 기근과 관련이 적은 민란

- **진승과 오광의 난[19]** : 진대의 폭정에 저항한 진 말의 진승과 오광의 봉기이다. BC 209년에 발생한 이 봉기는 진의 통치가 끝나고 한(漢)나라를 여는 기폭제가 되었다. 이 진승과 오광의 난이 발발하게 된 계기는 바로 폭우였다. 시황제가 세상을 떠나고 제2대 황제가 즉위한 다음 해 BC 209년 여름 7월 진승과 오광은 병사로 징발되어 어향(漁鄕)[20] 수비대로 가기 위해 고향을 떠나게 되었다. 900명으로 구성된 그 부대는 대택향(大澤鄕)[21]에 이르렀을 때 큰 비로 길이 막혀 기한 내에 도착하지 못하는 상황에 처하게 되었다. 진승과 오광은 인솔 장교를 살해하고 900명을 선동하여 봉기를 결행

16. "백제 온조왕 45년(AD 27년) 경기도 광주에서 땅이 흔들리고 사람이 사는 집들이 기울어졌다."
17. "고구려 평원왕 13년(571년) 8월에 궁실을 중수하다가 누리와 가뭄의 재해가 있어 그만두었다."
18. 하늘과 교감하고 주로 비를 내리는 역할을 하게 된다. 만일 이에 실패할 시 실각되었다.
19. 사기 48권 '진섭세가' 중
20. 현재의 북경시 밀운현(密雲縣)
21. 지금의 안휘 숙주(宿州)

그림 10.10 진승과 오광의 난

하게 되었다. 이는 중국 최초의 민중봉기이며, 날씨가 한 왕조의 몰락에 기폭제가 된 사례로 평가할 수 있다.

- 방랍(方臘)[22]의 난[23] : 목주지방은 칠 · 딱 · 솔 · 삼나무 등의 생산으로 풍족한 생활을 한 곳이며, 방랍도 원래 칠원(漆園)[24]의 경영자였다. 휘종(徽宗) 말년에 재상 채경(蔡京)이 궁정 장식품의 제작과 궁전 조영을 위한 목재의 매상, 정원 배치를 위한 죽석화목(竹石花木)의 채취[25]를 적극적으로 추진하여 농민을 이들의 수송에 동원시키고 또 수탈을 강행함으로써 생업을 크게 압박하여 괴롭혔다. 이에 1120년 방랍이 중심이 되어 반란을 일으켰으며, 당시 사마당(事魔黨)이라 불린 마니교의 신도들이 많이 참가하였다. 방랍[26]은 스스로 성공(聖公)이라 칭하고 연호를 영락(永

22. 방납이라고 알려져 있으며, 방랍으로 표기하기도 한다.
23. 방랍의 난은 송 말 갑작스레 찾아온 한랭기와 기근에 어느 정도 관련성을 지니고 있다. 하지만 방랍의 난이 발생한 데에는 과도한 세금과 소금밀매의 금지가 더 큰 영향을 끼쳤기에 기근과 관련이 적은 것으로 분류하였다.
24. 옷칠을 입히던 곳
25. '화석강' 이라고도 하며, 수호전에서 108영웅의 집결에 결정적인 역할을 한 사건이다.
26. "1년 내내 피땀 흘려 모은 곡식과 피륙을 관리들이 제멋대로 약탈해 가고 있다. 그들은 까닭 없이 백성을 매질하고 죽이기를 밥 먹듯이 하고 있다. 우리에게 약탈해 간 것으로 자기들의 배를 채우고 나머지는 우리의 적인 요나라와 서하에 세공으로 바치고 있다. 우리는 우리의 피와 땀으로 적을 기르고 있는 셈이다. 그 적이 공격해 오면 매국노들은 우리를 자기들의 방패막이로 써먹고 있다."(수호전 중)

樂)이라 개정하여, 독립적인 신국가 수립을 지향하여 목주 · 항주(杭州) 등을 공략하였다. 그러나 정부군의 무력 앞에 굴복하고 방랍은 붙잡혀 살해되었다. 그 뒤에도 강남지방에서는 사마당의 반란, 양산박(양산포)의 봉기[27] 등이 잇달아 일어났으며, 또 이때 임시로 창설된 잡세(雜稅)는 경제전(經制錢)이라 불려 남송(南宋)에서 과중한 세금이 되었다. 따라서 이 농민반란은 강남의 농민에게 큰 영향을 끼쳤다.

(3) 기근과 민란

- **황건적의 난** : 후한시대에는 요적(妖賊)이라 불리는 빈궁농민의 봉기가 끊이지 않았고, 조정에서는 관료 · 외척 · 환관의 대립이 격화되었으며, 천재 · 질병 · 기근이 계속되어 민중은 빈궁해지고 유민은 격증하였다. 순제(順帝, 재위 126~144) 때의 사람 우길(于吉)은 장수(長壽)를 설하는 『태평청령서(太平淸領書)』를 저술하였는데, 영제(靈帝, 168~188) 때의 장각(張角)은 우길의 가르침과 민간의 신앙 등을 종합하여 태평도(太平道)라는 종교를 주창, 스스로 대현량사(大賢良師)라 부르고 죄과에 대한 반성과 참회로 질병을 치유하고 태평세대를 초래할 수 있다고 하며 제자를 각지로 파견하여 포교에 노력하였다. 이 가르침은 곧 하급관리와 빈민의 마음을 사로잡았고, 화북(華北) · 화중(華中)에서 강남지구까지 퍼졌다. 장각은 신도 약 1만 명으로 전국 36방(方)의 교단조직을 편성하였는데, 각 방은 또한 방(方)이라고 하는 장군에게 통솔된 군사적 · 정치적 조직이기도 하였다. 후한 왕조는 이를 탄압하여 해산시키려 하였으나, 신도의 단결은 견고해졌고 반권력적 성격을 강화하였다. 탄압을 감지한 장각은 184년 격문을 전 교단에 띄워서 36방이 일제히 봉기하였다. 황건적의 난으로 인하여 결국 후한 왕조는 몰락하게 되었다. 이 시기 특히 후한대는 한랭기후대로 분류된다. 『한서』에 의하면 안제(安帝) 영초(永初) 3년 이후 반란이 끊이지 않았다고 전해지며, 『후한서』에 의하면 157년부터 194년까지 약 30년 동안 가뭄이 그치지 않았다고 전해진다. 따라서 황건적의 난 역시 극심한 가뭄으로 인하여 백성들의 삶이 피폐해지자 발생한 기근에 의한 난이라고 평가할 수 있다.

---

27. 양산포의 봉기가 우리가 흔히 알고 있는 수호전의 배경이 되는 사실이다.

- **황소의 난** : 중국 당 말기에 일어난 농민 반란이다. 당 왕조의 멸망에 주요 원인이 된 난으로, 875년부터 884년까지 10년간 계속되었다. 난의 주동자는 소금 밀매상을 하던 왕선지(王仙之)와 황소(黃巢)였다. 건부연간(乾符年間)에는 전국에 기근이 내습하여 사회적 불안은 절정에 달하였다. 당나라 말기에 소금세가 높아지는데다 소금 판매업자들이 소금값을 높여 폭리를 취하게 되자 소금 밀매가 성행하게 되었고 밀매를 위한 조직이 형성되기 시작하였다. 이와 같은 배경 하에서 복주지방(하남성)의 소금 밀매업자 두령이었던 왕선지가 874년에 난을 일으켰다. 얼마 후 원구지방(산동성)의 소금 밀매업자의 두령인 황소가 난을 일으켜 왕선지와 합류하였다. 왕선지와 황소는 하남성과 산동성 일대를 점령하였고 점점 그 기세가 높아갔다. 왕선지가 황매(호북성)에서 관군에 의해 죽은 후 황소는 반란군의 충천대장군(衝天大將軍)이 되었다. 허난(河南) · 산둥 및 장시(江西) · 푸젠(福建) · 광둥(廣東) · 광시(廣西) · 후난(湖南) · 후베이(湖北)로 대이동을 전개하며 880년 60만 대군으로 불어난 황소의 군대는 뤄양(洛陽)에 이어 창안(長安) 등을 함락하였고 황제 희종은 쓰촨(四川)으로 달아났다. 황소는 장안에 스스로 정권을 세우고 국호를 대제(大齊), 연호를 금통(金統)이라 부르고 항복한 관리도 기용하여 통치를 굳히려고 하였다. 그러나 관중(關中)의 정권은 경제적 기반이 없어서 당나라 왕조를 돕는 투르크계 이극용(李克用) 등 토벌군에게 격파되어 3년 후에는 창안으로부터 동방으로 퇴각하여 이듬해 산둥의 타이산(泰山) 부근에서 자결하였다. 이 난으로 당나라는 23년간 존속하지만 명맥만 유지했을 뿐이며 근본적으로 당나라가 붕괴되는 계기가 되었다. 이 시기는 다른 여러 난이 발생한 시기와는 달리 온난한 시기에 일어난 난이었다. 하지만 온난기에도 기근이 발생한 사례는 많다. 865년부터 907년까지 32년간의 기록을 분석해 볼 때 기근이 발생하지 않는 시기는 12년에 불과하며, 황소의 난이 발생한 시기를 제외하면 5년 정도밖에 되지 않는다. 따라서 황소의 난 역시 후한 시대 못지않은 기근이 닥쳤던 것으로 평가할 수 있고, 이에 민중들이 반란을 일으켰다 할 수 있다.
- **이자성의 난** : 명 말기, 정치 부패에 겹쳐 군사비 등의 증가에 따른 가혹한 수탈로 중국 백성들은 시달림을 받아왔다. 1627~1628년 산시(陝西) 지방에 대기근이 일어나

자 굶주린 농민들은 폭동을 일으키게 되었고, 점차 명에 반기를 든 농민반란으로 발전하였다. 이자성(李自成, 1606~1645)은 가세가 기울어 목동, 역졸, 군인 등을 전전하다가 식량 배급이 제대로 되지 않자 병란(兵亂)을 일으켜 농민군에 가담하였다. 1631년 고영상(高迎祥)의 농민군에 합류한 그는 대장(隊長)이 되어 농민군을 이끌었다. 명(明) 조정(朝廷)은 요동(遼東)에서 일어난 청의 침략에 대비해 산하이관(山海關) 방위(防衛)에 힘을 기울여야 하는 상황 때문에 효과적으로 대처하기 어려웠다. 1639년 중국 전역이 다시 가뭄 등의 재해에 휩싸이자 위축되었던 농민반란군의 활동이 다시 시작되었고, 1644년 4월 25일(崇禎 17년 3월 19일) 자금성(紫禁城)이 함락되자, 숭정제는 처첩(妻妾)과 딸을 죽이고 자신도 징산(景山)에서 자살하였다. 이로써 명은 277년 만에 멸망하였다. 명군(明軍)의 주력(主力)을 이끌고 산하이관을 지키던 오삼계(吳三桂, 1612~1678)는 이자성의 투항(投降) 권고를 따르지 않고, 청군(淸軍)과 함께 공격해 왔다. 이자성은 청군의 공격으로 시안(西安)마저 포기하고 퉁관(潼關), 샹양(襄陽) 등지로 퇴각을 거듭하다가 결국 패배하여 봉황산(鳳凰山)에서 전사하였다. 이처럼 이른바 '이자성의 난' 으로 불리는 명 말기의 농민반란은 명을 멸망시키고 새로운 왕조를 수립하는 데는 성공했으나, 그것을 유지하지는 못하고 정복왕조(征服王朝)인 청의 지배를 불러왔다. 명 말 · 청 초에 이르는 시기는 중국 역사상 최고의 한랭기였다. 그 전까진 중원, 중원 이남지방에 서식하던 코끼리는 이 시기에 중국대륙에서 모습을 감추었고, 이자성의 난에 직접적인 영향이 되었던 산시지방의 대기근은 이미 1622년부터 계속되어 오고 있었고, 그 후 1633년부터 1641년까지 8년간 역시 그에 필적하는 대기근이 발생하였다. 따라서 이자성의 난 역시 명 말 · 청 초에 이르는 대기근에 의해 발생했다 할 수 있다.

10.3.4 황허 문명(BC 1700년)

1. 황허 문명의 발생 이유

■ **황허 강 유역의 기후** : 앞서 살펴보았듯이 문명이 발생하려면 농사가 시작되어야 하

그림 10.11 황허 강과 양쯔 강

고, 농사가 시작되려면 비옥한 토지와 풍부한 수자원이 뒷받침되어야 한다. 황허 강 유역은 당시 대륙성 기후[28]에 비옥한 황토지대로 농사에 적합하였다. 하지만 황허 강 유역은 대홍수가 빈번하게 일어나는 지역으로, 초기 정착민들은 황허 강 유역 구릉지에 취락을 형성하게 되었다. 따라서 초기 황허의 농경지는 황토고원[29]을 중심으로 이룬 황허 강이다. 하지만 정착민들이 많았고, 치수가 어느 정도 가능하게 되면서 잦은 홍수로 인하여 생성된 범람원은 고대인들에게 더욱 비옥한 토지를 제공해 주게 되었다.

- **양쯔 강 유역** : 양쯔 강 유역은 신석기 시대 당시 고온 다습한 밀림형 기후를 보이고 있었다. 따라서 양쯔 강 유역은 보다 기온이 높고 강수량이 황허 강 유역보다 풍부하였다. 토질 역시 비옥해서 작물의 생육환경이 황허 강 유역보다 나았던 것으로 평가되고 있다. 하지만 양쯔 강 유역은 저습지에 크고 작은 호소(湖沼)[30]가 많고, 삼림이 빽빽하게 들어서 있어서 작물재배를 위한 공간의 확보가 어려웠다. 또한 숲이 우거

28. 황허 강 유역은 지금보다 평균 기온이 2°C 높았던 당시에도 여름엔 덥고 겨울엔 추운 전형적인 대륙성 기후 지역으로, 실크로드를 통하여 들어온 밀, 수수, 기장 등이 초기 재배작물이었다.
29. 황토고원은 조금은 척박하지만 농사를 짓기에 아주 적합한 조건을 갖추고 있는데, 두터운 황토층의 대지는 돌과 바위가 적고 빽빽한 숲이 없어서 쉽게 개간하고 밭을 갈기에도 용이하다.
30. 내륙의 와지에 있는 정수괴(靜水塊)를 총칭하는 말로 육수학적으로는 호수, 늪, 소택, 습원으로 분류된다.

져 있기 때문에 야생동물의 위협이 존재하고 있었다.[31] 따라서 양쯔 강 유역에 비하여 건조하고 토양 역시 거칠지만 인공적 개간의 어려움이 적고, 야생동물의 위협 역시 적은 황허 강 유역이 고대인들이 생활하기에는 더 나은 환경을 제공하고 있다고 할 수 있다.[32]

- **협동의 필요성** : 황허 강 유역은 홍수가 자주 나는 지역이다. 1950년대 이전까지 기록만 보아도 하류제방이 터지고 범람한 횟수가 500여 차례나 된다. 하도(河道), 즉 강의 물길이 바뀐 횟수만 보아도 20여 차례나 된다.[33] 황허 강의 잦은 홍수는 정착민들에게 공동체 작업의 필요성을 인식시켜 주었다. 성공적인 농업과 범람원 토지를 얻기 위하여 황허 강 유역에 치수작업은 필수적인 작업이 되기 때문이다. 이렇게 공동체로 작업하는 과정에서 조직, 국가가 발전하게 되었다.
- **교통** : 교통수단이 발달하지 않았던 고대에 황허 강 유역은 비교적 평탄하고 산이 적어서 사람들이 도보로 왕래하기에 최적의 장소였다. 또한 양쯔 강 유역은 늪과 원시림으로 뒤덮여 있고, 야생동물이나 벌레들이 많아서 사람들의 왕래가 적었다. 이렇게 교통의 원활함은 생산과 소비의 거래가 자주 이루어지게 되었고, 황허 강 유역으로 인구가 유입되게 되었다.

2. 황허 문명에 대한 평가와 기후

황허 문명은 이후 양사오 문화[34]와 룽산 문화[35]를 거쳐 중국 문화의 기틀을 마련한 문명으로 평가받는다. 이후 하(夏) · 은(商)[36] · 주(周)대를 거쳐 중국의 국가 형성과 문화 전

---

31. 신석기 시대는 현재보다 기온이 높아서 열대지방에 서식하는 동물들의 뼈도 출토되었다. 코뿔소, 코끼리, 맥 등이 그것이며, 특히 양쯔 강 유역에서는 악어의 뼈도 발굴되었다.
32. 양쯔 강 문명이 황허 문명의 영향을 받아 형성되었다는 것이 다수설이며, 현재 그에 대한 비판도 활발히 진행되고 있다.
33. 류제현, 중국역사지리, 문학과 지성사, 2004, pp. 58.
34. 황허 중류지역인 화북의 하남성에서 발생한 농경문화로 채색토기가 많이 출토되어 채도문화라고도 한다. 이 시기에 마제석기와 토기를 사용했으며, 조나 기장 등의 곡식을 재배하는 생산경제가 시작되었다.
35. 양사오 문화를 계승하여 신석기에서 청동기로 넘어가는 과도기 문화를 말한다. 간토기가 특징이어서 흑도문화라고도 하는데, 석기 등의 유물이 이전 양사오 문화보다 발달하여 농업이 비약적으로 발전했을 것이라고 추측되는 문화이다. 또 이 시기에 빈부의 격차, 계급 등이 발생하였다.

그림 10.12 황허 강 주변 지형

반에 걸쳐 영향을 주고 있으며, 비단 중국뿐만 아니라 동아시아 전체의 문화 형성에 큰 기여를 했다고 평가할 수 있다. 이렇게 문명과 국가가 발전하기까지 사람들이 모여야 하고 교통이 편리해야 하며, 각종 작물을 재배하기 적합한 기후조건을 가져야 한다. 비록 자연조건은 양쯔 강 유역이 더 좋았지만, 개간의 편리성, 작물의 생장에 알맞은 기후조건, 교통의 요지라는 특성, 상대적으로 위험한 동물이 덜 분포하던 생태학적 특성 등을 이유로 중국 최초의 문명 발생지가 되었다. 따라서 황허 문명은 기후와 문명의 발생 간에 인과관계를 설명하는 좋은 예라 할 수 있다.

10.3.5 바빌로니아 문명

수메르 제국의 멸망(BC 2000년경) 이후 200여 년 동안 메소포타미아는 많은 민족들과 족속들의 각축장으로 전락되어 있었다. 이들 가운데서 가장 성공적인 족속은 엘람사람들(Elamites, 노아의 아들인 셈의 장자 엘람의 후손들)을 도와 우르의 함락으로 수메르 제국을 멸망시킨 아모리인들(Amorites, 노아의 장자 함의 아들 가나안의 후손들)이다.

바빌로니아 제국(Babylonian Empire, BC 1792년에 성립한 제국)의 제6대 왕인 아모

---

36. 중국 고대의 왕조(BC 1600~1046년). 상(商)은 문헌에 따라 은(殷)이라는 명칭도 나타나 한때는 국가의 명칭을 은이라 부르기도 했다.

그림 10.13 바빌로니아 제국이 세워졌던 현재의 이라크 지역

리인 함무라비(Hammurabi, 재위 BC 1724~1682년)는 최초로 메소포타미아 전체를 통일한 지배자가 되었다. 재위 38년에 반포된 함무라비 법전(Hammurabi's Code)은 그 당시 알려져 있던 모든 판례들과 규칙들을 모아 약 2.25m 길이의 원주형 현무암 위에 모두 282개 조 3,000행의 설형 문자로 정리된 것이다. 살인, 마술, 절도, 직무 유기와 보상, 이혼, 양자 결연과 상속, 국방 의무와 소작 농민, 부당한 부채와 이자율, 노동자와 기술자들의 임금, 의사들의 보수 변동과 등급 등이 보복주의, 준사형(準私刑)주의, 불평등주의, 고의와 우발을 가리지 않는 무차별주의 등의 입장에서 언급되었다. 그러나 그의 제국은 그의 사후 한 세기가 채 지나지 않은 BC 1600년경에 바빌론을 파괴한 히타이트족(Hittites, 노아의 장자 함의 아들 가나안의 후손들로 성서에 헷 족속으로 나옴)에게 멸망되었고, 메소포타미아는 다시 모든 방향에서 유입하는 경쟁적으로 족속들 사이에 분할되는 지경에 이르렀다.

성서에 따르면 방주에 들어갔다(창7:13) 나온(창9:18) 노아의 세 아들들은 함(Ham), 셈(Shem) 및 야벳(Japheth)이다. 노아의 장자 함의 아들들은 구스(Cush), 미스라임(Mizraim), 붓(Put, 즉 이집트)과 가나안이고(창10:6), 둘째 아들 셈의 아들들은 엘람(Elam), 앗수르(Assur), 아르박삿(Arphaxad), 룻(Lud)과 아람(Aram)이고(창10:22), 셋째 아들 야벳의 아들들은 고멜(Gomer), 마곡(Magog), 마대(Madai), 야완(Javan), 두발(Tubal), 메섹(Meshech) 및 디라스(Tiras)(창10:2)이다. 고대 중동 지역의 역사를 이끄는 인물 또는 족속들은 그 대다수가(예로 사르곤 1세, 함무라비 황제, 아모리족, 엘람족, 히타이트족, 앗수르족 등) 이들의 후손들로 확인된다.

10.3.6 갠지스(아리안 인도) 문명

'아리안들'은 BC 2000년경부터 인도 서북부로 유입한 인도-유럽 사람들 가운데서 특별히 힌두쿠시(Hindu Kush)로부터 들어와 BC 1750년경에 하라파 문명을 정지시킨 사람들이다. 원래 이들은 말과 전차를 가진 청동 무기로 무장된 전사들과 유목민들이었기 때문에, 그들의 유입과정에서 계곡 도시들이 파괴하고 원주민들을 몰살시키지는 않았다 해도 상당한 폭력이 행사되었으리라 짐작된다.

BC 1750년 당시에 아리안들은 발달된 문화를 갖지 못했다. 이들의 정복으로 하라파 문자는 사라지고 문자 없는 1,000년이 지나간다. BC 첫 1,000년의 중반(석가의 생존 시기가 BC 623~544년임에 비추어)(BC 750년경?)에 이르러 산스크리트 문자가 처음으로 나타난다. 이때쯤에 도시들도 새로 생기기 시작하지만 그나마도 인더스 계곡 선주민들의 수준과 정교함에는 미치지 못했다. 아리안들은 그들의 유목 습관을 매우 천천히 포기하고 농사에 정착했지만, 그나마 원래 정착지로부터 이 마을 저 마을로 불규칙하게 동쪽과 남쪽으로 퍼져 나갔다. 이렇게 해서 갠지스 상류 계곡을 개척하기에 이른 것은 수 세기가 지나 철기가 도래한 시기쯤(BC 1000?)이다. 하라파 문명에 이어 두 번째 고대인도 문명이라 불릴 아리안 문명은 BC 첫 1,000년의 중반에 시작되었다고 본다. 하라파 문명이 멸망한 뒤에 적어도 1,000년의 문명 없는 시기가 있었고, 새 문명은 인더스가 아니라 갠지스 상류 계곡에 그 중심을 잡았다. BC 600년경 갠지스 계곡에 16개 정도의 왕국들이 산재했던 것으로 알려져 있다. 아리안들은 인더스 계곡의 선주 문명인들과 달리 갠지스 계곡의 도시들을 모두 목재로 건축했기 때문에 오늘날까지 남은 고대 건물들은 없다.

10.3.7 인디언 문명(마야 문명과 잉카 문명)

1. 마야 문명

현재의 중앙아메리카 유카탄 반도를 중심으로 BC 2600년경에 시작해 남미의 안데스 지역까지 발전했던 토착 인디언 문화인 마야 문명은 고대 문명 중에서 유일하게 문자

기록을 남긴 찬란한 문명이다. 이른바 고전기(AD 250~900년)에 그의 문화와 영토에서 전성기를 구가하다가 AD 800~900년 중에 별안간 붕괴되었다. 그 붕괴 이후 AD 1524년에 시작되는 스페인 정복 시기까지 이 문명의 흔적은 이른바 마야 문명의 후고전기를 이룬다. 마야인들은 상형문자를 사용하는 언어 체계를 발달시켰고, 천문학과 수학 분야에서 절묘한 개념들을 개발했다. 마야 문명은 달력 체계를 사용했고 영이라는 수학적 개념을 활용한 세계 최초의 문명들 가운데 하나이다. 농사가 고도로 발달했었고 피라미드형 신전과 궁전들을 포함한 아름다운 건축물들은 오늘날까지 남아 있다.

고대 아메리카 마야 문명은 여러 왕국과 제국, 대형 기념물과 도시, 예술품, 야금술, 문헌들로 특징지어진다. 아메리카 문명은 농업에 뿌리를 두고 있으며 그 기원은 후기 플라이스토세 초기까지 거슬러 올라간다(BC 7000년경). 그러나 식용작물의 재배는 긴 세월이 지난 후 중앙아메리카에서 정착농경이 시작된 BC 1500년 이후에야 가능해졌다. 이때부터 BC 1200~900년에 상당히 빠르게 수도 및 여러 도시로 이루어진 중앙집권적인 계급사회가 발전하기 시작하여 이전의 단순한 사회적 · 정치적 질서를 대신했다. 그러나 BC 500년경부터 부강한 마야인들 사이에 마야, 사포텍, 토토낙, 테오티우아칸 등 지역마다 서로 다른 문명이 등장했다. 이들 왕국들은 700~900년 서로 우위를 차지하고자 투쟁이 계속 되었고 이후 1428년 중앙 멕시코 지역을 중심으로 아스텍 문명이 등장했으나 이 마지막 토착 중앙아메리카 마야 아스텍 제국은 1521년 에르난 코르테스를 비롯한 스페인의 침략에 의해 정복당했다.

상형문자와 역법(歷法)까지 제작하여 사용했던 찬란한 마야인들의 문화를 보였던 제국이 힘없이 붕괴된 원인으로 후세에 몇 가지 지적되고 있다. 첫째는 분별없는 산림파괴로 토양이 침식되고 이에 따른 환경이 훼손되어 그들의 생활을 약하게 하였다. 두 번째로는 기후변화에 의한 가뭄의 도래였다. 중앙아메리카에 시작한 가뭄은 약 208년을 주기로 계속되었고 한 시기의 가뭄은 거의 50년 이상 계속되기도 하였다. 가뭄은 마야인들의 주식인 옥수수와 콩의 재배에 치명타를 입혔다. 연 강수량이 460mm인 중앙아메리카 지역은 연 변동이 때로는 그 3~4배가 되기도 한다. 마야의 남부 지역인 안데스 지역에서 농경부락의 정착은 중앙아메리카 지역보다 훨씬 이른 BC 2500년경에 이루어졌다. 따라서 농업이 발달한 남부 지역 마야인들은 저수지를 만들고 농업을 개량하며 배수시설 등 과학적인 방법도 개발하였다. 그러나 습한 기후에 1년 이상 곡식을 저장해야 가뭄에 대비할 수 있지만 당시의 과학으로서는 불가능하였다. 가축 대신에 바다의 거북이와 물고기를 사용하였지만 가뭄으로 부족한 식량을 충당할 수는 없었다. 세 번째로 마야인들 사이의 잦은 전쟁이 원인이었다. BC 1800년경부터 복잡한 마야인들의 사회가 바로 잡히고 초기 안데스 문명이 중앙아메리카에서처럼 도시의 통일체를 공유하던 시기에 들어선 것은 BC 800년 무렵부터였다. 이런 통일 시기는 BC 500년 무렵 끝이 나고 AD 600년까지 지방화 시기가 계속되면서 모치카, 초기 리마, 나스카, 레쿠아이, 초기 티아우아나코 등 수많은 거대왕국들이 번창하여 존립하면서 지역적인 차별성에 기반을 둔 역사 · 문화를 형성하였다. 그러나 그들 사이에 우월성을 돋보이려는 전쟁과 시기는 끝이 없었다. 전쟁은 1438년경 잉카제국이 정복될 때까지 계속되었다. 잉카왕국은 현재 페루의 남부 고원에 있던 잉카의 수도 쿠스코에서부터 시작되었다. 마야인들 스스로 약해진 상황에 1533년 프란시스코 피사로는 당시 지금의 에콰도르-콜롬비아 경계로부터 칠레 중부까지의 영토를 차지하고 있던 이 제국을 정복함으로써

그림 10.14 과테말라 페텐 지역의 티칼 사원과 마야제국의 영역

그림 10.15 과테말라 티칼 지역에 현존하는 고대 마야 도시

수천 년의 마야 문명은 붕괴되었다. 마야는 종교도 고도로 발전했으며 시장도 형성되어 있었다.

마야 문명의 붕괴 원인에 대하여 학자들 사이에 견해의 차이가 다소 있지만 요약하면 다음과 같다.

- 산림의 남발과 화전에 의한 토양 부식
- 호수의 침전 증가에 따른 표피층 토양 부식과 수분 고갈
- 잦은 지진과 태풍 도래 등의 자연재해
- 기후변화
- 질병 발생
- 해충 번식
- 인구 과잉

2. 잉카 문명

남아메리카 안데스 지대의 페루를 중심으로 형성되었던 인디오의 청동기 문명으로 직

물 · 금세공 · 계단밭의 농업 문화가 발달하였고 종교는 태양을 중심으로 하는 자연 숭배의 다신교 문명이다. 남아메리카 안데스 지역의 페루를 중심으로 인디오가 쿠스코를 도읍으로 세운 잉카제국은 15~16세기에 그 전성기로 발전했으나 1532년에 에스파냐의 피사로 등의 침략을 받아 멸망하였다.

10.4 문명과 기후의 영향

10.4.1 이집트 기후와 문명

1. 이집트 문명의 발생과 배경

이집트 문명이 언제 처음 탄생했는지에 대해서는 아직도 학자들에 따라서 의견이 다소 다르지만, 그 시기는 대략 BC 5000~4000년 정도로 추정된다. 당시는 지질사적으로 플라이스토세의 마지막 빙하기인 뷔름 빙하기가 물러가면서 기온이 서서히 상승할 즈음이었다. 이처럼 기후가 따뜻해지면서 사람들은 나일 강 주변에서 농사를 짓기 시작했는데 나일 강의 풍부한 물이 농사에 큰 도움이 되었던 것은 물론이다. 나일 강 유역도 농업의 발달이 문명 탄생을 이끌어서 BC 3500년경에는 국가가 성립되기에 이른다. 역사책에서는 이 나라를 고왕국(제 3, 4, 5, 6왕조)이라고 한다.

이집트가 통일된 시기는 BC 3000년경으로 이 시기는 나일 강이 정기적으로 범람하던 풍요로운 시절이었다. 북위 25도의 아열대 지역인 나일 계곡에는 계절적으로 서늘한 바람이 불었는데 그런 반복적인 서늘한 기후가 나일 강의 홍수를 조절해서 고제국 성립에 커다란 도움이 되었다. 나일 강의 주기적인 범람은 이 일대에서 관개사업을 벌이는데 커다란 도움이 되었다. 따라서 농산물 생산이 증대되고 인구가 늘어나면서 고도의 문명이 발달할 수 있었던 것이다. 당시 범세계적으로 나타났던 그런 서늘한 기후는 고제국이 멸망할 때(BC 2300년)까지 계속되었다. 고대 이집트 문화는 그처럼 더운 계절과 서늘한 계절이 반복되는 기후에서 급속히 발전하였고 문화적 요소가 증가하였다.

기자 고원에 유명한 세 피라미드를 건설하게 한 파라오들, 즉 쿠푸, 카프레, 멘카우레

그림 10.16 쿠푸 왕의 피라미드[37]

그림 10.17 아스완의 나일 강

등이 군림한 제4왕조가 이러한 기후의 축복 아래 꽃피었고 제6왕조는 아주 젊은 나이에 왕좌에 올라 100살이 넘도록 산 페피 2세의 왕조로, 역사상 가장 긴 통치기간을 보여 주었다. 그러나 페피 2세에 뒤이어 여러 명의 통치자가 잠깐씩 이집트를 다스렸을 뿐이고, 단명한 제7왕조와 제8왕조가 그 뒤를 이었다. 제8왕조가 끝나면서 고왕국은 널리 퍼진 기근과 폭력으로 무너졌다. 이로 미루어 이 시기에 이집트가 경제적으로 어려워지고 중앙권력이 약해진 것이 분명하다. 그 주요 원인은 정치적 실패나 천재 지변으로 추정된다.

2. 이집트 기후의 변화와 문명의 붕괴

『람세스』, 『태양의 아들들』 등 고대 이집트 문명과 관련된 소설을 쓰는 것으로 유명한 크리스티앙자크는 고왕국의 멸망에 대해서 "알 수 없는 이유로 왕국이 쇠퇴하였다."라고 자신의 책에서 말하고 있는데 사실 이러한 고왕국의 멸망에는 기후가 큰 영향을 미쳤다고 할 수 있다. BC 2000년 이후부터 나일 강 일대의 기온은 급속히 상승하기 시작하였고, 그 결과 나일 강 상류에서 수분증발이 극심해지면서 수량도 크게 감소했다. 서늘한 기후가 불러왔던 계절적 강우현상이 중단되면서 나일 강의 범람 역시 멈춰버렸다. 더욱이 오랜 평화시대가 계속되면서 일부 상류계층의 극심한 낭비로 말미암아 경제가 크게 악화되고 사회 체제 역시 급속히 붕괴되기에 이르렀다. 급기야 적기에 관개

37. 현존하는 70여 개의 피라미드 가운데 가장 규모가 커서 '대(大) 피라미드'라고도 불린다. 엄청난 규모와 복잡한 내부로 인해 세계 최대의 건축물이자 세계 7대 불가사의 중에서도 유일하게 원형이 잘 보존된 유물이다.

공사를 하기도 어렵게 되면서 농업생산성 역시 크게 떨어졌다.

이집트의 파라오도 기후변화에는 어쩔 도리가 없었다. 파라오의 권력은 점차 약화되었고 에드푸, 테베, 헤라클레오폴리스 지방의 호족들이 자신들의 군대를 동원하여 서로 전쟁을 벌이기도 했으며 그들은 스스로 왕의 자리에 올라 가족이 왕위를 계승하는 개별적인 왕조를 세우기도 했다. 또한 기후의 상승으로 인해 목초지가 사막화되어 동쪽의 유목민들이 나일 강 삼각주 지역을 침입하기 시작하였다.

그림 10.18 오벨리스크

이러한 고왕국의 멸망과 중왕국의 혼란은 왕의 무덤을 남부의 은밀한 산악지역에 마련하게 만들었고, 피라미드는 그 규모에서도 사후 세계에 이르는 유일한 사람으로서 갖는 지위와 신성함을 상징하는 웅장함을 잃었다. 왕뿐만 아니라 귀족과 부유한 사람들도 영생을 얻기 위해 미라를 제작하고 장례의식을 치르기도 하였는데, 왕의 무덤 주위에서 발견되는 귀족과 부자들의 작은 무덤과 비석은 기후로 인한 왕권의 약화와 사회구조와 종교관의 변화를 보여 주고 있다. 이러한 웅장함을 잃은 왕의 무덤을 대치하기 위해 피라미드의 건축은 신전의 건축으로 대체되었고 신전 앞에 태양신, 즉 왕을 뜻하는 오벨리스크를 본격적으로 건축하기 시작한 것도 중왕국시대이다. 또한 문학작품이 건축에 비해 발전하였는데, 이러한 문학작품은 고왕국의 찬란함에 대한 향수를 주로 다루었으며, 당시의 고통과 불확실성에 대한 불안감을 표출하면서 비관적인 경향을 보였다. 특히 "하프 연주자의 노래"는 고왕국 말기의 번영과 안녕 추억하는 비관적 쾌락주의를 반영하며 이집트 고대문학에서 가장 완벽한 서사시로 손꼽힌다.

이러한 기후의 변화로 인한 나일 강의 물 부족에 의한 중왕국의 쇠퇴는 토목 사업을 통해 극복되었으며, 특히 케티 3세는 멤피스와 삼각주 지역을 연결하는 운하를 건설했다. 이러한 운하의 건설과 각종의 도로 정비 및 토목 사업을 위한 환경 극복의 노력은 중왕국 이후의 람세스로 대표되는 신왕국의 부흥을 불러왔다.

3. 이집트의 기후와 역사

처음 빙하기가 물러난 이후의 따뜻한 기후가 나일 강 일대에 사람들을 불러 모았고 이후 계절적인 서늘한 기후의 반복은 나일 강의 주기적인 범람을 가져와서 농업생산성을 크게 증대시켰다. 강력한 왕권국가가 탄생하고 거대한 피라미드와 스핑크스가 건설될 수 있었던 것은 결국 이런 농업 발전이 뒷받침되었기 때문이다. 하지만 중제국 시기에 이르면서 나일 강 일대의 기후는 크게 변했는데 그동안 온화했던 기후가 찌는 듯한 더위로 바뀌면서 더는 나일 강의 범람을 기대할 수 없게 되었다. 더운 기후는 급기야 농업의 파탄을 초래했고 그런 농업의 붕괴는 왕조의 멸망으로 이어졌다.

결국 나일 문명의 흥망을 결정짓는 가장 중요한 요인은 결국 기후 조건이었으며, 인류의 문명은 이러한 기후의 축복 및 기후의 혹독함에 대한 과학적 대처로 인해 발전한 것이라 할 수 있다.

10.4.2 그리스 문명

고대 그리스인은 BC 2000년경에 그리스 땅으로 남하하여 고대 말기에 이르기까지 여러 변천을 겪으면서 고도의 문명을 이룩하였고, 이는 후일의 유럽문화의 원류가 되었다. 그리스 문명은 폴리스(도시 국가)의 시민이 이룩한 것이며, 따라서 폴리스의 발전과도 밀접하게 결부되어 있다. 이는 정치적으로는 귀족정치 · 과두정치(寡頭政治) · 참주정치(僭主政治)를 거쳐 민주정치의 실현과 쇠퇴를 연출한 역사였으며, 경제면에서는 농업생산을 기반으로 하면서도 상공업이 발달하였고, 동(東)지중해를 중심으로 한 통상무역이 성행하고 화폐경제가 발전하던 사회였다.

이와 같은 폴리스 사회를 기반으로 철학 · 과학 · 문학 · 미술 등의 문화가 매우 다채롭게 꽃피었으며, 그 중심은 그리스 역사에서 가장 중요한 위치를 차지하는 아테네였다. 철학의 아버지 탈레스를 비롯하여 히포크라테스, 호메로스, 헤로도토스 등 많은 수학자와 철학자들을 배출하였다.

1. 철학가들의 사상

(1) 소크라테스

소크라테스는 지덕복 합일을 강조했다. 그는 앎을 중요하게 여겼고, 그로 보면 선을 아는데 악한 행동이란 있을 수 없었다. 아는 것이 곧 행복이라고 생각했고 그것이 덕이었다. 그러므로 안다면 당연히 행동으로 옮길 것이라고 생각했던 것이다. 곧 소크라테스는 지행합일이라는 결론을 도출하게 되었다. 또한 소크라테스는 주지주의학자로 대화법을 통해 나 자신은 모른다는 것을 알아야 한다고 주장했다.

(2) 플라톤

플라톤은 세계를 둘로 나누어 보고 있다. 즉 세계를 이원론으로 이데아와 현상계로 보았는데, 이데아는 영원불멸의 진리의 세계이고 현상계는 자주 변하는 감각세계이다. 현상계는 이데아의 그림자이고 이데아를 모방할 뿐이다.

(3) 아리스토텔레스

아리스토텔레스는 지행불일치를 강조했다. 그의 입장에 따르면 지와 행은 같을 수 없다. 지는 이성에서 발현된 감성이고 행은 정욕과 감정이기 때문이다. 또한 중용을 강조하였는데 이는 지와 행 중 어느 한쪽으로도 기울어지지 않는 자세이고 이성으로 상황과 조건을 고려하며 합리적으로 욕정을 억제하는 것을 강조하였다. 또한 아리스토텔레

 **그림 10.19** 파르테논 신전

스도 주지주의학자로 행동을 직접하는 실천의지를 설파하였다.

10.4.3 로마의 번영과 기후

1. 온난 건조해지는 기후

로마 역사에 큰 영향을 준 카이사르(Julius Caesar)는 BC 54년 여름에, 오늘날에는 아무것도 아닌 지속적으로 분 서풍과 북서풍 때문에 영구해협을 건너서 잉글랜드로 원정할 때까지 오랫동안 지체해야 했다. 이와 유사한 가정은 BC 55년 여름에도 그대로였고, 노르망디의 윌리엄(William of Normandy)[38]은 서기 1066년 10월 초 항해에 유리한 바람이 불 때까지 꼼짝도 할 수 없었다.

플리니우스의 시기와 그 이전 세기에 원예에 관해서 저술한 로마의 저자들은 그 당시에 포도와 올리브가 이탈리아에서 그 이전 세기들에 재배되던 지역에서보다 더 북쪽에서 재배될 수 있었다는 사실을 강조하고 있다. 이러한 사실은 여러 종류의 화석과 대용 자료에서 나타나는 일반적인 지표들과 일치한다. 이들 자료에 의하면 서기 400년 무렵까지 로마 시대의 유럽에 지속적으로 온난해지면서 점점 더 건조해지는 경향이 있었다. 대략 서기 400년까지의 점진적인 지구온난화는 해면 상승의 증거와 일치한다. 로마 지배 전성기의 이러한 배경은 지속적으로 변하는 기상 상태가 작은 방해에 불과하여 결코 그 당시와 그 이후의 역사 추이에 영향을 미치는 장애 요인이 되지 못했다는 — 현재 널리 퍼져 있는 — 가정을 하게 할 수도 있다.

옥타비아누스 시대를 거친 후 사실상 제국으로 전환된 로마는 이후 약 200년간 비교적 평온한 시절이 지속되었는데, 이를 '로마의 평화' 라고 부른다. 영화에서도 종종 볼 수 있듯이 로마인들은 격렬하고 자극적인 유희를 즐겼으며 매춘이나 심야 술집 등 향락을 일삼는 밤문화 또한 즐겼다. 가장 인기가 높았던 것은 전차 경주와 검투 경기였다. 쾌속 전차들은 서로 충돌해서 부서지고 전복되기 일쑤였다. 당연히 기수들은 전차

38. 윌리엄 1세 별칭, 정복왕 윌리엄. 중세의 가장 위대한 군인 · 통치자 중 한 사람으로 프랑스에서 강력한 봉건영주로 두각을 나타냈으며, 잉글랜드를 정복(1066년)하여 그 역사의 경로를 바꾸어 놓았다.

에 치여 다치거나 말에 밟혀 죽곤 했다. 검투 경기는 특히 로마인들의 삶에서 빼놓을 수 없는 여흥이었다. 그 결과 기업적인 검투사 양성소가 번창했으며, 제국 전역에서 많은 짐승들이 수입되었다. 폭력과 유혈이 난무하는 광경들을 보면서 로마인들은 마치 피에 중독된 것처럼 흥분과 광란의 도가니에 빠졌다.

2. 전염병의 발생

기온이 상승하고 점점 더 건조해진 로마 시대 말기에 여러 종류의 전염병이 발생했다는 기록이 있다. 서기 144~146년, 그리고 171~174년에 이집트의 여러 지역에서 인구가 1/3로 감소하였다. 서기 166년에 마케도니아에서 로마로 페스트가 옮겨와 로마 제국에 퍼졌다. 서기 251~268년에 이탈리아와 아프리카에도 전염병들이 퍼졌다. 당시의 보고에 의하면 로마에서 사망자 수가 심하게는 하루에 5,000명에 달했다. 이 중에 가장 심각했던 전염병은 서기 542~543년에 유스티니아누스(Justinian)[39]황제 재임 기간에 발병한 림프절 페스트(Bubonic plague)였다. 이 시기 건조했던 기후가 페스트 확산에 중대한 원인이었으며, 이러한 조건에서의 심각한 위생 상태와 관련이 있을 것이다.

10.4.4 로마의 가뭄과 클레오파트라 야사

BC 50년경 이집트의 여왕 클레오파트라는 역사상 그 어떤 여인보다 극적인 삶을 살았다. 파라오 율법에 따라 남동생들과 두 번씩이나 결혼해 왕좌에 올랐고 왕권을 쟁취하기 위해 남편이며 남동생인 프톨레마이오스 14세와의 치열한 권력 투쟁에서 승리하여 마케도니아의 마지막 여왕이 되었다.

기록에 따르면 BC 48년 클레오파트라는 남편 프톨레마이오스 14세와의 권력 투쟁에서 패배한 후 강제로 폐위되어 유배된 상태였다. 막다른 골목에 처한 클레오파트라는 이집트를 침공한 로마의 카이사르(Julius Caisar)의 막강한 힘을 빌려 왕권을 되찾을 계획을 세웠다. 그녀는 기상천외한 방법으로 로마의 최고 실력자인 카이사르와 운명적인

39. 527~565년에 재위한 비잔틴의 황제

첫 만남을 가졌다. 클레오파트라는 알렉산드리아를 정복한 로마의 카이사르가 이집트 왕궁에 묵고 있다는 사실을 알아냈다. 이집트와 동맹국인 로마는 항상 이집트와 빈번한 교역이 있었다. 기막힌 계략으로 그녀는 삼엄한 경계를 뚫고 몰래 카이사르에게 접근하였다. 스스로 양탄자 위에 드러누운 뒤 충복에게 자신의 몸을 양탄자로 둘둘 말 것을 명령했다. 충복은 어깨에 맨 양탄자를 호위 병사들에게 보인 후 집정관에게 줄 값진 선물을 가져왔다고 둘러댔다. 큼직한 양탄자는 카이사르의 눈길을 끌었고 호기심이 발동한 카이사르는 서둘러 양탄자를 풀었다. 그런데 이게 웬일인가? 양탄자를 펼치기가 무섭게 눈부시게 아름다운 반라의 여왕이 비너스처럼 솟아오르는 것이 아닌가. 클레오파트라에게 완전히 반한 카이사르는 연인이 되었음은 말한 나위가 없고 여왕의 정적을 모두 제거하고 그녀를 왕좌에 앉혔다. 여왕은 카이사르의 권력을 이용해 왕권을 되찾고 피맺힌 복수를 감행할 수 있었다. 그의 연인이 되어 아들 카이사리온까지 낳고 야망을 키우던 클레오파트라에게 찬물을 끼얹는 사건이 발생했다. BC 44년 3월 15일 카이사르의 무한한 권력에 위협을 느낀 로마의 정적들이 카이사르를 암살하였다. 클레오파트라는 카이사르가 암살된 후 다음 상대로 로마의 집정관으로서 옥타비아누스와 함께 통치하는 최고의 실력자인 안토니우스의 힘을 빌리기로 계획하였다. 삼두 정치인 중 한 사람인 안토니우스가 로마 제국의 동부 지역 사령관에 오른 후 동방 원정길에 나섰다는 정보를 입수한 클레오파트라는 자신과 국가의 운명이 걸린 안토니우스를 유혹하기 위해 묘안을 짜냈다.

앨마 테디마에 의하면 그리스의 역사가 플루타르크가 기록한 안토니우스와 클레오파트라의 만남을 묘사한 글을 보면 다음과 같다. "클레오파트라와 안토니우스가 첫 만남을 가진 장소는 타르수스다. 오늘날에는 터키의 한 지방 도시에 불과하지만 고대의 타르수스는 소아시아에서 가장 번화한 대도시였다. 시가지는 강으로 이어져 있었는데 클레오파트라는 온갖 보석으로 화려하게 치장한 배를 타고 강을 거슬러 올라와 안토니우스를 만났다. 선체는 황금빛이요, 바람을 받아 크게 부풀어 오른 돛은 가장 값비싼 색깔인 자주색이었으며 갑판 중앙에는 금실로 수놓은 장막이 좌우로 열려 있고 그 아래 옥좌에 사랑의 여신 비너스로 분장한 클레오파트라가 앉아 있었다. 노예들은 은으로 만든 노를 저으며 피리와 하프 가락에 맞추어 춤을 추고 배에서는 형용할 수 없는 향기가 바람을 타고 진동했다. 이 화려한 첫 만남에 안토니우스는 그만 혼을 뺏기고 말았다. 정신이 나간 안토니우스가 벌떡 일어서서 두려움과 경이로움이 가득 찬 눈길로 클레오파트라를 바라본다. 클레오파트라는 금으로 장식된 이동 닫집 아래 비스듬히 몸을 기대고 앉아 요염한 눈초리로 안토니우스를 탐색한다. 안토니우스와 극적인 첫 만남을 가진 이후 클레오파트라는 그의 마음을 사로잡기 위해 수단과 방법을 가리지 않았다. 행여 안토니우스가 권태를 느낄세라 늘 새로운 쾌락을 개발했고 날마다 산해진미에 악사와 무희를 동원한 화려한 볼거리를 제공했다. 이런 생활이 10년이 넘도록 이어지자 클레오파트라는 연인을 아예 자신 곁에 못 박아두고 싶은 욕심이 생겼다. 정식으로 결혼식을 올려 안토니우스의 사랑이 순간적인 열정이 아니었음을 증명하고 싶었다. 끝내 신분과 국적, 동양과 서양이라는 인종적인 차이를 무시하고 이국의 여왕과 혼인식을 올릴 만큼 안토니우스는 철저하게 여왕의 노예가 되었다." 그리고 안토니우스는 결혼 선물로 여왕에게 엄청난 이권이 걸린 오리엔트 지방의 통치권을 주었다. 클레오파트라는 지중해 세계에서 가장 많은 재물과 권력을 소유한 여왕이 되었다.

사랑에 눈이 먼 안토니우스는 로마의 아내 옥타비아에게 이혼을 구하는 편지를 보내는 한편 처남이며 로마의 집정관 옥타비아누스에게 로마의 지배권을 동서로 양분할 것을 요구했다. 당시 로마는 이제까지 겪어 보지 않은 대가뭄에 시달리며 전국적인 흉년이 계속되고 있었다. 중앙집권의 통치를 위하여 배급제를 실시하고 있는 로마제국으로서는 흉작으로 위기에 처해 있었다. 아사자가 속출하며 시민들의 인심은 흉흉하고 통치를 위협하는 반대세력까지 나타나게 되었다. 사태가 이렇게 악화되자 냉정하고 이성적인 옥타비아누스는 당시 나일 강 하구 델타 지역의 비옥한 농경지 덕분에 풍작을 이뤄 곡식이 넉넉한 동맹국 이집트에게 식량의 도움을 받기로 하였다. 옥타비아누스는 남편을 떠나보내고 혼자 있는 동생 옥타비아가 안스러워 안토니우스의 장모인 옥타비아누스의 어머니와 옥타비아를 식량을 위한 사절로 이집트로 보냈

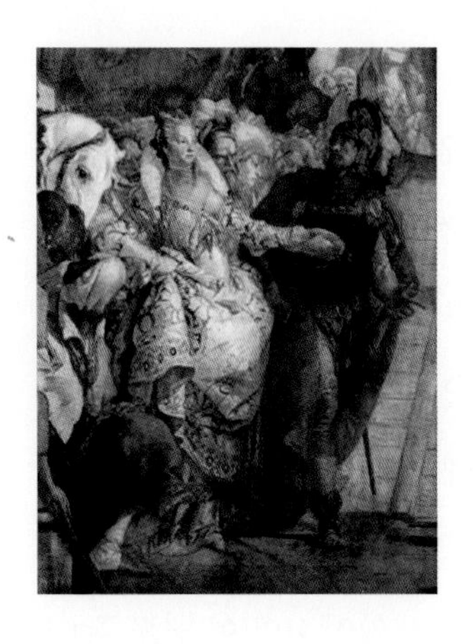

다. 그러나 통치자로서의 이성을 가누지 못하고 여자의 질투가 극에 달한 클레오파트라는 사신으로 온 두 여인을 어떻게 왜 왔는지 물어보지도 않고 성 밖에서 돌려보냈다. 식량을 구하기는커녕 망신만 당하고 온 어머니와 누이 옥타비아를 본 옥타비아누스는 크게 분노하였다. 국사를 돌보지 않고 힘들게 정복한 식민지에서 나온 귀한 수입을 이집트 여인에게 몽땅 안겨 주는 사령관을 어떻게 용서할 수 있겠는가? 또 식량을 거절한 이집트를 그냥 둘 수 있는가? 로마인 들은 더 이상 참을 수가 없었다. 옥타비아누스는 160명 원로원의 만장일치의 동의를 받아 이집트를 공격하는 전쟁을 일으키게 되었다. 특히 카이사르의 상속자요 양자인 옥타비아누스는 비록 둘도 없는 친구이며 또 하나의 로마 집정관이지만 식민지 나라 여왕의 노예로 전락한 안토니우스를 로마의 수치로 생각했다. 그는 두 남녀를 국가의 명예를 더럽힌 탕아와 국제적인 창녀의 야합으로 매도한 후 안토니우스를 제거하기 위한 침략을 일으켰다. 결국 옥타비아누스는 BC 31년에 벌어진 악티움 해전의 승자가 되었고 패전 사령관이 되어 벼랑 끝에 몰린 안토니우스는 자결하였다.

클레오파트라의 죽음은 아무도 알아채지 못할 만큼 갑작스럽고 신속하게 이루어졌다. 안토니우스의 묘를 참배하고 돌아온 그녀는 곧바로 최후를 맞았고 역사가들은 그녀가 독사에 물려 죽은 것으로 추정했다. 이로서 이집트의 역사는 로마의 역사로 기록되며 클레오파트라는 멸망하였다.

10.4.5 중세 유럽

1. 중세 온난기와 바이킹의 모험

아득한 옛날부터 유럽인에게 북쪽의 얼음나라는 세상의 끝이었고, 두려움과 미지의 세계였으며, 무서운 동물과 기괴한 풍경이 등장하는 환상적인 이야기의 무대였다. 하지만 강인한 노르웨이인들은 감히 배를 저어 얼음 세계의 변경까지 도전했다. 그들은 범선 기술을 스스로 익혔고 그 기술을 가족에서 가족으로 전수시켰다. 그들의 해양 지식은 기록되지는 않았지만 기억에 의해 전해지고 늘 사용함으로써 발전되었다. 그들은 노르웨이인으로보다는 '바이킹' 또는 '북구인'이란 단어로 더 알려져 있는데 그들의 바다 탐험은 인구 과잉, 짧은 경작 기간 그리고 스칸디나비아 국토의 빈약한 토지 여건 등의 결과였다. 이들의 탐험은 알려지지 않은 땅들을 발견하는 뜻밖의 성과를 거두었다. 예컨대 페로 제도는 800년 직후까지 실질적으로 무인도였고, 아이슬란드는 870년경에야 유인도가 되었다. 또한 그들은 980년경에 그린란드를 발견했다. 그때 그린란드에는 도싯족(Dorset people)이라 알려진 이누이트족이 북쪽 귀퉁이에 살고 있었을 뿐이다.

800년부터 1300년까지의 그린란드의 얼음층을 분석한 결과에 따르면 그린란드의 당시 기후는 상대적으로 따뜻했다. 노르웨이인들은 건초를 키워 목축하기에 적합한 때 그린란드에 들어갔다. 지난 14,000년 동안의 그린란드 평균 기후를 기준으로 한다면 목축에 적합한 때였다. 그러나 1300년경 북대서양의 기후가 점점 추워지고 해마다 변덕을 부리기 시작했다. 이른바 '소빙기'가 시작되면서 1800년대까지 지속되었다. 1420년경 소빙기가 절정에 이르면서 그린란드, 아이슬란드, 노르웨이를 잇는 바다에 여름에도 유빙(流氷)이 늘어갔다. 이 때문에 그린란드의 노르웨이인들은 완전히 고립되고 말았다. 이누이트족은 반달바다표범을 사냥하면서 이런 추위로 인한 변화를 견뎌냈지만, 건초와 목축을 경제의 터전으로 삼던 노르웨이인은 이런 변화를 이겨내기 힘들었다. 소빙기는 노르웨이령 그린란드의 붕괴를 재촉한 한 요인이었다. 그러나 중세 온난기에서 소빙기로의 기후변화는 복합적인 현상을 띠었다. "날씨가 점점 추워졌고 노르웨이인들을 몰살시켰다."라고 간단히 말할 수 없다. 1300년 이전에도 간헐적으로 추위가 닥쳤지만 노르웨이인들은 살아남았고, 1400년 이후에 따뜻한 시기가 있었지만 노르웨이인들은 그린란드에서 부활하지 못했다. 결국 "이누이트족이 소빙기의 추위를 이겨내는 법을 보면서 노르웨이인들이 그런 난국을 대처하는 법을 배우지 못한 이유가 무엇일까?"라는 까다로운 문제가 여전히 남는다.

노르웨이인인 바이킹들의 전성기는 대체로 서기 800년부터 1200년경까지인데 이것은 기술 발전, 인구 과잉, 모험주의 등 사회적 요인의 결과물이라고만 보아서는 안 된다. 그들의 정복과 탐험은 그 무렵 북유럽에 찾아온 보기 드문 온화하고 안정적인 기후 속에서 비로소 가능한 것이기 때문이다. 우리는 이 400년간을 '중세 온난기'라 부르는데, 이 기간은 지구가 8,000년 만에 처음 맞는 가장 따스한 기간이었다.

2. 중세 온난기의 영향

북부에서는 정복과 모험이 전개되었지만 전체로서의 유럽은 그저 농촌이 산재한 대륙일 뿐이었다. 2,000년 전 로마인들이 영국과 고올인들을 길들이기 훨씬 전부터 유럽의 경제는 땅과 바다에 근거를 두고 있었다. 그리고 홍수와 한발, 가혹한 겨울은 모든 이의 경제 운명을 좌우했다. 해마다 추수 때가 되면 개개인은 물론 군주와 귀족, 소도시의 기술자나 농노들의 경제적 운명이 뒤바뀌곤 했다. 그런 상황에서 유럽에 찾아온 대체적으로 안정적인 중세 온난기의 기후는 시골의 가난한 자들과 소규모 농민들에게는 커다란 축복이었다.

(1) 농업 혁명

전쟁, 십자군, 교회의 분열 그리고 그 밖의 여러 다툼에도 불구하고 중세 온난기는 유럽에게 풍요를 안겨 준 시기였다. 거의 모든 해가 풍요한 수확과 충분한 먹거리가 확보된 상태에서 지나갔다. 여름철 평균 기온이 20세기 평균보다 0.75℃ 내지 1.0℃ 정도 높았다. 중세기 동안 시골과 도시 모두 인구가 크게 증가했다. 10세기에 약 4,000만 명이던 유럽의 인구는 14세기 초에 이르러 7,000만 명을 상회하게 되었다. 중세 초부터 300여 년간 줄곧 증가한 것이다. 이러한 인구의 증가에 발맞추어 식량 생산을 늘릴 필요가 생겼고, 마침내 새로운 농업 기술이 모색되기에 이르렀다. 그 결과 종종 '농업 혁명' 으로까지 평가되는 기술적 발전이 이루어졌는데, 이는 새로운 윤작 방식인 삼포제(三圃制)라든가 철제 쟁기와 신형 마구(馬具) 등의 농기구 개발을 핵심 내용으로 하는 것이었다. '농업 혁명'에 힘입어 식량 생산이 크게 늘어남으로써 점증하는 인구를 부양할 수 있었다.

(2) 농업의 부활

농업 생산의 꾸준한 증가는 잉여 산출을 가능케 했다. 이에 따라 수세기 전부터 거의 사라지기 시작한 지방 시장들이 재등장하기 시작했고, 수공업이 점차 활기를 띠게 되었다. 자급자족적인 봉건 세계에 국지적이나마 물물거래가 나타났던 것이다. 그러나 훨씬 더 중대한 변화는 국제 무역이 재개됨으로써 일어났다. 서유럽의 상업이 본격적으로 부활하게 된 것이다.

11세기부터 본격적으로 부활하기 시작한 지중해의 상권은 북부 이탈리아 상인들의 동서 무역을 기반으로 한 것이었다. 유럽인들에게 특히 인기가 있었던 주요 수입품은 향신료(후추)·견직물·설탕·염료 등이었으며, 서유럽의 수출품은 북부 이탈리아의 모직물이 주류를 이루었다.

상업의 부활과 화폐경제의 확산은 봉건 체제의 틀에 갇혀 있던 중세 유럽인들의 생활에 큰 변화를 가져왔다. 상업적 역동성이 정태적인 사회적·경제적 현실과 이를 불변의 질서로 여기던 봉건적 관념을 서서히 바꾸어 놓았던 것이다.

(3) 십자군 전쟁

■ 십자군 전쟁 개괄 : 11세기 서유럽의 기독교도 사이에는 예루살렘에 있는 크리스트의 무덤에 순례하는 풍습이 성행하고 있었다. 처음에 아라비아의 상인들은 상업상의 이익에 있어 순례자들에게 위해를 가하지 않았다. 그러나 1071년에 예루살렘을 점령한 셀주크 투르크는 동방무역의 이익을 독점하기 위해 순례자들을 박해하기 시작했다. 이에 서유럽 기독교 국민들 사이에서 성지회복의 문제가 관심거리로 등장했다. 때마침 셀주크 투르크의 공격으로 위협을 받고 있던 동로마 황제가 기독교 국가들에게 원조를 청했다.

당시 로마 교황은 우르바누스 2세였고, 교황권의 신장은 그의 과제였다. 동로마 황제의 요청에 응하는 것은 큰 모험이기는 했으나, 만일 성공한다면 로마 교회가 온 세계의 지배자가 될 수 있는 가능성이 있다고 판단했다.

교황 아르바누스 2세는 1096년 프랑스 클레르몽에서 공의회를 열고, 열변을 토하

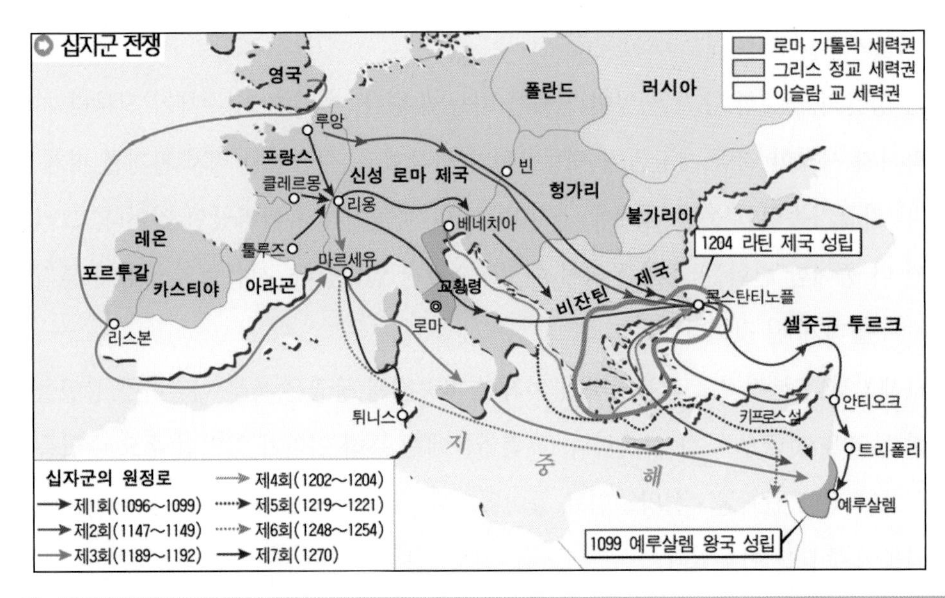

그림 10.20 십자군의 원정로

며 성전에의 참가를 외치는 한편, 또한 각지에도 설교자를 파견하여 참가자를 모집하였다. 설교자는 동방세계에 풍부한 금은보화가 있다는 점을 강조하여 청중의 물욕을 유발했고, 종군자의 재산과 가족은 로마 교회의 보호 아래 있다는 것, 만일 성전 도중에 죽기라도 한다면 모든 죄가 사해지고 천국에 들어간다고 보증했다.

이러한 십자군의 목적은 단순히 종교적 동기 이외에 여러 가지 세속적 요소가 얽혀 있었다. 우선 교황은 십자군에 의해 동서 교회를 통일하여 동로마 황제도 그 지배 아래 두고자 했다. 둘째로 십자군 시대는 서유럽 봉건사회의 전성기였기 때문에, 십자군에 많은 국왕과 제후들이 참가했던 것은 봉건사회의 성립에 의한 그들의 실력과 자신감의 발로였다. 셋째로 북이탈리아의 여러 도시들은 십자군을 통해서 지중해 동부 연안지대의 경제적 패권을 잡고자 했다. 그래서 그들은 적극적으로 십자군을 지원했고, 또 십자군에 대해서 그 경제적 이해를 강하게 반영시켰다.

그렇게 십자군 전쟁은 1096년에 제1회에서 1270년의 제7회까지 약 2세기에 걸쳐 반복했다. 제1회 십자군은 교황의 명령 아래 여러 나라의 기사들을 규합하였고, 이슬람 측의 방어체제가 완비되지 못했다는 것 등의 조건으로 성공을 거둘 수 있었지만, 그 후 이슬람 측의 실지회복 운동이 치열해졌고 예루살렘은 이슬람 군에게 포위되어 고립되고 말았다. 이에 제2회 십자군을 일으켰으나 병사들의 질적인 열악함과 내부의 대립 때문에 목적을 이루지 못하고 돌아오게 되었다.

십자군 전쟁의 결과로 정치상으로는 제후와 기사 등 봉건세력이 몰락하고 국왕의 권력이 강화되었으며 중앙집권화의 계기가 되었다. 사회와 경제면에서는 십자군 이후 활발하게 동방무역에 종사한 북이탈리아 여러 도시의 발전이 눈부시게 이루어졌고, 이 북이탈리아 도시들을 중심으로 남프랑스 여러 도시가 가담하여 유럽 남부에 지중해 무역권이 형성되었으며, 이에 대응하여 북유럽 무역권이 성립되었다. 문화상으로는 비잔틴 문화와 이슬람 문화의 자극에 의하여 서유럽 문화가 향상되었다. 또한 종교상으로는 십자군의 '성전'으로의 실패가 민중의 종교심을 냉각시켰고, 중세 말기에서 보게 되는 바와 같이 교황과 가톨릭 교회의 권위를 떨어뜨리는 결과를 낳았다고 보는 견해가 지배적이지만 십자군의 본질은 서유럽 세계의 대외발전 운동이었고 오히려 그런 의미에서 성공적이었다고 보아야 한다.

■ 십자군 전쟁과 기후와의 연관성 : 7세기에서 9세기에 이르는 혹한의 기후가 유럽을 지배한 후 10세기에 들어서면서 온난기가 찾아왔다. 온난한 기후는 사람들의 생활을 여유 있게 만들었다. 풍요한 시대가 닥치면서 사람들은 독실해졌고 신에 감사하는 삶을 살기 시작했다. 그들은 높이 치솟은 고딕 성당을 짓고 성지 순례를 통해 신께 감사를 표했다.

그러나 이 당시 중동지역을 통일한 셀주크 터키가 예루살렘을 정복한 후 성지 순례자들을 박해하기 시작했다. 성지 순례의 박해는 하나님에 대한 반역으로 여겨졌고, 이런 정서들이 십자군 전쟁을 일으키게 한 동기가 되었다. 영화 '킹덤 오브 헤븐'은 교황 유게니우스 3세가 2차 십자군을 소집하고, 이슬람에서는 명장 살라딘이 나타나면서 예루살렘이 함락되는 과정을 그렸다. "왜 신이 주관하는 전쟁에서 이슬람군이 수도 없이 패했는가? 우리는 더운 날씨에 준비가 되어야만 한다. 물이 확보되어야만 하는 것이다. 날씨에 대한 대책이 없다면 전투는 하지 않는다." 십자군을 공격하면 알라 신이 돕는다는 이슬람 사제의 말에 살라딘이 대답한 말이다. 이에 반

해 십자군의 기 드 루지앵 장군은 참모의 건의를 무시하고 물도 없이 뜨거운 싸움터로 병력을 이끌고 나갔다. 십자군과의 전쟁을 앞두고 살라딘은 더위를 이용해 적과의 전쟁에서 승리하기 위한 필승의 전략을 세웠다. 그는 뛰어난 전술가이자 날씨를 전쟁에 가장 잘 활용한 장군이었다.

건기에, 그것도 가장 더운 한낮에 공격을 감행할 것, 물을 충분히 확보할 것, 태양을 등지고 진을 칠 것, 무장을 가벼이 할 것, 전장에 나오기 전 궁기병으로 하여금 게릴라전으로 적을 지치게 할 것……. 한낮의 열기 속에서 살라딘이 지휘하는 사라센군의 최초 공격이 감행되었다. 이슬람군이 태양을 등지고 진을 쳤으므로 뜨거운 태양을 정면으로 바라볼 수밖에 없는 십자군은 서서히 지치기 시작했다. 더구나 그들은 완전무장을 했고 물마저 동이 나버렸다. 태양은 점점 뜨거워지고 열파에 지친 십자군은 결집력을 잃고 말았다. 십자군이 그토록 중시했던 밀집대형은 무너졌다. 후미 경호대와 대부분의 병력이 적의 궁수들에게 포위되고 말았다. 십자군은 너무나 허무하게 전멸당하고 말았다. 이후 이스라엘 지역은 이슬람 교도들의 손에 들어가게 되고 만다(반기성, 2010).

전투가 벌어졌던 갈릴리 지역의 날씨를 살펴보면, 이 지역은 6월에서 9월까지가 건기철로 비가 한 방울도 오지 않는다. 낮 최고기온은 45℃ 전후까지 올라가며 상대습도 또한 평균 65%로 상당히 높다. 이러한 살인적 무더위 속에서 십자군의 중기병은 방어용 갑옷과 사슬 갑옷, 쇠 미늘, 투구 등으로 중무장했다. 이에 반해 사라센군은 가볍게 무장했고, 활과 작은 방패와 짧은 창만을 소지했다. 무엇보다 더위에 적응이 돼 있었다. 이 전쟁의 결과는 그야말로 불 보듯 뻔한 것이었다.

중세의 온난화 시기를 '유럽의 중세 절정기'로 묘사하고 있다. 이와 같은 점은 오늘날 '지구온난화'와 관련한 논쟁 속에서 많은 점을 시사한다. 램과 트레버로퍼의 역사에 대한 해석과 평가에 따르면 중세는 유럽 문명의 황금기이면서 '확장기' 라고 할 수 있다. '중세 암흑기' 라고 상식적으로 알고 있는 해석과는 좀 다른 해석이다. 물론 단순히 기후조건만 갖고 중세 황금기라는 해석을 했을 수도 있으니 보다 복합적인 고려가 필요할 것이다. 특히 주목할 만한 해석은 '십자군 전쟁'이 중세 온난기에 걸쳐서 전개되었고, '온난기'가 종식되고 '한랭화'가 진행될 무렵에 즈음하여 중단되었다는 해석일 것이다. 중세의 '온난기'에 대한 기후학적 설명은 약 600년경부터 약 1400년에 이르는 800년 정도에 대한 해석이다. 이 시기에 기온은 지속적으로 상승하여 유럽의 기후는 특히 온난해졌다. 램의 저작에서는 여러 가지 이야기를 하지만 그중 가령 영국에서 '포도'를 재배할 수 있게 되었다는 내용이 있다. 더불어 밀의 재배지역이 북상하며 경작지의 고도가 점점 상승한다는 이런 역사적 '사실'들이 확인되었다. 물론 영국 북부 스코틀랜드 지역에서의 빈번한 폭풍의 도래와 해수면 상승에 의한 피해도 아울러 보고하고 있다. 역사는 이 시기에 스코틀랜드 해안 지역에서 마치 오늘날 인도양의 남아시아가 직면한 '쓰나미'처럼 엄청난 폭풍우를 겪으면서 많은 사람들이 떼죽음 당했다고 보고하고 있다. 역사란 이런 것이다!

10.4.6 중세 유럽의 기후변화와 마녀 사냥

1430년경 높은 고원지대에서 경작을 하며 생을 이어가고 있는 스위스인들은 매년 한 해 동안 적당한 양의 강우량과 기온 그리고 바람과 같은 기상조건이 그들의 생명이었다.

지구의 태양에 대한 공전주기와 자전축의 변화에 따라 태양복사 에너지의 원거리 효과 영향(밀란코비치 이론)으로 지구의 북반구 고위도 지역에 찾아오는 한파와 가뭄은 스위스인들의 생명과도 같은 농사일을 크게 훼손시켰고, 이러한 자연재해에 대하여 인간의 능력은 속수무책이었다. 단지 그들은 알지 못하는 신(神)의 비위를 거슬러 기후의 악영향이 온 것이라 믿게 되었고 또 믿을려고 노력하였다. 이에 대한 방지책과 또 불안한 심리적 해결책으로 나쁜 신(악마)를 불러오게 하는, 특히 여자들을 찾아내어 재물화함으로써 다소의 안위와 어려운 자연에 대한 문제를 해결하고자 하였다. 이후 수많은 황당한 마녀 사냥이 무고한 여자들을 희생시켰다. 그러나 당시만 해도 마녀 사냥은 극소수였고 보편화되지 않았었다.

소빙하기가 끝나고 지구의 온난화가 시작된 1560년경 유럽 전역에 혹독한 가뭄과 더위가 시작되었다. 농경사회인 유럽 모든 나라가 농사의 흉작과 기아가 찾아 왔고, 특히 많은 가솔을 거느리는 지배자 계급일수록 불안함과 어려움이 더욱 커졌다. 그들에게는 마녀라 칭하는 여인들을 재물로 바침으로써 어려운 흉년의 시기를 헤쳐 나갈 수 있으리라 믿게 되었다. 1760년까지 계속된 마녀 사냥에 무고한 여인 26,000명과 그의 가족들이 희생되었다.

10.4.7 근세 유럽

1. 백년전쟁

1315년에서 1319년 사이에는 보다 춥고 비가 잦은 날씨가 유럽을 뒤덮었고 그 바람에 전 유럽에서는 기근으로 숱한 사람들이 굶어 죽었다. 1400년경부터는 기후가 훨씬 더 예측 불능의 변덕을 부리기 시작했으며 폭풍이 잦아졌고 갑작스런 강추위도 잦아졌는데, 이런 갑작스런 강추위는 16세기 말 수십 년간에 특히 심했다. 곡식이 부족하여 먹을 것이 초미의 관심사였던 도시와 마을에서는 바닷물고기가 중요한 식량으로 등장했다. 그리고 기후가 변동함에 따라 어선들이 점점 먼바다까지 나가는 일이 잦아졌다. 16세기에도 유럽은 여전히 농촌 중심의 대륙이었다. 그 하부구조는 취약하기 그지없었고 잉여라곤 없이 추수에서 추수까지 연명하기에 바빴다. 기후가 악화되면 그 원인을 신의 분노나 인간의 죄악 탓으로 돌리면서 군주들은 그 백성을 먹여 살리는 문제로 골머리를 앓았다. 16세기 말의 추운 날씨는 알프스 지역을 특히 위협했는데, 그 지역은 빙하가 산골짜기 아랫마을과 농토까지 전진해 내려와 전 마을을 유린하기 일쑤였다. 그런가 하면 북부 유럽은 이례적인 폭풍에 시달렸다. 1588년 8월 스페인의 무적함대를 궤멸시킨 것은 영국 전함의 대포가 아니라 실은 그들을 강타한 광풍이었다.

영국은 1066년 노르만 왕조의 성립 이후 프랑스 내부에 영토를 소유하였기 때문에 양국 사이에는 오랫동안 분쟁이 계속되었다. 그러나 1328년 프랑스 카페 왕조의 샤를 4세가 남자 후계자가 없이 사망하자, 그의 4촌 형제인 발루아 가의 필리프 6세가 왕위에 올랐다.

이에 대하여 영국왕 에드워드 3세는 그의 모친이 카페 왕가 출신(샤를 4세의 누이)이라는 이유로 프랑스 왕위를 계승해야 한다고 주장하여, 양국 간에 심각한 대립을 빚게 되었다. 영국의 에드워드 3세는 프랑스 경제를 혼란에 빠뜨리기 위하여 플랑드르에 수출해 오던 양모 공급을 중단하고, 그 보복으로 프랑스의 필리프 6세는 프랑스 내의 영국 영토인 기옌, 지금의 가스코뉴 지방의 몰수를 선언하였으며, 1337년 에드워드 3세는 필리프 6세에게 공식적인 도전장을 띄우게 되었다.

지리적 여건이 좋았던 플랑드르는 14세기 유럽의 상업 및 교역의 중심지로 부상했다. 플랑드르의 직조산업은 대단한 부를 창조했고 이에 매력을 느낀 이탈리아의 상업 금융인들과 대금업자들은 이곳을 북부 지역의 본부로 삼았다. 행정적으로는 프랑스의 한 봉토지만 플랑드르 지역 곳곳의 풍요로운 마을들은 오히려 잉글랜드와 유대가 긴밀했다. 잉글랜드는 북해를 건너온 섬유와 양모를 가지고 모직물을 만들었기 때문이다. 플랑드르 섬유의 품질과 섬세한 색깔은 유럽은 물론 멀리 콘스탄티노플에서도 높이 평가받았다. 그러나 이곳의 정치적 상황은 몹시 불안했다. 잉글랜드와 프랑스가 이곳의 패권을 놓고 다투었기 때문이다. 플랑드르의 귀족은 프랑스와 정치·문화적 유대가 강했고, 상인과 노동계층은 자신의 이해 관계상 잉글랜드를 선호했다. 이렇듯 원래 플랑드르는 프랑스 왕의 종주권 아래에 있었지만, 중세를 통하여 유럽 최대의 모직물 공업지대로 번창하여, 원료인 양모의 최대 공급국인 영국이 이 지방을 경제적으로 지배하고 있었다. 기옌 역시 유럽 최대의 포도주 생산지였으므로, 프랑스 왕들은 항상 이 두 지방의 탈환을 바라고 있었다. 따라서 전쟁의 근본적 원인은 이 두 지방의 쟁탈을 목표로 한 것이다.

2. 기후와 백년전쟁의 연관성

1310년경부터 시작하여 근 5세기 반 동안 지구의 기후는 춥고 때때로 폭풍이 몰아치고 산발적으로 극단적인 기후 현상을 일으키는 예측 불능의 변덕스런 기후 — 다시 말해 소빙하기 — 를 겪었다. 이 시기는 겨울철이 가끔 오늘날보다 더 춥고 여름철이 가끔 오늘날보다 더 덥긴 하겠지만 전체적으로 오늘날과 크게 다르지는 않을 것이다. 장기간 계속되어 완전히 얼어붙는 추위는 없었기 때문이다. 그 대신 항상 앞뒤로 왔다갔다 하는 기후의 널뛰기가 있었고 어떤 때에는 이 널뛰기가 너무 심하여 재난을 가져오는 경우가 많았던 그런 기후였다. 극한의 추위, 폭서, 극심한 가뭄, 호우가 오는 해도 있었고 자주 풍년도 들었으며 여러 해 동안 온화한 겨울과 따뜻한 여름이 이어지기도 했다. 과도한 추위와 때아닌 비가 쏟아지는 일이 몇십 년, 몇 년 주기로 혹은 한철에도 수차례 반복되기도 했다. 한 세대 이상 기후가 이변을 일으키는 일이 없이 순탄한 적은 거

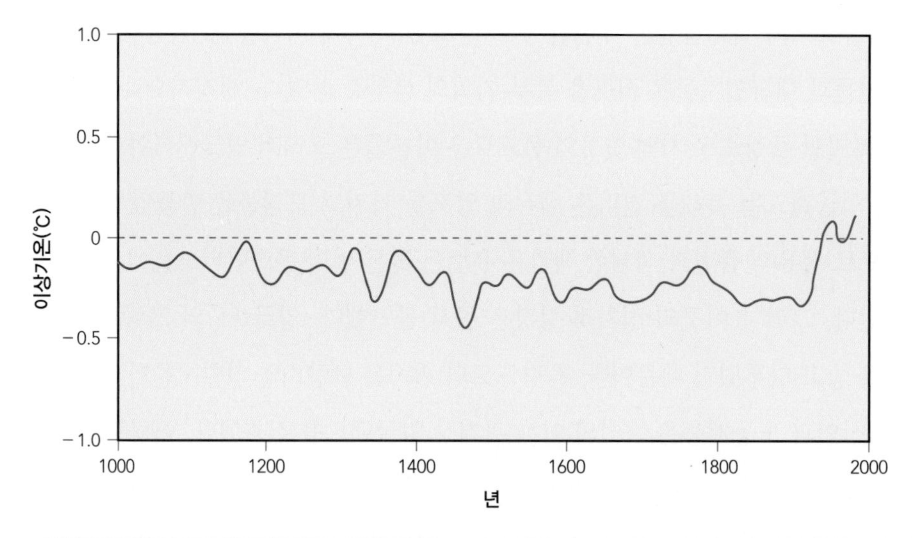

그림 10.21 북반구의 기온 변화 (1750년경부터 기온관측 기록)[40]

40. 빙핵과 나이테 기록 그리고 1750년경부터는 계기 기록에 의거한 북반구의 기온 변화 추세

의 없었다.

대기근이 이어진 1315년부터 1319년은 1298년부터 1353년 중 가장 비가 잦았던 시기였다. 윈체스터 주교관 기록에 의하면 1321년에서 1336년은 건조 내지는 대단히 건조했던 것으로 되어 있다. 그다음에는 예외적인 날씨가 수십 년 동안 계속되었다. 그다음으로 비가 잦았던 시기는 1399년부터 1403년 사이였는데 그래도 대기근 때처럼 지독하게 잦지는 않았다. 곳곳에 식량 부족 사태가 일어나긴 했지만 국지적 사태에 불과해서 유럽은 대기근으로부터 급속히 회복될 수 있었다.

이러한 기후의 널뛰기는 북대서양 진동(North Atlantic Oscillation, NAO)과 연관이 있다. NAO는 집요하게 고기압을 유지하려 하는 아조레스 군도 상공의 기단과 이에 맞서 우세한 저기압을 유지하려 하는 아이슬란드 상공의 기단 사이의 시소 놀이라고 할 수 있다. 'NAO 지수'는 연 단위 또는 10년 단위의 기압 기울기의 변화를 나타내는데, NAO 지수가 높다는 것은 아이슬란드 주변이 저기압이고 포르투갈 먼바다와 아조레스 군도 일대가 고기압이어서 고집스럽게 서풍이 부는 기상 상황을 만들어 냄을 의미한다. 이 서풍은 강력한 폭풍과 함께 대서양 상의 열기를 유럽의 심장부로 가져온다. 또한 겨울 기온을 온화하게 만들어 유럽 북부 지역의 농부를 행복하게 해 주고 남유럽 지역을 건조하게 만들어 준다. 높은 NAO 지수는 1314년 이후에 그랬던 것처럼 여름철에 많은 비를 내리게 한다. 이와 반대로 NAO 지수가 낮으면 양대 기단 사이의 기압차가

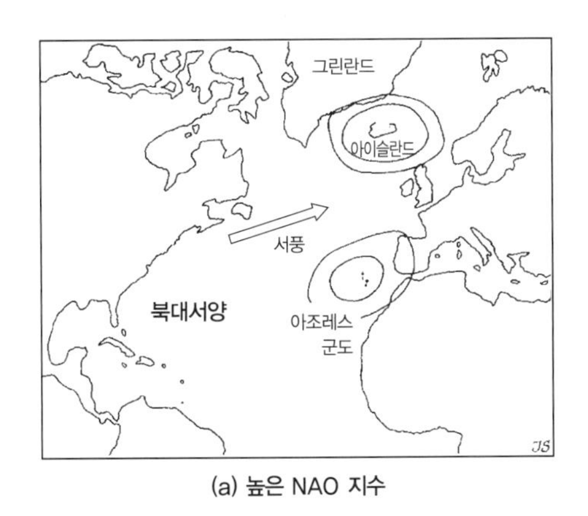

(a) 높은 NAO 지수

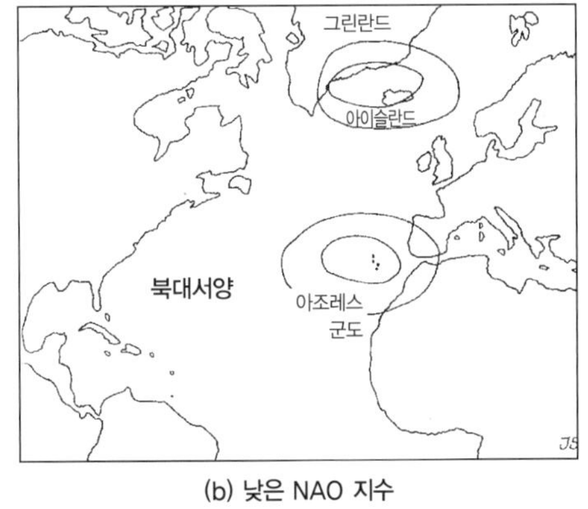

(b) 낮은 NAO 지수

그림 10.22 NAO 지수 변동

완만하여 약한 서풍이 불고 유럽이 추워진다. 유럽의 북쪽과 동쪽, 즉 북극과 시베리아에서 차가운 공기가 내려온다. NAO는 유럽의 기후에 지난 수천 년 동안 영향을 주어 왔다. 낮은 NAO 지수들은 시기적으로 17세기 말에 찾아왔던 것으로 알려진 갑작스런 몇 차례의 혹한과 일치한다. 확실한 것은 NAO가 서기 1300년 이후 500년간 유럽에 드리워졌던 예상하기 어렵고 이따금 극도로 춥고 늘 변화무쌍한 기후를 연출해 낸 주역이라는 사실이다.

이렇게 예측하기 어려운 혹독한 기후에서 당시의 사회는 빈발하는 흉작과 기근 그리고 질병과 더불어 왕왕 일어나는 인구 위기나 사회 혼란을 배경으로 광란과 편집증, 폭력과 열정이 갑자기 폭발할 수 있는 그런 사회로 변하였다. 이 시기 유럽은 작은 빙하기(소빙하기)로 불리는 시기로 기후의 이변과 자연재해가 특히 심했다. 기온이 갑자기 내려가고, 홍수와 가뭄, 때아닌 서리나 우박이 내리고, 짧은 여름과 길고 혹독한 겨울이 이어졌다. 이러한 자연재해가 수확 작물을 쓸어가 버리자 사람들은 기근으로 죽어갔다. 이러한 상황에서 풍요로운 지역을 쟁탈하기 위한 전쟁까지도 벌어지게 된 것이다. 이러한 전쟁들은 식량 부족을 더 악화시키는 결과를 낳았다.

3. 유럽의 기후와 흑사병

유럽에서는 1340년대 처음 흑사병이 창궐한 이래 많은 희생자가 발생하여 공포의 대상이었다. 1340년대 흑사병으로 약 2,500만 명이 희생되었다. 이때의 흑사병은 중앙아시아나 인도에서 발원하여 전파된 것으로 추정되고 있다. 이는 당시 유럽 인구의 약 30%에 달하는 숫자이다. 최초의 흑사병 확산 이후 1700년대까지 100여 차례의 흑사병이 발생하여 전 유럽을 휩쓸었다.

14세기 중세 유럽에 퍼져나간 흑사병은 '대흑사병' 이라 불린다. 14세기 유럽의 흑사병은 사회 구조를 붕괴시킬 정도로 유럽 사회에 큰 영향을 주었다. 당시 유럽에서는 흑사병이 왜 생기는지는 몰랐기 때문에 거지, 유대인, 한센병 환자, 외국인 등이 흑사병을 몰고 다니는 자들로 몰려서 집단폭력을 당하거나 심지어는 학살을 당하기도 하였다. 한편 흑사병의 창궐은 삶에 대한 태도도 바꾸어 '지금 이 순간을 즐기자' 는 신조를 낳았고, 이는 보카치오의 『데카메론』 등에 반영되었다. 흑사병은 유럽인들의 종교적인 사고에도 영향을 주어, 일부 사람들은 하나님이 흑사병으로 심판하니 고행을 함으로써 죄를 씻어야 한다는 주장을 하고 다니기도 했다. 흑사병의 발병은 이러하다.

AD 1346년 동서양 교역의 중심지였던 흑해 연안의 크림반도의 항구도시 카파와 러시아의 키예프 지역에 그동안 3년여간 이곳을 포위하고 있던 킵차크한국(1243~1502)의 몽골군은 통치자 '야니 벡'의 명령에 따라 아쉽게 포위를 풀고 철수를 하게 되었다. 그동안 계속된 가뭄으로 주위에 식량 조달이 극한에 치닫고 이로 인해 굶어 죽는 병사들이 속출하였기 때문이다. 철수하는 야니의 군사들은 미처 처리하지 못한 수많은 병사들의 시체를 투석기에 실어 성안으로 던져 넣었다. 성안에도 먹을 것이 없는 상황에서 영양실조에 의한 질병으로 죽은 시체들을 뜯어 먹은 쥐들은 페스트균을 지닌 벼룩을 보유하게 되었고, 가뭄과 기근에 지친 성안의 유럽 백성들은 페스트균에 그대로 노출되었다. 당시 성안에 피신해 있던 많은 제노바 상인들은 몽골군이 물러나자 곧 성 밖으로 나와 상행을 위하여 다시 원행을 하게 되었고 이들에 의해 페스트균은 유럽 각지로 전파되었다. 이듬해 여름 이들이 고향으로 향하며 들른 지중해 항구마다 페스트 환자가 속출하였다. 유럽 방방곡곡으로 번진 병은 1년 만에 영국과 아리비아 반도, 나일강 삼각주까지 번지게 되었다. 당시 신대륙을 제외한 거의 전 세계를 휩쓴 흑사병은 전무후무한 대유행(Pendemic)이 되었다. 나라마다 3분의 1에서 절반의 인구가 목숨을 잃었다. 당시 유럽에서만 사망자가 4,200만 명에 달하고 이 중 2,500만 명이 유럽인이라는 통계도 있다. 이러한 대참사는 페스트균을 지닌 벼룩이 쥐의 몸에 서식하고 이 쥐들이 식량을 좇아 사람 가까이 머무는 데 기인했다. 그러나 당시 전염에 대한 개념이 없던 사람들은 쥐를 박멸하기는커녕 페스트병의 원인을 엉뚱한 곳으로 돌렸다. 인간의 죄가 신의 분노를 일으켜 내려진 천벌이라 생각하게 되었다. 신의 노여움을 풀기 위한 인간의 노력을 보여 주기 위하여 수만 명의 사람들이 스스로를 채찍으로 때리는 고행에 나섰다. 더구나 당시 성행하던 마녀 사냥도 페스트병의 두려움에 대한 결과로 더욱 기승을 부렸다. 사실 마녀 사냥은 그동안 평화롭고 풍요롭게 살던 유럽에 불어닥친 소빙기의 추위와 이로 인한 가뭄의 고통에 대한 이들의 잘못된 인식과 원망의 결과였다.

유대인이 우물과 공기 중에 병균을 퍼뜨렸다는 헛소문이 돌면서 그들을 산채로 태워 죽이는 비극이 곳곳에서 빚어졌다. 애꿎은 유대인이 희생양이 된 것은 흑사병이 유독 그들만 피해 갔기 때문이다. "비누 밑에 돈을 감추어 두면 절대 못 찾는다."라는 속담이 유행할 만큼 안 씻고 살던 중세 유럽인들과는 달리 유대인들은 잘 씻는 습관만으로 병의 마수에서 벗어날 수 있었기 때문이다. 『탈무드』에서 청결을 강조하는 유대교의 전통 교리 덕분에 병마에서 벗어날 수 있었고 손을 씻는 것을 신과 만나는 신성한 행위로 여겨 삼가 지켰던 유럽인은 흑사병에 매우 취약한 상황이었다. 건조한 가뭄과 위생에 대한 무지가 빚은 비극의 중세 유럽이었다.

14세기 초 유럽의 기후는 중세 온난기가 끝나고 연평균 기온이 하락하기 시작하였다. 겨울 추위는 매서워지고 여름 기후도 좋지 않아 1315년에서 1317년 사이에 대기근이 발생하였고, 특히 북유럽의 피해가 심각하였다. 이러한 사정으로 인해 흑사병에 의한 피해는 더욱 악화되었다. 백년전쟁과 같은 전쟁 또한 흑사병과 영향을 주고받았다. 흑사병의 발생은 이러하다.

4. 소빙하기와 유럽 문화

소빙하기는 BC 1300∼900년에서의 약 400년간의 기후가 상대적으로 따뜻하고 안정적이었던 중세 온난기 이후 갑작스럽게 나타난 기후가 불안정한 한랭기의 시기(BC 1550∼1300년)이다. 고고학자인 Brian Pagan에 따르면 20세기와 비교할 때 소빙하기 동안의 겨울철 기온 변동은 40∼50%가 더 컸다고 한다. 즉 소빙하기 기후의 제일 큰 특징은 '불안정성' 이다. 이러한 소빙하기의 불안정적인 기후변동은 혹한의 겨울, 몹시 찌는 여름, 극심한 가뭄, 폭우, 풍년 그리고 온화한 겨울과 따뜻한 여름들이 불규칙적으로 나타났고, 유럽 사람들은 이러한 불규칙적인 기후에 적응하는 데 큰 어려움을 겪었다.

중세 온난기가 막을 내리고 소빙하기가 시작되자마자 기후는 요동치듯 불안정해졌다. 이러한 불안정한 날씨의 연속은 중세 온난기의 안정된 기후에 적응한 인간에게 치명적인 영향을 주었다.

농작물의 생산량과 유럽경제는 직결되었으므로 소빙하기로 유럽 전역에 걸쳐서 곡식들이 여물지 않아 수확량이 감소하였고, 이로 인해 유럽 경제는 악화되었다. 습한 기후로 인해 곡물에 곰팡이가 생겼으며 곡물이 부족한 사람들은 곰팡이까지 같이 섭취하여 곰팡이의 독으로 인한 경련, 환각, 히스테리, 심하면 에르고틴 중독으로 인해 사지가 떨어져나가는 병까지 걸렸다. 기독교인들은 갑작스럽게 변한 기후를 마귀가 지구를 장악한 결과로 생각하여 마녀 사냥에 나섰다. 축축한 옷과 과다한 인구, 악화된 위생 상태, 부족한 영양과 난방으로 인해 많은 사람들이 전염병에 걸렸다.

5. 르네상스의 기후와 문화

르네상스는 14~16세기 이탈리아에서 나타나 인간과 사회와 세계에 대한 새로운 인식을 심어 주었으며, 이러한 움직임은 고전 연구에서 출발하여 문학, 미술, 건축 등으로 확산되었다. 르네상스의 가장 큰 특징은 '인간과 세계의 새로운 이해, 탈 중세적 가치관의 모색, 인문주의'로 정리할 수 있다. 즉 고대의 그리스, 로마 문화를 이상으로 하여 이들을 부흥시킴으로써 새 문화를 창출해 내려는 운동으로 인간성이 말살된 시대로 파악하고 고대의 부흥을 통하여 과거의 야만시대를 극복하려는 것을 특징으로 볼 수 있다.

르네상스는 1300년부터 1600년까지 약 300년간 광범위하게 일어난 사회적인 변화이다. 이 시기는 중세 온난기 이후 본격적으로 소빙하기가 시작된 시기라고 볼 수 있다. 소빙하기의 평균 기온은 10.2°C인 중세 온난기보다 약 1.5°C가량 떨어진 8.8°C이다. 무엇보다 지리적인 특성상 지중해성 기후의 특징을 가지고 있는 이탈리아 반도는 겨울은 비가 많이 오고 여름에는 고온건조하여 겨울에도 기온이 영하로 내려가지 않고 따뜻한 날씨를 유지한다. 그러므로 현재에도 주로 올리브, 포도, 무화과, 레몬 등의 농업 재배를 하고 있는데, 이러한 농업적 풍요로움을 가져다주는 기후와 지

리적인 특성에 이미 익숙해진 유럽인들에게 갑자기 닥친 소빙하기는 그들로 하여금 세계를 보는 인식세계에 영향을 주었고, 그로 인해 당시 유럽인들이 고수해 왔던 중세적 가치관을 벗어난 탈중세적 가치관을 모색하는 계기가 된다. 다시 말해 유럽인들은 과거의 신과 내세가 중심이었던 전통적 사고관에서 벗어나 그들 주위에서 일어나고 있는 일들, 즉 '인간과 현세'에 더 관심을 갖기 시작한 것이다. 특히 소빙하기의 도래로 인한 불안정한 기후로 곡식들이 여물지 않았고 결과적으로 사람들은 기아와 전염병으로 사망했는데, 르네상스의 대표적인 소설이라고 할 수 있는 보카치오의 『데카메론』 속에서 흑사병이 창궐하여 일파만파 퍼지고 있는 상황을 사실적으로 묘사한 부분에서 이 사실을 찾을 수 있다.

6. 기후와 종교개혁

종교개혁은 1517년 루터가 당시 로마 가톨릭 교회의 부패와 타락을 비판하는 내용의 95개조 반박문을 읽는 것이 시발점이 되어 16세기에 전반적으로 일어난 종교개혁 운동이다. 가톨릭의 강제적인 면죄부 판매로부터 반발한 성직자들은 그들의 새로운 교리를 내세우고 구교를 정벌하고 신교를 세웠다. 즉 종교개혁은 부패한 교회를 성서의 권위와 하나님의 은혜를 강조함으로써 새롭게 변혁시키고자 했던 운동으로 결과적으로 개신교와 성공회가 로마 가톨릭 교회로 분리되었다.

16세기 중반에 주목할 만큼 급격한 변화가 나타났고 그로부터 150년 동안 수만 년 전에 끝났던 마지막 대빙하기 이래로 가장 기온이 낮은 시기가 찾아왔다. 1570년에서 1600년이 가장 추웠던 기간으로 이 기간에는 잦은 태풍과 가뭄으로 인해 곡류가격이 인상되고 수백만 명이 기아로 사망한다. 즉 불안정한 기후와 잦은 재해는 기독교인들로 하여금 이러한 현상이 악마의 소행이라고 여겨 곧 사회적

으로 가장 하류계층에 속했던 여성, 특히 과부를 대상으로 마녀 사냥을 한다. 이와 더불어 기존에 창궐했던 페스트는 또 주기적으로 재발하였고, 이로 인해 점점 산더미처럼 쌓이는 주검과 해체되는 가족, 전통적인 공동체 의식의 붕괴와 죽음의 일상화 그리고 교회의 타락으로 인해 사람들은 종교에 회의를 느끼면서 결국 면죄부를 판 로마 가톨릭에 대한 종교인들의 반발이 거세져 종교개혁이 일어나게 된 것이다.

10.4.8 근대 유럽의 대항해 시대의 원인

한랭 건조 기후 시기의 도래에 따른 기아와 빈곤, 흑사병의 공격으로 철저하게 파괴되고 붕괴된 유럽사회는 농업 부문 등 모든 부문에서 새로운 변화를 모색할 수밖에 없었다. 우선 농촌사회가 무너지고 농사를 포기한 땅이 여기저기에서 속출하면서 농업에 대전환이 일어났다. 그리고 유럽국가들은 15세기 이후 적극적으로 대외진출을 모색하게 된다. 유럽 세력이 적극적으로 대외진출을 모색한 데에는 서유럽의 자원, 특히 산림의 고갈에서 그 원인을 찾을 수 있다. 또한 소빙기 유럽에서는 기근이 잦고 살기 어려워 많은 사람들이 배를 타고 신대륙으로 떠났다. 적극적인 대외진출을 위한 탐험의 결과로 유럽인은 신대륙을 발견하게 되었다. 유럽의 신세계 진출의 선봉장은 스페인과 포르투갈이었다. 유럽 세력은 아프리카 해안과 인도양, 동남아시아 그리고 오스트레일리아와 뉴질랜드 등 지구의 모든 지역으로 나아갔다.

유럽인은 정복한 식민지에서 노예를 이용하여 다양한 상업용 작물을 재배하기 위해 아프리카 흑인노예를 활용하여 대규모의 플랜테이션 방식으로 재배하기 시작하였다. 이를 위해 대규모의 개간과 노예무역도 이루어졌다. 유럽의 식민지 작물재배 중에서 환경적으로 특히 큰 타격을 준 것은 사탕수수 재배다. 사탕수수는 인도에서 유래한 것인데 10세기까지 지중해 동부 일대로 확산되었다. 사탕수수 재배를 위해 식민지의 광대한 숲이 개간되었으며 설탕 생산을 위한 연료목 생산을 위해 다시 무분별한 벌목이 자행되었다.

1. 종교와 육식 문화의 확산

유럽 세력의 신세계 진출에는 기독교 선교사들이 선봉 노릇을 담당하였다. 신세계 개척으로 자원을 획득하려는 상업자본의 욕구와 기독교를 전파하려는 기독교단의 욕구가 결합된 결과였다. 신세계에 진출한 선교사들은 기독교의 인간중심주의적인 자연무시 무한성장의 신화를 신세계에서도 구현하고자 하였다. 이에 따라 수많은 토착사회는 급격하게 붕괴되었다. 신천지에 정착된 유럽인들은 토착민들이 공유해 왔던 토지를 강탈하고 토착민의 삶과 문화를 무참하게 파괴하였다.

고향에서 극단적인 기아와 빈곤에 허덕이던 유럽인들은 신세계를 점령함과 동시에 모처럼 풍요로움에 빠지게 되었다. 중세 유럽이 붕괴되면서 목축과 낙농업에 의존하고 있던 유럽인들은 신세계에서 자기 방식의 육식 문화를 즐기게 되었다. 신세계에 목축업이 도입되면서 구세계의 곡류생산 위주의 농업방식은 무너지고 신세계 정착민들은 풍요로운 육식 문화를 즐기게 되었다. 육식 문화가 보편화되면서 가축사육을 위해 목초지와 개간되는 산림이 증가하고 신세계의 산림 파괴는 심화되어 갔다.

2. 명예혁명

영국은 새로운 영농방식을 도입하여 순무 등의 새로운 작물을 심음으로써 가축과 사람이 겨울 굶주림 걱정을 덜었다. 농장의 생산성이 증가하여 영국은 곡식과 축산물의 자급자족을 달성했고 과거와 같은 기근에 대한 효과적인 대비책을 세우기에 이른다. 영국은 농업생산성이 높고 작물이 다양화되었고 집중식 경작법을 사용하였다. 또한 발트 항구로부터 곡류수입 네트워크가 잘 조직되었다. 영국 농업의 주목할 만한 변화는 추운 기후 사이에 예기치 못한 혹서가 틈틈이 끼워지는 형태로 기후가 심하게 널을 뛰던 세기에 일어났다. 영국은 비록 갑작스러운 기후변화라 할지라도 기후가 일으키는 흉작의 순환에 덜 취약하게 되었다. 이와 따른 풍요로운 생활로 영국의 명예혁명은 프랑스 대혁명과는 달리 유혈사태가 없었다. 제임스 2세의 폭정에 불만을 품고 그를 폐위시키고 윌리엄과 메리부처를 왕으로 세웠다. 권리장전의 승인을 받았고 그 후 의회정치 발달의 기초를 확립하였다.

3. 프랑스 대혁명

영농법이 별로 변하지 않은 프랑스는 세기 내내 반복되는 국지적 기근에 계속 고통받고 있었다. 소빙기 시대의 악화되는 기후로 인해 흉작이 점점 빈번해져 프랑스 농업은 답보 내지 퇴보를 거듭하였다. 프랑스 농부들은 기후가 조금만 불순해도 식량부족에 허덕였다. 수백만의 농민과 도시 거주자들이 중세기 그들의 선조들이 소빙하기 초기에 그랬던 것처럼 여전히 아사 직전의 상태에서 겨우겨우 살아갔다. 특히 1670년부터 1700년까지 루이 14세는 인접 국가들과 끊임없이 전쟁을 벌였는데 이때는 춥고 예측할 수 없는 기후로 흉년이 자주 들고 농업생산이 감소하던 시기였다. 그들은 농업을 등한시하였고 식량이 없어지면 곡류를 수입해서 빵 가격을 낮게 유지하면 그만인 것으로 생각했다. 동시에 왕은 그의 막대한 지출과 끊임없는 군대 출정을 지탱하기 위해 백성들에게 과중한 세금을 부과했다. 왕의 실정으로 루이 15세 재위 중에는 교회, 지방, 토호, 자신의 정치적 소신을 집필한 작가들로부터 커다란 반대의 목소리가 들려왔다. 이것이 이른바 계몽시대이다. 신성시되던 권위가 사방으로부터 도전을 받았으며 혁명의

그림 10.23 민중을 이끄는 자유의 여신

이념은 계몽사상가들로부터 약 반세기에 걸쳐 배양되었다. 특히 루소의 인민주권론이 혁명의 기초가 되었다. 농업생산은 1680년 이후 심각하게 감소했고 이어 1687년에서 1701년 사이의 춥고 비가 잦은 기후 동안에는 비참할 정도로 곤두박질쳤다. 곡물 가격이 17세기 중 최고 수준으로 오르자 생존을 위한 극심한 절규가 잇달아 일어났다. 프랑스는 기근, 영양실조와 질병으로 점점 약해져가고 끊임없는 전쟁으로 군인들이 토지를 습격하고 곳간을 약탈했으며 관리들은 군대 때문으로 계속 세금을 더 내라고 요구하여 프랑스 사회는 점차 붕괴되어 갔다. 그러다가 1788년 흉작으로 농촌 빈곤층이 궐기하여 프랑스 혁명이 일어났다.

4. 스페인 무적함대의 궤멸

16세기 말의 추운 날씨는 알프스 지역을 특히 위협했는데 그 지역은 빙하가 산골짜기 아랫마을과 농토까지 전진해 내려와 전 마을을 유린하기 일쑤였다. 그런가 하면 북부 유럽은 이례적인 폭풍에 시달렸다. 1588년 8월 스페인의 무적함대를 궤멸시킨 것은 영국 전함의 대포가 아니라 실은 그들을 강타한 광풍이었다. 16세기 후반에는 폭풍의 활동이 85% 증가했는데, 이는 대부분 추운 겨울에 일어난 것이었다. 폭풍이 잦은 기후는 1580년대 내내 계속되었다. 폭풍 앞에서는 스페인의 무적함대도 불편하기 그지없었다. 이 함대는 1588년 8월 스코틀랜드 앞바다에서 '대단히 위력적인 남서폭풍'을 견뎌내어야 했다. 그로부터 한 달 뒤 강한 열대성 저기압이 아조레스 제도 부근으로부터 북동쪽으로 진출했는데, 이는 대서양 저편에서 생긴 열대성 허리케인의 자손으로 추측할 수 있다. 9월 18일 철수하던 무적함대의 선두 함대는 비스케이 만에서 이 폭풍을 만났다. 사흘 뒤 이 강력한 폭풍은 아일랜드 서해안 앞바다를 맹렬하게 강타했고, 이때 바람에 밀려 전함들은 아일랜드 해안에 난

그림 10.24 우표로 표현된 스페인의 무적함대

파하고 말았다. 무적함대는 이 폭풍으로 인해 영국과의 그 어느 전투 때보다도 더 많은 배를 잃었다.

5. 산업혁명과 환경변화

유럽인의 신세계 진출과 신세계에서의 자원 착취는 유럽 세계가 세계사의 주역이 되고 18세기 중엽 산업혁명을 일으킬 수 있는 힘의 원천이 되었다. 산업혁명이 발아하여 성숙해 가던 시기의 세계 기후는 18세기 초 후빙기의 절정기가 끝나고 큰 변동성은 있으나 점차 온난한 상태로 회복되어 가는 시기였다.

1760년대 이후 영국에서 발아한 산업혁명으로 인류사회는 전통적인 농업 중심 경제에서 공산품의 대량생산물 기반으로 하는 산업경제로 이행하는 사회경제적인 대변동을 겪는다. 산업혁명은 전통적인 농업과 교역으로부터 인구를 기계화된 생산으로 이동시켰고 공장시스템을 발전시켰으며 공업생산을 지탱하는 국제적인 시장을 발전시켰다. 산업혁명으로 철, 석탄, 증기가 상징적인 자원으로 부상하였다. 기계와 동력을 이용한 생산성의 증가는 원료와 제품 수송 수요를 획기적으로 증가시켰다. 증기기관, 철도 증기선의 발전으로 육로와 해로 수송에 있어서도 획기적인 변화를 가져와 전 세계적인 경제구조의 변화를 초래하였다.

기후의 변화에 적응하고 대응하고자 영국을 중심으로 경작법이 개발되었다. 노퍽농법이라는 새로운 기술로 잉여 농산물의 공급이 가능해졌고, 14세기 이후 흑사병의 습격으로 극심한 인구감소를 경험하였던 영국의 인구는 17~18세기를 거치면서 급격하게 증가하였다. 급격한 인구성장이라는 압력과 토지자원의 한계라는 제약 하에서 대두된 것이 노퍽농법이라는 새로운 농업기술이다. 노퍽농법은 공유지를 사유화하여 경작한 것인데, 중세의 3단계 윤작체제를 대체한 4단계 윤작체제로서 울타리를 두른 커다란 농장에서 순무, 클로버 같은 새로운 농작물을 추가 경작하는 농업생산 양식이다. 4단계 윤작으로 추가 생산된 순무와 클로버로 더 많은 가축이 겨울을 날 수 있게 됨으로써 목장이 확대되고 고기 생산이 증가해 잉여 농산물을 소비자에게 제공하였다. 노퍽농법은 농업생산성을 향상시킨 반면 농토가 없는 상당수의 농민과 농촌 거주자를 도시

그림 10.25 영국의 산업혁명(1836년)

로 압출하여 산업 노동시장으로 내모는 결과를 가져왔다. 그리고 인클로저의 사용을 들 수 있다. 인클로저는 공동이용이 가능한 토지에 담이나 울타리 등의 경계선을 쳐서 남의 이용을 막고 사유지로 하는 것을 말한다. 가장 활발하게 시행된 것은 15~16세기와 18~19세기의 두 시기였고 이것이 크게 사회문제화된 것은 15세기 말 이후였다. 일반적으로 그 첫째 시기를 제1차 인클로저, 둘째 시기를 제2차 인클로저라고 한다. 제1차 인클로저는 곡물생산보다는 당시 이미 농촌에서 널리 전개되고 있던 모직공업(毛織工業)을 위한 양모생산이 더 유리한 데서 경지를 목장으로 전환, 그리고 그것을 위해 공업보유지와 농업보유지를 결정하는 일이 당시의 주류를 이루었다. 이로 말미암아 파생된 농민의 실업과 이농 현상, 농가의 황폐, 빈곤의 증대는 인클로저에 대한 통렬한 비난을 불러일으켰다. 인클로저에 의해서 중소농들은 몰락의 길을 걸어 농업노동자가 되었고, 또는 농촌을 떠나 공업노동자가 되기도 하였다. 그로부터 1세기 뒤 영국은 인구가 훨씬 늘어나서 토지 부족이 심각해졌고 실업이 만연할 수밖에 없었다. 이를 견디다 못한 기능공들과 농장 노동자들이 새로운 삶을 찾아 이민을 떠나기 시작했다. 이민자의 수는 점점 늘어나 19세기에 들어와 증기선과 기차가 대량운송수단을 제공하기 시작하면서부터는 아예 홍수를 이루게 되었다. 그리고 석탄을 동력에너지로 활용하여 기계를 작동하는 에너지혁명이 뒷받침되었다. 신석기혁명 이후 지구상의 모든 대륙에서 인간은 도구를 발전시켰다. 사람들은 기계를 이용하여 물건을 옮기고 수자원을 개발하고 배로 강과 바다를 항해하였다. 따라서 기계를 움직이려면 힘, 즉 에너지가 필요했다. 인간은 수천 년 동안 네 가지 에너지를 이용하였다. 인간의 근력(노예), 동물의 힘, 물의 힘, 바람의 힘 등이 그것이다. 산업혁명이 발아하던 시기의 주요 에너지원은 목탄과 수력이었다. 18세기 중엽 영국에서 산업혁명이 시작될 때에는 수력을 이용하여 자동으로 실을 만들고 옷감을 짜게 되었다. 그러나 증기기관을 작동시키는 동력에너지 생산을 위한 열 에너지원으로는 목탄 형태의 목재가 주로 사용되었다. 14세기 페스트의 공격으로 인구의 3분의 1이 사망함으로써 유럽은 인구의 감소와 함께 개간되었던 경작지가 폐농되자 산림이 점차 회복되었다. 그러나 인구와 경제활동이 다시 회복되어 산림 수요가 늘고 개간이 확대되자 산림이 다시 황폐해지기 시작하였다. 산림자원은 유럽에서 에너지원으로 17~18세기에 완전히 고갈되었다. 이에 따라 에너지원으로 석탄을 사용하는 것은 불가피한 선택이 되었다.

산업혁명에 의한 석탄에너지 사용의 증대는 산업 도시를 중심으로 심각한 환경오염 문제를 야기하였다. 증기기관의 작동을 위한 석탄의 연소는 막대한 양의 먼지와 이산화황을 배출하였다. 산업혁명의 발생지인 영국의 중부는 '검은 나라' 라는 명칭을 얻었고 대표적인 산업 도시였던 영국의 런던, 미국의 피츠버그, 신시네티 등은 심각한 대기와 수질오염을 겪었다. 특히 전력이 등장한 제2차 산업혁명 이후 구리와 니켈을 생산하기 위한 광산과 제련소 부근에서는 인체와 생태 피해가 발생하였다. 산업활동의 단위가 커지고 산업 도시의 규모가 커지면서 환경오염 문제도 점차 국지적인 것에서 지역적인 것으로 그리고 범지구적인 문제로 확산되기 시작하였다.

10.5 한반도의 가뭄과 기근

농업과 자급자족 중심사회에서 자연재해에 의한 기근은 치명적인 재앙이었다. 우리나라의 경우 보리 성장과 볍씨 파종에 영향을 미치는 겨울 · 봄 가뭄은 대부분 기근을 야기시켰다(그다음 요인은 벼 개화와 숙성에 영향을 미치는 수해). 그래서 물을 확보하기 위한 기설제(旣雪祭)와 기우제(祈雨祭)는 중요한 의례행사였고, '수전(水戰)' 과 물길을 따른 마을 이동은 농촌의 눈 익은 풍경이었다.

기근은 몇 년마다 한 번씩 발생했을까? 조사한 바에 의하면, 조선의 경우 당대인들이 피부로 느낀 감각과 후대 편집인들이 자료 속에서 느낀 감각 사이에 온도 차이가 있겠지만, 3년 정도가 발생 주기였던 것 같다. 마치 연례행사처럼 겨우 숨을 돌릴 만하면 어김없이 기근이 찾아왔고, 잊을 만하면 한 번씩 대기근이 전국을 휩쓸고 간 셈이다. 기근은 전염병(염병, 나병, 역병 등으로 불림)을 동반하며 개인가 가정 그리고 지역 공동체의 존립을 위협했고, 특히 대기근은 국가 전체를 흔들어 놓을 정도로 막강한 위력을 지녔다.

17세기를 중심으로 알아보면, 이 시기는 '소빙하기(16~18세기 중반까지 250년, 17세기가 가장 두드러짐)' 라 하여 기후변화가 격심했던 때이다.

대기근은 기본적으로 취약 지역과 계층을 뒤흔들고 말았다. 먹을 것이 바닥나자 고향을 떠나 정처 없이 떠도는 유민이 대거 발생했다.

유민은 절해고도의 심산유곡 및 상공업 지역에 들어가 새로운 삶을 개척하면서 도적의 무리가 되어 이리저리 움직이기도 했다. 이들을 규합하여 세력화하며 전통적 가치를 공허한 이념으로 돌리는 토착 농민과 재야 지식인들도 적지 않았다. 그 결과 유언비어가 난무하는 가운데, 새로운 세상을 꿈꾸는 반란, 조직, 사상, 예언서(정감록), 도인이 주목을 받을 수밖에 없었다. 현종 때 덕유산 계곡에 근거지를 구축한 '금산 반란'은 '경신 대기근(1671~1672)' 속에서, 17세기 말기 숙종 때 발생한 검계, 살주계, 미륵신앙, 장길산 사건은 '을병 대기근(1695~1696)' 속에서 터졌다. 결국 기근은 새로운 세상을 꿈꾸는 사람들을 양산했던 것이다.

기후에 심각한 변화가 생겨 삶의 터전이 붕괴되면 사람들은 그렇지 않은 지역으로 집단이주하는 경향이 있다. 유민 가운데 상당수는 진휼과 방역 시스템이 비교적 잘 갖추어져 있는 서울로 몰렸다. 특히 현종 · 숙종 때의 두 대기근 때에 전국의 유민들이 대거 몰려들어 서울은 당시 그 어느 지역보다 인구 증가율이 높게 나타났고, 그것이 서울의 공간구성과 산업구조 변화에 일조했다.

서울에 이어 각 도를 보면, 인구수가 15세기에 ① 경상도, ② 평안도, ③ 충청도, ④ 전라도 순서이었던 것이 17세기를 거치면서 ① 경상도, ② 전라도, ③ 충청도, ④ 평안도 순으로 바뀌었다. 부동의 2위를 달리던 평안도가 4위의 전라도에 자리를 내준 배경은 한반도의 한랭화에 따른 북쪽 지방의 흑한과 전염병에 있었던 것으로 보인다. '경신 대기근' 당시 한반도 북쪽 지방은 시도 때도 없이 쏟아지는 서리와 우박 및 때아닌 눈으로 냉해를 자주 입었던 곳이다. 4위를 달리던 전라도가 1위를 차지하거나 근소한 차이로 1위 뒤를 따라 붙었던 배경은 상대적인 온난함에 있었던 것으로 여겨진다. 따라서 기근은 지역별 인구구성을 변동시킨 요인이 되기도 했다(김득진, 2008).

유민이 줄을 잇고 있는 가운데 굶주림과 전염병을 이겨내지 못하고 죽어가는 사람(서울은 공동묘지 신설), 심지어 인육을 먹는 사람도 도처에서 발생했다. 사망자가 증가하면 자연히 인구가 급격히 감소할 수밖에 없다. '경신 대기근' 때에 100만 명가량이 사망했고, 이에 버금가는 인명이 '을병 대기근' 때에 죽어갔다. 따라서 정부는 기근을 겪을 때마다 호구를 파악하여 인구수를 늘리는 데에 부심하지 않을 수 없었는데, 특히 군역 자원의 확보에 엄청난 에너지를 쏟아부었다(17세기에 군영이 신설되어 사정은 더욱 악화).

기근과 정국의 함수관계도 주목되는데, 이는 기후변화가 정치적 갈등을 촉발할 가능성이 크기 때문이다. 16세기 후반 정여립 사건 이후 잠잠했던 정쟁이 17세기에 유래를 찾을 수 없을 정도로 격렬하게 일어났다. 왜 그랬을까? 기근이 하늘의 경고라는 유교적인 자연관 때문에, 정부 신료와 재야 선비들은 기근이 들 때마다 그것을 극복하기 위한 여러 가지 방책을 임금에게 제시하며 강요했다. 이러한 사정 때문에 각종 국정 사안을 놓고 국왕과 신료, 신료와 신료들 사이에 마찰이 발생할 수밖에 없었다. 기근은 정치 집단들 간의 갈등과 대립을 초래할 기본적 자양분이 되었던 것이다.

우선 기근은 정변의 요인이 되었다. 광해군의 중립 정책은 기근과 전쟁을 병행할 수 없었던 데서 비롯되었던 것 같은데, 즉위 11년째 되던 해에 전례 없는 대기근이 들었고 그때 여진족이 국경을 침범했다. 기근과 전쟁이 함께 일어나자 도성 군사와 일반 백성들이 도산하여 국정이 혼미 상태에 빠져들었다. 그리고 14년째 되던 해 8월에 하삼도 가뭄 · 홍수로 대기근이 들었고, 그다음 해 3월에 인조 반정이 일어나자 광해군은 왕위에서 쫓겨나게 되었다. 광해군 실각 배경은 동생과 대비를 제거한 '패륜' 외에 잦은 기근으로 인한 민심 이반에 있었다고 볼 수 있는데, 이 점은 아직 주목받지 못한 사안이다(단종 때도 마찬가지).

숙종 재임 46년간 크게 5번의 환국(갑인환국, 경신환국, 기사환국, 갑술환국, 병신처분)이 단행되어 격렬한 대립과 치명적인 후유증을 남겼다. 그런데 환국의 준비 단계에서 국왕을 공격할 때부터 재이(災異)로 수성을 해야 한다는 '정치 술수' 가 어김없이 환국의 빌미가 되었고, 환국이 일어난 해마다 가뭄과 홍수로 기근이 들었고 전염병이 만연했으니 우연의 일치 치고는 너무나 맞아떨어진 결과다. 그렇지만 18세기 후반 이후 기근이 줄어들면서 정쟁도 가라앉고 정국도 탕평책으로 안정 국면에 들어갔다.

연속되는 기근으로 기아자, 아사자, 유민이 대량으로 발생하여 사회 동요가 예상되는 만큼, 기아자를 구제하는 단기적인 대책이나 장기적인 대안이 강구되지 않을 수 없었다.

광해군은 임시기구에 불과하지만 진휼청(賑恤廳)이라는 기관을 설치하여 빈민을 구제하기 시작했다. 그런데 인조는 진휼청을 상설기구로 개편하여 전국의 진휼 업무를 진두지휘하게 했는데 이 체제는 현종 · 숙종 때 완전 정착했다. 따라서 진휼 업무의 지휘본부(controll tower, 요즘의 War Room)인 진휼청이 임시체제에서 상시체제로 전환하고 그 위상이 한층 높아진 셈인데, 이 점은 그만큼 기근이 연례화되고 있었음을 반영할 것이다(김득진, 2008).

계속되는 냉해와 혹한은 새로운 상품을 주목하게 했다. 저온기후는 조선의 명약이자 외화 벌이인 산삼의 싹을 고사시켜 생산을 줄어들게 했다. 수출 증가로 채취가 증가하고 무분별한 개간으로 삼밭이 황폐화된 데에도 요인이 있지만, 시도 때도 없이 내리는 우박, 서리, 폭설은 삼묘(蔘苗)를 고사시키고 말았다. 수요는 느는데 국내 생산은 줄자 북쪽 주민들은 산삼이 풍부한 만주 지역으로 들어가 확보하고 만주 주민들도 조선에 들어오는 바람에 월경 사건이 17세기 양국 외교 현안이었다(19세기 중반 함경도인들의 간도행도 기근이 요인이었다). 이러한 배경으로 백두산 정계비가 1712년에 건립되었고, 4군 복설론이 제기되었다. 따라서 17세기 후반부터 산삼 값이 하늘 높은 줄 모르고 오른다거나 가짜 산삼이 판을 친다는 지적, 그리고 이후 등장한 재배 삼과 금삼 정책은 모두 소빙기 혹한이 빚은 결과라고 볼 수 있다.

무엇보다 한랭 기후는 월동용 상품을 불티나게 하여 방한복 산업을 진흥시켰다. 1664년(현종 5년) 1월에 함경 감사 서필원이 목화씨를 구해 도내에다 파종하겠다고 정하자, 임금은 평안 감사에게 명하여 목화씨 수십 석을 모아 함경도로 보내도록 했다. 그리고 8월에 북쪽 지방이 너무 추운데 백성들 입을 거리가 없다고 하여 임금은 비변사로 하여그 면포 2,500필과 목화 3,000근을 보내도록 했다. 이는 무엇을 의미할까? 북쪽 지방의 혹한이 내한성이 강한 면의류 수요를 확대시켰고, 이에 따라 목화 재배지가 확산되었음을 증명할 것이다.

그리고 또 하나는 인사(人肆)라고 하는 사람 시장이었다. 지난해에 가뭄과 홍수의 피해가 극심하여 백성들이 먹을 양식이 모자라자 힘 센 자는 강도질을 하고, 약한 자는 집을 떠나 떠돌이나 거지가 되었다. 그래도 입에 풀질할 것을 구할 수 없게 되자 마침내 부모는 자신이 낳아 기르던 어린 자식을 팔고, 남편은 아내를 팔며, 주인은 종을 팔려고 시장에 줄지어 서 있었다. 그러나 그 값은 너무 싸서 개나 돼지 값만도 못했다. 그런데도 해당 관청의 관리들은 모른 체 수수방관하고 있었다.

흉년으로 먹을 것을 잃은 전라도의 백성들이 시장을 개설하여 의지했다는 것이 신숙주의 보고다. 이렇게 보면 장시 개설 동기는 흉년에 있었던 셈인데, 1470년 당시 흉년 상황을 자세히 알아보자.

지난 겨울철 눈이 없었고, 봄에는 또한 비가 오지 아니하였으며, 여름 6월에 이르러서는 우물이 고갈되고 냇가까지 말라버렸다. 그리하여 보리도 없고 메마른 붉은 땅이 천리에 이어져 가을에 유례없는 대기근이 들었다. 임금이 나서서 8도 관찰사에게 "지금 농사철을 당하였는데, 비가 흡족하지 못하여 경작할 시기를 이미 놓쳤고 김매는 일도 할 수 없으며 추수할 희망이 이미 허물어졌으니, 흉년을 구제할 모든 일을 미리 생

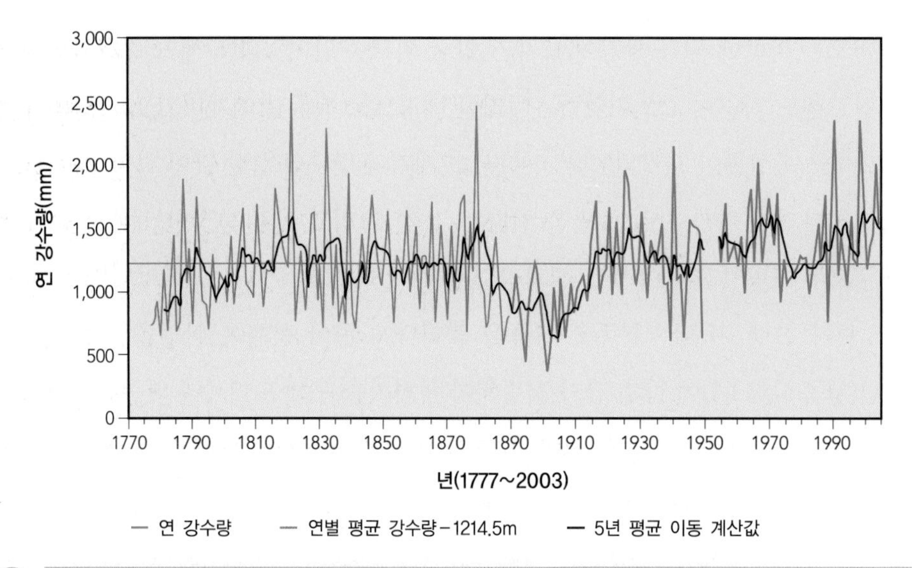

그림 10.26 과거 100년(1777~2003)의 한반도 연 강수량

각하지 아니할 수 없다. 그 시행할 조건을 뒤에 갖추어 기록하니, 경은 그것을 자세히 알아서 조치하라."고 유시할 정도로 1470년은 혹독한 가뭄에 의한 전국적인 대흉작이었다.

위기의 측면에서 보면, 기근은 새로운 세상을 꿈꾸는 사람을 양산했고 정치적 스트레스를 증가시켰다. 그러다 보니 민심이 흉흉하고, 범죄가 증가하고, 괴담이 난무하고, 정쟁이 촉발되었으니 이에 대한 민첩한 대책과 정확한 사태파악이 필요하다는 것을 역사는 보여 주었다(보통 우왕좌왕하거나 왜곡하여 자의적으로 이용함).

기회의 측면에서 보면, 기근은 사회 안전망의 구축을 앞당겼고 새로운 산업을 진흥시켰고 (이 점은 기후변화의 결과이지만) 시장경제를 흥기시켰다. 그러니까 자의든 타의든 역사를 발전시키는 선기능이 나타났다는 것인데, 수용할 것은 수용하고 금할 것은 금하는 현명한 태도가 필요하다.

조선왕조 말기 시작된 가뭄은 한일합방(1910년)까지 계속되어 국가의 재정과 국력은 핍박한 상태였다. 이후 대한제국은 일본의 식민지가 되었다(김득진, 2008).

10.6 기후와 일기항행

수천 년 전 인류가 대양으로 진출한 이래 과학이 발달한 현재에 이르기까지, 인류는 끈질기게 해양의 파도와 계속된 싸움을 하고 있다. 조선가(造船家)나 선박 승무원들의 최대 명제인 "대양을 항행하는 선박이 어떻게 하면 악천후를 잘 견뎌낼 것인가"는 고금을 통하여 변하지 않고 있다.

대양을 횡단하는 선박의 항해 루트는 해양 상에서 선장의 책임과 권한에 따라 가장 타당하다고 판단하는 루트를 결정하였지만 그 선택의 폭은 매우 넓었다. 이 점에서 항공기의 기장이 사전에 설정된 루트를 비행하는 의무를 지고 있는 것과는 기본적으로 다르다.

항행 중인 선박의 속력은 바람, 파랑, 해류, 조류 등에 의해서 크게 영향을 받기 때문에 선장은 항행 루트 선정에 임하여, 폭넓은 지식과 깊은 경험을 기초로 출발지점부터 도착항에 이르기까지의 항행 중에 조우(遭遇)하는 기상과 해상을 예측하고, 자신이 타고 있는 배의 파랑에 대한 성능이나 적하(積荷) 상태 등을 고려해야 한다. 따라서 육상에 있는 전문기관에서는 기상 기후 등 많은 자료를 확보하여 가장 경제적인 루트를 선정하고 이것을 선장에게 권고하는 서비스가 행해지고 있다. 이와 같이 기상과 해상을 고려해서 최적 선박 항행 루트를 선정하는 것을 일기항행(Weather Routing)이라 한다(朝倉 正, 1900; 산업과 기상 ABC, 成山書店, 43-185).

인류 창세 이래 사람들은 선박의 운항에 자연현상을 이용해 왔지만, 일기항행이란 어휘가 널리 사용되기 시작한 것은 1960년대부터이다. 현존하는 최고(最古)의 범선의 그림이나 모형은 이집트에서 발견된 것이지만, 이것은 이집트의 기후와 지형조건이 범선 발달에 적합했기 때문이라 할 수

 **그림 10.27** 선수에 부딪치는 파랑

있다. 나일 강 협곡에는 1년 내내 북풍이 탁월하지만, 나일 강은 바람과는 반대 방향인 남에서 북으로 흐른다. 강을 내려 갈 때는 흐름을 타고, 거슬러 올라 갈 때는 북풍을 이용해서 돛을 펴고 항해하였다. 이들의 초기 원시적인 범선은 오랜 세월 선체구조나 돛이 개량되어 해양으로 향하게 되었다.

기원전 30년 클레오파트라 여왕이 자살함에 따라 이집트 왕조는 멸망하였고, 이집트는 로마제국의 곡창이 되었다. 대량의 밀을 알렉산드리아에서 로마로 운송하기 위하여 대형 범선이 발달하였다. 이 곡물 운반선은 봄이 되면 알렉산드리아를 출항했지만, 7월 하순에는 에테시안(Etesian)이라 불리는 서풍이 불기 때문에, 서쪽을 향한 항해가 곤란하였다. 11월부터 3월까지는 거친 날씨가 계속되어 항해의 위험이 높았기 때문에 통상 이 기간에는 항해를 금하였다. 기후를 고려한 선박 항해가 행해졌던 것이다.

초대 로마황제인 아우구스투스(BC 63∼AD 14) 시절 로마인들은 힛바로스라는 배를 타고 인도양의 계절풍을 발견하였고, 여름철 계절풍을 타고 홍해에서 인도 서안까지 직행하였다. 또 이들은 겨울철의 북동계절풍을 이용하여 돌아오는 항로를 개척하였다. 이 계절풍은 발견자의 이름을 따서 힛바로스의 바람이라고 부른다. 일기항행의 기원은 이 무렵부터라고 할 수 있다.

1847년 미국 해군 Maury(1806∼1873)는 이 시대 범선들의 수많은 항해일지를 조사하여 항해에 가장 큰 영향을 미치는 바람과 해류에 대하여 정리한 북대서양의 바람과 해류도와 남대서양, 북태평양, 남태평양, 인도양의 해류도에 관한 책을 발간하였다. 이 해류도를 이용함으로써 범선이 대양을 항해하는 데 소요되는 시간이 대폭 단축되었다. 근대적인 제2세대 일기항행의 시작인 것이다. 또 Maury가 작성한 지도는 후에 Pilot Chart라 불렸고, 새로운 자료가 부가되어 많은 개정을 거듭한 후 현재도 세계적으로 선박 항행에 사용되고 있다.

그 후 기선의 발달과 기관 출력이 증대됨에 따라 선박은 바람이나 파를 거슬러 항행하는 것이 용이하게 되었다. 그 결과 범선시대의 일기항행 방법이 효과적이지 못하여, 항구와 항구를 잇는 최단거리를 직행하는 항법이 주류를 이루게 되었다.

제2차 세계대전 중 기상조건에 따른 파랑예측 기술이 함대 행동이나 상륙작전을 위하여 연구되었고, 노르망디 상륙작전에 이용되어 성공을 거두었다. 그 후에도 파랑연구가 진척되어, 1956년에 미국 해군은 군함에 대하여 파랑예측 기술을 이용한 최적항로를 추천하는 서비스를 시작하였다. 1960년대에는 이 기술이 일반 상선의 항로 선정에도 이용할 수 있게 되었고 이것이 제3세대 일기항행의 시작이다.

상업목적으로 일기항행을 행하게 된 이유는 다음과 같다.

① 통신기술의 발달로 국제 간에 대량 기상관측정보 교환이 단시간에 가능하고, ② 슈퍼컴퓨터의 개발로 수치기상예보의 정확도 향상과 대양에서 부는 바람의 예측이 5일 정도까지는 상당히 신뢰할 수 있게 되었고, ③ 해상풍의 예측에 따라 바람에 의해 발생하는 풍파와 전달에 대한 계산이 가능했기 때문이다.

초기 일기항행의 목적은 선박이 거친 날씨와 조우(遭遇)하는 것을 가능한 피하고, 선체 및 화물의 해난 발생을 방지하기 위한 것과 항해 시간을 단축하기 위한 것이지만, 항행 서비스가 보급됨에 따라, 이것을 이용해서 선박을 관리하는 새로운 이용법이 개발되었다.

최근에는 유통합리화 바람이 해운업에도 불어, 1970년대에는 선진국 간에 정기항로는 컨테이너하기에 이르렀다. 선박회사는 컨테이너선뿐 아니라 화물을 수납하는 수많은 컨테이너 및 이것을 취급하는 컨테이너 터미널에 거액을 투자하고 있다. 더욱이 컨테이너 수송에 의해 국가 간에도 개인 사이에까지 수송이 가능하게 되었고, 선박의 운항과 육상 수송 기관이 밀접하게 결합하게 되었다. 오늘날 컨테이너선과 컨테이너 전용 화물열차, 단위 수송을 접속하여 동안/서안/내륙 간의 신속한 서비스가 행해지고 있고, 이러한 컨테이너 수송 시스템의 효율적인 작동을 위하여 선박의 운항 스케줄 유지와 컨테이너선에 대한 항행 서비스의 필요성이 한층 높아졌다.

더욱이 1980년대에는 두 차례 석유 위기를 겪고, 연료소비량을 줄이는 항로를 선정하는 것이 일기항행의 중요한 목적이 되었다. 또 선박의 에너지 절약이 진행되어 철광석, 석탄, 곡물 등을 수송하는 부정기 선박이나 원유를 수송하는 탱크선 등은 선체에 비하여 출력이 작은 기관을 구비한 선박이 증가하고 있다. 이러한 선박들은 악천후와 조우 시 맞바람이나 맞파도를 받으면 속도가 극단적으로 저하되기 때문에 일기항행을 채용한 효과가 현저하게 되었다.

최근에는 항행 서비스의 새로운 용도로서 운항회사(Operater)가 용선(Charter Boat)을 관리하기 위하여 사용하는 경우가 증가하고 있다.

파랑은 바람의 에너지에 의해 발생하지만, 그 크기는 풍속, 취주거리(해면거리), 취주시간(지속시간) 등 세 가지 요소에 의해 정해진다. 풍속이 클수록 높은 파가 발생하지만 어느 정도 풍속이 커지더라도 짧은 시간 동안만 분다면, 파는 그다지 커지지 않는다. 해상의 바람의 강도를 표시하는 데는 1805년 영국의 Beaufort가 고안한 풍력계급표가 이용되고 있다. 각각의 풍력에 대응하는 참고 파고가 기재되어 있지만, 풍속에 대응하는 발달한 파랑의 개략적인 파고 및 주기는 다음의 간편식을 이용한다.

$$\text{파고} = 0.2 \times \text{풍속}$$

$$\text{주기} = \text{풍속} \times (0.5 - 0.6)$$

따라서 풍속 10m의 바람에서 파고 2m, 주기 5~6초, 15m의 바람에서 파고 4.5m, 주기 7.5~9초가 산출된다.

항행 서비스에 의한 추천항로를 선정하기 위한 기상 · 해상 예측방법에는 기후학적 방법과 기상학적 방법 두 가지가 있다. 기후학적 방법은 과거의 바람이나 풍랑의 통계자료를 기초로 항로를 선정하는 방법으로 Pilot Chart를 이용해서 선정한 항로는 기후학적 항로 선정의 하나이다. 현재의 기상예보는 컴퓨터 기술의 진보에 따라 수치예보가 주류를 이루고 있으며, 기상학적 항로 선정은 수치예보에 의한 항로 선정이라고 말할 수 있다. 수치예보의 예측치는 지구 표면을 바둑판 눈금처럼 구획지은 격자점에 대하여 수치로 제공되고 있다. 항로 선정에 가장 필요한 파고 · 파향의 예측은 이러한 예측치를 기초로 하여 계산된다.

그러나 현재의 기상청의 수치예보 정확도는 대략 7일까지가 한계이다. 또한 파랑예측의 계산에 사용하는 가장 실용적인 데이터로 수집 가능한 예측치는 유럽중기예보센터(European Center for Medium Range Weather Forecasts, ECMWF)가 보유하고 있는 세계 최대급 슈퍼컴퓨터를 사용해서 계산한 120시간 예측 값이다. 영국에 있는 유럽 중기예보센터에서 계산한 예측치가 우리나라에도 분배되고 있으며, 이를 기초로 하여 북태평양의 파랑이 계산되지만 기상 예측치의 분배와 파랑 계산에 소요되는 시간을 이용해서 추천항로를 선정하고 해당 선박에 연락하는 데 걸리는 시간 등 때문에 최소 12시간에서 24시간 정도가 필요하므로, 해당 선박의 출항시간에서 거의 4일 후까지의 파랑이 예측되고 있다.

기후와 문화

11.1 기후와 의생활

기후와 지리적 환경으로부터 신체를 보호하기 위한 의복의 사용은 민족마다 매우 다양하며 실제 자연적인 위험으로부터의 보호는 사람들에게 있어 매우 중요하다. 뿐만 아니라 기후의 냉함과 온난함에 따른 체온 조절도 의복의 주요 기능 중하나이다. 또 체온 조절에 있어 고려되어야 할 요소가 통풍성이다. 통풍을 통해 호흡, 배설 기능 등 피부의 기능이 원활히 이루어질 수 있는 의복이라야 인체를 쾌적하게 유지할 수가 있다.

의복의 역사를 기록한 자료에 의하면 태초에 인간이 의복을 입은 주된 기능은 신체 보호의 필요 때문이었다고 볼 수 있다. 그러나 현대의 의복은 민족과 시공간을 초월하여 장식적 기능이 매우 높다. 이는 과학의 발달이 기후를 능가하고 있다고 볼 수 있다.

11.1.1 인체와 의복 간의 열 평형식

1. 의복 착용에 따른 보온성

의복은 주거와 마찬가지로 기온이 높을 때는 외부로부터 들어오는 열복사를 차단하여 통풍을 유지하고, 기온이 낮을 때는 피부로부터의 열복사 방출을 차단시켜 주는 것이 주된 기능이다. 그러나 의복의 경우에는 특히 고려해야 할 불감증산이나 땀에 의한 의복 내의 습도 상승이 문제가 된다. 높은 습도 환경에서는 의복 소재가 습기를 흡수하여 의복의 열차단 기능과 보온 기능이 감소되는 경우가 많다. 인간이 나체로 지낼 수 있는 환경은 무풍의 경우에 27~32℃일 때로 국한된다. 이때는 열 생산을 증가시키지 않아도 체열 평형을 유지할 수가 있다. 피부에서 발생한 열은 의복을 통해서 방출되는데, 이때 방출되는 양은 피부의 재료나 천의 성질, 착용 방법에 따라 달라진다. 특히 의복 자체를 온도차에 의해서 생기는 열 흐름에 대한 저항이라고 생각하면 의복의 역할을 종합적인 열차단 기능, 즉 인체보온지수라고 한다.

2. 환경 요인

환경 조건이 신체의 쾌적감에 영향을 주는 것은 분명하다. 보온 상태에서의 신체의 쾌적감은 기온, 습도, 바람, 복사 등의 영향을 받는다. 기온은 상한 27~32℃에서 하한 18~23℃(습도에 따라 차이가 날 수 있다)일 때가 가장 쾌적하다. 더 높은 기온에서는 피부 표면으로부터 증발이 증가한다.

증발량은 피부와 대기와의 수증기압에 달려 있다. 습도가 높다는 것은 대기 중 수증기의 양이 많다는 것을 의미하는데, 이때는 대기의 수분 흡수율이 감소되며 증발에 의한 냉각 작용이 제한을 받는다. 사람들이 무덥고 습기가 많은 대기 상태에서 땀을 많이 흘리는데, 이것은 이미 공기의 수분량이 포화 상태이기 때문에 땀이 증발되지 않은 상태로 피부로부터 물방울이 되어 떨어지는 것이다.

바람의 효과는 대류에 의한 열의 이동에 달려 있다. 대류에 의한 작용은 아주 작은 신체의 움직임에도 잘 일어난다. 즉 팔과 다리를 흔들면 대류에 의해 열 손실이 증가된다. 공기의 이동이나 풍속은 신체 표면과 접촉하는 공기의 양을 결정하는데, 공기의 풍속이 증가함에 따라 열 이동도 증가한다. 바람은 인체의 피부경계층을 얇게 하여 열손실을 증가시킨다.

복사의 효과는 복사 물체의 온도뿐만 아니라 주위 환경의 온도나 방출률에 달려 있다. 예를 들면 실내에서 복사열의 교환은 벽, 천장, 바닥 및 방 안의 여러 다른 방출률을 가진 물체들에 의해 영향을 받는다. 실외에서는 태양복사, 천공복사, 알베도 등의 요인들이 관련되어 있다.

3. 의복 기후

의복은 신체 주변에 온화한 조건을 만들어 낸다. 의복이 형성되는 환경 조건, 특히 온도 조건을 의복 기후라 한다. 의복 기후는 인체로부터 전도, 대류, 복사, 증발 등 모두에 관련된다. 즉 추위에 대해서는 전도, 대류, 복사를 억제하고 더위에 대해서는 증발, 대류를 촉진하여 외부로부터 복사를 방지한다. 이와 같은 보온력이나 방서력(防暑力)은 섬유 재료의 물질적 특성, 옷감의 재료, 의복의 형태, 옷 입는 방법의 종합적인 성능으로 나타난다. 기온이 체온보다 높을 경우에는 흡수성이 높고 더운 공기가 대류에 의해 인체에 전달되지 않도록 상대적으로 통풍성이 뛰어난 옷감을 사용하는 것이 좋다.

고온 건조한 기후에서 인체를 최대로 보호하는 방법은 태양복사를 의복이 차단시켜 주는 것이다. 사막의 열에 견뎌 온 아라비아 사람들은 헐렁하게 늘어져 몸을 완전히 감싸는 흰옷을 입는다. 이러한 의복 형태는 더운 바람과 밤의 추위로부터 보호해 준다. 얼굴에 적당한 그늘을 만들어 주는 모자 역시 상당히 중요하다.

열대 지방에서와 같이 무덥고 습한 대기 중에서는 피부로부터 수분이 증발되어 냉각되는 것을 의복이 방해하지 말아야 한다. 피부로부터의 증발이 젖은 의복을 통한 증발보다 더욱 효과적인데, 특히 수분을 흡수할 수 없는 옷감은 냉각 과정에 심각한 장해를 주게 된다. 고온 다습한 상태에서는 그늘에서 직사광선을 피할 수만 있다면 의복을 최대한 적게 입는 것이 바람직하다. 아프리카의 원주민들은 신체의 털을 뽑거나 면도를 하여 땀이 흘러내리거나 피부 표면으로부터 쉽게 증발하도록 하였다. 동일한 이유로 샌들이 막힌 구두보다 훨씬 좋다.

추운 지역에서의 의복은 대사에 의해 생산된 열보다 방출되는 열이 더 크지 않도록 해야 한다. 이때 가장 큰 문제는 활동할 때 축적된 수분이다. 수분은 의복의 중간층에 모이게 되는데, 의복의 제일 바깥층에서 증발되는 속도보다 인체에서의 증발 속도가 더 빠르게 되면 의복은 젖게 되고 보온성이 감소된다.

의복으로서 가장 조절하기 어려운 기후 조건은 한랭 다습한 경우이다. 의복이 비에 젖었다든지 발이 젖어 차가워졌을 때도 불쾌감을 경험하게 된다. 보온을 위해 내외층 모두를 방수 처리하는 것이 필요하다. 최대의 보온 효과는 손, 발, 머리와 같은 말단 부위에서 더 빨리 나타난다. 발이 차가워졌을 때도 신발이나 양말을 더 껴 신기보다는 신체 구간부를 절연시켜 주는 것이 더욱 효과적이다. 그렇게 함으로써 신체 구간부에서 형성된 남은 열이 혈액을 따뜻하게 하고 혈액 순환 과정에서 말단부가 열을 받게 할 수 있다. 추운 날씨에 견디기 위해서는 에스키모인들로부터 많은 것을 배울 수 있다. 에스키모 의복은 동물 가죽과 털의 두 층으로 되어 있다. 겉에는 후드 달린 길고 헐렁한 파카와 바지, 부츠, 장갑 등을 착용하여 머리 부분을 제외한 몸 전체를 감싼다. 속에는 언더셔츠, 언더팬츠, 양말 등을 털 쪽을 안으로 하여 입는다. 순록이나 바다표범의 가죽이 가장 널리 쓰이는 재료이다.

4. 의복 원료와 생산

아마도 인류 최초의 의복 원료는 자연 환경에서 쉽게 얻을 수 있는 나뭇잎이나 풀잎 또는 큰 짐승의 자르지 않은 가죽으로 만들어졌을 것이다. 특히 한랭한 지역에서는 추위를 막기 위해 동물의 모피가 많이 사용되었다. 그 후 식물의 잎이나 껍질을 짜서 의복을 만들어 입게 되었다. 식물성 섬유로 천을 만드는 사람들은 또한 식물도 재배하는데, 식물성 재료의 사용은 유목 또는 수렵 문화보다는 농경 문화의 성격을 나타내는 경향이 있다.

5. 기후대에 따른 의복 형태

복식 발생의 성립을 보면 자연 발생과 인위적 설정의 두 경우를 들 수 있다. 특히 복식의 발생에 가장 직접적으로 관계되는 것은 자연 환경이라는 기후 조건이다. 기후 풍토는 복식의 발생이나 변천에 큰 영향을 미친다. 즉 추위나 더위, 바람, 눈과 비 등에 적응하기 위해 자연 발생적으로 의복의 형태가 결정된다. 이와 같이 기후 풍토에 의해서 성립되는 의복의 양식을 분류해 보면 다음과 같다.

(1) 한대 극한 지역의 의복

북극, 남극에 가까운 한대 기후 지역에 사는 주민들에게는 혹심한 추위의 눈과 얼음 속에서 살아남기 위해 전신을 덮어 싸는 방한복이 발달하였다. 이러한 복장은 추위에 대항해서 적극적이고 의욕적인 요소를 갖추고 있는 것이 특징이다. 예를 들면 에스키모, 라프족 등의 복식이 그러하다. 이들 원주민들의 방한 의료는 식료와 더불어 생명 유지에 필수적이 생활 자재인 것이다. 에스키모인의 모피복을 보면 활동을 많이 하지 않고 보온이 필요할 때

 **그림 11.1** 에스키모인들의 의복, 파카

는 발과 무릎의 개구부와상의 옷단, 소매 끝 및 목둘레를 끈으로 폐쇄한다. 그러나 심한 육체적 활동을 할 때는 열을 방출시켜야 하므로 이러한 부분의 끈을 늦추어서 개방형으로 한다. 그렇게 하면 느슨한 개구부에서 들어온 공기가 따뜻해져서 목둘레에서 수분과 함께 밖으로 나간다. 이와 같은 의복 내의 환기를 굴뚝 효과라 한다.

(2) 열대 혹서지역의 의복

적도를 중심으로 한 지역 주민은 높은 온도와 타는 듯한 더위에 대응하기 위해 거의 옷을 입지 않고 지내므로 의복 형태가 단순하다. 거의 나체에 가까운 복식으로 허리 부분에 간단한 풀잎이나 나뭇잎을 걸치는 등 엉덩이 부위만을 가리는 의복 형태가 많다. 그러나 열대 우림 지역은 연중 고온 다습하여 물과 비에 견디는 의복이 발달하였다. 특히 더위로 인하여 사지가 노출된 단순한 형식의 복식이 자연적으로 형성되었다.

그림 11.2 나체를 즐기는 아프리카 누바계 씨족 집단

열대 몬순 기후의 대표적 지역은 인도이다. 위도로 볼 때 기후가 아열대에서 온대에 위치하지만, 히말라야 산맥이 장벽을 이루어 전체적으로 열대 몬순(계절풍) 기후를 나타낸다. 몬순(계절풍)은 태양이 북반구로 북상하고, 또한 남반구로 남하함에 따라 겨울과 여름의 두 계절이 나타나고, 남서와 북동의 바람이 교대하는 것으로, 인도양을 항해하던 아라비아인이 명명하였다. 인도의 계절은 계절풍의 변화를 바탕으로 3월에서 5월에 이르는 건조 혹서기와 6월에서 10월 상순에 걸친 습윤 고온기, 그리고 10월에서 2월에 이르는 건조 한랭기로 구분된다. 최고기온은 하지와 우계 직전에 나타난다. 해안 가까이 있는 캘커타에서는 낮에도 그늘의 기온이 40℃를 넘는 경우가 가끔 있으며, 갠지스 강 중류지역에서는 43℃ 정도로 오르는 것은 보통이다. 밤에도 실내는 더우므로 사람들은 마당이나 길가에서 노숙을 많이 한다.

10월 하순부터 시작되는 건기는 겨울이 되며, 인도 북부에서는 곳에 따라 영하로 내려가고 강수량이 적고 건조한 것이 특징이다. 특히 가장 추운 1월에는 육지에서 바다로 바람이 불어 건조하고 청명하다. 3월부터는 남서계절풍이 불기 시작하는 고온기가 시작되어 기온이 급상승하고 강우가 없으며 매우 건조한 열풍이 불 때도 있다.

그림 11.3 인도 여성들이 즐겨 입는 사리

인도인들은 여름에는 시원한 면 소재를, 겨울에는 풍성하고 무거운 실크를 착용해 계절에 따라 다른 소재를 골라 입는다.

사리는 너무 잘 알려진 인도 여성의 복장으로 인도 전역에 걸쳐 볼 수 있다. 하지만 입는 방법이나 형태는 지역에 따라 약간씩 차이를 나타낸다. 일반적으로 사리의 끝을 앞에서 뒤로 넘기는 경우는 남부 지방의 방식이고, 뒤에서 앞으로 넘기는 방법은 북부 지방의 방식이다.

또한 외출 시에는 사리의 남는 부분을 머리 위로 뒤집어쓰기도 한다. 사리는 바느질이 되어 있지 않아 입을 때 몸에 옷을 두르는 형태를 띤다. 천의 크기는 보통 폭이 1m

(a)

(b)

(c)

그림 11.4 사리만을 입은 형태(a), 촐리(b), 가그라를 입은 여성(c)

 **그림 11.5** 사파를 쓴 인도인

내외고, 길이는 매우 다양하지만 보통 5~6m 정도이다.

사리 안에는 보통 촐리(choli)라는 타이트한 상의를 입지만, 원래는 덥고 습한 인도의 기후 때문에 사리 안에는 아무것도 입지 않고 가슴을 드러내는 형태였다. 후에 문명과 비문명이라는 개념이 생겨나며 가슴을 가리는 형태로 바뀌게 된 것이다. 지금도 인도의 라자스탄 지역에 가면 더운 기후 때문에 등을 내놓는 형태의 촐리를 착용하고 있다.

가그라는 입는 사람의 몸에 맞춰 재봉한 복장으로 서부 인도에서 많이 입는다. 밝은 잿빛의 천에 화려한 자수가 놓여 있다. 햇볕이 강하고 바람이 많이 불며 건조한 지대에서 이러한 원색의 화려한 옷이 잘 어울린다.

인도인들은 머리에 터번을 많이 쓰고 다닌다. 이를 사파(Safa)라고 하는데 보통 화려한 색깔의 긴 천으로 되어 있다. 터번을 쓰는 이유는 뜨거운 태양열로부터 두상을 보호하고 사막 기후에 적응하기 쉽게 체온을 유지하며, 날아드는 모래를 막아 머리의 청결도를 높이기 위한 필수적인 조치로 여겨졌다. 여성들은 머리에 오르니(Orhni)나 두빠따(Dupatta, dupq!qa)라고 하는 일종의 숄을 둘렀으며, 사리를 입은 여성이라면 사리의 끝부분을 덮어 쓰기도 하는데, 이것 역시 태양열로부터 머리를 보호하고 체온을 유지하며 청결도를 높이기 위한 것으로 볼 수 있다.

(3) 고온 건조한 사막 지역의 의복

아열대 고압대에 속하는 이 지역은 대부분 사막으로 이루어져 강우가 거의 없고, 일사가 강하고 지상 온도가 40~50℃의 고온이지만 습도는 아주 낮아 건조하다. 따라서 땀의 증발이 많고, 오아시스 지역을 제외하면 거의 사람이 살 수가 없다. 이와 같은 기후 지역에서는 강한 일사를 막고, 인체의 수분 증발(땀)을 억제하기 위하여 머리에서부터 발끝까지 전신을 완전히 덮어 싸는 복장을 취한다. 예를 들면 이슬람 지역의 도시에서는 여자들이 하얀색 또는 검은색의 천으로 몸과 얼굴을 가린다. 이러한 형태의 의복은

(a)

(b)

그림 11.6 사막 지역의 여성 의복(a)과 남성 의복(b)

일사가 매우 강하고 모래 바람이 수시로 불어 대는 사막에서 적합한 의복의 형태이다. 이러한 이유로 남자는 '터번'이라 하여 머리에 천을 두르고, 여자는 '차도르' 혹은 '헤잡'이라고 하는 긴 너울을 두른다.

(4) 온대 기후 지역의 의복

- 여름에 건조하고 겨울에 습윤한 기후 지역 : 비교적 온화한 지중해성 기후와 같이 자연의 위험이 없을 때 사람들의 복식은 가볍고 쾌적한 것이 특징이다. 그 예로 고대 그리스나 로마 시대의 두르는 의복 형태, 남부 프랑스의 민족의상, 스페인의 민속무용의상 등을 들 수 있다.
- 연중 온화한 서안 해양성 기후 지역 : 서부 유럽이나 북부 유럽에서 흔히 볼 수 있는 기후로 비교적 저온이고 음습한 흐린 날이 많다. 이 기후 지역에서는 자연에 대한 대항과 한랭에 대한 방어가 필요하고, 항상 일광을 갈망해서 맑은 날에는 모두 일광욕을 즐기는 문화가 있다. 대체로 겨울의 습윤하고 추운 날씨에 적응하기 위해서는 상의와 하의로 분리되는 의복 형태를 원칙으로 한다. 이 변천의 결과가 현재의 양복

형식에까지 이르고 있다. 이러한 형태의 의복은 변화가 많은 기후나 지형에 적합하고 생활에도 편리해서 복장의 기본형이라고 불린다. 특히 바람이 많이 부는 해안 지역에서는 찬바람으로부터 몸을 보호하기 위한 윈드 브레이크 형식의 의복이 발달하였다.

- **여름에 습윤하고 겨울에 건조한 기후 지역** : 이 기후는 여름에는 고온 다습하고 겨울에는 한랭 건조하다. 이러한 기후가 나타나는 지역은 일본과 우리나라 등이다. 따라서 여름은 개방적인 의복 형태가 필요하고, 겨울은 추위로부터 신체를 보호하기 위해 온몸을 감싸는 체형의 의복이 필요하다. 우리나라의 한복, 일본의 기모노 등을 들 수 있다.

6. 우리나라 양반의 의(衣)문화

우리나라는 한복으로 사용된 옷감의 원료를 계절에 따라 바꾸어 입었다. 봄에는 무명을 비롯해서 국사, 갑사, 은조사, 항라 등을 입었으며, 여름에는 모시, 삼베를, 가을에는 자미사, 비단, 숙고사, 국사, 등의 견섬유를, 겨울에는 비단과 무명을 입었다. 특히 삶이 넉넉지 않은 대부분의 서민층에서는 무명으로 옷을 만들어 입었기 때문에 비단옷을 입는 양반에 비해 추운 겨울을 보내야만 했다.

사계절 중에서 여름과 겨울만의 특징을 보자. 여름에는 몸과 옷 사이를 헐렁하게 하여 바람이 통하도록 하였다. 웃옷과 아래옷이 분리되어 있어 평상시에는 웃옷을 벗고 있거나 웃옷 안에 등등거리를 만들어 달라붙지 않도록 하였다. 등등거리는 적삼 밑에 입어 땀이 옷에 스며들지 않도록 등나무 덩굴을 가늘게 하여 만든 것이다. 하지만 외출에는 의례용으로 두루마기를 걸쳐 입었다. 시원한 삼베와 모시를 원료로 홑저고리를 지었다. 속이 훤하게 비치므로 여름에도 속옷을 잘 갖추어 입어야 했다. 겨울에는 솜을 누빈 옷이 특징이다. 목화의 보급으로 두 겹의 천 사이에 솜을 둔, 핫바지나 핫저고리와 같은 솜옷을 입었다. 외출할 때는 방한용과 의례용으로 솜두루마기나 누비 두루마기를 입었다. 추위를 막기 위해 여러 벌 겹쳐 입었다. 옷의 종류는 겉옷과 속옷으로 나눌 수 있다. 겉옷은 여자인 경우 치마와 저고리, 남자인 경우 바지와 저고리를 입었으

(a)

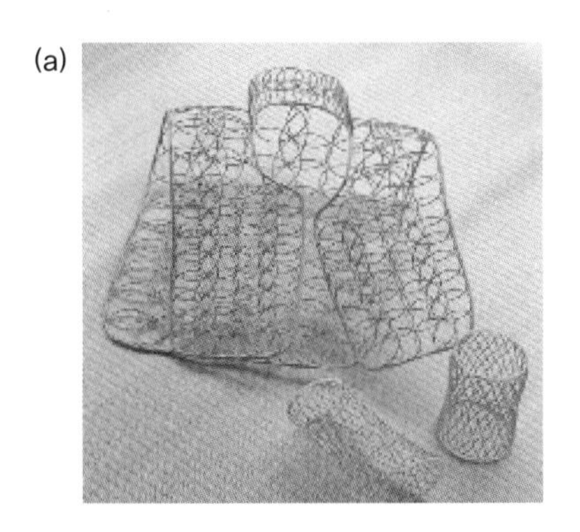

(b)

그림 11.7 여름용 등등거리(a)와 겨울용 누비 두루마기(b)

그림 11.8 양반의 옷

며, 외출할 때에는 두루마기를 입었다. 속옷으로는 여자의 경우 속속곳, 바지 속곳, 단속곳, 무지기, 대슘치마 등 여러 개의 속옷을 겹겹이 입어 추위를 이겨냈다.

또한 양반들은 평소 하얀색의 옷을 많이 입었는데, 이것은 깨끗함과 청렴함을 드러내 주는 것이다. 하지만 그 하얀색의 옷은 색의 특징상으로도 생산 활동과 관련이 멀며, 이 역시 양반들이 생산 활동에는 직접적으로 참여하지 않았다는 특징을 말해 주고 있다.

11.1.2 기후와 식생활

기초대사라는 것은 깨어 있을 때 정상적인 건강한 사람의 몸을 유지해 가는 데 필요한 최소한의 신진대사량이다. 이것은 에너지량으로 표시하는데, 덥지도 춥지도 않은 상태에서의 앉아 있을 때 소비하는 에너지량을 말한다.

열생리학 입장에서 보면 대사량은 몸의 단위 표면적으로 표현한다(kcal/ m^2 · h). 우리나라에서는 기초대사가 겨울에 높고 여름에 낮아 계절 변동이 있는 것으로 알려져 있으나, 다른 선진 외국에서는 기초대사의 계절 변동이 거의 없다고 보는 견해가 일반적이다. 특히 지방질이 많으면 기초대사의 연간 변동폭이 작아진다. 우리나라에서도 식생활 습관 등의 변화로 그 변동폭이 작아지고 있다. 세계의 각 민족이 일상적으로 먹고 있는 음식은 각양각색이다. 그것은 민족의 기호, 오랜 관습, 전통 등에 따라 다르지만, 이러한 음식 문화의 차이는 자연 환경을 바탕으로 오랜 시간을 거쳐 형성된 것이다. 기후 환경에 따라 주곡의 종류가 다르며, 기온에 따라 섭취해야 할 기초대사량이 달라진다.

인간에게 필요한 기본적인 의식주에서도 식생활은 생명과 직결되는 것으로 매우 중요하다. 나라별, 지역별로 식생활 문화가 그 지역의 환경에 적응하기 위한 음식물 조리법에 따라 달라지기도 하지만, 그 밖에도 각 지역에서 생산되는 작물 또는 가축 등의 식품 원료의 종류에 따라 음식의 종류가 달라진다. 이러한 식생활 문화의 다양성이 생기는 요인은 무엇보다도 기후의 영향이 크다. 기후대에 따른 식생활 문화의 일반적 특성을 살펴보면 다음과 같다.

1. 열대 기후 지역

열대 기후 지역에서의 인간의 신체는 온대 지방보다 많은 에너지를 필요로 한다. 따라서 소화가 잘되면서 열량이 높은 음식이 필요하다. 그런데 지방질은 단백질이나 탄수화물보다 약 2배의 열량이 발생하므로 고온 지역에서 거주하는 주민들은 비교적 고열량의 음식을 섭취하는 것이다. 또한 지방은 저장성을 띠고 있어 단열재 역할을 하고 내장을 보호해 주기도 한다. 둘째로 향신료를 많이 쓴다. 더운 날씨 탓에 입맛이 없으므로 향신료를 많이 사용하여 식욕을 촉진시킨다. 또한 향신료는 미생물의 번식을 억제해 식품 보존 및 소독, 방부제 역할을 한다. 예를 들면 인도의 카레가 대표적인 열대 지방의 음식으로 알려져 있다. 셋째로 발효 식품이 발달하지 못했다. 고온 다습한 기후에서는 발효가 되기 전에 음식이 부패하기 때문에 음식을 가능한 한 요리하는 즉시 먹어야 한다. 따라서 발효 식품이 발달하지 못했고 음식의 종류도 다양하지 못하다.

2. 온대 기후 지역

온대 기후 지역 중, 우선 여름철에 건조하고 겨울에 습윤한 지중해성 기후 지역에서는 올리브, 포도, 레몬, 무화과 등 건조에 잘 견디는 수목을 재배하는 과수 농업이 발달하였다. 이에 따라 올리브 기름을 이용한 음식이 매우 발달하였다. 그리고 연중 온화한 서안 해양성 기후가 나타나는 지역에서는 일조량이 적어서 채소나 과일 등의 식품이 다양하지 못하고, 특히 저장 식품이 발달하였다. 예를 들면 영국의 로스트 비프나 블랙 푸딩 등이 대표적이다.

3. 건조 기후 지역

건조 기후 지역에서는 주로 주민들이 목축업에 종사하며, 가능한 한 가축의 고기를 먹지 않고 풀이 풍부하게 자라는 여름과 가을에 주로 가축의 젖과 그것을 가공한 유제품을 먹고, 젖의 생산량이 적거나 거의 없는 고기를 저장하기가 쉽다. 예를 들면 몽고인들은 유즙을 마시기도 하고 가공하여 크림, 치즈, 요구르트, 버터, 발효주 등을 만들어 먹는다.

4. 한대 기후 지역

한대 기후 지역에서는 주로 날고기나 날생선을 먹고, 봄과 여름에는 산딸기를 포함한 야생 식물을 섭취한다. 냉동, 훈제, 염장, 건조 등의 저장 방법을 이용하여 음식을 비축하여 식량이 부족한 때에 대비한다. 특히 이곳의 주민들은 다른 지역에 비해 많은 양의 지방과 단백질을 섭취하는데도 불구하고, 심장 순환기 계통의 질병 발생률이 다른 지역보다도 낮다. 그 이유로 바다 생선에는 불포화 지방산의 함량이 많이 포함되어 있는

그림 11.9 단오의 수리취떡과 동지의 팥죽

것으로 설명되고 있다. 그리고 기후 조건에 따라 술의 알코올 함량도 달라진다. 예를 들면 러시아 사람들이 보드카나 럼주를 즐겨 마시는 이유도 추위를 이겨내기 위한 방법으로 여겨진다.

5. 우리나라 양반의 식(食)문화

사계절에 따라 주로 먹는 음식이 다 다르며, 이 다양한 음식 문화는 양반은 물론 평민에게도 나타나고는 있지만, 특히 양반만이 먹을 수 있는 음식이 존재하였고, 평민들은 음식을 제철에 따라 골라먹기보다는 생계를 위하여 음식을 먹기에 급급했던 모습을 보인다. 사계절에 따른 음식은 봄철에는 새로 돋는 나물을 캐 먹으며 봄을 맞이하는 풍속이 있었고, 주로 진달래꽃전, 두견주, 쑥떡 등을 먹었다. 여름철에는 단옷날의 수리취떡, 유월 유두날에는 수단, 밀쌈을 먹었고 삼복에는 삼계탕, 육개장 등을 먹었다. 가을철에는 햅쌀로 빚은 송편, 9월 9일 중양절에는 국화전과 화채를 즐겨 먹었고, 겨울철에는 전골, 신선로 등의 따뜻한 음식, 동치미 국물의 메밀국수, 냉면, 수정과, 여러 가지 강정, 김장을 해 먹었고, 동짓날에는 팥죽을 즐겨 먹었다.

11.1.3 기후와 주거 생활

주거는 인간생활의 터전으로, 안전하고 쾌적한 생활을 위해 만들어져야 한다. 이미 옛날부터 주거는 각 지역의 기후, 재료, 생활 기반 등에 의해 이뤄져 왔다. 주거 형태의 결정 요인으로는 기후적인 측면과 문화적인 측면을 들 수 있지만, 물리적인 구조물로서의 기능에는 기후가 중요한 요소가 된다. 전통적인 주거는 풍토, 문화, 기술 등을 배경으로 자연 환경 속에서 쉽게 얻어지는 다양한 건축 재료를 이용하여 주거 공간을 확보해 왔다.

1. 열대 기후 지역의 주거

(1) 태국의 항상식 주거

고온 다습한 열대 기후로 하기(3~5월), 우기(6~9월), 건기(10~2월)로 크게 구분할 수 있다. 태국의 대표적인 주거 형태는 항상식(恒常式) 주거이다. 이 형태를 기본으로 하여 강을 중심으로 발달한 수상 주거, 북부 산악 지방 특유의 주거 형태가 있다. 이러한 주거 형태는 불교 정신과 무속신앙과 결합된 독특한 주거 문화를 창출하고 있다.

항상식 주거란 주택의 바닥 면을 지면으로부터 대략 1.8~2.4m 정도 올려 지은 집을 말한다. 이러한 주거 유형은 비가 많고 습한 열대 기후를 견디기 위해 생겨났다. 바람이 잘 통하게 하기 위해 창문가 문의 크기는 크며, 벽은 나뭇잎이나 풀잎으로 엮는 것이 일반적이다. 또한 땅 위에 기둥을 박고 집을 지으면, 땅에서 올라오는 습기와 해충을 막고 잦은 홍수에 대비할 수 있다는 장점이 있다.

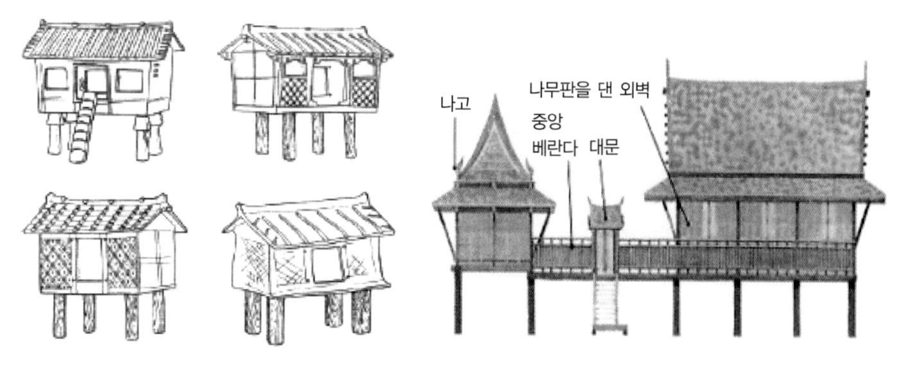

그림 11.10 태국의 항상식 주거

(2) 수상 주거

수상 주거는 물 위에 말뚝을 대고 집을 지은 형태로 고온 다습한 열대 기후에 대비하기 위한 주거이다. 벽은 나무껍질로 되어 있어 통풍이 잘되고 지붕은 빗물이 잘 흘러내리도록 경사가 급하며 지붕의 재료는 주로 나무껍질을 사용하고 있다.

그림 11.11 태국의 수상식 가옥

(3) 열대의 대나무 집

동남아시아 정글에서 사는 소수 민족들은 대나무로 집을 짓는다. 대나무를 얇게 쪼개 바닥을 깔면 후덥지근한 열대의 더위를 식힐 수가 있고 바람이 잘 통해 시원함을 느낄 수 있다. 여름 몬순 기간의 많은 비로 인한 침수를 방지하기 위해 앞에서 서술한 바와 같이 지면에서 약간 높게 짓는다.

(a)

(b)

그림 11.12 미얀마 골든 트라이앵글 몬족 대나무 집(a)과 태국 치앙마이 대나무 집(b)

2. 건조 기후 지역의 주거

증발량이 강수량보다 많고 기온의 일교차가 크므로 나무나 식물이 잘 자라지 못한다. 지구상의 육지 면적의 약 25%를 차지하는 이 지역은 대체로 남 · 북 회귀선을 따라 분포하지만 대륙의 내부에서도 널리 나타난다. 특히 건조 기후 지역에서는 기후 완화 장치의 하나로 바람 통로가 있는데, 이것은 지붕 높이 위의 미풍을 모아 사람이 사는 주거 공간으로 내보내는 시설을 말한다. 북아프리카에서 파키스탄에 이르기까지 바람 통로의 형태는 다양하다. 대표적인 예로 이란의 바드기르를 들 수 있다.

(1) 사막 지역의 주거

사막에 거주하는 원주민들은 주로 흙을 사용하여 집을 짓는다. 흙벽돌로 담을 쌓고 진흙을 물로 개어 벽에 바른 후 마른풀이나 나뭇가지 등으로 지붕을 덮는다. 북부 아프리카 서족의 모리타니아, 말리 등으로부터 동쪽의 차드, 수단에 이르기까지 이와 같은 유형의 흙집을 많이 볼 수 있다. 그러나 수단의 자알린족 유목민들은 나일 강변에 사는 덕분에 기둥 여러 개를 박고 그 위에 파피루스 줄기를 잘게 쪼개 엮은 지붕을 덮으면 훌륭한 집이 된다.

시리아에서는 토담집을 짓고 사는데, 중앙은 평지붕이고 진흙을 바른 원추형의 집 하부에는 벽돌을 이용한다. 더위를 막기 위해 창문을 사용하지 않고 실내에서는 땅바닥에 융단을 깔고 생활한다. 그 외 나이지리아, 카노의 토담집을 들 수 있다. 그 특징은 더위와 모래열풍을 막기 위해 외벽을 에워싼 중정식(中庭式) 주택으로 되어 있다. 창문

 **그림 11.13** 사우디아라비아의 토벽집

은 극히 적다.

또한 중국 산서상에서 하남성에 이르는 광활한 황토 고원은 평균 고도 1,200m의 고지대로서 고비 사막으로부터 운반된 황토가 퇴적되어 있는 지역으로, 강수량이 매우 적어 건축 재료가 되는 나무가 자라기 어려운 곳이다. 따라서 건조하기 때문에 강도가 매우 커서 황토층을 파서 주거가 만들어졌다. 강풍에 의한 먼지를 방지할 수도 있고, 거주 공간을 확대시킬 수 있는 지하집이 발달하였다.

(2) 반건조 초원 지역의 주거

파오(겔)는 몽골이나 중앙아시아의 유목민들이 사는 원통형의 벽에 돔 모양의 지붕을 얹은 가옥으로 버들가지 등으로 뼈대를 만들고, 양모펠트, 짐승 가죽 등으로 간단히 조립하는 가옥 형태이다. 티피는 북아메리카 인디언들의 가옥으로 인디언들이 들소를 사냥하면서 들소의 이동 경로를 따라 이동하므로 간편하고 신속하게 세웠다가 허물 수 있는 이동식 천막집이다. 티피의 입구는 항상 태양이 뜨는 동쪽이며 부족이 섬기는 동물 그림이나 전쟁 기록 등을 그려 넣는다. 이 외에도 아라비아 베드윈족의 유르트 등이 있다.

 **그림 11.14** 몽골 초원의 가옥

3. 온대 기후 지역의 주거

사계절의 변화가 뚜렷할 뿐만 아니라 기후가 온화하고 강수량도 비교적 알맞아 인류가 생활하기에 가장 적합하다. 최난월의 평균 기온은 18℃ 정도이고, 최한월의 평균 기온은 −3℃ 정도이다. 이 기후는 온대 습윤(몬순), 지중해성, 서안 해양성, 온대 동계 건조 기후로 구분된다. 따라서 온대 기후 지역의 주거 형태는 나라별로 그 특색이 있다.

(1) 영국의 가옥 경관

영국은 대륙 서안의 전형적인 해양성 기후 지역으로 여름에는 선선하고 겨울에는 따뜻한 기후 특성을 나타낸다. 그러나 날씨 변화가 매우 심하여 대체로 냉량한 기후 특성을 보인다. 이러한 기후 조건으로 인하여 나타난 주거 형태의 하나로 집안의 냉기와 습기를 제거하기 위해 옛날부터 벽난로를 이용하고 있다. 또한 안개가 많이 끼는 탓으로 햇빛과 신선한 공기를 받아들일 수 있도록 창문을 크게 많이 만들었다.

그림 11.15 영국의 가옥

(2) 프랑스의 가옥 경관

프랑스는 해양성, 대륙성, 지중해성 기후 특색이 모두 나타나는 전형적인 온대 기후 지역에 속한다. 이런 기후 특색으로 나타나는 깊은 처마는 여름의 강한 햇빛으로부터 피부를 보호하고, 겨울의 낮은 햇빛을 실내로 끌어들이는 역할을 한다.

그림 11.16 프랑스의 가옥

(3) 일본의 가옥 경관

일본의 전통적 주거 형태는 지진과 화산활동이 많고 고온 다습한 기후의 특성을 많이 반영하고 있다. 여름의 많은 비로 인한 습기를 제거하기 위한 시설로 바닥에 까는 다다미와 장식 효과와 방의 크기를 조절하는 후스마는 뛰어난 통풍과 습도 조절 기능을 한다.

그림 11.17 일본의 다다미방

다다미는 짚으로 만든 판에 왕골이나 부들로 만든 돗자리이다. 이것은 지진이 많아 온돌과 같은 난방 시설을 설치하기가 어려운 기후 풍토에 적합한 바닥 재료이다. 후스마는 목재로 된 양쪽 틀에 천 또는 종이를 발라 화려한 그림을 그려 넣은 등 장식 효과를 나타내며, 용도에 따라 방의 크기를 조절한다.

특히 겨울에 눈이 많이 오는 지방 등에서는 출입구에 추녀를 길게 내놓은 '강끼' 라는 것이 있어 각 가옥을 연결하고 교통의 편의를 도모한다.

4. 냉대 기후 지역의 주거

그림 11.18 핀란드의 통나무집

최한월의 평균 기온은 −3℃ 이하이고, 최난월의 평균 기온이 10℃ 이상으로, 온대와 한대의 중간에 나타나는 기후이다. 이 기후의 특색은 한서의 차가 심한 대륙성 기후인데, 크게 냉대 하계 고온 기후와 냉대 동계 건조 기후로 나눌 수 있다.

가옥의 건축 재료로 가장 많이 이용되는 것은 목재인데 목조 가옥은 세계의 삼림 지역 분포와 밀접하다. 목재는 가장 보편적인 건축 재료로 이용되어 왔다. 이것의 기원은 통나무집인데 침엽수림 지역에는 이러한 통나무를 이용한 목조 가옥이 널리 분포하고 있다. 예를 들면 알프스 고산 지역의 통나무집인 샬레, 캐나다 북부의 통나무집, 이 밖에도 스칸디나비아 반도 지역의 통나무집 등이 있다. 특히 티베트 고산 지역에 거주하는 유목민들의 주거 형태는 텐트 형태의 이동식 주거인 것이 특색이다.

5. 한대 기후 지역의 주거

양극 지방과 그 주변으로 최난월 평균 기온이 10℃ 미만으로 수목 생장이 불가능한 지역이다. 알래스카, 캐나다, 그린란드 등 북극 연안 지역에 이누이트, 라프족, 사모예드족 등이 살고 있다. 이 지역에 살고 있는 사람들은 무엇보다도 식량과 보온이 필요하다. 따라서 식량 저장과 보온에 유리한 건조한 눈으로 만든 얼음집(이글루)에서 생활한다. 그러나 오늘날에는 현대적인 건축물에서 거의 대부분 생활하고 있다.

6. 우리나라 양반의 주(住)문화

주거 문화에서는 더위와 추위에 대비한 각각 한옥의 특징을 알 수 있다. 그리고 이 또한 특히 양반의 주거 문화의 특징에 가까우며 대체로 평민들은 여름에는 덥게 겨울에는 춥게 살았다.

우리나라는 겨울은 춥고 여름에는 더운 특징을 가진다. 그러므로 우리나라의 집은 더운 날에는 시원하게 해 주고 추운 날에는 따뜻하게 지낼 수 있는 구조여야 한다. 그래서 우리 조상들은 겨울을 위해서는 온돌을 만들었고 여름을 위해서는 대청을 만들었다. 이것은 우리나라만의 독특한 집 구조이다. 온돌은 바닥을 가열하여 난방을 하는 것인데, 양반들은 겨울 내내 온돌에서 따뜻한 생활을 하였고, 상민이나 천민 등 여러 계급들은 그렇지 못한 사람이 더 많았다. 이러한 난방을 하기 때문에 우리는 방에 신을 벗고 들어가는 생활방식으로 집 구조가 바뀌게 된 것이다. 또한 한옥의 지붕은 처마가

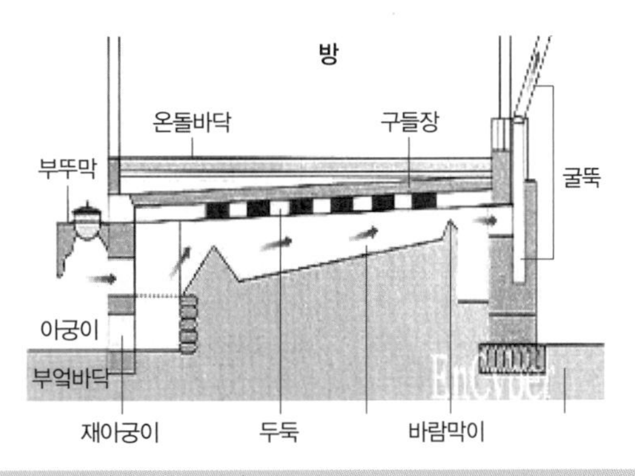

그림 11.19 한국 가옥의 대청마루와 온돌의 구조

많이 빠져나와 있어 여름의 햇볕이 집에 들지 않도록 되어 있고, 마루라서 바닥이 시원하고 앞뒤가 개방되어 있어 맞바람이 치도록 되어 있어 여름에 매우 시원하다. 온돌은 방바닥에 넓고 편평한 돌(구들장)을 놓아 만든다. 아궁이에 나무를 때면 그 뜨거워진 공기가 구들장 밑을 지나가면서 방을 따뜻하게 해 주고 굴뚝을 통해 연기가 나가게 된다. 즉 대청마루가 여름을 시원하게 보내기 위한 구조라면 온돌은 추운 겨울을 위한 난방 시설에 해당된다.

11.2 기후와 물과 농업

11.2.1 농작물의 생육장해를 가져오는 기후

농작물을 심어서 가꾸는 가운데 갑자기 예년의 기후가 아닌 특별한 기상조건을 나타내었을 때 생육장해를 입는다. 그러나 이러한 경우에도 기간에 관계없이 사전 예측을 하면 그 피해를 줄이는 조치에 있어 여유를 가질 수가 있다.

1. 여름철 저온 기후

여름철 저온은 대부분의 농작물에 냉해를 입힌다. 농작물에 나타나는 저온피해는 생장과 발육을 억제하여 제때 개화 결실을 못 맺게 하는 지연형 냉해와 벼의 경우와 같이 감수분열기에 들어간 벼가 17℃ 이하의 저온을 만나서 모두 쭉정이가 되는 장해형 냉해가 있다. 이러한 피해는 장기간의 저온현상일 때는 두 가지 경우가 모두 나타난다. 그러나 일시적인 저온피해는 장해형 냉해로 나타난다.

1980년과 1993년에 나타난 저온현상은 지연형과 장해형 냉해를 동반하였고, 1988년 8월 중순에 태백준고랭지대에 나타난 냉해는 전형적인 장해형 냉해였다. 여름철 우리나라에 나타나는 저온현상은 주로 오호츠크 고기압의 확장이 원인이 되는 동해형 냉해인데, 이 냉해는 그 기간이 길고 피해가 크다. 동해형 냉해는 우리나라를 종단하여 그 동쪽에 피해가 큰 것이 특징이다. 한 예로 1972년 8월 하순에 겨울철 기압 배치와 같이 북서쪽에서 찬 성질의 대륙고기압이 영향을 주어 장해형 냉해를 입은 경우가 있다. 이 경우에는 우리나라 서쪽이 피해를 입게 되는 특징이 있다.

1993년의 저온현상은 1992/93 엘니뇨가 쇠퇴하는 해에 나타났지만, 그것이 엘니뇨의 영향이라는 확증은 아직 없다.

2. 여름철 고온 기후

지나친 고온은 농작물에 고온피해를 준다. 보리나 밀은 5월과 6월에 기온이 너무 높으면 하고현상(夏枯現象)이 심해져 소출이 준다. 여름작물은 주기적인 날씨의 변화 없이 지나친 고온이 연속되면 생육의 저조, 결실불량 등으로 피해가 나타난다. 같은 작물이라도 열대 지방보다 온대 지방에서 재배하면 소출이 높은 것은 여름철에도 기온이 열대 지방보다 낮고 일교차가 크기 때문이다.

여름철 고온피해가 나타난 해는 1984년 8월 전북지방에서 벼의 결실장해로 나타났고, 최근에는 1994년 7월에 고온현상이 나타나 연속된 열대야 현상으로 기록을 세웠지만, 그해는 고온피해보다 가뭄과 건조로 인한 물 부족이 문제가 되었다. 1994년도 엘니뇨가 시작된 해이지만 그러한 고온현상이 엘니뇨가 원인이 되었다는 확증이 없다.

3. 겨울철 혹한

겨울철 혹한은 과수, 뽕나무와 같은 영년생작물을 얼어죽게 하고 보리, 밀, 마늘, 유채 등 한데서 재배하는 월동작물을 얼어죽게 한다. 1977년 1월과 2월의 혹한은 중부지방의 보리와 밀을 얼어죽게 하였고, 1980년 12월의 혹한은 중부지방의 감나무 등 과수의 가지를 얼어죽게 하였다. 그러나 엘니뇨 해에는 혹한의 기록은 찾아볼 수 없다.

4. 따뜻한 겨울 기후

따뜻한 겨울은 햇볕이 좋으면 겨울농사에 더없이 좋겠지만, 우리나라는 겨울철 온도가 평년보다 높으면 일조시간이 줄어드는 특징이 있어 난동(暖冬)이 겨울농사에 좋다고 할 수 없다. 겨울농사라고 하면 겨울철에도 싱싱한 채소를 생산하는 비닐하우스 또는 온실과 같은 시설에서 재배하는 농사를 말한다. 시설재배는 우리나라와 같이 중위도에

자리 잡은 나라에서 1970년대 이후에 활발해진 농업의 한 형태이다. 시설재배를 전천후농업이라고 하여 시설 내의 온도만 작물생육에 지장이 없도록 해 주면 된다고 생각하기 쉽지만, 알고 보면 작물생산의 에너지원인 햇볕이 모자라면 산업으로서는 실패하게 되어 있다.

우리나라는 거대한 유라시아대륙의 동쪽에 위치하여 한서의 차가 크고 겨울의 혹독한 추위가 기후의 특징이지만 1987년 이후에는 난동으로 경과되었다. 난동의 원인으로는 주로 저기압을 들 수 있고, 저기압은 구름 낀 날 또는 비가 오는 날씨의 특징이 있기 때문에 일조시간이 줄어들게 된다. 난동은 낮에 햇볕이 적어 작물의 광합성은 저조하고, 시설에 가온함에 따라 작물은 웃자라게 되어 작물의 생장률이 떨어진다. 계속되는 이러한 날씨로 인해 마침내 채소값이 올라가고 채소의 품질마저 떨어지게 된다. 따라서 시설재배에는 적어도 우리나라의 겨울 날씨의 특징이라고 하는 삼한사온이 제격이라고 할 수 있다.

그리고 또 하나 난동이 한데서 재배하는 월동 농작물에 피해를 주는 것은 일평균 기온이 영상 4℃ 이상으로 일주일 이상 경과하여 작물의 생육이 시작되다가, 그 뒤에 다시 겨울 날씨로 돌아오면 치명적인 피해를 받는 것이다.

엘니뇨 기후의 특징이 우리나라와 일본을 포함한 동아시아 일부 지역에 나타나는 난동현상이라고 하지만, 우리나라는 이미 1987년 이후 거의 난동으로 경과하였으니 이에 대하여 설명할 길이 아직 없다.

5. 농작물에 병충해를 불러오는 기상 조건

농작물에 병충해를 불러오는 기상 조건을 엄격하게 따진다면 기상이변이라고 할 수 있을 것이다.

1993년에 여름철 저온이 왔을 때 처음에는 일조시간이 적지는 않았지만 차츰 흐리고 비오는 날이 많아 벼에 치명적인 병인 도열병이 만연하여 냉해와 병해가 겹쳐서 더욱 큰 피해를 입었다. 이렇게 병의 발생과 전파를 유도하는 기상 조건은 농작물의 정상 생육이 가능한 날씨에서는 드물다.

그러나 벼멸구와 같이 풍년 날씨에도 극성을 부리는 해충이 있다. 벼멸구는 우리나라에서는 겨울에는 얼어서 사멸하지만 해마다 중국 남부에서 초여름부터 여름에 걸쳐 남서기류를 타고 우리나라에 날아오기 때문에 비래해충(飛來害蟲)이라고 한다. 알려진 바로는 중국 남부에 저기압이 형성되면 그때 상승기류를 타고 멸구가 비상하여 우리나라로 날아온다고 한다. 상승기류를 타고 날아온 멸구는 강우 또는 하강기류를 타고 우리나라의 벼논에 앉으면 그때부터 번식하기 시작하여 피해를 준다. 날아와 앉은 멸구는 온도가 높으면 그 번식 속도가 빨라진다. 멸구의 피해는 날아온 멸구의 개체수와 경과 기온에 따라서 그 피해 정도 또는 농약의 사용량이 결정된다.

1976년과 1983년의 벼멸구 피해는 기록적이었고, 1997년도 벼멸구의 밀도와 분포지역으로 보면 그에 버금가지만 피해를 줄이기 위한 갖은 노력의 결과로 풍년을 누리게 되었다. 이렇게 보면 멸구가 날아온 것과 엘니뇨는 관계가 있는 것 같기도 하지만 이에 대한 것도 확증은 없다.

11.3 기후와 건강

인간은 유사 이래 전대미문의 지구 환경의 변화를 초래하였다. 화석연료를 이용하여 경제가 발전하였으나 이산화탄소 메탄가스로 대표되는 온실가스를 대기에 축적시켜 지구적 기후에 중대한 변화를 유발하고 있다.

대기온도의 기록이 시작된 1850년대 이래 지구 평균 기온은 지난 30년간 0.6℃ 상승하였다. 정부 간 기후변화 협의체(Intergovernmental Panel on Climate Change, IPCC)는 다가올 100년 동안 온도가 1.8~5.8℃ 상승하고 해수면은 9~88cm 상승하리라고 예측한 보고서를 발표하였다(Climate change, 2007). 온도 상승은 적도 지역에서 보다 고위도 지역인 극지방에서 두드러진다. 대기에서 이산화탄소의 존재 가능 기간은 100년을 상회하고 있어 현재 지구상에 생활하고 있는 인류의 행동유형은 미래세대에 영향을 끼칠 것이다. 기후변화, 특히 대기 온도 상승은 이미 지구상의 여러 곳에서 물리적·생물학적 체계에 다양한 영향을 끼치고 있는 증거를 관찰했다고 IPCC는 결론지었다(IPCC 2001a and 2001b). 이른 봄철에 강, 호수에서 얼음의 조기 해빙, 식물과 동물들의 생존 가능한 지역이 고위도 지역으로 확산되는 것도 그 예이다. 해빙기 툰드라 지역에서 산출되는 메탄 같은 탄소물질이 축적되면 대기 온도의 상승이 가속화되는 일종의 악순환으로써 양의 되먹임 현상(positive feedback) 때문에 지구온난화가 촉진되고, 해양의 물 순환의 속도 저하로 온수가 북부 대서양으로 이동하여 그린란드의 얼음이 해빙되고(Rignot E et al., 2006), 서부 남극의 얼음판이 녹아내리는 등 대규모로 지구체계의 비가역적 변화 가능성도 예견된다. 이러한 사건은 가능성은 높지 않으나 기후변화의 속도와 기간에 의해 영향을 받아 변할 수도 있다(Patz JA et al., 2000).

11.3.1 대기오염과 건강

대기오염의 건강에 대한 영향은 여름 또는 기온이 높은 시기와 관련성이 큰 경향이 있다. 오존농도는 기온이 높을 때 상승하며, 오존 상승은 사망률의 증가와 관련이 있음이 관찰되었다(Thurston GD et al., 2001). 기후변화는 산불과 관련이 있고 말레이시아, 브라질 등에서는 산불이 증가하면 호흡기 질환 환자가 증가한다(Weterling AL et al., 2006). 유사한 예를 들자면 1998년 플로리다에서 산불이 발생하여 천식, 기관지염, 흉부통증 환자의 증가로 응급실을 방문한 횟수가 빈번해졌다는 기록이 대기오염과 질병 발생의 개연성을 시사하고 있다(Morb Mortal Wkly Rep, 1999).

11.3.2 엘니뇨와 건강

엘니뇨는 원래 어원적 의미로는 어린 예수라는 뜻이지만 기후학적으로는 페루 에콰도르 해변에 성탄절을 전후하여 온수가 나타나는 현상을 의미한다. 불규칙하게 2년에서 7년마다 수온 상승이 발생하며 그 지속기간은 12～18개월 동안이다. 엘니뇨 이후 정산적인 남미 지역의 차가운 해저 용수의 상승으로 적도 지역의 수온 하강기를 라니냐라 칭한다. 남미에서 엘니뇨는 서부 해안에 과다 강우량과 뒤따라 발생되는 홍수 범람으로 연결되지만 지구상의 다른 지역에서는 가뭄 등 또 다른 기후현상이 발생한다. 원인으로 설명하는 기전은 적도에서 열전도 고리의 변화가 기후 유형을 바꾸기 때문에 발생하는 것으로 연구되었다. 예를 들어 동남아시아에서 또 인도네시아나 남아프리카에서 한발이 엘니뇨기에 발생하는 데 반해 미국 남서부, 아르헨티나, 케냐에서는 홍수와 범람이 발생할 수 있는 것이다.

엘니뇨기에 발생되는 질병유형을 분석한 결과 남미와 동남아시아에서 말라리아 발생과 관련이 깊은 사실을 관찰하였다. 건조 지역에서 강우와 다습 지역에서 가뭄 같은 단기간 동안에 발생되는 비전형적 기후에 의한 영향인 것으로 연구되었다. 또한 뎅기열, 한타바이러스 질환, 콜레라, 머레이 계곡 뇌염 등도 다소간의 증거 차이는 있지만 엘니뇨와 관련이 있다고 추정되고 있다(Kovats RS et al., 2003).

지구 전체로 보면 엘니뇨 현상과 가뭄 같은 자연재해를 겪는 인구 간에도 관련성이 있다. 기후변화에 의해 엘니뇨가 어떻게 영향을 받는지는 잘 알려져 있지 않다.

11.3.3 가뭄과 건강

개발도상국가의 국민들은 홍수 지역, 해변, 공중보건환경의 열악성, 상대적인 경제적 결핍 등으로 홍수와 범람에 취약할 수밖에 없다. 건강에 미치는 영향은 기계적 부상이나 손상, 설사, 영양실조 등이 발생될 수 있다. 인구밀집으로 호흡기 감염이 증가하고, 가정의 손실과 경제적 손해는 불안, 우울증 같은 신경정신질환의 증가를 초래한다. 자살도 증가하고 어린이들의 행동장애도 증가할 수 있다(Carro E et al., 2003). 해수면 고도의 상승은 해변 거주 지역에서 삶의 위험도를 높인다.

가뭄은 식량생산의 감소를 가져올 뿐만 아니라 목욕과 세탁, 청소 등 청결에 사용하기보다 음식조리에 물을 사용해야 하기 때문에 위생수준이 저하되어 건강에 영향을 끼칠 수 있다. 학질의 창궐은 모기 생활 장소의 변화로 가뭄기에 발생될 수 있다.

11.3.4 고온과 건강

극심한 더위(열파, heat wave), 다시 말해 열 스트레스로 묘사할 수 있는 기후변화의 발생빈도가 증가되고 있는데, 예를 들면 1976년 영국에서 극심한 더위인 열파는 310년을 주기로 발생하는 아주 드문 일이었으나 40여 년이 흘러 2050년에는 5~6년을 주기로 발생될 수 있다.

도심에서 열섬(heat island) 효과는 콘크리트나 아스팔트 같은 열 보존 표면이 풍부한 도시에서 농촌보다 대기 온도를 상승시키는 결과를 일으킨다. 1995년 미국 시카고에서 일주일간 지속된 열파는 고온 관련 사망자수가 700명 이상이 되는 결과를 초래하였다(Whitman S et al., 1997). 평년보다 악화된 사망률이 관측되었고, 초과 사망의 주된 요인은 심혈관 · 뇌혈관 · 호흡기 질환으로 파악되었으며 노인이나 기존 질환이 있던 인구층에서는 그 정도가 심하였다.

상당수는 감수성 높은 인구 집단에서 사망이 발생되었지만 예방이 가능한 사람 수도 적지 않았다. 2003년 유럽에서의 열파에서 수천 명이 사망한 사건도 이런 위협을 충분히 대처하지 못한 결과이다(Dorozynski A., 2003). 미국의 보고에서는 같은 지역에서도 한랭 기후를 가진 도시에서 온난한 기후 지역보다 더 많은 열파 관련 사망자가 발생한 것을 알 수 있다(Kalkstein LS et al., 1997). 온난지역에서는 어느 정도의 고온은 극복할 수 있기 때문이다. 기후 적응에는 여러 가지 다양한 기전이 존재하는데 그중에는 상당한 생리학적 기전, 행동양상, 기술적 기전을 통해 발생될 수 있다. 기후변화에 따르는 이상반응(기후의 부작용)을 이런 기전으로 이겨나갈 수 있는지는 명확하지 않다. 고온 관련 사망률 증가는 지역에 따라 한파 관련 사망 감소로 중증도가 줄어들 수도 있다.

11.3.5 알레르기

온난한 겨울은 꽃가루 시절을 앞당겨 알레르기 빈도를 증가시킨다. 이산화탄소 농도의 상승은 실내외에서 쑥 꽃가루 발생 시기를 장기화시켰다(Ziska LH., 2003). 따라서 기후변화는 알레르기성 비염 발생을 증가시키고 증상의 강도와 지속기간을 연장시킨다.

11.3.6 감염질환

온도, 습도, 강우, 해수면 상승은 모두 감염질환의 발생빈도에 영향을 준다. 모기, 진드기, 벼룩 등은 온도, 습도 변화에 민감하다. 그렇지만 곤충원인성 질환(vector borne diseases)은 상호작용하는 여러 요소의 영향에 따라 반응한다. 김호 등(1999)은 재출현하는 감염질환, 사람과 동물의 이동, 공중보건제도의 몰락, 침체, 토지사용의 변화와 약제 내성 출현도 이러한 현상에 일조함을 보고하였다.

말라리아는 101개국에서 발생하며 지구 인구의 40%가 말라리아 발생지역에 살고 있다(Greenwood B et al., 2002). 세계보건기구의 통계는 매년 100~200만 명의 환자가 발생하는데 어린이 환자가 상당수를 차지하고 있는 실정이다. 아프리카에서는 기후에 따라 분포 지역이 다르다. Lindsay SW 등(1998)은 많은 나라에서 효과적인 공중보건 체계로 말라리아 전파를 제한시키고 있다고 보고하였다.

말라리아의 생물학적 모델을 위시한 여러 가지 유형을 이용한 방법과 현재 역학을 기초로 한 통계 경험적 접근법 등 기후변화와 관련한 말라리아 위험도를 평가하는 다양한 방법이 있다. 특정 기후 조건에서 발생될 수 있는 말라리아 연구에 따르면 2080년도에는 80억 지구 인구 중에서 말라리아 전파 가능 지역에 거주하는 인구를 2억 6,000만 명에서 3억 2,000만 명으로 추정하였다(Martens P et al., 1999). 이러한 추산은 말라리아 감염을 경험할 인구가 2~4% 증가함을 의미한다. 또 다른 방법인 통계 경험적 산출 방법으로 평가하면 2080년까지 지구 인구에서 말라리아 전파 지역에 거주하는 인구의 변화는 현재와 비교할 때 차이가 거의 없다(Rogers DJ et al., 2000). 그러나 이 추계는 실제 말라리아가 전파되는 지역에서 기후변화의 효과를 무시한 방법이라는 것을 유념해야 할 것이다. 그리고 최근 기후변화의 영향을 포함하는 가설을 바탕으로 추산을 하면 아프리카에서 2100년까지 5~7% 감염 가능 인구가 증가하는데, 이 경우에도 말라리아 확산은 고위도상의 지역으로 확산하는 것보다는 저지대에서 고지대로 변화하는 것이 주요소였다.

Tanser(2003)는 총체적 말라리아 노출 위험의 증가는 전파 가능한 계절이 연장되는 이유로 인하여 16~28%로 추정하였고, 이 연구는 기생충 검색에 대한 공간과 시간을 유효화시킨 자료를 변수로 포함하여 광범위한 분석을 바탕으로 한 것이다. 기후변화는 중앙아시아나 과거 소비에트 연방의 남부에서처럼 공중보건체계가 충분한 기능을 발휘하지 못하는 지역에서 말라리아의 부활에 지대한 역할을 할 것이다. 말라리아는 제거되었지만 모기 같은 전달매개체(Vector)가 지속적으로 존재하는 지역에서는 기후변화로 인한 국소적 말라리아 창궐이 이론적이지만 소규모로 발생할 가능성이 존재한다. 발전적 변화로 판단하자면 항상 논란의 여지가 있을 수 있다.

연구실에서 실험한 결과이지만 모기 내 뎅기바이러스 번식비율은 온도 상승과 비례함이 관찰되었다. 이 상황을 바탕으로 하여 뎅기열 발생에 대한 온도 상승의 효과를 연구하기 위하여 생물학적 상황에 기초를 둔 모델이 개발되었다. 감수성을 지닌 인간들에게 바이러스가 침범하는 조건과 아울러 장래 발생이 가능한 기후변화를 투사해 본다면, 상대적으로 미세한 기온의 상승이 온대 지역에서 발생할 경우 뎅기열의 유행이 증폭될 것이다(Patz JA et al., 1998). 모기가 전파시키는 아보바이러스(Arbovirus) 뇌염 등의 감염증, 예를 들어 세인트루이스 뇌염 바이러스, 웨스트나일 바이러스 감염은 기후인자에 의한 영향을 받는다(Epstein PR., 2001). 특히 가뭄에 의한 영향이 많은데, 1999년 여름 미국에 서부나일 바이러스 발생이 보고된 시기에 뉴욕의 7월 기온이 역사적으로 가장 높았던 것은 가뭄 시기에 발생하는 감염질환 증가의 예를 보여 주었다. 또 다른 예로 중동과 동유럽에서 가뭄이 발생하고 난 뒤에 모기매개체 감염증이 크게 전파되어 창궐하였다.

1. 레슈마니아증

남부 유럽과 레슈마니아증(Leishmaniasis), 아시아 일부 지역에서 레슈마니아증은 인간 면역결핍 바이러스(HIV) 감염증과 동시 감염증으로 중요한 질환이 되었다. 기후변화에 민감한 매개체 간에는 차이가 있을 것이다. 예를 들면 이탈리아의 연구는 기후변화가 한 종류 매개체는 확장시킨 반면 다른 매개체는 감소시켰음을 보여 주었다. 기후의 변화는 중남미 지역과 남서부 아시아에서 매개체의 지역적 분포를 확산시킬 수 있음이 확인되었다(Haines A et al., 2004).

2. 진드기 매개 질환

기후변화의 영향으로 진드기 매개 질환인 라임병과 검불티푸스, 로키산맥 발진열, 진드기 매개 뇌염 발생에 대한 기후변화의 영향에 여러 가지 조사, 연구보고들이 있다.

진드기 분포는 진드기 생활에 필요한 기온과 습도가 결정적 요인으로 작용한다. 스웨덴에서는 지역적 진드기 분포의 확산이 따뜻한 겨울이 있던 시기에 관찰되었으며(Lindgren E et al., 2000), 이때 진드기 매개 질환의 발생이 증가되었다. 유럽에서 진드기 뇌염의 통계 모델을 가지고 응용한 결과 고위도 지역 그리고 고산 지역으로까지 확산될 수 있음이 연구되었다. 그렇지만 중부 유럽의 기온 변화가 진드기 생활상의 변화를 유발하고 진드기의 생활순환 고리가 변화를 초래한 결과 진드기 뇌염은 거의 사라지게 됨을 관찰하게 되었다. 그런 반면, 경작지 사용의 변화와 사슴의 숫자가 증가된 미국 동부에서는 라임병이 증가되는 것이 보고되었다(LoGiudice K et al., 2003).

3. 설치류 매개 질환

1993년 미국 남서부에서 한타바이러스 폐증후군의 출현은 엘니뇨에 의한 폭우와 뒤이은 가뭄에 따라 이 지역에서 설치류가 증가하고 증가한 설치류에 의하여 한타바이러스 감염이 유행된 것으로 이해할 수 있다(김 · 우, 1999; Glass GE et al., 2000). 과도한 홍수와 태풍, 허리케인은 또 렙토스피라증의 폭발적 발생을 유발하였다. 1995년 폭우와 범람에 뒤이은 니카라과에서 렙토스피라증이 폭발적으로 발생된 것 역시 설치류 매개 질환 증가의 한 예이다. 증례 대조군 연구결과를 보면 홍수로 범람한 지역을 도보로 여행할 경우 렙토스피라증에 이환될 위험도가 15배나 증가했음이 지적되었다(Trevejo RT et al., 1998).

11.3.7 수인성 질환

세계적으로 10억 정도 되는 정도 되는 인구가 안전한 식수 공급원을 가지고 있지 못하다. 식수에 대한 기후변화의 영향을 산출하는 모델은 기후변화 가상도에 여러 가지 변이와 차이가 있음을 보여 주었다. 지역적으로는 남부 아프리카 , 서부 아프리카 그리고 중동지역에서 충분한 물의 이용에 여러 가지 난관이 있다. 그렇지만 물이 부족한 지역에서 할 수 없이 한 가지 물로 마시고 씻고 세척하는 물, 즉 여러 가지 용도로 사용할 때 오염이 증가됨은 잘 알려져 있지만, 이 사실을 수인성 질환의 직접 원인으로 결부시키는 것은 용이하지 않다. 겨울에 홍수가 증가하고 여름에 건조해지는 지역이 늘어나며 수인성 질환이 2배로 증가한다. 크립토스포리디움 감염의 폭발적 유행이 미국에서 폭우가 있던 시기와 일치했음은 시사하는 바가 크다(Curriero FC et al., 2001).

해수면 온도 상승으로 해조류 번식이 증가하면 세균 번식 또한 증가하게 되는데, 이것은 콜레라의 유행과 연관이 있다. 방글라데시에서 1983~1940년 사이에 발생한 콜레라는 엘니뇨와 관련성이 없지만, 1980~2001년까지에서 생긴 콜레라는 엘니뇨와 연관이 깊고 엘니뇨 현상이 강해질 때 번성했음을 알 수 있다(Rodo X et al., 2002).

11.3.8 영양결핍

유엔식량농업기구는 개발도상국가의 7억 9,000만 명이 영양결핍 상태라고 보고하였다. 식량생산에 대한 기후변화의 영향으로 고위도 지역과 중위도 지역에서는 곡물생산이 증가한 반면 저위도 지역에서는 감소하였다. 특히 아프리카에서는 기후변화로 인하여 가뭄 지역이 증가하였기 때문에 기후변화는 곡물생산의 감소가 유발되어 결과적으로 이 지역 주민의 영양상태를 악화시켰다(Haines A et al., 2004).

11.3.9 기후변화와 공중보건

히포크라테스 이후부터 날씨와 기후는 사람의 건강에 영향을 끼치는 것으로 알려졌다. 극심한 더위는 고체온증을 유발하고 추위는 저체온증, 가뭄은 기아상태를 야기하였다. 홍수, 태풍, 허리케인, 돌풍, 산불과 지진 등의 자연재해는 인체에 대한 부상과 탈골, 그리고 사망에 이르게 하였다(Ahern M et al., 2005; Nelson S et al., 2006; Westerling AL et al., 2006).

열대성 질환은 특정 기후 지역에서 발병하였는데, 예를 들어 말라리아, 리프트계곡열(Rift valley fever), 흑사병, 뎅기열 같은 매개체성 질환의 분포와 위험도에 기후와 날씨는 밀접한 관계를 지니고 있다. 날씨는 또 식품매개 질환, 수인성 질환 그리고 한타바이러스, 에볼라바이러스 출혈열, 서부나일바이러스 질환 등 신종 감염증에도 상당한 영향력을 행사하고 있다.

세계의 기후는 수천 년 동안 상대적으로 안정되었으며, 대기 중 이산화탄소 농도가 일정하게 유지되었다. 그러나 19세기 후반부터 이산화탄소, 메탄, 기타 온실가스 농도가 증가하기 시작하면서 기후변화가 나타나기 시작하였다. 그 예로 지구의 평균 기온이 1860년 이후 지금까지 대략 0.6℃ 상승하였고 강우의 유형이 여러 지역에서 변화하였으며, 해수면의 높이가 상승하였다(Solomon S et al., 2007)

심한 폭풍이 빈번해졌다는 증거가 쌓였지만(Emmanuel K., 2006) 이에 대한 과학적 연구는 아직 충분하지 않았다. 지구에서 이산화탄소 배출은 계속 증가하고 있고, 이산화탄소 증가는 향후 대기에서 약 100년간 지속되기 때문에 기후는 예측 가능한 미래까지는 계속 변화할 것으로 추정된다. 2100년까지 미래 예측 모델을 이용하면 지구의 평균 기온은 1.8~4.0℃까지 더 상승하고 해수면은 18~59cm까지 높아질 것이라는 결과를 보인다(Solomon S et al., 2007). 기후변화가 인체에 끼치는 건강 영향에 대한 연구는 상당히 많다. 주요 관심사는 심한 날씨 변동과 극심한 더위와 관련된 손상 및 사망률이다. 모기, 파리, 곤충 같은 매개체들의 생활상의 변화, 물오염, 음식오염에 관련된 감염 질환이나 부상, 알레르기 물질의 생산 증가와 연관된 알레르기 증상, 대기오염 악화와 관련된 호흡기 질환, 순환기 질환, 음식물 생산의 감소 등과 관련된 영양부족도 주요 관심사에 포함될 수 있다(McMichael AJ et al., 2006).

간접적 관심사는 다시 말해 이를 지지할 근거는 불충분하지만 날씨 변동에 따른 영향을 받는 것으로 판단되는 정신적 건강, 인구 혼란, 시민투쟁 등이다. 게다가 해충, 기생충, 야생가축, 농업, 삼림과 해양생물에 영향을 주는 병원성생물의 유형 변화는 환경계를 구조와 기능적 차원에서 변화를 유발하여 이들의 생활기반이 바뀌고, 변화된 생활기반은 곧 인간 건강에 지대한 영향력을 나타내게 하는 연결고리를 보이는 것이다(Frumkin H et al., 2008). 기후변화가 사람 건강에 영향을 끼치는 증거는 여러 가지가 있다. 그중에 세계보건기구(World Health organization, WHO)는 2000년에 기후변화로 인한 지구상 질병의 결과로 매년 15만 명 이상의 인구가 추가로 사망한 것으로 추산하였다(Patz JA et al., 2005).

개개의 날씨 여건이 기후변화의 요인이라고 할 수는 없더라도 허리케인 카트리나 같은 폭풍이 증가하는 상황에 대하여 미국은 각 주나 연방의 공중보건기획가, 전문가, 정책 입안가, 공중보건위원회 위원 등 모두가 기후변화의 중심에 건강을 놓고 계획을 세우며 행동하였다(Frumkin H. et al., 2008).

1994년 미국 공중보건기능조정위(Pulhic Health Function Steering Committe)에서 제시한 열 가지 공중보건 대책은 다음과 같다.

① 사회의 건강문제를 파악하고 해결하기 위하여 건강상태를 감시한다.
② 사회에서 건강문제와 위험을 진단하고 연구한다.
③ 건강주제에 대한 정보, 교육과 권한을 국민에게 제공한다.
④ 사회 건강문제 파악과 해결을 위한 협력과 행동을 동원한다.
⑤ 개인과 사회의 건강을 유지하기 위한 노력을 지지하는 정책 계획을 수립한다.
⑥ 건강보호와 안전을 보장하는 법과 규정을 강화한다.
⑦ 공중보건 서비스를 요구하는 국민과 다른 상황에서는 사용할 수 없는 공중보건 공급을 연계한다.
⑧ 능력 있는 공중보건과 개인 진료가 가능한 의료진을 확보한다.
⑨ 개인 건강과 인구보건의 효과 접근성과 질에 관하여 평가한다.
⑩ 건강문제에 관한 새로운 통찰력과 해결책의 개선에 대한 연구를 수행한다.

11.4 기후 지수

11.4.1 건조 지수

건조 지수는 어떤 지역의 건조 정도를 나타내는 수치로, 그 지역의 기온과 강수량에 의해 결정된다. 기온이 높고 강수량이 적으면 건조한 사막을 형성하고, 기온이 높고 강수량도 많으면 열대우림을, 그리고 기온이 낮고 강수량이 많으면 아한대 다우 기후를 형성한다. 프랑스의 E. de Martonne는 1926년 기온과 강수량 두 요소로 건조 지수(aridity index, AI)를 나타냈다. Martonne의 건조 지수는 다음과 같이 1년 강수량을 연평균 기온에 10을 더한 것으로 나눈 식으로 정의하고 있다.

$$AI = P/(T+10)$$

여기서 P는 연 강수량(mm)이고 T는 연평균 기온(℃)이다.

그리고 월별 건조 지수(AI)는 월 강수량(p)과 월평균 기온(t)에 의하여 다음과 같이 표시된다.

$$AI = p/(t+10)$$

여기서 AI의 크기는 식물 분포의 상태와 잘 부합되는 것으로 사막에서는 5 이하이며, 5~10은 스텝 기후 지역, 내륙의 건조 농업이 행해지는 곳은 10~20이고, 30 이상이면 삼림이 이루어지고 인류 생활에 알맞은 기후를 형성하게 된다.

11.4.2 건조 한계

건조 기후와 습윤 기후의 경계인 건조 한계에서는 그 지역에 강수로 공급되는 물의 양과 증발산으로 손실되는 양이 평형을 이룬다. 쾨펜은 건조 기후(BS, BW)와 습윤 기후(A, C, D)의 한계선을 정하기 위해서 강수량과 기온의 함수로 건조 한계(aridity boundary)를 정의하였다. 쾨펜은 강수량 중에서 직접 증발에 의하여 지면이 상실하는 물의 양을 고려하기 위하여 연 증발량을 좌우하는 기온을 도입하였고, 또 강수량이 여름에 많은지 겨울에 많은지에 따라서 각각 다른 식으로 표현하였다. 즉 쾨펜은 건조 한계를 다음과 같은 식으로 정의하였다.

연중 다우인 지방 $R/(T+7)=2$

여름에 다우인 지방 $R/(T+14)=2$

겨울에 다우인 지방 $R/T=2$

여기서 R은 연 강수량(mm)이고 T는 연평균 기온(℃)이다. 따라서 연 강수량이 이 식으로 계산된 값보다도 적은 지방은 건조 지역으로 분류한다. 이것을 초원 한계라고도

한다. 또한 더욱 건조한 기후는 앞의 것의 1/2의 강수량으로 사막 한계를 정하여 스텝 기후(BS)와 사막 기후(BW)를 분류한다. 이것을 초원 한계라고도 한다.

11.4.3 습도 계수

앞에서 언급한 여러 지수는 경험적으로 사실에 잘 부합되도록 만들어진 것인데, 옹스트룀(Angstrom)은 물리적 의미를 가지는 더 합리적인 것을 유도하고자 습도 계수(coefficient of humidity)를 제시하였다. 그는 100분을 단위로 시간을 r로 나타내고 r 시간 동안의 강수량을 N이라 할 때, 강수 강도 I(=N/r)가 일반적으로 기온 T에 따라 변화한다.

$$I = C \cdot \beta T$$

스웨덴의 관측 결과에서 c=1.0, β=1.07의 값을 얻었다. 따라서 강우가 계속된 시간 r(=N/i)은

$$r = N/i = N \cdot 1.07 - T$$

로 된다고 하였다. 이것을 습도 계수라 한다. 이식에서 t가 양(+)일 때는 건조 지수와 거의 같은 값이 된다. 건조 지수에서 기온값이 −10℃일 때는 무한대가 되어서 불연속적으로 변하므로 위의 관계를 그대로 쓸 수가 없게 되는 점을 개선하였다.

11.5 강수 효율과 기온 효율

식물의 성장이나 동물의 생활에는 기온이나 강수량에 못지않게 증발의 강도도 중요하다. 증발의 강도는 일반적으로 기온과 풍속, 습도 일사 등에 의해 좌우되며, 강수량은 계속적인 증발이 일어나는 원천이 된다. 따라서 기후의 특성을 고찰하기 위해서는 강수량과 증발량을 결합한 것과 기온과 증발량을 결합한 것을 강수량이나 기온 대신에 사용하는 것이 더 합리적이라고 말할 수가 있다. C. Warren Thornthwaite는 증발량의

중요성에 착안하여, 이를 고려한 강수 효율(precipitation effectiveness ratio)과 기온 효율(thermal efficiency ratio)을 도입하였다. Thornthwaite의 기후 구분은 전적으로 이 효율에 따라 결정된 것이다.

11.5.1 강수 효율

매월의 월 강수량, P를 월 증발량 E로 나눈 것을 P－E 비(P－E ratio)라 하며, 12개월 동안의 P–E 비의 합을 P–E 효율지수(Precipitation-Evaporation effectiveness index)라 한다. 증발량 측정치는 보통의 기후표에 별로 나와 있지 않으므로, 실제로는 증발량 대신에 기온을 사용한다. 그 까닭은 증발량이 온도의 함수이기 때문이고, 오차가 적어 편리하기 때문이다.

$$\text{강수와 증발량의 비(P－E ratio)} = 11.5\left(\frac{P}{T-10}\right)^{10/9}$$

또 강수효율 지수는 다음과 같다.

$$\text{강수효율 지수(P－E index)} = 10\sum(\text{P－E index})$$

여기서 기간은 1월에서 12월까지이다.

11.5.2 기온 효율

Thornthwaite의 기온 효율에는 매월의 월별 T－E 비와 12개월간의 총합인 T－E 지수가 있다. 기온 효율은 열에 관한 효율이므로 위도에 따라 큰 차이를 나타낸다.

$$\text{T－E 비} = (T-32)/4$$

$$\text{T－E 지수} = \sum(T_i-32)/4$$

여기서 i는 1월에서 12월까지이다.

고위도 지역은 단위면적당 받는 태양 에너지가 저위도 지역보다 적으므로 극지방의 기온 효율은 매우 작고 적도 지방에서는 크다. 따라서 극지방의 영구 동토대의 기온 효율을 0으로 볼 때 적도 지역인 열대 지방의 기온 효율은 128 이상이 된다. T−E 지수에 의하면 기후를 구분할 수 있다. 우리나라의 기온 효율에서 중강진 부근의 일부 고원지대가 D 기후를, 남부 지방은 B기후를 나타내고 P−E 지수와 T−E 지수의 관계도 구한다.

11.6 기후와 예술

우리의 문화 가운데는 기후를 표현한 예술 작품들이 다양하게 많다. 당시의 예술은 여러 분야에서 기후의 영향을 받은 특성이 두드러지게 나타나 있다. 예를 들어 무용은 각 지방의 기후에 따른 특징을 나타내며 기후의 영향을 받은 고전과 현대 무용으로 나눌 수 있다. 음악은 기후의 영향을 받아 계절을 노래하고 날씨와 음악, 악기에 영향을 미치는 기후로 분류할 수 있다. 미술 분야에서는 기후의 영향을 받은 미술작품, 기후가 작품에 끼친 영향, 그리고 기후에 따른 미술작품의 보존방법 등이 우리에게 큰 흥미를 안겨준다.

11.6.1 기후와 무용

무용은 자기를 표현하고자 하는 방법을 철저하게 몸을 통해 드러내어 실현하는 것이다. 춤은 삶의 표현이며 의식의 한 반영이다. 이러한 의식은 문화의 영향을 받아 발전하며 문화는 기후의 영향을 받은 것이다. 이러한 문화의 영향을 받은 각 지역의 독특한 무용을 민속무용이라고 한다. 대부분의 무용은 리듬이 비슷하여 문화권의 큰 차이는 보이지 않고 종교나 문화 그리고 계급의 차이로 움직임이 다르게 나타난다. 그러나 더운 곳과 추운 곳의 차이를 조금은 볼 수 있다. 더운 곳의 춤은 부드럽고 손을 이용한 동작이 많다. 반면에 추운 곳의 춤은 빠르고 약동적이며 온몸, 특히 발을 이용하는 격한 동작이 많다. 기후가 다른 각 지역의 무용을 민속무용과 현대무용으로 나누어 그 특징을 보면 다음과 같다.

1. 민속무용

(1) 인도

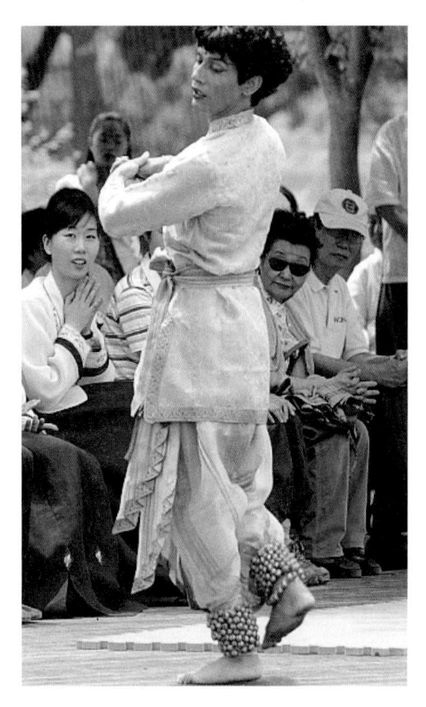

그림 11.20 인도의 민속 무용 '카탁'

인도의 무용은 기본적으로 손동작이 주를 이룬다. 인도의 대표적인 전통춤인 카탁(Kathak)은 신과 의사소통을 하면서 신과의 화합을 영적으로 찬양하는 춤이다. 발목에 수백 개의 방울을 차고 다양한 리듬을 만들어 나가며 추는 매우 다이내믹하고 매혹적인 춤사위를 가지고 있다.

(2) 캄보디아

'압사라'는 크메르 전통춤으로 캄보디아 황실 발레라고도 한다. '압사라'는 '천사'라는 의미로 '춤추는 여신'을 의미한다. 예전의 압사라들은 천상의 춤을 추는 신성한 사람들로 여겨져 왕궁에서 살았으며 결혼은 금지되었다고 한다. 압사라들이 추는 압사라 춤은 손동작이 복잡하고 화려하여 습득하기 어려운 춤으로 알려져 있다. 주변국인 태국의 전통춤과 비슷한 점을 많이 볼 수 있는데 캄보디아 사람들은 과거에 그들이 자신들의 무용을 훔

그림 11.21 캄보디아의 전통 춤 '압사라'

쳐갔다고 생각한다. 오늘날 앙코르사원 벽화의 손동작을 연구하여 새롭게 창조하는 노력이 활발하게 일어나고 있다.

(3) 러시아

러시아의 대표적 무용인 '트레팍'은 발레음악으로 호두까기 인형의 한 부분으로 속해 있는 러시아 전통무용으로 러시아 농민이 추는 2박자의 격렬한 춤이다. '코사크'는 러시아와 우크라이나의 코사크족의 민속무용으로 팔짱을 끼고 점점 내려 앉으며 다리를 번쩍번쩍 들어올리는 춤이다. 추위에 견디기 알맞은 춤으로 발전되었다.

(4) 몽골

북쪽의 시베리아와 남쪽의 중국 사이의 내륙에 위치한 몽고는 중앙아시아 북부의 북위 42~52도, 동경 87~120도에 걸쳐 있는 길쭉한 타원 모양의 나라이다. 연평균 강수량이 300mm 이내로서 매우 건조하고 긴 혹독한 추위의 겨울을 지니고 있는 나라이다. 대표적 무용인 '기마춤'은 말 타는 동작을 춤으로 표현한 유목민 춤이다. 여러 사람이 어우러져 추위를 이길 수 있고 말을 타는 습관에서 비롯되었다.

(5) 스위스

유럽을 횡단하는 알프스 산맥의 중앙부와 북방의 쥬라 산지와 그 분지를 포함한 나라로 스위스의 춤은 이와 같이 높은 산에서 생활하는 관계로 무거운 신을 신고 공기도 희박하여 전체적으로 느린 템포의 큰 동작의 춤이 많다. 그러나 운동량이 적은 데 비하여 표현적인 동작으로 보충하여 경쾌한 리듬에 맞추어서 즐겁게 춤춘다. 알프스 지방 특유의 란도라 스텝이며 첫발에 액센트를 두고 다음 발자국에는 발바닥 전부를 땅에 대고 미끄러지듯이 춤을 춘다. 손은 언제나 주먹을 쥐고 허리에 붙이는 것이 특징이다.

2. 현대무용

(1) 현대무용의 탄생 배경

현대무용은 이사도라 덩컨에 의해 창시되었는데, 이 무용가는 자연으로 돌아가야 한다고 주장했다. 이 배경은 발레에서 시작되는데 토슈즈를 신고 추는 춤이다. 중력을 거부하며 더 위로 가기를 추구하던 발레를 비판하며 중력을 인정하고 땅과 가까운 자연스러운 움직임을 창조하였다.

(2) 기후의 영향을 받은 현대무용 작품

대표적으로 '나 플로레스타(Na Floresta)'는 '숲'을 뜻하는 무용으로 아마존 열대우림의 아름다움을 예찬한 작품이다. 꿈틀거리는 원시의 생명력, 열대우림 주위를 휘돌고 있는 자연 그대로의 생생한 에너지, 사람과 자연과의 친밀한 교감이 작품 속에 담겨져 있다. 스페인 국립무용단의 천재 예술 감독인 나초 두아토는 스페인 특유의 민속적 정서를 이 작품을 통하여 서유럽풍의 세련미로 담아냈다.

우리나라 현대무용극인 "비님 오는 날"은 어린이를 위한 공연으로서 어릴 적 누구나 경험해 보았듯이 비오는 날 시골 숲속 길을 가면서 우산을 쓰고 놀았던 풍경을 묘사한 작품이다. 빗소리를 모티브로 만들어진 다채로운 장구 장단 가락에 우산과 다양한 몸짓 놀이가 결합되어 코믹한 재스처와 율동이 나타나는 작품이다.

11.6.2 기후와 음악

기후와 날씨 변동에 가장 큰 영향을 받는 예술의 한 분야가 음악이다. 기온이나 습도 바람 등 기후 요소들 혹은 기후 현상들은 직접적으로 음악의 소재로 이용되기도 하고 기후에 의해 악기의 소리가 달라지기도 한다. 날씨에 따라 사람들의 음악 선곡이 달라지며 기후에 따라 그 지방의 음악특색이 형성되기도 한다.

기후의 특징을 음악 작품의 제목으로 선정한 작품으로는 비발디의 "사계"와 "텍사스 토네이도 블루스", "세인트루이스 사이클론 블루스" 등이 대표적이다.

1. 계절을 노래하는 음악

(1) 봄을 노래한 음악

봄은 1년을 시작하는 계절로 만물이 소생하는 계절이다. 따라서 활기차고 힘찬 음악이

주를 이룬다. 비발디의 사계 중 "봄", 요한 스트라우스의 "봄의 왈츠"는 파릇파릇 돋아나는 새싹이 움트는 모습과 힘찬 대지의 맥박을 잘 묘사하고 있다. 봄의 기운을 만끽할 수 있는 곡으로는 베토벤 9번 교향곡 "합창" 중 4악장 "환희의 송가", 베토벤 바이올린 소나타 9번 a 장조 "봄 소나타", 슈만의 교향곡 1번 B장조 "봄" 등이 있다.

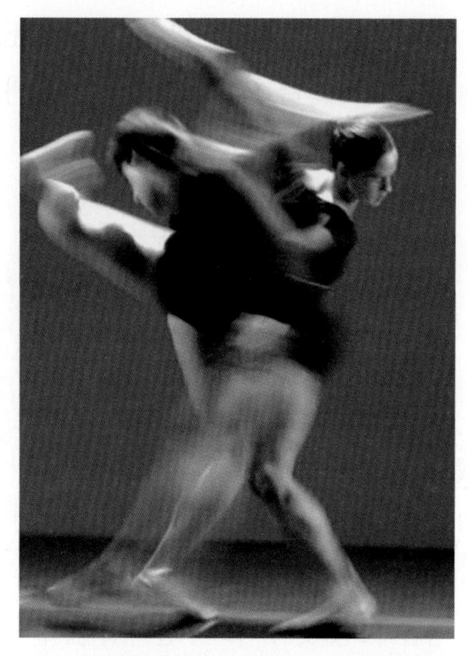

그림 11.22 현대 무용

(2) 여름을 노래한 음악

여름철은 야외에서 음악이 연주되는 계절이다. 여름철을 노래한 곡에서는 천둥 소리와 빗방울 소리를 묘사하여 더위가 가시게 할 만큼 오싹한 느낌을 주기도 한다. 여름철에 어울리는 음악으로는 거슈윈의 "포기와 베스" 중 "여름", "피서지에서 생긴 일", 말러의 3번 교향곡 "여름날의 꿈", 본 윌리엄스의 교향곡 1번 "바다", 멘델스존의 "한여름밤의 꿈"과 "고요한 바다와 행복한 항해" 등이 있다.

(3) 가을을 노래한 음악

가을철은 결실의 계절이며 깊이 있는 내면의 세계로 빠져드는 계절이다. 가을의 소재로 노래하는 대표적인 곡으로 "고엽"이 있다.

(4) 겨울을 노래한 음악

겨울은 밤이 길고 날씨가 추워서 실내에서 생활하는 시간이 많고 따라서 겨울철 실내 문화의 꽃인 음악회가 주 여가가 될 수 있는 좋은 기회를 제공한다. 차이코프스키의 음악은 거의가 겨울 내음을 풍기고 있다. 차이코프스키의 교향곡 1번 G단조 "겨울날의 몽상", 미하일 글링카 작곡의 "외로운 방울 소리", "어두운 밤", 러시아 설원을 달리는 마부들의 애환을 담은 “먼 길”, “끝없이 거친 들판” 등이 있다.

2. 날씨와 음악 요법

음악은 듣는 사람에게 신호로 작용하며 주의 환기로 받아들여진다. 또한 마음의 긴장을 풀어 주며 모든 장 기능, 신체 기관, 신체 조직의 활동을 변화시키고 불쾌한 소리를 지워 주며 불쾌한 심리 상태나 병적인 정신 상태를 바꾸어 주기도 한다. 사람은 음악을 의식하지 않으면서 자연스럽고도 솔직하게 받아들일 수 있다.

그러나 사람마다 날씨에 따라 느끼는 기분이나 감정이 다르다. 따라서 날씨에 따라 음악 선곡이 달라질 수 있다. 선곡 유형을 두 가지로 나눌 수 있다. 비 내리는 날씨의 우울하고 어두운 기분을 극복할 수 있게 만들어 주는 음악과 맑은 날의 상쾌하고 명랑한 기분처럼 생활을 더욱 활력 있게 만들어 주는 음악이 그것이다.

(1) 흐린 날의 기분에 어울리는 음악

쇼팽의 “빗방울”, 베토벤의 “운명 교향곡”, 드보르작의 “신세계 교향곡”, 브람스의 “대학축전 서곡”, 하이든의 현악 4중주곡인 “세레나데” 등이 대표작이다.

(2) 맑은 날의 상쾌한 기분처럼 생활을 활력 있게 만들어 주는 음악

슈베르트나 쇼팽 같은 낭만파 음악, 요한 슈트라우스의 “아름답고 푸른 도나우” 등의 왈츠곡, 멘델스존의 “바이올린 협주곡” 등은 우리들에게 잘 알려진 음악이다.

3. 악기에 영향을 미치는 기후

모든 악기는 기온과 습도에 민감한 영향을 받는다. 악기가 만들어지는 본고장인 유럽의 평균 날씨는 우리나라의 가을에 해당하는 기온과 습도일 때 최적의 악기 상태를 나타낸다.

“스트라디바리우스 바이올린”의 비밀은 ‘소빙하기(Little Ice Age)’ 때 자란 나무를 재료로 쓴 때문이다. 과학자들 사이에서는 미국 나이테 전문가 헨리 그리시노 마이어 박사와 기후학자인 로이드 버클 박사가 내놓은 ‘소빙하기 영향론’을 가장 설득력 있는 가설로 받아들이고 있다. 스트라디바리우스 바이올린에 사용된 재료는 유럽 소빙하기 때 자란 알프스 가문비 나무로써 추위로 느리게 성장해 촘촘해진 목재가 좋은 소리를 내는 데 결정적인 역할을 했다는 것이다. 스트라디바리우스는 이탈리아 크레모나 지역 출신의 명장(名匠) 안토니오 스트라디바리가 만든 일련의 현악기를 일컫는다.

그림 11.23 스트라디바리우스 바이올린

원래 아마티 가문 제자였던 스트라디바리는 1670년께 독립하여 그의 나이 92세로 생을 마감할 때까지 1,000여 대에 이르는 현악기를 만들었으며 현재는 600여 대가 남아 있다. 현존하는 스트라디바리우스 중 약 50여 개만이 연주에 사용되고 있다. 그 값은 무려 20억 원을 호가한다. 전문가들은 이 신비한 악기의 소리 비법을 연구해 봤지만 그만큼의 정교한 악기를 만들어 낼 수 없었다. 누구도 모방할 수 없는 악기의 비밀에 대해 다양한 추측이 제기되었다. 사람들은 음색의 비밀에 있어서 '목재 밀도'를 주목했다. 이 바이올린의 경우 다른 바이올린들과 다르게 목재가 훨씬 일정하고 조밀한 밀도를 보였는데 유럽 역사상 가장 추웠던 시기라 불리는 소빙하기의 '마운더 극소기(Maunder Minimum)' 에 이 명기가 탄생했다는 점과 관련이 깊다. 이 혹한기에 평소보다 급격이 떨어진 기온으로 나무가 정상적으로 성장할 수 없게 되었고 이 때문에 나이테가 촘촘해졌다는 이야기다.

마운더 극소기는 1650년에서 1720년경까지 대략 70년간 유럽과 북미 지역이 얼어붙었던 소빙하기이다.

바로 이 기간이 태양활동의 극소기(가장 작은 시기)로 이러한 현상을 연구 · 기록한 19세기의 태양천문학자 E. W. Maunder의 이름으로부터 '마운더 극소기' 라 하고 지구의 '소빙하기의 최근판' 이라는 기간이다. '소빙하기(AD 1350～1830)' 는 전 세계에 도래한 이상기온 하강으로 전 지구의 연평균 기온이 최대 1.5도가량 낮아졌던 시기로 가

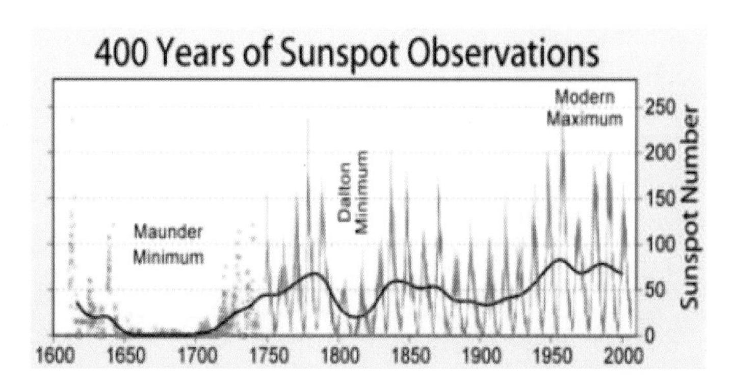

그림 11.24 마운더 극소기

장 심했던 때에는 영국 템스 강과 네덜란드의 연안이 얼었고, 가뭄 끝에 내린 폭우가 대홍수로 이어졌다고 한다.

우리나라에서는 조선 현종부터 숙종 연간에 이상기온 현상을 겪은 것으로 기록되어 있다. 함흥에서는 주먹만 한 우박이 내려 동물과 새가 맞아 죽었고 함경도에서 한여름에 서리가 내렸다고 한다. 기온이 하강하여 나무의 성장이 더뎌짐으로써 나이테가 촘촘하고 목질이 단단해져 스트라디바리는 바로 이 기간에 자란 알프스의 가문비나무를 재료로 바이올린을 제작하였다.

11.6.3 기후와 미술

1. 기후의 영향을 받은 미술작품과 작가

대표적으로서 프랑스의 알브레히트 알트도르퍼의 "알렉산드로스의 이수스 전투"를 들 수 있다. 알트도르퍼는 인물이 없이 풍경을 묘사하기 시작한 작가 중 하나이다. 그럼에도 불구하고 그의 가장 뛰어난 작품은 양식화된 한 종교적인 장면을 그린 그림이다. 그러나 그는 이 작품에서 그의 이전 채색사본인 "승리의 행진(triumphal procession)"에서 보여 줬던 많은 전투장면의 축소판을 더 발전시킨 형태로 나타나고 있다. 그럼에도 불구하고 "알렉산드로스의 이수스 전투"라는 작품이 그의 영역 밖에 있었던 탓인지 이 작품이 그의 가장 유명한 작품이 되었다. 이 작품에서는 구름과 태양 사이의 우주적 충

그림 11.25 알트도르퍼의 "알렉산드로스의 이수스 전투" (1529년)

돌이 일어나는 그 아래에 인간활동을 대비시킴으로써 인간 감정과 도덕 상태를 잘 묘사하였다.

또 다른 대표 작품으로 조지프 말로드 윌리엄 터너의 "비, 증기, 그리고 속도"는 비바람 속에 있는 증기 기관차는 부분적으로 자신의 모습을 드러내고 있다. 이 장면에서 알 수 있듯 인간이 만든 인위적인 기계와 속도들은 자연 앞에서는 나약한 존재라는 사실을 비바람과 기관차의 대립구조를 통해 나타내고 있다. 윈슬로 호머의 작품 "맥시코 만류"는 대기의 자연 상태를 아주 잘 묘사한 그림이다. "맥시코 만류"는 멕시코 만 해류를 표현하고 있다. 실제로 대서양의 북서부를 북동류하는 해류로서 플로리다 해류가 바하마 제도의 북단을 통과하는 부분에서부터 시작하는 난류라 풍부한 어장이 형성되는 특징이 있다. 이 작품에서는 식인상어와 거친 파도와 악천후 그리고 배까지 고장난 상황에서 생명의 위협을 받고 있는 흑인의 모습이 드러난다. 그리고 이 작품의 왼쪽 편을 보면 큰 배가 한 척 떠 있는데 흑인이 타고 있는 배와는 거리가 너무 멀리 떨어져서 구조받기도 힘들다. 작가는 이러한 상황을 통해 존재하지만 도달하기 힘든 사회의 모습을 보여 주고 있다. 클로드 모네의 작품으로서 "인상, 해돋이"는 모네가 프랑스에 있

그림 11.26 터너의 "비, 증기, 그리고 속도" (1844년)

그림 11.27 호머의 "맥시코 만류" (1899년)

는 르아브르라는 항구를 매우 거친 필치로 그린 작품이다. 모네는 이 작품에서 해를 높은 습도와 몽환적인 빛을 가진 상태로 묘사하였다. 이러한 세부묘사는 색의 농도 혹은 명암의 변화를 주기보다는 색온도의 다양성과 보색의 사용으로 해와 해를 둘러싸고 있는 하늘을 차별화시켜 보여 준다.

그림 11.28 모네의 "인상, 해돋이" (1872년)

그림 11.29 베르메르의 "델프트 시의 풍경" (1961년)

그림 11.29는 독일의 화가 요하네스 베르메르(1632~1675)가 그린 네덜란드 델프트 시의 전경이다. 층적운이 깔려 있는 하늘과 약한 강수가 내리는 강가 마을 전경이다. 이 그림 역시 기후의 표현을 잘 나타내고 있다(미국 NOAA, 2009).

11.6.4 기후에 영향을 받은 미술가

1. 반 고흐

반 고흐가 살다간 세기 말은 우울한 시대였다. 자본주의와 과학 문명의 급속한 발달에도 불구하고 사람들은 절망과 실의에 빠져 있었다. 리얼리즘과 인상주의가 시대적인 방황을 틈타 등장했으나 이들은 곧 한계를 드러내고 말았다. 본질적인 정신세계를 직시했던 고흐에게는 외부 세계의 물질적인 변화가 만족스럽지 않았다. 따라서 그의 회화 세계는 인간의 내면으로 향하게 되었고 그 안에서 끊임없는 갈등과 절망을 느껴야 했던 것이다. 또한 동시대의 인상파 화가들과 달리 고흐는 그들의 빛에 많은 불만을 품고 있었다. 그는 빛에 의해 반사되는 대상을 그리는 것이 아니라 태양 그 자체를 그리기 위해 노력했다.

태양은 그의 내적 세계를 신과 연결시켜 주는 절대적인 길이었다. 그래서 그의 작품에는 태양 그림이 많이 등장한다. 회오리치는 듯한 그의 태양들은 정신적인 혼돈의 세계를 대변하는 동시에 그 갈등의 폭만큼이나 거대한 희망을 상징한다. 해바라기를 닮은 화가 고흐, 미치광이 같은 그의 열정은 태양빛의 강렬함을 향해 고개를 들고 있는 해바라기와 너무도 흡사하게 닮아 있다. 그리고 고흐가 해바라기였다면, 강렬한 태양빛의 구원은 바로 그에게 그림을 그리는 일이었다. 산업화된 문명과 인간성이 상실된 시대로부터 고흐는 좌절감을 많이 느꼈다. 하지만 그의 탈출구는 외부에 있지 않았다. 자신의 몸속 깊은 곳, 치열한 내면 세계를 어떻게 예술로 풀어 나갈 것인지가 가장 큰 고민이었다.

그의 초기 그림들은 언제나 노동자와 농민 등 하층민의 그림으로 색조는 지극히 어두웠다. 그의 주변 생활과 풍경의 반영이었다. 그의 그림에 등장하는 인간들은 결코 귀족이나 귀부인들이 아니다. 농부, 광부, 직조공, 우체부 등 하나같이 가난하고 소외된 채 하루하루를 살아가는 인간 군상들로 고호 자신이 애정 있게 보아온 존재들이었다. 또한 그들이 생활에 사용하는 도구들도 상세하게 화폭에 담았다. 인상파의 영향을 받고 일본판화에 심취한 이후 그의 그림은 점점 밝아져 남프랑스로 가게 된 이후에는 이

그림 11.30 고흐의 "해바라기" (1887년)

글거리는 밝은 태양, 빛나는 별, 삼나무 숲, 카페, 강과 다리 등 맑고 밝은 풍광에 사로잡혀 오로지 그림만 그렸다. 주요 작품인 "해바라기"는 기후의 영향을 받는 자연의 일부를 잘 나타내고 있다.

반 고흐는 네덜란드에서 파리로, 또 파리에서 아를르로 조금이라도 태양에 가까이 접근하려고 따라간 셈이다. 그의 이러한 태양에 대한 집념은 해바라기를 닮은 것이라 할 수 있다. 해바라기의 형상이나 색채, 그리고 해를 향한 성질은 반 고흐의 내면적 원형이라 할 수 있고 또한 자신의 상징과도 같은 것이었다. 미묘한 톤의 파란색을 배경으로, 강렬한 변화의 노랑으로 모습을 드러낸 "해바라기"는 반 고흐가 동생에게 말했듯이, 오래 바라보고 있으면 풍부한 변화로 인해 태양에 대한 또는 생명에 대한 찬가를 부르고 있는 것 같다. 그는 자신의 강렬한 생명력을 해바라기를 통해 본 것이다. 1886년부터 그리기 시작한 해바라기는 처음에는 두 송이로 시작했다가 파리에 머물던 시기인 1887년에는 네 송이로 수가 늘어난다.

2. 폴 고갱

폴 고갱의 그림에서의 소재, 색채, 구도는 열대 습윤 기후의 영향을 크게 반영한다. 미에 대한 관점에서도 그는 원시적인 모습에 큰 관심을 가졌고 그것을 진정한 예술로 인정하였다. 그는 유럽 세계의 가공적인 미에 대항하는 여성 누드모델의 그림을 많이 그렸으며 기독교적 신앙에서 탈피하고 열대 습윤 기후의 원시종교의 영혼을 표현하는 데 심혈을 기울였다. "황색의 그리스도"가 대표적 작품이다. "황색의 그리스도"는 1889년에 그린 것으로 영혼의 세계에 살아 있는 예수 그리스도와 현실 세계에서 신앙의 삶을 영위하는 여인들을 한자리에 배치함으로써 내적인 것과 외적인 것의 종합을 이루고 있다. 고갱은 인간의 내면 중 종교적인 것, 장식적인 것을 주제로 그림을 그렸다. 기법면에서는 인상주의 극복이라는 의미에서 원색의 면에 검은 테두리를 쌓아 구획주의를 추구하였다. 대담한 변형과 왜곡, 강렬한 원색의 사용으로 장식적 효과를 냈으며, 이로써 화면의 평면화를 시도하였다. 그는 남태평양의 한 섬인 타히티로 옮겨가면서 기독

그림 11.31 고갱의 "황색의 그리스도" (1889년)

교와 원시적 토속 신앙의 결합이라는 특이한 예술 세계를 구축하였다. 증권거래인의 직업을 그만두고 아마추어 취미 작가에서 본격적인 직업 화가의 길로 들어선 고갱은 1886년부터 1890년에 걸친 5년간을 프랑스 지역인 브르타뉴에서 보내게 된다. 거기서 그는 신앙심이 두텁고 순박한 농민들의 단조롭고도 건실한 삶에 매료되어 그들을 주제로 많은 그림을 그리게 된다.

11.6.5 기후와 미술작품의 보존

미술 작품을 보존하는 데 가장 위험한 요소가 다름 아닌 태풍과 장마다. 특히 6, 7월에는 많은 양의 비가 장기간 집중적으로 내리기 때문에 대기 중에 습도가 지나치게 높다. 이때 발생하는 것이 곰팡이다. 곰팡이가 발육하는 데에 수분 · 온도 · 영양물질 · 산소 등이 필요하며 발생의 최적조건은 환경에 따라 차이가 있지만 대체로 온도 25～32℃, 습도 75～100% 환경 조건에서 곰팡이의 활동이 가장 높다. 곰팡이는 퀴퀴한 냄새로 사람들에게 불쾌감을 주며 각종 질병을 유발하고 귀중한 미술품의 열화와 변색을 일으키는 가장 큰 원인이 되고 있다.

춘하추동의 계절을 가진 우리나라의 기후 조건은 미술품 보존에 있어 크나큰 장애요소가 된다. 서울 중부지방은 여름철(6～8월)에 기온이 22～25℃이며 습도는 70～80%로서 미술품 보존에 위험 한계선을 훨씬 웃돌고 있으며 이에 비해서 겨울철(12, 1, 2월)은 기온 1～2℃, 습도 60%로 저온, 저습현상을 보이고 있어 실내의 난방으로 온도가 상승하면 상대적으로 습도가 급격히 떨어지게 된다. 이와 같이 계절별로 온 · 습도의 차가 심한 환경에서는 미술품 보존상 이를 최소화하는 것이 중요하다. 즉 급격한 외기 온도와 습도의 변화는 감기 환자를 양산하는 것처럼 이러한 환경에서 미술품의 훼손 현상들이 많이 발행하게 되는 것이다.

미술품 보존에 있어서 온도와 습도는 가장 우선되는 환경조건이다. 소장 미술품의 재질에 따라 온습도의 최적 범위는 도자기나 금속, 유리로 된 것은 상대습도 40% 전후, 서양화는 상대습도 55%, 한국화나 칠기 등은 상대습도 60% 정도이므로, 이 기준에 따라 재질을 분류하여 수장 · 전시하는 것이 바람직하다. 그러나 공조 설비 등 여러 가지 여건상 재질별로 분류 조절하기란 어려운 문제이므로 통상적으로 온도 18℃±2, 습도 55%±5 정도로 보존, 전시환경을 조성해 주어야 한다.

모든 미술품은 어느 정도의 습기를 내포하고 있으며, 특히 흡습성이 강한 재료로 만들어진 작품은 습도 변화에 따라 신축작용으로 체적변화를 일으켜 미술품을 열화시킨다. 즉 습도에 따라 기저재인 천과 표면의 물감이 늘어나고 줄어드는 편차가 서로 달라 괴리되는 현상이 일어나기 시작하는 것이다. 또한 습도 과잉으로 인한 각종 충균 피해도 간과할 수 없다. 온도 22℃, 상대습도 68%가 곰팡이가 발생할 수 있는 한계선이다. 따라서 일단 습도 65%를 위험수위로 보고, 최저 40% 이하로 낮아지지 않도록 관리해야 한다. 곰팡이 피해를 입은 작품의 후면 오염은 최근 산업발달로 그 수요가 증가하고 있는 석유 등 화학 연료와 자동차 배기가스에서 발생하는 아황산가스, 질소산화물, 일산화탄소와 분진 등 대기오염 물질로 인한 미술품이 입는 피해가 크다. 이 중에서 특히 아황산가스는 미술품 중 종이, 비단 등의 재질을 열화시키고 산성비를 만들어 야외에 설치된 대리석, 석회암으로 된 조각, 기념비, 건조물 등을 훼손시킨다(아황산가스 환경기준치 0.06ppm). 이러한 미술품의 나쁜 상태의 진행을 하루 속히 멈추게 하고 좋은 상태로 전환할 수 있는 방법에 대해서 알아보기로 하겠다.

미술품 보존은 미술품을 구성하는 물질성과 주변 환경에 의해 결정되므로 온 · 습도 등의 변화에 적절히 대응해야 한다. 미술품 보존에 알맞은 온 · 습도로 주위 환경을 맞추는 일이 급선무이다. 미술품은 재질에 따라 차이가 있으나 대체로 온도는 18℃ 내외, 습도는 55~60%가 이상적이라 할 수 있다. 급격한 변화나 지나친 건조에 주의를 기울여야 한다. 미술품은 장소에 따라 환경에 숙달되어 있으므로 장소를 이동할 때는 최소한 서서히 변화를 주며 새로운 환경 조건에 어느 정도 맞춘 후 운반 이동하는 것이 좋다.

분진이나 유해가스 등의 대기오염에서 미술품을 보호하기 위한 적극적인 방법은 공기정화 시스템을 갖추는 일로 최근 건립되는 미술관에서는 실내공기의 정화를 위하여 공조기 내에 카본필터, 고성능 헤파필터 등을 설치하여 운영하고 있다.

공조 설비가 되어 있지 않은 미술관이나 일반 소장가는 소극적인 방법이긴 하지만 작품을 밀폐된 공간에 두어 전시하는 보관법이 권장되고 있다. 그 예로 유리로 된 케이스에 넣어 전시한다든가 한국화나 수채화 등 화면에 보호막이 형성되어 있지 않은 그림의 경우에는 액자에 유리를 끼워 전시하는 방법도 대기오염이 심한 곳에서는 하나의 해결책이 된다.

우선 우리가 주위에서 경제적으로 손쉽게 취할 수 있는 방법은 미술품이 놓여 있는 곳에 제습기를 설치해 습도를 최소하게 하거나 선풍기를 좌우로 움직이게 하여 환기가 이루어지게 하거나 에어컨을 가동해 어느 정도 제습효과를 얻을 수 있다. 또한 직사광선을 피하고 밝고 통풍이 잘되는 그늘진 곳으로 이동하여 2~3일 정도 습기가 제거되는 것을 확인한다. 그러고 난 후 깨끗하고 부드러운 솔을 사용해 가볍게 먼지, 오염물질, 곰팡이 등을 털어준다. 미술품이 놓여 있던 곳의 환경도 점검하여 먼지를 제거하고 쾌적한 공간으로 바꿀 필요가 있다. 미술품도 유기질로 되어 있는 생명체이므로 손상된 부위가 발견될 경우 작품의 진단은 미술품 보존처리 전문가에게 의뢰하여 정확한 검진을 받고 그에 따른 적절한 치료를 받아 건강을 회복하는 것이 가장 중요하다. 그리하여 늘 우리 곁에 있어 우리와 함께 호흡하며 우리의 정서를 순화시켜 주는 예술품으로 영원히 함께 할 수 있을 것이다.

11.6.6 한국의 기후와 자연에 대한 미술

1. 국보 제84호 서산마애삼존불상(문화재청, 2010년 발표)

인간은 주변에 처해진 자연적 인문적 환경의 영향을 받고 산다. 인간을 둘러싼 인문환경과 자연환경은 영원불변한 것이 아니기에 수시로 바뀌게 마련이다. 그렇지만 자연환경은 인문환경에 비해 수없는 세월이 흘러도 미처 못 느낄 정도로 변함이 둔하다. 그래서 한국 미술의 특징을 논함에 있어 한국의 자연과 기후는 '둥글고 부드러운 곡선의 형태' 를 띠며 '맑고 시원하고 투명한 사계절'을 가지고 있다. 한국인들은 이러한 부드럽고 온화한 기후에 순응하며 그들과의 조화를 꾀하면서 살아 왔고, 인위적인 힘으로 자연을 정복하고자 하지 않았다. 이러한 한국적 풍토 속에 길들어진 한국인의 기질은 가랑비에 옷 젖는 줄 모르게 자연스럽게 민족의 유전자로 전승되어 왔다.

그림 11.32 국보 제84호 서산마애삼존불상 전경 (문화재청, 2010년)

그림 11.33 서산마애삼존불상 중 우협시 보살상의 미소 (문화재청, 2010년)

한국 미술에 있어서 가장 중요시 여기고 존중되었던 것도 바로 자연과의 조화이다. 그래서 인위적 행위에서 오는 '번잡성(煩雜性)'을 최대한 걸러내고 무위자연의 상태로까지 끌어올리려고 노력했다. 한국의 마애불이 바로 이러한 무위자연에서 오는 '졸박(拙樸)한 맛'을 직설화법으로 이야기한 사례이다. 한국의 마애불은 자연이 주는 질감을 그대로 살려 새길 것만 새기고 더 이상의 구차한 사설은 허용하지 않았다. 서산마애삼존불상이나 태안마애삼존불상의 경우 삼존상만으로 전체 28품으로 구성된 법화경을 일갈(一喝)해 버렸다. 석굴암이 화엄사상이니 법화사상이니 할 것 없이 팔만사천의 대장경을 모두 함축한 것과 같은 이치이다. 인도의 아잔타 · 엘로나 석굴이나 중국의 운강 · 용문석굴에 새겨진 마애불상처럼 자연에 도전적이지도 않으며, 구구절절한 군더더기가 붙어 번잡하기 짝이 없는 것과도 확연히 구별되는 담백하고 시원한 맛이다.

서산마애삼존불상의 터질 듯 말 듯 절묘한 순간을 포착한 미소는 '모나리자의 미소' 조차 대들 수 없는 한 터럭의 인간의 기교조차 용납되지 않았다. 이 깨달음에서 오는 법열(法悅)의 미소는 세속의 '탐진치(貪嗔癡)' 삼독심(三毒心)을 단번에 일소시키고, 마애불과 인간을 자연스러운 교감과 소통을 통해 물아일치의 세계로 인도하며, 결국에는 자아를 버리고 무아의 경지로 나아가게 한다.

2. 완당세한도(문화재청, 2010년 발표)

"완당세한도"(국보 제180호)는 한 채의 집과 소나무 · 잣나무 네 그루를 소략히 그린 전형적인 문인화로 꿋꿋이 역경을 견뎌내는 선비의 올곧고 견정(堅定)한 의지가 서려 있다. 그림은 예찬의 화풍을 따르고 있지만, 갈필과 건묵을 능숙히 구사하면서 그린 고졸한 소나무와 집은 김정희 특유의 고졸미를 한껏 풍기고 있다. 이곳에 기교를 부려 윤기(潤氣)나는 소나무와 고래등 같은 기와집을 그렸다면 여백에 서려 있는 세한의 정취를 제대로 표현할 수 없었을 것이다. "완당세한도"의 극도로 생략되고 절제된 화면은 인

그림 11.34 국보 제180호 "완당세한도" (문화재청, 2010년)

위적인 기술과 허식적인 기교주의가 들어 올 틈이 없고, 거칠고 졸박한 필치로 선비가 추구해야 될 최고의 정신세계를 담아내고 있는 것이다. 이 그림에서는 무위자연에서 오는 신운(神韻)이 느껴진다. 김정희의 "완당세한도"는 그동안 잠재되어 흘러온 한국의 자연과 기후에 대한 '담박소쇄(淡泊瀟灑)' 한 한국미술의 마지막 방점을 찍고 있는 것이다(문화재청, 2009).

제 12 장

변화하는 대기

12.1 대기오염

대기오염의 역사는 인간이 불을 사용하면서부터 시작되었다고 할 수 있다. 그러나 근세에 인류가 대기오염을 인지하게 된 것은 영국의 런던 대기오염이 계기가 되었다. 당시 석탄의 개발로 1273년경 매연 문제가 심각했던 런던은 석탄 사용이 금지되었고 14세기 초 영국의 에드워드 1세는 국회 회기 동안 석탄 연소를 금지한 바 있다. 이후 런던의 대기오염 문제를 해결하고자 하는 영국 왕실의 노력은 계속되었으나 역사적으로 계속 문제가 되었음이 기록에 남아 있어 그들의 대기 질의 개선을 위한 노력은 실효를 거두지 못한 듯하다.

대기오염 문제에 대하여 본격적인 대응이 시작된 것은 20세기에 들어 여러 가지 대기오염 사건들이 발생한 이후부터다. 대기오염 사건 중 가장 규모가 큰 것은 1952년에 발생한 런던 대기오염 사건이다. 1952년 12월 겨울 런던 지역에 고기압이 정체하여 하층이 차가운 안정된 대기가 5~9일이나 런던의 상공을 덥고 있었다. 겨울방학을 맞아 집으로 돌아온 학생들, 직장에서 돌아온 가족들을 위해 센 화력의 석탄 화로를 피우다 보니 각 가정과 발전소 등에서 연료로 사용한 석탄에서 발생된 매연이 안개 낀 런던의 상공을 자욱이 덥었고 며칠간 아황산가스 농도가 높게 나타났다. 이 기간 동안 호흡기 질환이나 심장 질환 환자 수가 급증하였고 사망자 수는 4,000명 이상이나 되었다. 이때의 매연(smoke)과 안개가 반응하여 나타난 심각한 대기오염 현상을 우리는 런던 대기오염이라 하며 아황상가스에 의한 대표적 오염사건으로 기록하고 있다. 겨울철 지표의 차가운 공기의 기온 역전층이 만들어 낸 결과이다. 런던 스모그 사건 이후 도시의 대기오염 발생에 대한 인식이 일반화되면서 대기오염 물질의 배출을 억제하면서 오염농도를 낮추려는 노력이 각국에서 활발히 진행되었다. 1905년 미국의 캘리포니아 주 로스앤젤레스 시에는 문명의 이기인 자동차의 수가 급증하게 되었다. 그러나 자동차 배기가스로부터 나온 이산화질소(N_2O)는 LA 지역에 발생된 침강성 대기 역전층의 결과로 형성된 지표의 안정된 대기층의 영향으로 도시 전역에 고농도의 이산화질소 대기를 초래하였다. 많은 시민들이 구토와 두통에 시달렸고 호흡에 지장을 겪었다. 다행히 사망자는 발생하지 않았지만 도시 전체에 심각한 결과를 가져왔다. 이것을 우리는 LA 대기오염 사건으로 기록하고 런던 대기오염을 후진국형 대기오염 사건 그리고 LA 대기오염 사건을 선진국형 대기오염 사건으로 기록하고 있다.

산업발전과 생활수준의 향상으로 자동차의 이용도 급증하여 오늘날 우리나라 도시의 대기 오존 농도와 광화학적 스모그 현상의 빈도와 농도 증가는 국가적 환경문제로 대두되고 있다. 아황산가스와 질소 산화물은 타지역으로 장거리 수송되어 산성비의 원인이 된다. 급격한 산업 발전과 경제성장을 하고 있는 중국은 한반도의 서쪽 편서풍 지대에 위치하여 대량의 아황산가스와 미세먼지 등 대기오염 배출 국가로서, 장거리 수송된 오염 물질들은 산성비의 원인이 되고, 이는 한국, 중국, 일본 등이 겪고 있는 국제적인 대기오염 문제이다.

12.2 사막화

12.2.1 사막화 원인

오늘날 지구 지면의 4분의 1은 사막들(과 스텝 사막들)로 덮여 있다. 세계에서 제일 큰 것은 북아프리카를 덮고 있는 넓이 900만 km의 사하라 사막이다. 다른 큰 사막들로 오스트레일리아 사막, 아라비아 사막, 고비 사막, 타클라마칸 사막, 칼라하리 사막, 타르 사막, 카라쿰 사막, 파타고니아 사막 등이 있으며, 이들 각각의 넓이는 모두 한반도의 넓이보다 더 크다. 현재 이 사막들의 대부분은 크고 작게 확장되고 있으며 이로 말미암아 초래되는 초지와 농지의 축소는 사막의 변방 지역을 휩쓰는 가뭄의 주요 원인으로 작용한다. 특히 사하라 사막의 남측 변방인 사헬 지역의 가뭄이 대표적이다.

사막이란 무엇인가? 사람들은 일반적으로 사막이 덥고 비가 적은 불모지인 것쯤으로 생각한다. 강수량이 적은 것은 모든 사막의 공통된 성격이지만, 사막이 단순하게 폐기될 땅인 것으로 보는 것은 옳은 생각이 아니다. 습윤 기후에서 보는 풍족한 식물과 동물의 생활이 불가능할 뿐, 사막에서도 나름대로 다양한 생명체들이 떼를 이루어 번창하고 있기 때문이다. 더구나 사막은 다양한 지형과 토양 물질을 가지고 있으며, 대부분의 사막은 적어도 1개의 영구 하천을 소유하고 있다. 흔히 사막이 250mm 미만의 연강수량을 보이는 지역으로 정의됨을 감안하면, 사막은 더운 지역뿐만 아니라 북극과 남극 주변의 찬 지역에서도 나타난다.

사막은 지구 위에서 자연적으로 없어서는 안 될 어떤 필연적인 존재 양식일 것이다. 비록 그것이 풍족한 생명체의 주거지로서 부적합한 것이라 해도, 앞에서 언급한 대로 우리 세대에 관측되고 있는 사막들의 확장은 꼭 이해되어야 할 과학적인 문제이며 그 확장은 옳게 추정되어야 할 것이다.

12.2.2 아열대 사막의 기후 배경

대부분의 사막은 위도로 15~35도 범위 안에 있으며, 이 안에서도 반영구적으로 놓인 지상 고기압 아래에 나타난다. 여기서 지상 고기압이란 기압계로 읽은 지상 공기의 압력이 주변보다 상대적으로 높은 지역을 이른다.

지상 고기압에서 공기는 주변의 지상 저기압을 향해서 수평적으로 발산하기 때문에 이를 보상하려 상층 공기가 하강하는데, 이때 이 공기는 이미 건조할 뿐만 아니라 하강하면서 압축되어 단열적으로 더워지므로 상대습도가 점차로 낮아지고 그 안에서 응결이 없어 구름을 동반할 수 없다. 이로써 지상 고기압이 다가오면 날씨가 맑아진다는 사

그림 12.1 전형적인 모래 사막

실을 이해할 수 있을 것이다.

지상 고기압이 우리나라에서처럼 지상 저기압과 함께 번갈아 자주 나타나면 가뭄은 있을 수 없다. 그러나 어떤 지역에 지상 고기압이 오랫동안 지속하면 비도 없고 구름마저 없으니, 햇살이 좋고 태양 에너지의 흡수로 증발이 심할 것이므로, 별도의 수분 지원이 없는 한, 토양의 수분은 고갈되어 가뭄이 닥치게 된다. 지상 고기압이 반영구적으로 또는 적어도 한 계절에 걸쳐 나타나는 지역에 사막이 형성되어 있다는 사실을 설명하는 기본 논리가 여기에 있다.

지상 고기압이 이처럼 반영구적으로 15~35도의 위도 범위, 즉 이른바 아열대(subtropics)에 나타나는 까닭은 무엇인가? 둥근 지구의 적도 지대, 즉 열대(tropics)는 구름이 없을 때 태양 에너지를 가장 많이 받는 지대이고 이 때문에 지표에서 일어나는 왕성한 증발로 수증기의 공기 중 유입이 주변보다 많아 상대적으로 공기는 가벼워져(질량이 똑같은 2개의 공기 방울이 있을 때 수증기 함유량이 많은 쪽 방울의 부피가 더 크고 따라서 그 밀도가 적다) 상승할 것이다. 이때 올라가는 공기 안에서 응결이 일어나고 그로 말미암아 방출된 (잠열) 에너지로 데워진 공기는 부력을 받아 더욱 위로 가속되면

그림 12.2 아열대 지역의 사막과 수로

서 이 곳으로 수증기를 계속 공급할 대류 세포, 즉 해들리 세포가 형성된다. 결과적으로 지상에 습윤 공기의 수렴과 상승이 함께 유도되어 있을 것이다. 그러나 응결과 함께 생길 구름은 그 반사 능력 때문에 태양 에너지가 지상에 도달하는 것을 막게 되고, 지표 증발은 구름이 없었을 때보다 다소간에 적어질 것이다. 그렇지만 구름에 의한 지표 증발의 감소는 비록 국지적으로 크다 하더라도 일단 해들리 세포가 형성된 다음에 이 세포 속으로 들어갈 수증기의 대부분이 주변 지역에서 증발되어 열대로 수렴하는 기류에 실려 오기 때문에, 해들리 세포의 유지에 직접적으로 영향을 미치지 못한다. 곧 해들리 세포의 지속적인 유지에 필요한 조건은 이 세포의 주변 지역인 아열대에서의 왕성한 증발이고, 이 조건은 이 지역의 풍부한 수자원과 반영구적인 지상 고기압의 존재로 만족될 것이다. 아열대의 상당 부분이 해양이라는 사실은 이 지역이 풍부한 수자원 제공처의 구실을 할 것이라는 점을 암시한다.

12.2.3 사하라의 팽창

사헬은 사하라 사막의 남측 변방으로 동계에 가물고 하계에 우기를 맞는 전형적인 몬순 지역이다. 이 사막의 팽창은 주로 동계에 진행되는데, 사막으로부터 바람에 실려 나오는 모래가 변경에 쌓이고 이곳의 식생이 제대로 회복되지 않기 때문이다. 식생이 회복되지 않는 이유는 목축으로 잃는 초지가 지나치게 많아서이다.

변경으로 모래를 수송하는 사막으로부터의 바람은 사막의 면적에 대체로 비례한다는 것 또한 정설이다. 이 설에 따르면, 사막 위의 하강 속도는 대체로 복사 부족(radiation deficit, 사막의 지면과 그 위 공기가 함께 전체적으로 받는 태양복사 에너지는 이들이 함께 외계로 잃는 장파복사 에너지보다 적다. 이 부족은 알베도가 높은 사막의 강력한 반사와 사막 지면과 하층 대기의 높은 온도에 따른 강력한 장파 방출 때문이다. 그러나 이 부족의 대부분은 공기 기둥의 복사 부족으로 표현된다)에 비례하므로 일정한 값을 유지할 것이고, 주어진 시간에 하강하는 공기의 총량은 사막의 면적 또는 사막 둘레의 제곱에 비례하게 된다. 다른 한편, 같은 시간에 사막에서 불어 나가는 공기의 총량은 사막 둘레와 바람 세기의 곱에 비례한다. 하강하는 공기는 전부 불어 나가야 되므로, 결국 바람의 세기는 사막 둘레에 비례하게 된다. 이는 곧 사막이 커지면 모래 바람이 세지고 바깥으로 불어 나갈 모래의 양도 증가하게 되므로, 특별한 식생 회복의 메커니즘이 없는 한 사막은 일단 커지면 더 커지게 마련임을 암시한다. 이러한 증폭 과정을 사막의 불안정이라 한다.

하계의 우기는 태양의 북상에 따른 열대수렴대의 북상으로 올 것이다. 그러나 사하라의 불안정과 식생 회복의 상실로 확장된 사막으로부터 열대수렴대를 향해 남쪽으로 부는 기류가 확장 이전보다 더 강화되어 있을 것이기 때문에 이 수렴대의 북상은 이전에 비해 지체되거나 이전 위도보다 더 남쪽에 머물 확률이 높아진다. 이는 사헬의 가뭄을 암시한다. 사헬의 기근은 열대수렴대의 계절적인 천이 과정이 원활하지 못한 데서 오는 결과로 인식된다.

12.2.4 지구온난화와 사막화

사막의 팽창은 일반적으로 모래의 수송량이 사막 둘레에 비례하는 것에 기인하는 자연적인 불안정 메커니즘과 가축의 지나친 풀 뜯기 등에 기인하는 식생 회복 능력의 상실로 일어날 수 있다. 아마도 불안정 메커니즘은 인간의 간섭 없이 사하라 사막이 오늘에 이른 과정을 주도했을 것이고 식생 회복 능력의 상실은 보다 최근의 사헬 기근의 직접적인 원인이 된다.

그러나 최근에 학자들의 관심을 이끄는 것은 지구온난화가 사막화에 미칠 영향을 파악하는 문제이다. 지구온난화란 화석 연료의 연소로 대기 중에 투입된 이산화탄소의 일부가 거기에 잔류하여 결과적으로 대기 중 이산화탄소의 농도가 증가함에 따라 지표와 대류권의 온도가 상승하는 현상을 말한다. 이미 대기 중 이산화탄소의 농도가 증가하고 있음은 사실로 드러났고, 지표 기온의 증가 역시 사실로 입증되고 있다. 컴퓨터 모형을 통한 수많은 수치 실험들의 종합적인 결과를 보면, 앞으로 70년 동안 지구 평균 지표 기온의 상승률은 약 매해 0.036℃이다. 이는 70년 뒤에 지구 평균 지표 기온이 2.52℃ 정도로 상승함을 의미한다.

동일한 결과에 따르면 적도 대류권 상부와 고위도 지표에서의 승온이 특히 현저할 것으로 예상된다. 고위도 지표 기온의 승온이 초래할 효과로 빙하의 녹음과 그로 인한 해수면의 상승이 있다. 이것은 이미 대중에게 널리 알려진 온난화 시나리오이다. 대체로 50년 후에 세계 해면의 수위는 평균적으로 20~30cm의 상승을 기록할 것이다. 고위도 지표 기온의 상승에 따라 고위도 해양에서의 증발이 증가하고 이에 따라 아열대 해양으로부터 고위도에로의 수증기 수송 부담이 감소할 때 아열대 사막 위의 반영구적인 고기압의 세력은 줄어들 것인가 또는 늘어날 것인가? 사하라는 강수를 받아 옥토로 변모할 행진을 시작할 것인가 또는 더욱 확장될 것인가?

고위도 방향의 수증기 수송 부담의 감소는 그만큼의 수증기 여분이 아열대나 열대에 분배될 수 있음을 암시한다. 해들리 세포의 적도 강수, 아열대의 몬순 강수 또는 아열대 사막 지역의 간헐적인 강수 가운데 어느 것이라도 증가될 가능성이 고려되어야 될 것이다. 더욱, 고위도 지표 기온의 증가로 나타날 경압성(baroclinity, 남북 간 기온차로 표시되는 대규모 순환계의 성질로, 계의 불안정을 나타내며 불안정의 결과는 파동의 증폭으로 나타난다)의 감소로 편서 파동(westerly waves)의 극향 수송 능력이 감소할 것이다. 고위도에서의 증발의 증가와 편서 파동의 수송 감소가 고위도에서 수증기 수지를 이전과 같이 맞출 수 있을는지 모르겠다. 만일 편서 파동의 극향 수송이 불충분하다면 지구온난화로 인해 해면 온도가 전체적으로 증가된 아열대 해양에서 더 많이 증발된 수증기를 더 빨리 응결시키기 위해 가장 효과적인 태풍 등의 악기상이 더욱 빈번해질 것이다. 태풍은 편서 파동 이외에 저위도에서 고위도로 물을 수송하는 주요 메커니즘이기 때문이다. 이 예상은 온난화로 말미암아 대류권의 승온과 더불어 일어날 성층권 기온의 뚜렷한 감소가 결과적으로 대류권의 계면을 높이고 침투 대류의 깊이를 증가시킬 것이라는 추론과 한 맥을 공유한다. 왜냐하면 태풍은 필연적으로 깊은 침투 대류들의 한 집단이기 때문이다. 그렇다면, 이들 안에 일어날 상승 기류를 보상할 하강기류를 위해 아열대 해상 고기압뿐만 아니라 아열대 지면 위의 지상 고기압도 강화될 것으로 보는 견해가 성립한다. 이 견해에 따르면, 지구온난화는 기존 사막의 확장을 조장할 수 있다.

지구온난화에 따를 기존 사막의 확장이 태풍 활동의 증폭을 필요로 하는 것은 아니다. 이 확장은 태풍의 고려 없이 도출될 수 있다. 오히려 몬순의 증폭만으로 기존 사막의 확장은 설명될 수 있다. 이동성 저기압인 태풍에 연루된 주변 고기압들 역시 대부분이 이동성일 수 있으므로 상당한 수준의 보상 하강 기류가 이런 고기압들의 강화로 나타나겠지만, 몬순은 준정체성 저기압 체계이므로 이에 연루된 주변 고기압 체계들의 대부분이 준정체적으로 해양과 사막 위에 나타날 수밖에 없다. 해상 고기압과 지상 고기압은 몬순에 유입되는 두 가지 질량 플럭스를 제공한다. 전자는 습윤한 공기를, 그리고 후자는 건조한 공기를 제공할 것이다. 서로 다른 에너지(또는 운동량) 상태에서 같은 강수량을 생산할 수 있으려면 몬순은 두 가지 질량 원천을 모두 다 활용해야 될 것이다. 이는 사막 위에 지상 고기압이 존재할 이유가 된다.

12.3 산성비

12.3.1 산성비의 개념 및 정의

1850년대 영국에서 산업혁명이 시작된 이후 공기의 질은 급격히 나빠졌다. 영국의 화학자 Angus Smith는 공장 주변의 대기와 빗물을 조사한 뒤 다른 지역의 빗물과 많이 다르다는 것을 알게 되었다. 그리고 공장 주변의 비에 산성비라는 이름을 붙이고 그 위험성을 경고하였다.

산성비란 무엇일까? 순수한 물은 중성으로 pH는 7.0이고 pH가 7.0보다 작으면 산성 크면 염기성이다. 하지만 pH 7.0보다 낮은 비를 모두 산성비라고 하지는 않는다. 그것은 대기 중에 약 350ppm 정도(2007년 한국 390ppm – 기상청) 존재하는 이산화탄소로 인해 깨끗한 비의 평균 pH가 5.65 정도로 이미 약산성을 띠고 있기 때문이다. 따라서 일반적으로 빗물의 pH가 5.6보다 낮을 때 산성비라고 한다. 이러한 산성비는 그 용어의 시작에서 알 수 있듯이 대기오염 물질에 의해 생성된다. 질소산화물이나 황산화물이 비에 녹아 빗물을 강한 산성으로 만들어 산성비가 내린다. 또 대기에 존재하는 다른 여러 가지 물질들이 빗물의 산도를 결정한다. 지역에 따라 빗물의 특성이 달라지기도 한다.

12.3.2 산성비의 원인과 생성과정

1. 황산화물(SOx)

빗물은 대기오염 물질에 의해 산성비가 된다. 산성의 대기오염 물질은 물에 잘 녹는 습성강하물(wet deposition)과 거의 녹지 않는 건성강하물(dry deposition)로 구분된다. 산성비나 산성 눈 등을 만드는 대기오염 물질은 습성강하물로, 황산화물의 경우 대기 중에 배출된 SO_2가 SO_3로 산화되고 다시 황산이온 SO_4^{2-}으로 산화되는 과정 중에 그것들이 물에 녹아 산성비[황산(H_2SO_4), 아황산(H_2SO_3)]를 생성한다. 황산화물의 경우 산화가 많이 될수록 물에 잘 녹지만 SO_2의 경우는 물에 거의 녹지 않아 건성강하물로 구분된다. 또한 황산이온은 습성강하물이다. 따라서 황산이온이 황산화물에 의한 산성비의 가장 직접적인 원인 혹은 구성성분이 된다.

우리가 사용하는 화석연료에는 불순물로 황이 들어 있다. 기체연료나 휘발유에는 거의 들어 있지 않거나 미량이지만 등유, 경유, 중유에는 유황이 들어 있다. 석탄에도 수 퍼센트의 황이 들어 있으며 우리나라 무연탄에도 들어 있다. 그런 화석연료를 연소하는 과정에서 이산화황이 배출되며 이산화황은 태양광과 수증기, 산소, 오존의 작용에 의해 서서히 산화된다. 즉 황을 연소하는 시설 — 화력발전소, 자동차 등 — 이 이산

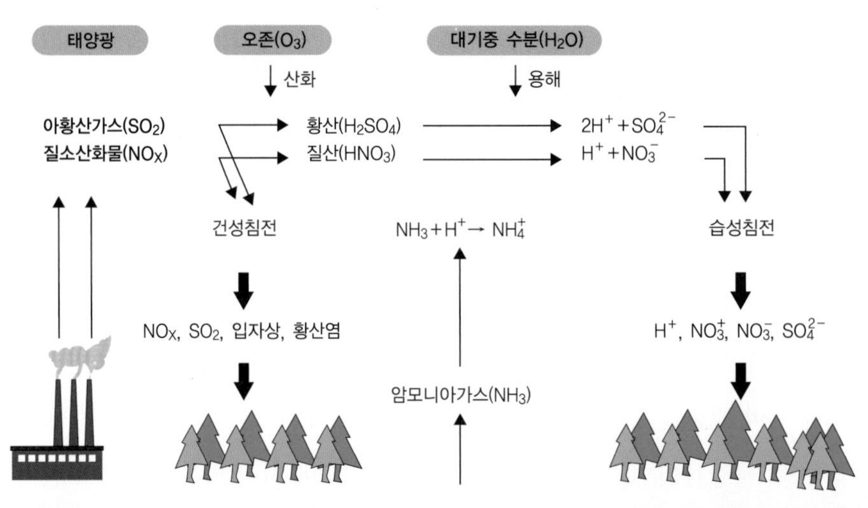

그림 12.3 산성비의 형성 메커니즘

화황을 대기 중으로 많이 배출할수록 산성비가 내릴 가능성이 커진다.

2. 질소산화물(NOx)

자동차 배기가스에 많이 포함되어 있는 일산화질소(NO)는 건성강하물이며 NO_2, NO_3^-, HNO_3로 차례로 산화되어 물에 잘 녹게 된다. 그 산화과정은 개략적으로 다음과 같다.

$$O_3 + hv \rightarrow O + O_2$$

$$O + H_2O \rightarrow 2HO$$

$$HO + NO_2 + (M) \rightarrow HONO_2 + (M)$$

이 식에서 보면 오존의 광분해 과정이 필요한 것을 알 수 있다.

70년대까지는 질소비료의 사용이 질소산화물에 의한 산성비의 생성에 큰 영향을 끼쳤으나 현재 가장 큰 원인은 기하급수적으로 늘어난 자동차이다. 연료 중에는 질소성분이 없지만 연료를 연소하면서 흡입한 공기 중에 들어 있는 질소(N_2)로부터 이산화질소가 생성된다.

3. 기타

기타 원인으로는 화산활동, 바닷물 속의 황산염이 해풍에 의해 빗물에 녹아서 산성화되는 경우, 바닷물의 염소가 대기 중의 질산이나 황산과 반응하여 염산(HCl)을 형성하는 경우, 물속에서 질소화합물이 세균에 의해 산화되는 경우, 황철광 등의 광석이 유황박테리아에 의해 산화되는 경우 등의 원인이 있어 오염되지 않은 자연환경에서도 산성비가 내릴 가능성이 있다.

12.3.3 산성비의 영향

1. 토양

산성비는 토양의 화학적 풍화작용을 촉진한다. 토양이 풍화되면 토양 입자의 표면에 결합되어 있던 염화물, 황화물, 탄산화물 및 염기성 양이온이 떨어져 나간다. 산성비의 수소이온은 토양 입자에 결합되어 있던 염기성 양이온(Ca^{2+}, Mg^{2+}, K^{+}, Na^{+})을 세탈시키고 대신 그 자리에 흡착된다. 그런데 토양의 모든 양이온 중에서 염기성 양이온의 백분율로 나타내는 '염기포화도'는 토양이 지니는 양이온 중에서 식물의 영양소로 쓰이는 이온이 얼마나 되는가를 나타낸다. 따라서 산성비에 의해 토양 입자에 결합된 염기성 양이온이 기타 산성 양이온(H^{+}, Al^{+})으로 치환되면 토양의 비옥도가 떨어지는 것이다. 또한 토양이 pH 5.5 이하로 산성화되면 수화 알루미늄($Al(H_2O)_6)^{3+}$) 농도가 높아져 수소이온을 유리하여 토양을 더욱 산성화시키고 알루미늄이온이 식물의 생육을 저해한다.

2. 식물

산성비에 의해 토양에 알루미늄이온 농도가 높아지면 알루미늄이온은 식물에 직접적으로 독성을 미친다. 알루미늄은 뿌리 끝의 세포분열을 저해하여 식물의 신장생장을

 **그림 12.4** 산성비로 인해 시들은 수목 지역(캐나다, 1995)

억제한다. 따라서 뿌리가 짧아진다. 또한 알루미늄이온은 식물의 물 이용효율을 감소시키고, 잎의 엽록소 함량을 감소시킨다. 알루미늄이온이 낮은 농도로 존재할 때는 광합성률과 증산율이 증가하기도 하지만 농도가 더 증가하면 할수록 광합성률과 증산율이 감소한다. 식물은 독성 알루미늄이온의 흡수를 피하기 위해 잔뿌리를 깊게 내리지 않고 토양의 표면 부식토층으로 뻗기도 하는데, 이 경우 수분흡수가 저해되고 무기영양소 흡수를 하지 못하게 되어 식물이 피해를 입는다. 수목들은 잎이 황색으로 변해 일찍 떨어지고 말라죽는 징후를 보이는데 이것을 삼림쇠퇴라고 한다.

3. 자연환경 – 수중생태계

민물고기는 산성수에서 살지 못하고 또한 개체군 구조에 큰 변화가 일어난다. 중성수에서는 어린 새끼가 많고 나이를 먹은 어미고기일수록 개체수가 감소하는 피라미드 구조를 나타내지만 산성수에서는 새끼고기가 더 민감하기 때문에 쉽게 죽어 안정적인 피라미드 구조가 파괴된다. 민물고기의 먹이인 무척추동물이 줄어들고 영양가도 나빠진다. 뿐만 아니라 생식을 하고 알을 낳는 번식행위에 있어서 민물고기는 산성수에서는 번식을 잘하지 못하고 산란, 생장에 있어서도 방해를 받는다. 따라서 산성수는 민물고기 어종을 멸종시킬 수 있다.

그 외에도 물새, 수서생물 등은 산성수에 직접 영향을 받거나 알루미늄 독성에 피해를 입는다. 그리고 그 피해를 입는 경로는 물새, 수서생물, 민물고기의 먹이사슬 관계와도 관련이 깊다. 이 외에도 산성비의 생물에 대한 직접적인 피해는 생체 유기화합물을 분해하여 생체조직을 파괴하는 것이다.

4. 건물, 도시

대리석으로 된 문화유적을 손상시키고 콘크리트의 부식을 촉진하며 교량 등 금속 구조물을 손상시켜 경제적인 손상을 입힌다. 따라서 이와 같은 영향으로 인간에게 직접 또는 간접적인 피해를 입힌다.

12.3.4 한국의 산성비

서울의 경우 계절적 변화를 보면 가을, 겨울에 pH가 4.8 부근으로 비교적 낮았고, 여름(5.5)과 봄(6.2)이 상대적으로 높았다. 여름철의 pH가 높은 것은 여름철에 강수량이 집중되고 강우 강도가 높아서 초기 강우의 pH가 낮으나 후속 강우의 pH는 5.6 근방을 보이기 때문이다. 봄철에는 강우 강도가 적고 가뭄에 의해서 토양 먼지와 장거리 이동하는 황사의 영향으로 빗물 중 양이온이 풍부하게 존재하기 때문이다.

다른 나라의 경우 SO_4^{2-}, NO_3^- 이온의 농도와 pH는 강한 역상관관계를 보이는 반면 우리나라의 경우 이러한 상관관계가 거의 성립하지 않는 것으로 보고되고 있다. 그 이유로는 빗물 중에 양이온 성분이 많아서 빗물을 중화시켜 주기 때문이다.

우리나라의 산성비 특성은 빗물을 중화해 주는 먼지 때문에 나타난다고 해도 과언이 아니다. 황사 현상이 있을 때에나 대기 중 먼지 성분이 다량 존재할 경우에는 pH 7 이상인 염기성 비가 내리기도 한다. 따라서 황사나 먼지 문제는 부유분진의 관점에서 보면 문제점이지만 산성비의 관점에서 보면 중요한 중화제의 공급처이기도 하다.

황사뿐 아니라 우리나라의 산성비는 중국으로부터 이동해 오는 오염물질의 영향을 많이 받는다. 중국의 아황산가스의 배출은 1994년 1,825만 톤에서 2000년에는 에너지 사용 정도에 따라 1,900만 톤 내지 2,200만 톤 이상, 2010년에는 약 3,500만 톤까지 배출될 것으로 예상되고 있다. 질소산화물의 경우에도 2000년에는 650~750만 톤, 2010년에는 약 1,200만 톤까지 배출될 것으로 예상되고 있다.

12.3.5 산성비 문제의 해결 대책

산성비에 대한 대책으로는 손상된 환경과 피해의 복구라는 개념과 산성비의 원인의 제거라는 두 가지 측면이 있다. 산성화된 삼림을 복구하는 방법으로는 석회처리나 돌로마이트처리법이 있고, 이미 산성화된 토양에 인공청정빗물을 살포하는 방법도 있다.

근본적인 해결책으로는 산성비 원인물질 공급원의 감소 및 제거 등이 있겠는데, 우리나라의 산성비 문제를 해결하는 데는 국제적인 노력이 필요하다. 산성비를 포함하는 우리나라의 경우 한 · 중 · 일 간의 광역 대기오염은 관계국 간의 긴밀한 협조 없이는 해결될 수 없다. 한 · 중 · 일 간의 산성비 문제의 해결은 관계국 간, 연구자 간의 협조 체제를 더욱 활성화시켜서 산성비 원인물질 유 · 출입에 대한 실태 파악을 하고 산성비 원인물질의 배출 저감을 목표로 하는 환경협정을 체결하는 것이 순서일 것이다. 산성비에 대한 대책은 우선적으로 스모그, 오존농도 상승 등 국소오염 저감방안과 맥락을 같이하여 추진되는 것이 타당하며 대기오염물질의 장거리 이동의 영향을 정확하게 평가하는 것이 중요하다.

12.4 환경 파괴와 인간생활

12.4.1 이스터 섬의 비극

남태평양의 이스터 섬은 남미 칠레로부터 서쪽으로 3,200km 거리에, 사람이 살고 있는 가장 가까운 섬과도 2,250km나 떨어져 있는 외딴 섬이다. 한 변이 15km 거리인 삼각모자형의 작은 섬이다. 섬 가운데 높지 않은 완만한 언덕이 있고 이 섬의 해안가나 산비탈에 약 1,000여 개의 3.5~4.5m 크기의 20톤 무게 정도 되는 석상이 세워져 있거나 넘어져 있는데, 그중 큰 것은 10m에 50톤가량 되는 거대한 것도 있다. 산비탈에 제작하다 만 것 중에는 20m 크기에 90톤이 넘는 것도 있으며, 돌조각 칼로 형태의 윤곽을 그리고 나서 돌도끼 같은 도구로 얼굴 등 윗면을 조각한 후에 밑의 등 쪽을 파낸 흔적이 남아 있다. 이 석상을 '모아이(Moai)'라 부르며 다리가 없고 머리와 몸통만 있는 남성의 모습을 하고 있다. 얼굴은 머리가 크고 턱은 앞으로 내밀고 귀는 길게 늘어져 있다.

이스터 섬은 현재 행정상으로 칠레의 발파라이소 지역에 속해 있다. 이 섬의 다양한 부족민들은 주로 폴리네시아 혈통이며 거의 모든 주민들이 안전한 서쪽 해안의 항가로아 마을에서 살고 있다. 400년경 마르키즈 제도에서 건너온 폴리네시아인들이 처음 정착하여 이미 오래전부터 써왔던 '롱고롱고' 상형문자와 인간의 형상을 하고 있는 커다란 돌로 만든 조상(彫像)들로 유명하다. 이 석상들의 기원에 관해서는 여러 가지 전설과 학설들이 있다. 부드러운 화산석인 응회암으로 만들어진 석상들은 높이가 3~12m

그림 12.5 이스터 섬의 거대 석상

이며, 무게가 50톤 이상 되는 것들도 있다.

이스터 섬에 있는 비(非)폴리네시아인들의 흔적들은 많은 의구심을 갖게 했다. 그러나 가장 최근의 고고학 연구 자료에서 석상들의 대부분이 중세시대인 1000~1600년에 세워졌다는 사실과 환경상태의 악화 및 주민들 간의 분쟁(1862~63년 주민의 약 1/3을 납치해 페루의 노예사냥 시기에 절정을 이룸)이 이스터 섬의 번영에 급격한 쇠퇴를 가져왔다는 사실을 보여 주고 있다. 납치되어 갔던 몇몇 섬주민들이 되돌아올 때 천연두와 결핵이 이 섬으로 옮겨져 왔고 이후에 이스터 섬은 심각한 인구 감소와 문화적 쇠퇴를 겪었다. 1860년대 후반 그리스도교가 들어오면서 잔존하고 있던 폴리네시아적인 전통은 완전히 사라졌다.

이스터 섬을 처음 발견한 유럽인은 네덜란드 제독인 야코브 로헤벤으로, 그는 1722년에 이 섬에서 하루를 보냈다. 1888년 칠레는 이 섬을 합병한 뒤 섬의 대부분을 양사육에 대여했다. 1954년 칠레 해군 당국은 이스터 섬의 목양지를 인계받았고, 1980년대 중반 이스터 섬에서의 목양은 끝이 났다. 지금은 군과 관련 없이 주지사가 관할하고 있으며, 칠레는 이스터 섬 전체를 중요한 역사적 유적지로 지정해 놓고 있다.

여기에서 논하고자 하는 내용은 이스터 섬의 지리학적 특성보다 한때 번영하던 이곳이 지금은 사람이 살지 않고 인간의 유물로만 남겨진 역사적 비극을 찾아보고자 한다.

400년경 하와이에서 거주하고 있던 폴리네시아인들은 그들의 세계를 확장하던 중 이스터 섬을 발견하게 되었고 온화한 아열대 기후에 기름진 땅인 이스터 섬에 정착하게 되었다. 당시 울창한 숲으로 된 비교적 평탄한 이 섬은 새로운 개척의 땅이 되었고 당시의 폴리네시아인들은 삶에 대한 용기를 얻었다. 당시 몇 가구에 불과하던 이들은 불과 100년 사이에 2,000명의 거주인으로 불어나 전성기에는 20,000명이 되었다. 모든 조건이 정착하기에 적당하나 바람이 강하게 부는 것이 섬의 가장 큰 장애 요인이었다. 전성기에 각 부족들은 그들의 세력을 과시하고 바람을 막기 위하여 다투어 거대한 석상을 해안에 세웠다. 그리고 씨족 간의 알력과 다툼도 크게 일어났다. 그들은 울창한 숲의 나무를 베어 화력으로 이용하였고 경작지를 개간하였다. 석상을 세우는 데 동원된 사람들은 더 많은 식량을 소비하게 되었고 이를 위하여 숲을 없애고 땅을 개간하였다.

이들에게 닥쳐온 재앙은 수백 년이 지난 번성기부터 시작되었다. 식량을 확보하기 위하여 바다에서 고기를 잡게 되었고 이를 위하여 제작된 카누는 산림을 해치는 또 하나의 원인이었다. 이들의 생활에서 죽은 자의 화장에 많은 나무를 사용하게 된 것도 또 하나의 산림 훼손의 원인이 되었다. 더욱이 씨족들과의 전쟁은 많은 사상자를 내었고 그때마다 장례식은 자연의 회복 시간을 넘어 빠르게 진행되었다. 숲이 사라짐에 따른 섬의 수분 감소는 농사의 흉작을 내게 하였고 이에 따른 빈곤은 씨족들과의 다툼을 더욱 부채질하였다. 고립된 섬의 내분에 의한 전쟁은 피할 수 없는 처절한 싸움으로 계속되었다. 피폐하고 쇠잔한 섬에 1800년경 스페인의 침략자들은 자체 방어력이 완전히 소실된 섬 주민들을 페루의 노예시장으로 보냈고 노예시장에서 천신만고 끝에 돌아온 그들은 전염병을 옮겨와 결국 수십 명만 남게 되었다.

이스터 섬 비극의 원인을 들자면 다음과 같다.

첫째, 무분별한 자연의 경작으로 산림 숲의 사라짐이 가장 외딴섬의 황폐를 초래하였다. 둘째, 씨족 간의 경쟁으로 인한 다툼이 새로운 삶의 방식을 모색하지 못하게 하였다. 셋째, 거대한 석상의 세움과 화장 예식이 산림의 파괴를 더욱 부추겼다. 넷째, 문명의 스페인 백인들의 약탈이 이스터 섬의 비극에 결정적 역할을 하였다.

12.4.2 물과 가뭄

(1) 중동에서의 물 분쟁

오늘날 석유의 부국 중동국가들은 가까운 미래에 수자원의 이용에 있어서 피할 수 없는 국가 간 분쟁의 위험에 직면할 것이다. 이들 건조지역에서 사용되는 대부분의 물은 나일 강과 요르단 강 그리고 티그리스 · 유프라테스 강으로부터 공급받고 있다.

아프리카의 에티오피아와 수단은 나일 강을 따라 형성 되어 있는 이집트와 함께 국가의 수자원 사용을 대부분 나일 강에 의존하고 있다. 인구의 급속한 성장과 경제 규모가 커짐에 따라 더 많은 물을 필요로 하는 에티오피아와 수단은 나일 강으로부터 더 많은 물을 얻기 위하여 나일 강 상류에 거대한 계획을 세우고 있다. 그러나 국가의 관계용수 대부분을 나일 강으로부터 공급받고 있는 이집트로서는 물 사용량이 감소될 것임은 명확하다. 현재 이집트는 더 많은 수자원을 확보하고 인구성장을 억제하며 관계효율을 향상하기 위하여 많은 노력을 기울이고 있다. 에티오피아와 수단과 물 확보를 위한 피할 수 없는 경쟁을 벌일 것이다. 과도한 물 분쟁을 피하고 국가 간의 충돌을 방지

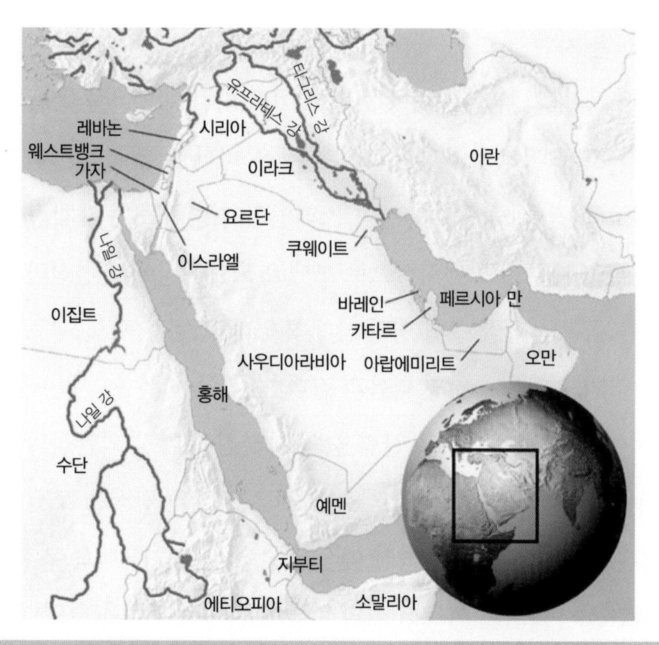

그림 12.6 국가 간 물분쟁이 심한 중동지역

하기 위해서는 관계용수량을 줄이고 농업을 축소하며 모자라는 곡물을 다른 나라에서 수입하며 에티오피아와 수단과 물 분배 협정을 체결해야 할 것이다. 이러한 노력이 실현되지 못할 경우에는 물 부족으로 국민과 경제가 고통을 받아야 할 것이며 이웃 국가들과 피할 수 없는 분쟁이 발생할 것이다.

요르단 강 유역은 물 부족으로 가장 많이 고통을 받는 지역이다. BP 1만 년 전에는 지구상 가장 생물이 살기 좋은 곳이어서 인류 문명의 발상지 역할을 하였던 이 지역은 지구의 마지막 빙하기였던 영거드라이아스를 겪은 후 대기순환의 발산 지역으로 건조한 기후와 척박한 토양의 지역으로 바뀌었다. 이 지역의 물 부족으로 인하여 요르단, 시리아, 이스라엘 국가들은 첨예하게 대립하고 있다. 시리아는 댐을 건설하여 요르단 강으로부터 취수량을 늘리려 하고 있어 하류수계의 국가인 요르단과 이스라엘은 물 공급량의 감소를 염려하여 시리아가 계획하고 있는 댐을 파괴할 것이라고 경고하고 있다.

티그리스 · 유프라테스 강 상류수계에 위치한 터키는 페르시아 만으로 유입되기 전에 시리아와 이라크로 유입되는 하류수계의 유출량의 공급을 얼마만큼 조절할지 미지수다. 터키는 전력 생산과 대규모 지역 개발을 위하여 관계수를 필요로 하며 티그리스 · 유프라테스 강 상류에 24개의 댐을 건설 중이다. 이 댐들이 완공되면 시리아와 이라크의 하류수계 유량이 연간 35% 감소될 것이며 하류의 건조일수도 더 증가할 것이다. 또한 시리아는 터키로부터 도달한 물을 사용하기 위하여 유프라테스 강을 따라 더 많은 댐을 건설하려 하고 있고 이렇게 되면 하류 유계에 위치한 이라크에 물 공급이 크게 감소할 것이다.

이러한 물 분배 문제를 해결하기 위해서는 물에 대한 공급과 분배에 대한 지역협력연합을 결성하고 과도한 인구성장은 억제하며 물의 사용을 효율적으로 향상시키고 관계에 따를 물 사용 가격을 올려 사용량을 줄이며 농업에 필요한 사용량을 감소시키기 위하여 곡물의 수입을 증가시키는 많은 방법 등이 실시되어야 한다. 두 국가 간 물 사용에 대한 분배 지역에서 세계 263개 수계가 분쟁이 일고 있으며, 그중에서 158개 지역이 해답을 찾기 어려운 문제를 가지고 있다. 물 부족 문제는 생물 다양성 감소와 지구기후변화와 함께 세계가 직면한 가장 중요한 지구환경 문제로 되고 있다.

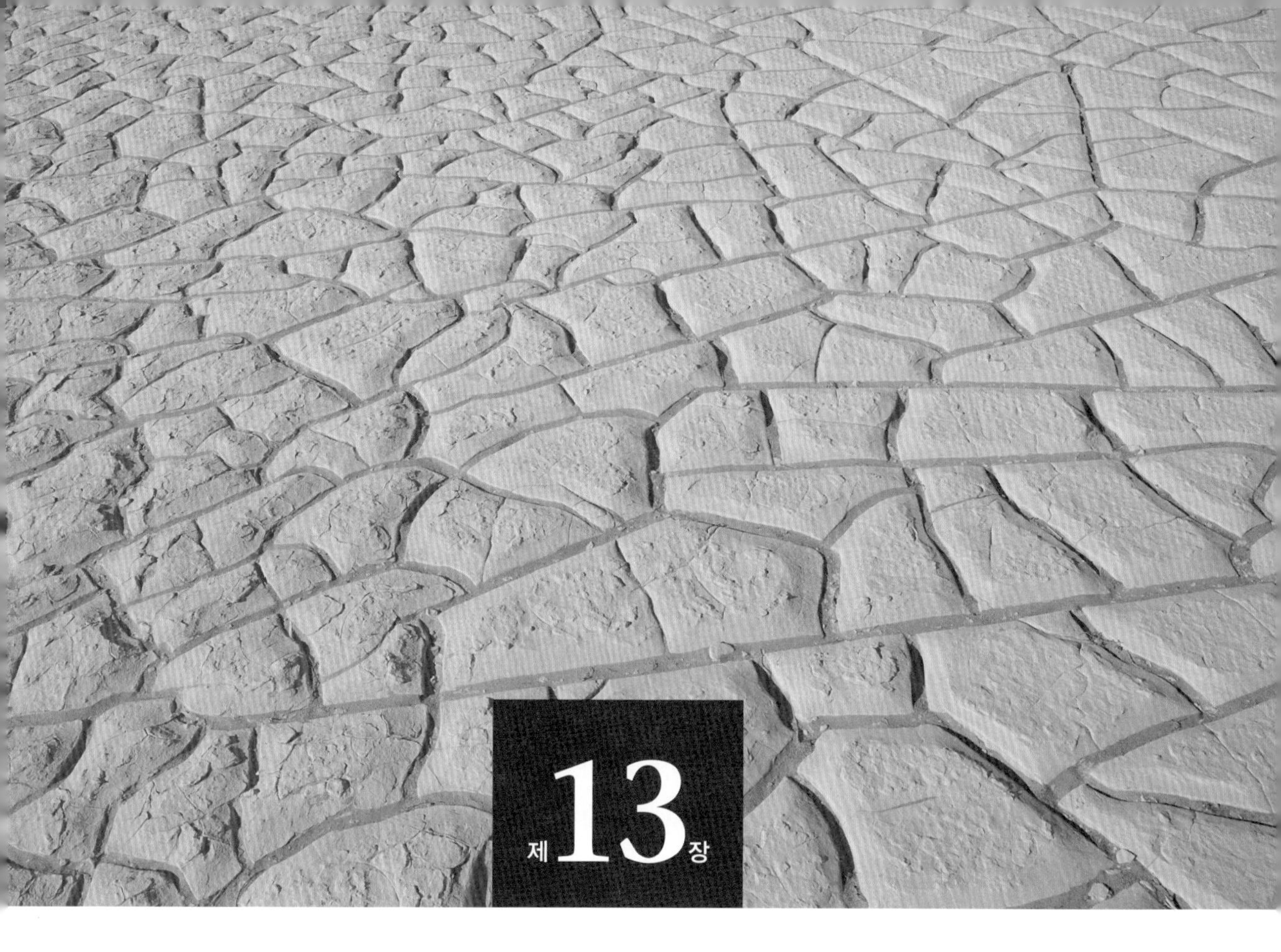

지구온난화의 영향과 기후변화

13.1 과거 100년의 기후변화

현 세기의 지구온난화는 인류 생존과 복지에 관한 가장 중요한 이슈이며 관심이라 할 수 있다. 이와 관련하여 우리는 역사시대의 지난 1000년의 기후변화는 어떻게 진행되었으며 그 원인이 무엇인지를 알아보는 것은 현재와 미래의 기후변화를 이해하는 데 좋은 배경을 제공할 것이다. 기후변화의 원인으로는 태양의 복사 에너지의 변화, 화산활동 등 자연적인 기후변화와 산업활동 등 인위적인 기후변화를 들 수 있다.

지난 1000년간 북반구의 기후자료가 Mann 등(1998, Nature)에 의하여 복원되었다. Crowley(2000, Science)는 이 자료를 이용하여 20세기의 온난화를 역사적 관점에서 분석하며 기후변화의 다양한 원인을 조사하였다.

동일한 자료를 이용한 우리나라 국립기상연구소의 분석결과에 따르면 19세기까지는 기온이 100년 동안에 0.2℃ 하강하여 소위 소빙하기로 명명되고 있다. 반면에 20세기의 기온은 100년간 0.6℃ 상승하였다. 따라서 시간에 따른 변화를 보면 11~12세기는 온난기로 인정되지만 16~19세기는 소빙하기라고 부르는 한랭기라 할 수 있다. 지구의 기온은 인위적인 요인이 거의 없었던 기간에도 계속 변화하였다. 그러므로 기후

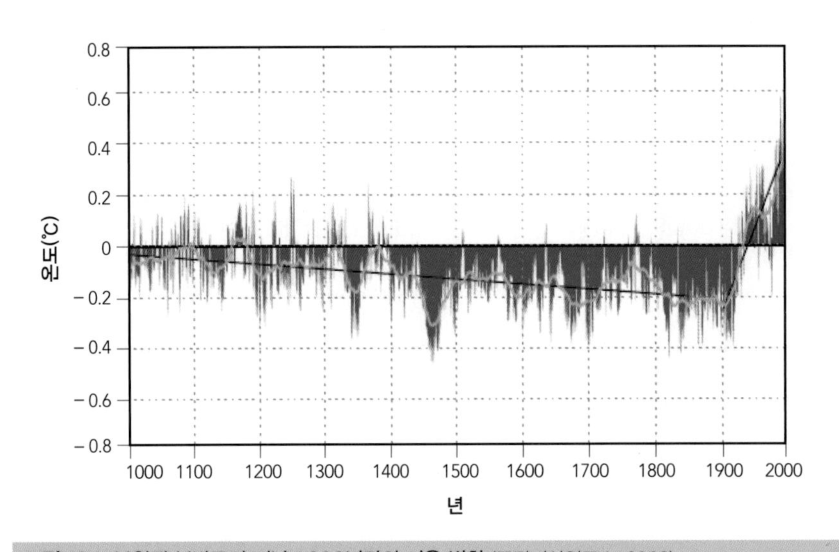

그림 13.1 복원된 북반구의 지난 1,000년간의 기온 변화 (국립기상연구소, 2009)

변화를 논의할 때에는 그 원인에 대한 분석과 이해가 매우 중요하다.

크로올리는 에너지 평형 모델(Energy Balance Model, EBM)을 이용하여 분석한 결과 인위적인 요인이 거의 없었던 1800년대 중반까지는 태양의 복사 에너지의 변화와 화산 활동이 기후변화의 주요 원인으로서 기후변화의 41~64% 정도를 설명할 수 있으며 20세기의 기온의 변화는 온실가스의 증가에 따른 기후변화에 의한 것으로 볼 수 있다고 지적하였다. 과거의 기후뿐만 아니라 미래의 기후변화에 대하여 기후모델을 이용한 연구가 정부 간 기후변화 협의체(IPCC)를 비롯하여 여러 연구기관에서 중점적으로 진행되고 있다. 21세기의 기후변화를 전망한 것에 따르면 이산화탄소 등 인위적 대기 온실가스 증가에 의한 온난화가 지속되어 최근 40만 년 중에서 가장 기온이 급상승할 것으로 예상하고 있다.

13.2 기후변화의 원인과 되먹임 메커니즘

지구의 기온은 19세기 후반부터 지금까지 0.6℃ 상승하였다(Anderson et al., 2003). UN의 IPCC에 의하면 산업혁명이 시작된 1830년대부터 현재까지 지구의 평균 기온은 0.3~0.6℃ 상승하였으며, 이러한 기온 상승은 1900년 이후부터 증가 폭이 점차 높아지고 있는 것으로 나타났다(그림 13.2). 온실 기체 증가에 따른 대류권 기온 상승은 고위도 지방에 더욱 강하게 나타나고 있어 한반도의 경우 1880년 이후 1990년까지 1℃

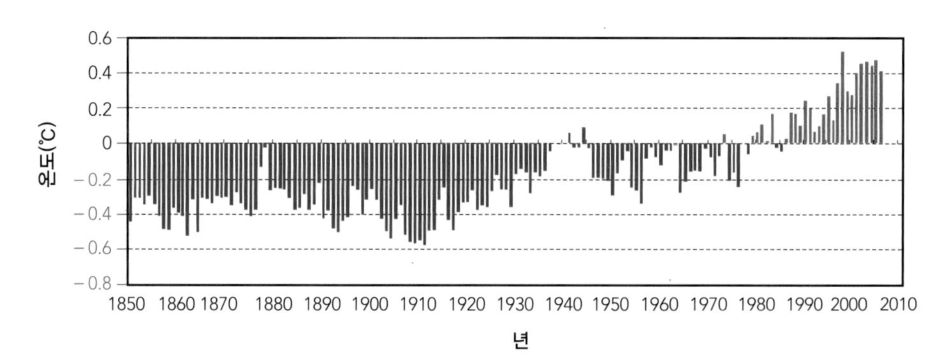

그림 13.2 지구의 연평균 기온 변화 변동값(℃)(1850~2006년)

정도 상승한 것으로 나타났다(기상청, 2000). 동북아시아 지역의 기온 상승은 지구온난화로 해석할 수 있으나 중국 대륙의 급속한 산업발전과 도시화와 무관하지 않다. 따라서 지구온난화는 근본적으로 지구 성분 기체 중 이산화탄소와 같은 온난화 온실 기체의 증가에서 비롯된다고 볼 수 있다.

이러한 전 지구적 기온 상승은 고기후학적인 견해에서 과거 빙하기와 현재와의 기온차가 5℃에 불과하지만 그 상승 속도와 변동 폭이 너무 크고 시간적으로 짧아 해수면 상승, 식량과 수자원 공급, 인간건강 침해, 자연 생태계 파괴, 사회경제 분야의 불안요소 증가 등 돌이킬 수 없는 영향을 미치고 있어 세계 각국의 관심이 집중되고 있다.

세계기상기구(World Meteorological Organization, WMO)는 오늘날 지구환경 문제를 환경비상사태(Environmental Emergencies)라 규정하고 있다. 환경비상사태란 현대과학의 제어 수준을 넘어 인류와 자연 생태계의 생존을 위협하는 돌발적 재앙을 유발시키는 계획 불가능의 환경현상으로 정의한다. 이러한 사태에는 자연적인 것과 인위적인 원인 요소가 있다. 인위적 환경재앙으로는 먼저 핵무기 사용과 핵발전소의 방사능 누출을 들 수 있다. 자연적 환경재앙에는 지진발생과 기상 변화에서 비롯됨은 이미 잘 알려진 상식이다. 자연적 환경비상사태의 원인도 거슬러 올라가 보면 결국 인위적 요소가 내포되어 있다. 세계기상기구는 이러한 원인을 지구온난화로 단정 짓고 환경비상사태를 유발할 수 있는 기상요소를 기온과 강수, 구름의 형성, 바람과 대기의 안정도로 정하였다. 우리나라의 경우 도시효과를 합하여 과거 100년 동안 서울의 기온은 1.3℃ 증가한 것으로 나타났다.

지구는 태양으로부터 짧은 파장범위(0~4μm)의 복사 에너지를 받는다. 그 일부는 대기와 지표에 의하여 반사(30% 알베도)되고 일부는 적외선으로 방출되어 이른바 지구 대기 복사 에너지 온실효과(그림 6.8 참조)의 복사 에너지 평형이 지구 대기 기후의 거동을 좌우하고 있다. 그러나 태양으로부터 들어오는 복사 에너지와 지구로부터 나가는 적외선 파장(4~100μm)의 투과 특성이 다르기 때문에 대기 중의 성분기체 온실가스는 파장이 짧은 태양으로부터 광을 잘 통과시키지만 파장이 긴 적외선 복사 에너지를 강하게 흡수하는 특성이 있다. 온실효과 가스가 증가하면 우주로 나가는 복사 에너지가 대기에 흡수되고 흡수된 에너지는 결국 기온을 상승시키게 된다.

지구온난화 온실효과를 발생시키는 주 기체는 수증기, 이산화탄소, 메탄, 일산화이질소, 하로카-본류 등이 있다. 이들 중 제일 중요한 온실효과를 나타내고 있는 것은 수증기이다. 수증기는 현재 온실효과의 약 3분의 2를 담당하고 있고 나머지 3분의 1은 이산화탄소가 90% 정도 차지하고 있다. 이들의 온실효과 가스에 의하여 현재 지구의 평균 기온이 15℃를 유지하고 있다. 대기에 온실가스가 없을 경우 기온은 현재보다도 33℃나 낮은 −18℃ 정도가 된다. 수증기는 전 지구 차원에서 대기 내 그 양이 일정하기 때문에 전 지구적 기온 증가에는 영향이 없다고 본다. 이산화탄소는 산업의 발달과 인간의 활동으로 그 양이 매년 증가하고 있어 대기의 복사 에너지를 흡수하여 복사강제력을 증가시키므로 지구온난화의 주요소가 된다.

지구온난화에 대한 기후변동의 전망에 대해서는 UN의 IPCC의 C등급의 낮은 예측 시나리오에 의한다 해도 100년 후에는 세계 평균 지상 기온은 약 1℃ 상승, 높은 시나리오로는 약 3.5℃ 상승함을 추정하고 있다. 또 해수면 수위에 대해서도 낮은 시나리오로는 약 15cm 상승, 높은 시나리오로는 약 95cm 상승하는 것으로 예측되고 있다.

우리나라 기상청은 기후변동의 전망에 대해서 수증기 등도 포함한 대기의 상태를 수치 모델로 재현하는 방법으로 1998년 11월 이산화탄소 농도를 연 1%의 증가율로 했을 경우를 예측한 바 있다. 이 경우 70년 후에 이산화탄소 농도는 약 2배가 되고 지상 기온은 약 1.3℃ 상승하며 100년 후에는 약 2.2℃ 상승할 전망이다. 이때 이산화탄소 증가에 따른 지구 기온 상승은 북반구 고위도 지역에서 높게 나타나고 있다.

최근 기상학자들은 대기대순환 모형(GCM)을 이용하여 2100년 시기의 지구 평균 기온이 현재보다 1.5~2.5℃ 정도 그리고 해수면은 평균 약 50~90cm 정도가 상승할 것으로 예측하고 있다. 이러한 기온 변화는 지금부터 118,000년 전에 있었던 전 지구의 빙하기 이래로 전례가 없던 현상이다.

13.3 온실 기체

13.3.1 이산화탄소

이산화탄소(CO_2)는 대기 중에서 적외선을 흡수하는 가장 중요한 인위적 배출가스의 하나로서 대기의 온실가스의 총 복사강제력의 62%를 담당하고 있다. 또 최근 10년간의 온난화 온실가스 복사강제력의 급속한 증가의 90% 이상을 차지하고 있다. 산업혁명 이전 약 1만 년 동안 대기 중 이산화탄소 농도는 약 280ppm으로 거의 일정했었다(ppm은 공기분자 100만 개 중 온실가스의 분자 수). 이 농도는 대기권과 생물권 간(광합성과 호흡) 그리고 대기와 해양 간(이산화탄소의 물리적 교환)에 이루어지는 교환의 계절 변화량(탄소 환산으로 100Gt/해의 오더)의 평형값을 나타내고 있다. 1700년대 후반 이후 대기 중 이산화탄소는 35.4% 증가했다. 이것은 주로 화석연료 연소에 의한 배출(탄소 환산으로 약 7Gt/년)과 삼림 파괴(탄소 환산으로 0.6~2.5Gt/년)에 의한 것이다. 1958년에 시작한 대기 중 이산화탄소의 고정밀 관측에 의하면 대기 중 이산화탄소의 평균적인 증가량은 화석연료의 연소에 의해 배출된 이산화탄소량의 약 55%에 해당한다. 나머지 다른 화석연료에 기인한 이산화탄소는 해양이나 육상생물에 의해 대기에서 제거되고 있다.

1995년 UN의 IPCC 보고에 따르면 대기 중 CO_2의 농도는 산업혁명 이전 시대의 280ppm에서 1994년에는 356ppm까지 증가하였다. 미국 기상청 소속 하와이 마우나로아 지구 대기 감시소의 관측에 의하면 2002년에 365ppm으로 지속적인 증가를 보이고 있어 1900년 이후의 CO_2 연 증가율은 약 0.5%로 나타났다. 우리나라의 경우 기상청의 안면도 지구 대기 감시관측소에서 측정한 대기의 CO_2 농도는 그림 13.3과 같이 2005년 연평균 375ppm을 나타내고 있다. 대기의 CO_2 농도 상승의 주원인은 석유 및 석탄과 같은 화석연료의 사용과 산림의 파괴에 의한 것으로 밝혀지고 있다. 2005년 세계 평균 이산화탄소 농도는 379.1ppm으로 2004년에 비해 2.0ppm이 증가하였다.

한반도 지역 대기(일명 배경대기)의 온실 기체 이산화탄소의 연평균 농도는 2002년 제주도 고산 관측소에서 관측한 결과 연평균 375.56ppm을 나타내었고 기상청의 안면

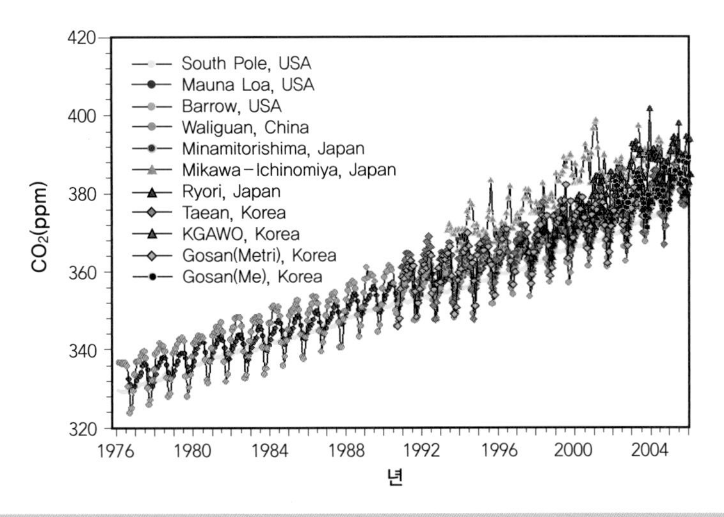

그림 13.3 세계 각 지점에서 관측한 지구온난화 기체인 이산화탄소(CO_2) 농도의 연별 계절변동 (오성남, 2007)

도 지구 대기 감시관측소에서 383.26ppm를 각각 보였다. 연평균 증가율은 지난 13년간(1990~2002년) 제주도 고산 관측소에서 1.17~2.02ppm을 보였고 안면도에서는 1999년에서 2002년까지 4년 동안 2.30~4.07ppm을 나타냈다. 한반도에서 관측된 이산화탄소 농도의 계절적 특징은 여름철에 일변화 폭이 크고 겨울철 일변화 폭이 작음을 보였다. 또한 우리나라 지역에 배출된 이산화탄소는 좁은 지역에 충분히 혼합되지 못한 상태로 존재하고, 특히 중국으로부터의 영향이 있는 것으로 조사되었다. 안면도 지구 대기 감시관측소의 경우 2010년에 408.2ppm에 이르러 2015년에는 420ppm을 넘을 것으로 추정되고 있다.

13.3.2 메탄

메탄(CH_4)은 이산화탄소에 비해 대기 중 1.7ppm을 차지할 정도로 극소량이지만 이산화탄소보다 온실효과가 20~30배 정도 더 높고 대기 복사강제력의 약 20%에 기여하고 있다. 대기 중 농도도 산업혁명 이후 2배 이상 증가하였다. 메탄은 늪, 소택지, 습지, 초식 가축의 분뇨 덤이 등 산소가 적은 습지에서 혐기성 박테리아의 활동에 의해 발생되며 벼, 논 등 물을 가둬놓는 농지에서 많이 발생한다. 특히 메탄은 인간활동에 의해 영

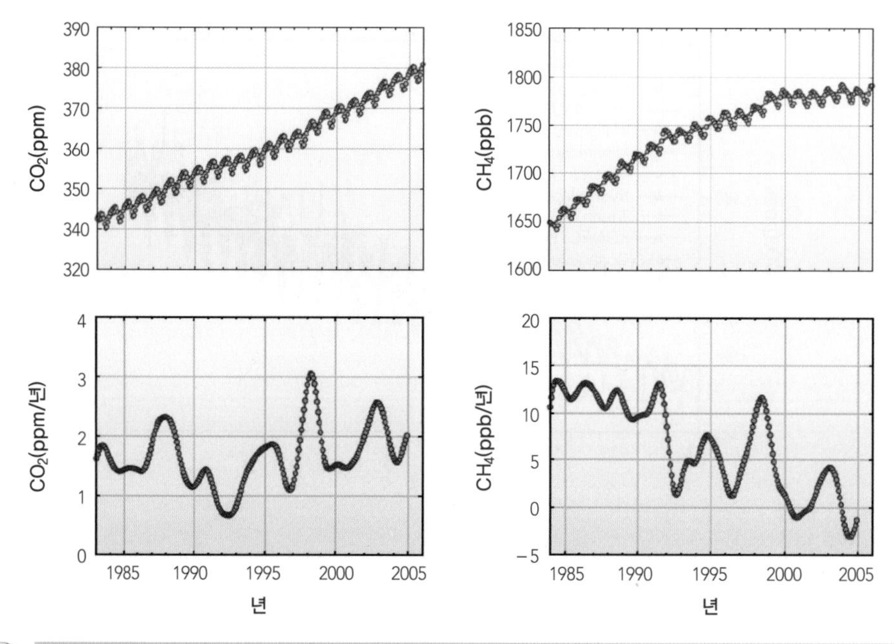

그림 13.4 대기 중 이산화탄소와 메탄의 연별 농도와 증가율 경향

향을 받는 기체로 대기의 온난화 온실가스에 의한 복사강제력 중 약 20%를 차지하고 있다. 메탄은 대류권 오존 혹은 성층권 수증기와 화학적 반응을 통해 간접적으로 기후에 영향을 준다. 메탄은 자연 과정(~40%, 예를 들면 습지나 흰개미)이나 인위적인 배출원(~60%, 예를 들면 화석연료 개발, 벼농사 농업, 되새김동물, 바이오매스(biomass) 연소, 매립에 의한 쓰레기 처리)에 의해 대기로 배출된다. 반면에 수산기(Hydroxy1 radical(OH)) 반응에 의해 대기로부터 제거된다. 대기 중에 잔류하는 기간(수명)은 약 9년이다. 산업시대 이전 대기 중 농도는 약 700ppb(bbp는 대기분자 10억(10^9) 개 중 온실가스 분자 수)이었다. 인위적인 배출원에 의한 배출량 증가가 메탄 농도를 2.5배 증가시킨 원인이다. 그러나 메탄 순환은 매우 복잡해서 대기 중 농도 관리는 배출량의 파악과 배출원과 흡수원의 수지에 대한 이해가 필요하다. 2005년 세계 평균 메탄농도는 1783ppb로, 2004년에 비해 거의 증가하지 않았다(그림 13.4). 반대로 1980년대 후반 메탄은 1년에 최대 13ppb 증가하였다. 최근 10년간 연평균 농도 증가율은 약 3ppb/년 이다. 근래 한반도에서 관측되는 메탄 농도는 1.9ppm을 중심으로 이산

화탄소에 비해서는 상당히 안정되어 있다. 계절별 대기의 메탄 농도는 가을철에 가장 높게 그리고 여름과 겨울 및 봄철 순이다.

13.3.3 아산화질소 및 다른 온실가스

이산화탄소와 메탄과 오존 이외에도 대기의 온난화에 기여하는 기체들은 아산화질소(N_2O)와 NOx와 CFCs 등이 있다. 이들 기체가 미치는 지구의 온실효과는 이산화탄소 못지않다.

아산화질소(N_2O)는 메탄과 달리 지난 4년간 약간의 상승 경향을 나타내었다. 세계 기후자료센터(WDCGG)의 발간 28호에 의하면 현재 대기 중 농도는 연평균 0.25%의 상승률로서 점차 상승하고 있는 것으로 보고되고 있다. N_2O는 온실가스에 의한 총 복사강제력의 6%에 기여하고 있다. 산업화 이전 대기 중 농도는 270ppb이었다. 아산화질소는 해양, 토양, 연료의 연소, 바이오매스 연소, 비료 사용 및 다양한 산업과정의 자연적 혹은 인위적 배출원으로부터 배출된다. 총 배출의 3분의 1은 인위적 배출원에 의한 것이다. 대기에서는 성층권의 광화학적 반응에 의해 제거된다. 2005년 세계 평균 아산화질소 농도는 319.2ppb로, 전년에 비해 0.6ppb가 증가했다. 최근 10년간의 연평균 농도 증가율은 0.74ppb/년이다.

13.3.4 성층권 오존층 변화

1. 오존층

지상으로부터 높이 약 25km 부근의 대기 중에는 지표면 부근의 대기보다 오존이 많이 존재하고 있어 이를 오존층이라 부른다. 오존층은 태양복사 에너지의 단파장 자외선을 흡수하여 지상까지 도달하지 못하게 함으로써 인간과 동식물을 보호해 주는 역할을 한다.

오존은 산소원자 3개로 이루어져 있다. 오존분자들은 지구 상공 24~32km에 떠다닌다. 이 오존분자들은 특히 지구 상공 24km 성층권 상공에 높은 농도로 한데 뭉쳐 오존층을 형성한다. 오존분자들은 태양의 강렬한 자외선을 흡수한다. 오존분자들은 일

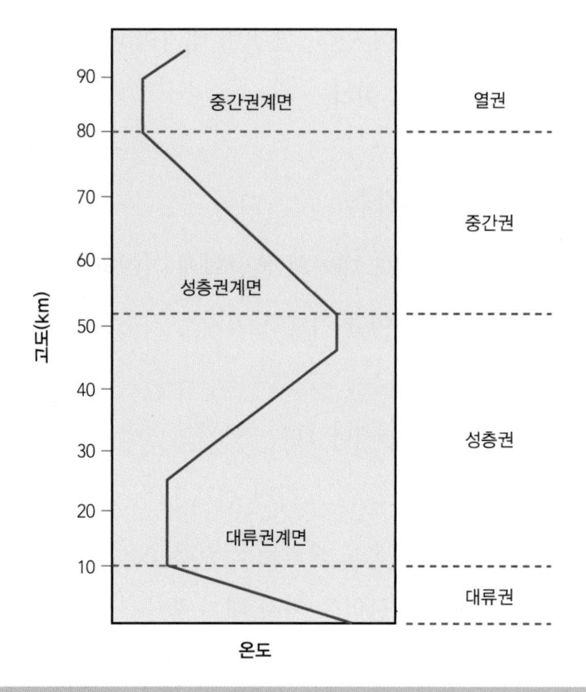

그림 13.5 기온 감률에 따른 권역별 대기 구조

정하게 사라졌다 다시 나타난다. 오존이 자외선을 흡수하면 오존분자들은 쪼개진다. 쪼개진 분자들은 곧 새로운 오존분자를 형성한다. 이런 반복 작용이 방해받지 않는다면 대기 중의 오존은 항상 일정한 양을 유지하게 된다.

2. CFC와 남극의 오존 구멍

매년 봄, 남극 대륙의 하늘에 미국의 3배 크기만 한 보이지 않는 거대한 오존 구멍이 생긴다. 오존의 농도가 아주 약한 이 구멍으로 자외선이 지구에 들어온다(그림 13.6). 남극뿐만 아니라 지구 상공의 다른 곳에서도 오존층은 파괴된다. 그러나 남극의 상공에 특히 오존의 농도가 약한 문제를 일으키는 것은 주위의 독특한 환경 때문이다. 남극의 차가운 대기의 온도(영하 85℃)는 오존의 생성을 못하게 할 뿐 아니라 지구 자전에 의한 회전효과(와도)는 오존의 형성을 더욱 저해시킨다. 결국 2~3개월 후에 오존이 없는 공기 덩어리가 남극에서 다른 지역으로 이동하여 지외선을 투과시킨다.

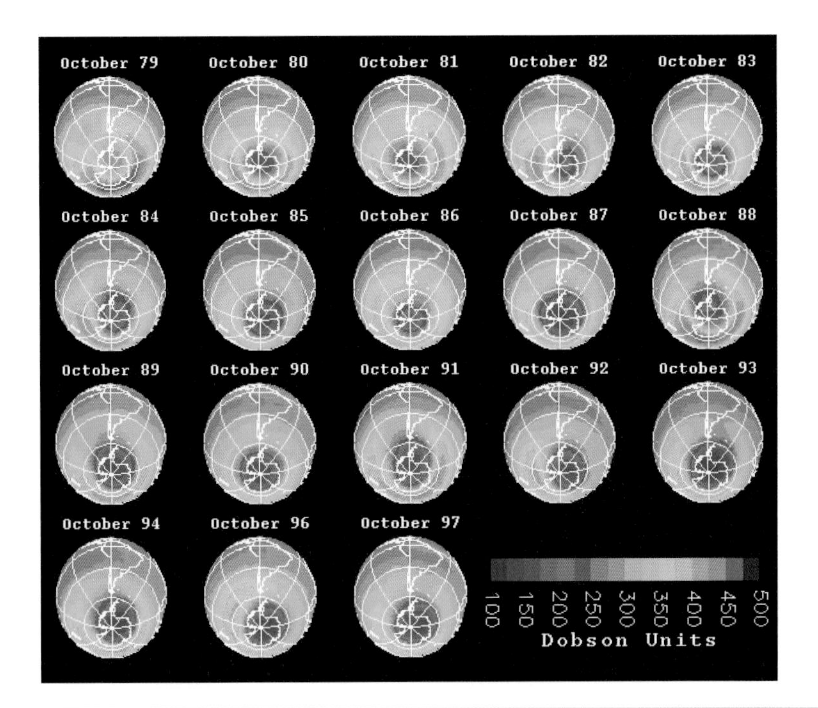

그림 13.6 남극 오존 구멍의 연별 변화

대기 중 염화불화탄소(CFC)는 오존층을 파괴하는 주요인이다. 염화불화탄소가 지구에서 16~48km의 상공의 성층권에 도달하면 오존이 광해리되어 오존의 형성이 되자 엷은 다른 성층권보다 농도가 약한 구멍이 뚫리게 된다. 이 기체는 스프레이의 에어로졸과 냉장고와 에어컨의 냉매제, 플라스틱 제품을 생산하기 위해 사용되는 화학물질 등에서 배출된다. 그 양은 폴리스티렌 한 컵에 염화불화탄소 분자 100만 개 이상을 담을 수 있는 정도이다. 그러나 이것들이 오존을 파괴하는 유일한 기체는 아니다. 이외에도 용매와 내화성 물질로 사용되는 염화메틸과 자동차 연소 그리고 화학비료를 만들 때 생기는 산화질소와 그 밖의 다른 것들도 오존층을 파괴시킨다. 염화불화탄소가 1930년대에 개발된 후 많은 종류의 CFC가 개발되었다. CFC는 다른 화학물질과 쉽게 반응하지 않는 안정된 물질이고 독성도 없기 때문에 분무식 스프레이 제품과 냉각제, 스티로폼 등 많은 제품에 쓰여 왔다. 현재 일부 스티로폼 제품과 스프레이 등은 CFC 대신 다른 물질을 쓰고 있다. 그러나 CFC 대신 사용한 HCFC와 같은 물질도 정도의 차이가 있을 뿐 오존층을 파괴하기는 마찬가지이다.

CFC 분자가 오존층 위로 날아가면 태양의 자외선을 받아 쪼개진다. 이 과정에서 CFC에 들어 있던 염소분자의 핵이 분리돼 나와 오존분자들을 공격하기 시작한다. 염소분자의 핵은 오존분자를 다시 쪼개고, 쪼개진 오존분자들은 새로운 오존으로 재생하지 못하게 된다. 이런 일이 계속될 경우 오존층이 파괴되며 결국 지구상의 오존량은 줄어든다. 과학자들의 연구에 따르면 염소분자 핵 1개는 10만 개의 오존분자를 파괴시킨 뒤 오존층 아래로 가라앉는다. 따라서 아주 적은 양의 CFC가 지구 상공으로 날아가더라도 엄청난 피해가 초래될 수 있는 것이다. 또 CFC 중에는 거의 100년 동안 대기 중에 머물면서 훨씬 많은 염소분자를 분리시켜 큰 피해를 발생시키는 것들도 있다. 위험에 처한 극지 오존층 파괴가 가장 심각한 곳은 남극이다. 9월쯤에는 미국 땅덩어리 크기만 한 구멍이 남극 하늘에 생긴다. 이것이 오존 홀(구멍)이다. 이 구멍은 기온이 상승하는 11월 말쯤 남극 외곽에서 보충되어 온 오존들이 메우면서 사라진다. 남극에서 오존이 극심하게 없어지는 것과 비교해, 북극의 오존은 겨울철에 고작 5~10%밖에 없어지지 않는 것으로 과학자들은 분석하고 있다. 그 이유는 북극의 겨울이 짧고 그렇게 춥지 않다는 것과 연관된다. 전 세계적으로 보아 오존층은 매년 2~3%가 파괴되는 것으로 보고 있다.

3. 오존층 파괴의 영향

성층권의 오존층은 지표에 도달하는 태양광 중 가장 유해한 290~320nm(10~9m)의 자외선(UV-B)을 흡수하여 약화시킨다. 만약 총 오존량이 10% 감소하면, 자외선의 양이 20% 증가하는 것으로 추측된다. 자외선의 증가는 인간의 피부암을 발생시켜 생태계에도 영향이 미치는 것으로 우려되고 있다.

오존층은 X선과 감마선 등 각종 해로운 우주광선을 차단하고 태양광선 중 자외선을 대폭 흡수하는 역할을 한다. 이들 광선은 화학작용을 일으키며 사람과 동식물에 모두 해로운 존재다. 햇볕에 옷가지 등을 오랜 시간 내놓으면 색이 바래는데, 이것은 약하나마 햇빛에 섞여 지상에 당도한 자외선이 일으키는 화학작용 때문이다. 또 인쇄업계에서 사진제판 때 쓰는 광선도 자외선이다. 이 강한 자외선을 조금이라도 쳐다보면 금방 눈이 쓰리고 아프다. 만일 5분 정도 쳐다봤으면 실명할 우려가 있을 정도로 인체에 유해하다. 그렇기에 산업계에서도 이 광선을 이용할 때는 반드시 밀폐된 장소에서 하도록 되어 있다.

지금까지 알려진 사실로는 CFC의 계속적 방출에 의해 장래 상부 성층권의 오존이 40~60% 정도 감소될 것으로 예상된다. 그렇게 되면 지금까지 오존의 열원이 되어 높은 온도를 유지하고 있던 상부 성층권의 온도가 저하되고 역으로 상부의 오존 감소로 하부까지 도달하게 된 자외선에 의하여 온도가 가장 낮은 하부 성층권이 가열되어 지금보다 온도가 상승될 것이다. 이렇듯 성층권의 온도구조가 크게 변했을 때, 어떤 현상이 일어나는지에 관해서는 아직 충분히 해명되고 있지 않지만, 지구 규모의 대기 운동에 필연적으로 영향을 줄 것이고 마침내 기후의 변동을 초래할 것으로 우려되고 있다. 또 대류권 내의 이산화탄소와 같이 온실효과를 발휘하므로 지구온난화를 증가시킬 것으로 우려되고 있다. 적외 영역에 강한 흡수력이 있는 할로겐탄소화합물에 관해서도 마찬가지의 효과가 기대되고 있다. 지금 그 방출을 멈추어도 그 영향은 1세기 이상 남는다는 영향 예지에 따라 변동의 경향을 조기에 인지하여 대응하는 것이 중요하다.

성층권의 오존파괴에 따라서 지상의 자외선 증가에 의한 각종 생물학적 영향이 예상된다. 자외선의 생물에 대한 영향은 파장이 짧을수록 크다. 자외선는 파장영역이 가장 짧은 파장이므로 이 파장의 자외선이 증가되면 생물에 대하여 여러 가지 좋지 못한 영향을 미친다. 예를 들어 인체에 대하여는 피부암이 증가한다. 성층권의 오존이 1% 감소되면 자외선의 조사량은 2% 증가하며 이로 인하여 전 세계에 걸쳐서 20만 명의 피부암 환자가 증가할 것으로 예상되고 있다. 1987년에 발표된 미국 환경보호청(EPA)의 보고서는 오존층의 소실로 인하여 향후 88년간 4,000만 명의 피부암 환자가 증가할 것이라고 했는데, 그 외에 다른 연구에서 오존의 농도가 10~15% 감소되면 전 세계에서 매년 150만 명의 피부암 환자가 발생할 것으로 추산하기도 하였다. 피부암 이외에도 자외선의 증가로 인하여 백내장, 망막의 장해와 같은 안질환의 증가, 면역기능의 저하 등을 유발하는 것으로 생각되고 있다. 미국은 오존층 1%의 감소에 대하여 기저 세포암과 유격 세포암 등 메라노마 이외의 피부암이 4～6% 증가한다고 추정하고 있다.

농작물을 포함한 육상식물에 대한 영향에 관해서는 각종 식물을 사용한 실험연구에 의하여 많은 식물에서 자외선의 증가는 생육의 저하를 초래한다는 것이 밝혀졌다. 지구상의 농산품목 중 150종이 자외선에 대하여 취약하기 때문에 오존의 소실에 따라 농산물 수확이 타격을 입을 것으로 예상되는데, 실제 실험을 통하여 1%의 오존의 감소로 인하여 1%의 농산물 수확의 감소가 이루어짐이 밝혀진 바 있다. 또 수엽의 형태적 변화(수엽 면적의 감소, 수엽 두께의 증대 등)와 엽내 물질의 변화 같은 것도 발견된다. 또 자외선의 증가는 새우와 게의 유충에 치명적이며, 플랑크톤도 자외선 증가에 의해 감소되고 먹이사슬을 통하여 어류 등 수산물의 수량에도 영향을 미친다고 한다.

오존층의 파괴문제는 인체에 대한 직접적 영향, 기후변화에 대한 영향, 농림수산업에 대한 영향, 자연생태계의 개변의 문제 등 다양하여 사회경제적으로도 큰 영향을 미치고 있다.

미국 환경보호청(EPA)에 따르면 오존층이 1% 감소하면 백내장 환자도 0.3～0.5%가 증가하고 피부암은 3% 늘어난다. 이같은 질환은 자외선이 생물체의 화학적 결합을 깨뜨려 유전자와 면역체계를 파괴시키기 때문에 발생한다. 더욱이 자외선 피폭량이 많아지면 인체에 유해한 것 이상으로 자연 생태계를 위협해 큰 문제를 야기한다. 환경 관련 학자들은 현재 전 세계 200여 종의 주요 농작물 가운데 75%는 더 이상의 자외선 증가에 견뎌내지 못할 것으로 보고 있다. 이것은 오존층 파괴의 확대가 지구촌의 심각한 식량난의 원인이 될 수 있다. 북반구의 경우 지난 20년간 오존층이 지역에 따라 1.7～3.0%가 줄어들었다.

성층권 오존층의 약화가 우리에게 미치는 영향을 요약하면 다음과 같다.

- 대기 : 대기 중 화학반응이 활발해져 도시지역의 대기오염이 심해진다.
- 건축물 : 나무 등 건축 재료의 부식과 노화가 촉진된다.
- 식물 : 성장저해 현상이 나타난 콩 등 곡물류는 수확량과 품질이 저하된다.
- 바다생태계 : 식물 플랑크톤이 감소, 바닷속 먹이연쇄가 깨진다.

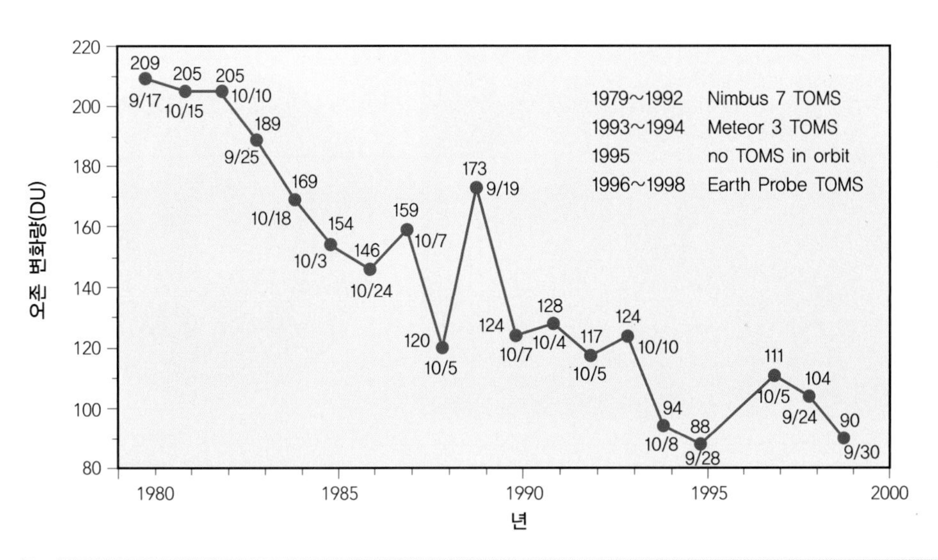

그림 13.7 남극지방의 오존 변화량(1979~1997년)

- 인체에 미치는 영향
  - 눈 : 성층권 오존량이 10% 감소할 때 세계적으로 연간 160만~175만 명의 백내장 환자가 늘어난다.
  - 면역력 : 면역력이 약해져 말라리아 등 질병이 늘어난다.
  - 피부 : 오존량이 10% 감소 땐 백인의 경우 피부암이 26% 정도 증가한다.

CFC 외에 오존층 파괴 물질로는 농약, 염료 등의 원료이자 세탁소에서 드라이클리닝을 하는 데 사용하는 사염화탄소, 소화기의 원료로 쓰이는 할론, 공업용 용제와 전자부품 세척제로 쓰이는 메틸클로로포름 등이 있다.

4. 오존층 보호를 위한 국제협약

CFC의 오존층 파괴가 세계적인 주목을 끌기 시작한 것은 지난 1979년 영국 연구팀이 남극 상공의 오존층이 뚫려 있음을 확인하고서부터이다. 남극 상공에 뚫린 이 오존층 구멍(오존홀)은 이어 1985년에는 미국 대륙 크기로 넓어져 세계적인 중대문제로 다루어지기 시작했다. 이후에도 지구 전체의 오존층이 계속 감소하는 현상을 보여 이제 오

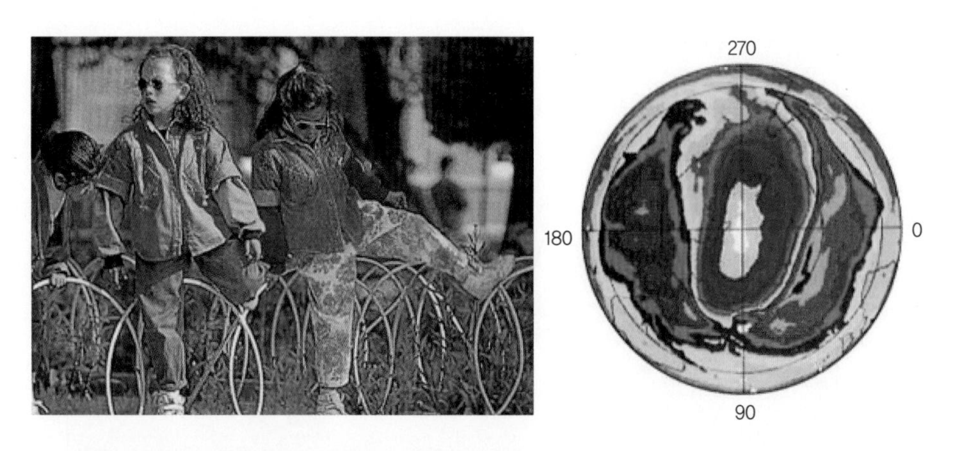

그림 13.8 오존층 파괴로 인한 강력한 자외선 때문에 선글라스를 착용하는 남극 지역의 아이들

존홀이 북극 상공에서마저도 나타나는 등 지구 환경 파괴는 날로 가속화되고 있다. 한국과학기술원의 이윤용 박사는 "남극 상공의 오존홀은 전 세계가 당장 CFC 사용을 전면 중단해도 50년이 지난 뒤에야 치유될 수 있다는 것이 최근 영국의 성층권 오존검토그룹의 분석이다."라고 말했다.

1985년의 빈 협약을 기초로 1987년에 탄생한 몬트리올 의정서는 오존층 파괴 물질의 제조와 사용을 규제하고 대체물질의 개발과 이용을 촉진하는 것이다. 이 협정에 의하면 선진국은 1996년부터 CFC의 사용이 전면 금지되며 개발도상국은 2005년까지 제한적으로 사용할 수 있게 되어 있다. 우리나라는 1992년 5월 가입한 이후부터 CFC의 국민 1인당 사용량을 할당받고 있으며 목표 연도까지 해마다 사용 가용량이 줄어들고 있다. 몬트리올 의정서의 규정에 의한 오존층 파괴 물질로는 트리클로 플루오르메탄 외 93종의 물질이 이에 포함되어 있다.

13.4 지구온난화 영향

기후변동의 전망은 현재 널리 이용되고 있는 IPCC가 수집하여 정리한 이산화탄소의 증가 예측 시나리오에 따르면 100년 후에는 이산화탄소의 증가율이 낮은 시나리오로 세계 평균의 지상 기온은 약 1℃ 상승, 높은 시나리오로는 약 3.5℃ 상승한다. 또 해수면 수위에 대해서도 낮은 시나리오로는 약 15cm 상승, 높은 시나리오로는 약 95cm 상승하는 것으로 예측되고 있다. 기상청은 기후변동의 전망에 대해서 수증기 등도 포함한 대기의 상태를 수치모델로 재현한다는 기법으로 수행하고 있다. 1998 11월에 발표한『지구온난화 예측 정보』제3권에서는 이산화탄소 농도를 연율 1%로 계속 증가시킨 경우를 예측해 보았다. 이 경우 70년 후에 이산화탄소 농도는 약 두 배로 되고 지상기온은 약 1.3℃ 상승하며 100년 후에는 약 2.2℃ 상승할 전망이다. 이때 이산화탄소가 증가하지 않은 경우에 비하여 기온의 상승이 큰 지역은 북반구 고위도 쪽에 집중해 있다. 기온 상승의 상황을 더 상세히 보면 북반구의 고위도 쪽의 대륙에서 큰 기온 상승이 있다. 또 겨울에 그 경향을 생각하면 겨울의 시베리아 기온이 높다는 것은 겨울의 계절풍이 약해진다는 것을 의미하고 있다.

강수량에 관해서는 적도를 중심으로 변동성이 증가하고 반구 규모로 보면 북반구의 중위도부터 고위도로 걸쳐 강수량이 증가한다. 기온이 높아지면 대기는 더 많은 수증기를 함유할 수 있게 된다. 이 때문에 많은 수증기를 함유한 대기가 일회에 비를 내리게 한다는 것으로 강한 비가 증대할 가능성을 제시하고 있다.

지구온난화에 의하여 기온의 평균 상태나 수분의 변동이 변화할 경우 이상기상의 발생빈도에도 영향이 나타난다. 장래의 이산화탄소의 대기 중 농도의 추이나 수치모델에 의한 예측을 생각하면 기온이 상승함에 따라 이상기온은 증가하고 이상저온은 감소한다고 생각된다. 또 강수에 대해서는 전체적으로 강수량이 증가할 뿐만 아니라 변동성이 커진다는 것이 예상되고 있다. 이 때문에 이상소우, 이상다우와 더불어 증가한다고 생각된다. 일본의 경우 우량 전체의 경향은 감소 경향에 있고 강수가 없는 일수는 증가하는 경향이 있다. 한편 단시간으로 보면 집중호우와 같이 격렬한 비가 증가하는 것도 생각할 수 있다.

13.4.1 탄소 순환의 변화

기후변화협약(Framework Convention on Climate Change, FCCC)에서 각 국가들은 CO_2의 흡원과 발원으로서 CO_2가 쌓이는 것을 조절하는 과정을 평가하기 위하여 대기의 탄소 순환을 밝혀야 한다고 평가하고 있다. 과거에 탄소 순환에 대한 우리의 이해는 특히 지표면 교환에 대한 메커니즘의 정량화와 확인 그리고 되먹임의 예비적인 정량화에서 향상되었다. 탄소 순환에 대한 간략한 개관이 그림 13.9에 나타나 있다. IPCC (1994)(Schimel et al., 1995)는 지구 대기의 탄소 수지에서 네 가지 영역을 발표했다. ① 과거와 현재 대기 중의 CO_2 수준, ② 지구 탄소 수지의 대기와 해양 그리고 지면 구성성분, ③ 탄소 순환에 대한 되먹임, ④ 미래의 배출량과 대기 농도 사이의 관계에 대한 모델에 근거한 실험결과이다.

1980년에서 1989년의 연평균으로서 인위적 섭동에 관련된 저장량과 플럭스를 보여주는 전 지구 탄소 순환(Eswaran et al., 1993; Potter et al., 1993, Siegenthaler and Sarmiento, 1993)과 구성성분 순환은 단순화되고, 상당한 불확실성을 가지고 있다(육상의 흡원과 발원 : INPE, 1992; 해양으로부터의 유입 : Wong et al., 1993).

CO_2의 대기 중 농도는 짧은 기간 여러 장소에서 전 세계적으로 감시되었다(e.g., Boden et al., 1991). 측정 장소는 남극, 오스트레일리아, 아시아, 유럽, 북미, 여러 개의 해양 섬들과 현재 아프리카 대륙이나 남아메리카를 제외한 모든 지역에 분포하고 있다.

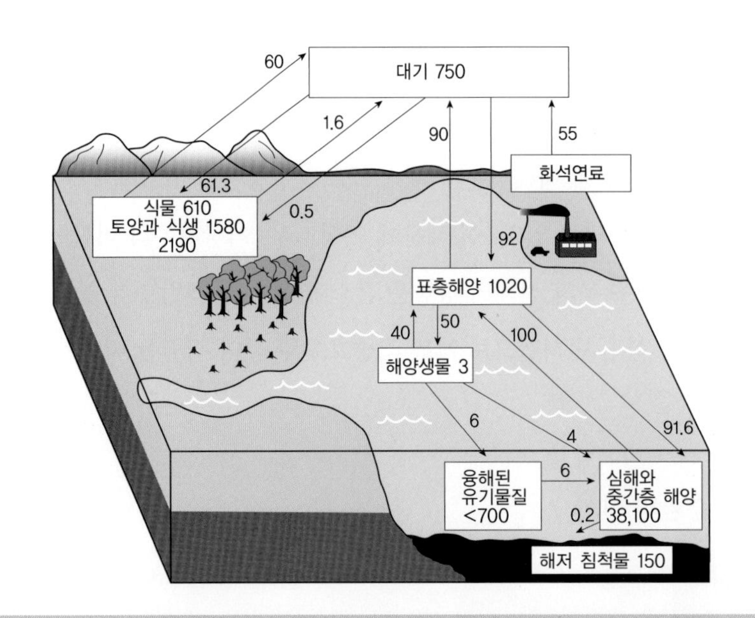

그림 13.9 지구계의 탄소 순환

NOAA/CMDL(Boden et al., 1991; Conway et al., 1994) 자료분석을 통해 결정된 전 지구적으로 평균된 CO_2 농도는 1980년에서 1989년까지 1.53±0.1ppmv/년으로 증가되었다. 이것은 대기 중의 매년 평균 변화율 3.3±0.2GtC/년에 해당한다. 메탄이나 이산화탄소나 탄화수소 같은 다른 탄소를 포함하는 혼합물은 대기 중에서 저장된 탄소의 ~1%를 포함하며(더 작은 값의 변화율을 가진 채) 대기 중 탄소 수지에서 무시될 수 있다. 1957년 이후로 대기의 기록으로 보인 증가는 인간에 의한 CO_2의 배출에 의한 것임이 의심할 여지가 없다. 예를 들어, 계절별로 그리고 짧은 기간의 연별 변동이 농도에서 무시된다면 대기 중 CO_2의 상승은 화석에 의한 배출의 성장에 비례한 반구 사이의 성장을 가지면서 인간에 의한 배출의 약 50%에 해당한다.

대기 탄소 수지의 주요한 구성성분은 인류에 의한 배출과 대기의 증가율과 해양과 대기 간의 상호 교환과 지표 생태계와 대기 간의 교환이다(표 13.1). 화석연료와 시멘트 생산에서의 배출은 1980년대 10년간 평균 5.5±0.5GtC/년이다. 1990년에 배출량은 6.1±0.6GtC/년이었다. 1980년대 측정된 연평균 대기 증가율은 3.3±0.2GtC/년였다.

온도와 습도가 증가함에 따라 생물학적 활동이 증가되므로 기후에 대한 지상 탄소의 반응은 복잡하다. 토양의 탄소 저장은 저위도에서 고위도로 가면서 증가하며 이는 추

표 13.1 이산화탄소 발원과 저장소 (IPCC, 1998)

	IPCC 1992⊥	IPCC 1994※	IPCC 1995
CO_2 발원			
(1) 화학연료 연소와 시멘트 생산	5.5±0.5△	5.5±0.5	5.5±0.5†
(2) 열대 토양 사용 변화로부터의 순 배출량	1.6±1.0△	1.6±1.0	1.6±1.0†
(3) 총 인위적 배출량=(1)+(2)저장소 사이의 분할	7.1±1.1	7.1±1.1	7.1±1.1
(4) 대기 저장	3.4±0.2△	3.2±0.2	3.3±0.2†
(5) 해양 흡수	2.0±0.8△	2.0±0.8	2.0±0.8†
(6) 북반구 산림 성자에 의한 흡수	알 수 없음	0.5±0.5	0.5±0.5†
(7) 다른 지상 흡원 =(3)−((4)+(5)+(6)) (CO_2, 질소, 기후 효과)	1.7±1.4	1.4±1.5	1.3±1.5

⊥ IPCC(1990,1992)에서 주어진 값
※ IPCC(1994)에서 주어진 값
△ IPCC(1994)에서 나타난 계산의 탄소 순환 모델에 이용한 값
† 여기에 나타난 계산의 탄소 순환 모델에 이용한 값

운 환경에서는 죽은 식물이 더욱 천천히 분해되는 것을 반영한다(Post et al., 1985; Schimel et al., 1994). 기본적인 메커니즘의 이해를 근거로 한 지구 생태 모델은 이 형태를 파악하도록 고안되었으며 기후변화에 대한 지표 탄소 저장의 반응을 모의하기 위해 사용되었다. 향후 수백 년 동안 육상 탄소의 큰 손실 가능성에 들어맞는 탄소 수지에 미치는 온난화의 영향을 평가하는 데 사용된 모델은 증가된 CO_2에 대한 반응에서 증대된 흡수를 상쇄한다. 탄소 저장량에 미치는 변화하는 토지 사용의 영향은 아주 클 수 있다(Vloedbeld and Leemans, 1993). 과거의 기후변화 기록을 통합한 실험에서 기후에 따라 육상 탄소저장량이 크게 변화했다고 제안되었다.

해양에서 탄소의 저장은 물리적 · 화학적 · 생물학적 과정을 통하여 기후 되먹임에 의해 영향을 받을 수도 있다. 초기 모델 결과로부터 해양 탄소 순환에 대한 계산에 있어서 예측된 변화의 영향은 크지 않다는 것을 알 수 있었다. 그러나 해양 계산 유형에 대한 온난화의 영향에 대한 긴 기간 동안의 연구가 시작되었다. 해양 탄소 순환에 대한 기후 효과의 분석은 사전에 준비되어야 한다. 지표 생물계에 의한 미래의 CO_2 증가는 지구 탄소 균형에 있어 중요하다.

13.4.2 기후와 기상 변화

1. 극지방 고온현상

이산화탄소 등 온실 기체 증가에 의한 지구 기온 상승은 지역에 따라 다르게 나타난다. 북극과 남극 지역에서의 기온 상승은 열대 지역과 같은 저위도에서보다 2~3배 더 높다. 그 이유는 고위도 지역은 대기의 하층이 차가워서 대기의 수직적 혼합이 약하기 때문에 대기 에너지의 수직적 교환이 적어 대기의 하층에서 기온이 증가하더라도 상층으로 전달되지 않기 때문이다. 극 지역에서 기온이 더 높게 상승하는 또 다른 이유는 기온 상승으로 극지방에서의 설면이나 해빙(sea-ice)이 녹아 지표의 반사도인 알베도가 감소되고 그로 인해 지면에 도달하는 태양 에너지의 양이 더 많이 흡수되어 기온 상승이 가속화되기 때문이다.

기온이 높아지면 대기는 더 많은 수증기를 함유할 수 있게 되므로 전 지구적으로 강수량이 증가할 수 있지만 많은 수증기를 함유한 구름이 갑자기 강한 비를 내리게 할 수 있어 국지적 집중호우의 확률이 매우 높다. 2001년부터 증가한 한반도 지역의 강수량과 집중호우가 대표적 예이다.

2. 강수

세계의 강수량은 1960년대를 경계 시점으로 동북아에서는 월평균 강수 감소 경향을 나타내 가뭄에 의한 수자원 부족을 염려하게 한다. 지구온난화에 의한 강수는 전 지구적으로 100년에 2% 정도 상승 경향이 있다고 대기대순환 모형(GCM)의 예측 결과가 있지만 지역에 따라 현격한 차이가 있다. 유럽이나 남미에서는 이상다우가 증가하는 반면 아프리카 지역에서는 가뭄이 증가하고 있다.

3. 태풍

학자들에 따르면 온난화에 의하여 제트 기류의 사행성이 약화되어 저위도의 더운 열에너지를 북쪽 극 지역으로 이동시킬 기회가 적어지므로 상대적인 자연적 보상 체계로서 강한 태풍이 자주 발생하여 적도의 열에너지를 극지방으로 이송하게 된다고 한다. 과거 10년 동안 우리나라를 지나거나 동북아 지역에 발생된 태풍의 빈도는 다소 증가하였고 강도 역시 강하게 나타났다. 지구온난화의 영향은 해수 표면 온도를 상승시켜 태풍의 발생을 촉진시키고 있다는 주장이 매우 유력하다. 기상학자들은 지구온난화가 지속되면 지구의 날씨 형태가 바뀔 것이라 예상하고 있다. 예상 가능한 변화들 중에서 일부만 살펴보면 다음과 같다.

- 해양의 온도가 높아지기 때문에 태풍이나 폭풍이 자주 발생하며 그 강도도 강할 것이다.
- 태풍과 저기압의 이동 경로가 변경될 것이며 이에 따라 고위도 지역 강수의 분포가 바뀔 것이다.

13.4.3 지구 사막화와 생태계 변화

지구온난화에 의한 사막화는 인간의 활동에 의해 사막 주변 지역이 급격히 황폐화되면서 사막이 확장해 나가는 과정이다. 사막의 인근 지역이 농경지인 경우 농지를 확장하는 과정에서 자연 녹지를 파괴하고 가뭄 기간에 농작물의 경작이 실패하게 되면 토양은 황폐한 상태로 노출되어 토양의 수분 함유 능력이 저하되면서 적은 비에도 홍수가 발생하고 토양이 침식된다. 반면에 지표반사도인 알베도의 증가는 토양의 복사 효과를 감소시켜 지면 온도의 하강을 가져와 이 지역에 대규모 하강 기류를 발생시킨다. 이에 따라 구름과 강수의 생성은 더욱 어려워지고 가뭄이 확산되어 사막화가 급진한다.

중국의 경우 사막의 확장으로 황사가 자주 발생된다. 2005년도 통계에 의하면 중국 전체의 17.6%에 해당되는 13개 주 약 170만 km^2 면적이 이미 사막화되어 있고 진행 속도는 매우 빠르다. 사막화가 급속히 진행되는 원인은 목축업을 주 생계 수단으로 하는 인구가 급속히 증가하여 1995년에 중국 대륙에 2,600만 마리였던 가축이 2005년에는 9,000만 마리로 증가하였다. 목축과 관련하여 과도한 방목과 벌목의 계속적인 반복이 이어지는 목초지 관리도 큰 문제가 된다. 또 도시 개발과 수자원 부족이 사막지역의 확장을 부추기고 중국인의 자연 약초에 대한 선호와 식생의 보살핌에 대한 무관심 등이

그림 13.10 미국 새크라멘토 시의 열상 분포

(a)

(b)

그림 13.11 중국 내몽고 사막지역의 목장(a)과 미국 모하비 사막(b)

사막화의 주요 원인이 된다.

사막화의 또 하나의 원인으로 도시의 확장과 개발이다. 도시화의 경우 우리나라의 사례만 보더라도 최근 10년 동안의 각 계절의 기온 평년 차를 보면 계속적인 고온현상이 나타나고 있다. 이와 같은 현상은 도시화가 진행된 지역에서는 특히 현저하게 나타나 서울과 동경의 경우 과거 100년간에 평균 기온의 상승이 1.6~2.0℃ 로 나타나고 있다. 세계 전체의 기온 상승은 100년 동안에 0.6℃로 기온이 상승하고 있음에 비교해 볼 때 대도시의 경우 세계 평균값의 4배에 해당되어 지구 규모의 온난화에 도시 기후의 효과와 중첩해서 나타나고 있음을 알 수 있다. 일중 최저기온의 급속한 증가로 일교차는 작아지고 있다. 이로 인한 도시의 열대야 현상이 증가한다. 서울의 연간일수의 경우 1980년대까지는 1년에 열대야 기간이 10일부터 20일 전후였으나 최근에 와서는 40일을 넘고 있다. 지구온난화에 동반하여 이상고온이 출현하는 빈도도 증가하고 있다. 이상고온의 경우 1930년경까지는 30년에 1회 정도 발생하였으나 최근에는 연평균 6회 이상으로 특히 많은 때는 10회 이상 나타났다. 한편 이상저온은 1940년대를 제외하고는 최근에는 나타나지 않고 있다.

13.4.4 해수면의 상승

기온이 상승하면 대기와 접해 있는 해수면의 온도가 증가하여 해양의 상층부가 가열되고 이에 따라 해수가 열적으로 팽창한다. 해수의 부피가 팽창하면 해수면은 자연적으로 상승된다. 해수면을 상승시키는 또 다른 온난화 영향은 남극과 북극 그리고 높은 산에 있는 빙산과 설면이 녹음으로써 수면을 상승시키게 되는데 해수의 열적 팽창효과보다는 작다.

IPCC에 의하면 해수면은 지난 한 세기 동안 약 10~25cm 정도 상승하였다. 이러한 상승은 수치적으로는 큰 값이 아니나 기울기가 완만한 우리나라 서해안과 같은 해안에서는 심각한 침식과 상습적인 하천의 범람을 일으킬 수 있다. 해수면 상승이 태풍과 해일 그리고 조석간만의 차 등과 같은 이변과 겹칠 때 높은 상승 효과를 초래한다. 세계 여러 해안의 침식에 대한 최근의 보고는 해수면 상승이 예상보다 빠르게 나타나고 있다는 것이다.

13.4.5 농업에 미치는 영향

지구온난화에 대한 농업의 영향은 작물의 작부체계의 변화와 식물의 생장에 영향을 미치게 된다. 그 사례로 일교차가 크고 서늘한 지역에서 재배되어야 하는 우리나라 사과 지역이 불과 30년 사이에 북위 36도 이북 고산지역으로 이동되어 있다. 그 모양도 수직형에서 수평형으로 변하였다. 사과뿐만 아니라 마늘 등 기온에 민감한 작물의 재배지역과 품질이 모두 변하고 있다.

그러나 온실 기체 증가에 의한 온난화 현상이 반드시 농업에 부정적 영향만 미친다고 볼 수는 없다. 저온으로 농업생산에 어려움을 겪고 있는 고위도 지역을 작물의 생육이 가능하도록 변화시킬 수 있다. 그러나 강수와 토양이 기온의 증가에 부응하지 못하고 농업 기술이 개발되지 못하면 생산의 감소를 초래한다.

13.4.6 수자원에 미치는 영향

지구온난화에 따른 대표적 영향은 강수이다. 기온 상승에 따른 강수의 변화는 세계 수자원의 분포를 변화시켜 자연 생태계뿐만 아니라 농업 생산성을 바꿔 놓는다. 현재에 많은 강들이 관개농업의 근간이기 때문에 이러한 지역에서의 강수의 감소는 수자원의 감소로 이어지는 중대한 결과를 초래하게 된다. 또 강수의 증가는 빈번한 홍수를 발생시켜 많은 손실을 안겨 줄 수 있다.

강수의 변화가 관개농업이 아닌 전천후 농업에 미치는 영향은 정확히 평가하기 힘들다. 그 이유는 어느 지역에서의 강수의 감소나 증발의 증가에 의한 농산물의 감소는 또 다른 지역에서의 강수의 증가로 인한 농업 생산성의 증대로 이어지기 때문이다. 즉 고위도에서의 온난화는 식물이 성장할 수 있는 시기를 늘려 주고 이로 인해서 이 지역에 농업 생산성이 증가할 수 있다.

국토의 70% 이상이 산악지형인 우리나라의 수자원 수요는 지형의 수문효과에 따른 공급의 균형을 최대한 유지하고 있다. 1994년도 수자원공사 보고에 의하면 남한의 강수량은 연중 평균 1,274mm이므로 이를 바탕으로 산정할 때 1,267억 톤의 수자원 공급이 있고 이 중 570억 톤이 증발되어 677억 톤이 가용량이 된다. 이중 467억 톤이 하천과 홍수 등에 의하여 유출되고 실제 연중 가용량은 약 210억 톤으로 301억 톤(94년도 기준)의 1년 수요에 훨씬 못 미치고 있다. 특히 산업발전과 경제성장으로 우리나라의 물 사용량은 2001년에는 337억 톤, 2006년에는 350억 톤 그리고 2011년에는 367억 톤으로 매년 증가하고 있다.

우리나라의 수자원에 연관된 물수지 구조는 아시아 여름 몬순과 겨울철 몬순에 크게 영향을 받고 있다. 이에 대하여 일본 츠쿠바 대학의 Yasunary(1981) 교수는 동아시아의 1890~1920년을 한냉기, 1930~1960년을 온난기로 구분하고 이들 기간의 지상기압과 기온의 이상편차값을 구하여 한냉기에는 몬순이 약하고 온난기에는 강함을 조사한 바 있다. 그 결과 우리나라는 온난화 시기의 겨울철 강수량은 감소 경향을 보였으나 여름철 강수량은 증가함이 파악된 바 있다. 또 한반도의 수자원은 강수에 의한 공급 구조로써 경사가 가파르고 하천의 길이가 짧은 산지지형의 속성 때문에 수자원의 원수(원수) 공급 구역이 뚜렷이 구별되나 호우 및 홍수와 가뭄과 같은 극단기상현상(extream events of meteorological phenomena)에 대하여 매우 취약하다. 일본 기상연구소의 노다 박사는 대기대순환 모형(GCM)을 이용하여 현재 대기보다 대기 이산화탄소(CO_2)량을 2배 증가시켜 실험한 결과 2배의 CO_2 온난화 기후가 남한 지역의 강수를 여름철에는 다소 감소시키고 중부 이북지방에서 15% 이상 증가함을 보였다. 또 1995년 오성남 등이 밝힌 1992~1995년 동안의 지구온난화가 남한의 수자원에 미치는 영향을 비교한 결과 장래 CO_2 농도가 두 배가 될 경우 하천유량이 유역에 따라 소양댐 유역이 3억 1,700만 m^3, 충주댐 유역이 22억 23,400만 m^3, 대청댐 유역이 3억 9,500만 m^3, 안동댐 유역이 8,400만 m^3, 남강댐 유역이 1억 8,400만 m^3, 섬진강 유역이 8,900만 m^3씩 각각 증가함을 보였다. 춘, 하, 추계에는 하천유량이 증가되며 가장 크게 증가하는 계절은 소양댐 유역은 여름철(1억 4,100만 m^3), 충주댐 유역은 가을철(9억 9,800만 m^3), 대청댐 유역은 봄철(1억 6,700만 m^3), 안동댐 유역은 여름철(5,700만 m^3), 남강댐 유역은 여름철(1억 4,200만 m^3), 섬진강댐 유역은 봄철(5,300만 m^3)에 가장 많이 나타날 가능성이 있음을 보였다. 한편 대청댐, 안동댐, 남강댐, 섬진강댐의 경우는 동계의 하천유량이 각각 8,500만 m^3, 1,400만 m^3, 1,400만 m^3, 2,300만 m^3가 감소함을 나타내었다. 갈수기인 동계의 강수량 감소는 수질오염의 근본적 원인이 된다.

지구온난화에 의한 강수대의 북상으로 2000년 이후 한반도의 강수량은 크게 증가하였다. 따라서 2005년 기상청은 한반도 연평균 강수량을 1,350mm로 상향 조정한 바 있다.

13.5 지구 기후변화 감시

대기 중 온실 기체의 증가에 따른 지구온난화 기후변화에 대한 감시연구가 활발해지고 있다. 대기의 온실효과를 변화시킬 수 있는 물질은 그 물질이 지니고 있는 대기의 복사효과에 따라 결정된다. 즉 대기의 복사강제력으로 표현되는 에너지 역학구조에 따라 대기의 열적 평형이 유지되지 못하고 전 지구적으로 복사 에너지 상승 효과가 발생함에 따라 기온이 증가하며, 지역적으로 대기의 복사균형이 깨짐에 따라 열에너지 이동과 함께 이상기상 등이 발생하게 된다. 대기의 온실 기체 가운데 가장 에너지 효과가

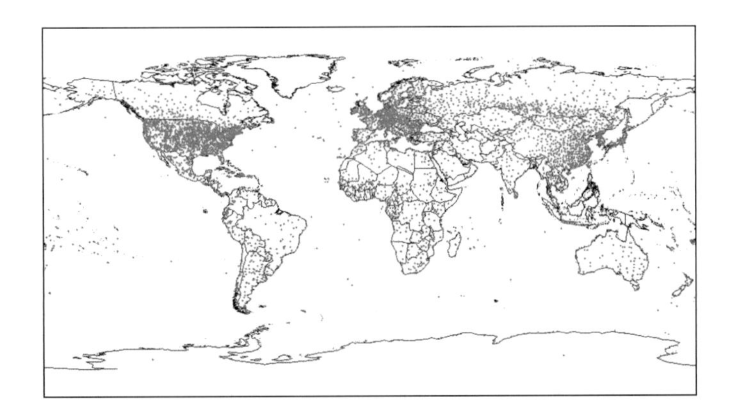

그림 13.12 미국 국립해양기상청을 중심으로 구성되어 있는 전 세계 지구 대기 감시 관측소

높은 수증기는 대기와 지구 표면과의 입출력이 일정하여 지구 대기의 온실효과의 변화에 영향을 미치지 않는다는 견해이다.

지구 기후변화에 영향을 주는 온실 기체는 이산화탄소(CO_2)를 비롯하여 메탄(CH_4), 오존(O_3), 아산화질소(N_2O), CFCs 등이다. 그러나 대기의 미세먼지인 에어로졸의 역할은 지역적으로 볼 때 구름 효과와 대기복사 효과를 초래하기 때문에 기후변화에 대한 감시의 중요한 요소로 인정되고 있다. 구름효과를 직접적인 효과로 보고 복사 효과를 간접효과로 간주하여 미국 국립해양기상청(NOAA)을 비롯하여 지상과 위성 항공

그림 13.13 지구 기후변화 감시를 위한 NOAA 소속 하와이 마우나로아(해발 3,300m)의 지구 대기 감시 관측소

(a)

(b)

그림 13.14 기상청의 안면도 지구 대기 감시 관측소(a)와 제주도 고산 지구 대기 감시 관측소(b)

등에서 세분화된 파장별 관측이 계속적으로 이루어지고 있다.

한반도의 기후요소 관측에 대한 기상청의 노력은 소백산 배경 대기 관측을 시작으로 1997년 안면도의 세계기상기구(WMO)의 지역급 관측소인 지구 대기 감시 관측소(Global Atmospheric Watch Observatory, GAWO)를 구축하여 지금까지 지구 대기 요소, 특히 기후변화 대기 요소를 중심으로 측정하고 있다. 또 동북아의 기후구역의 중심은 한반도 제주도임은 이미 세계적으로 인정되고 있다. 제주도에서 지구 대기 기후요소를 관측할 수 있는 감시소를 구축하는 것은 이미 안면도의 지구 대기 감시 관측소(KGAWO)가 그 역할을 함으로써 기상청은 향후 계획으로 두고 있다. 그러나 안면도의 관광개발에 따른 대기오염이 증가함에 따라 지구 대기 관측소에 대한 국제적 관심은 제주도 고산으로 집중되고 있다.

13.6 기후변화에 대한 적응과 대응

13.6.1 기후변화 협약

지구온난화에 따른 기후변화에 적극 대처하기 위하여 국제사회는 1988년 UN총회 결의에 따라 세계기상기구(WMO)와 유엔환경계획(UNEP)에 IPCC을 구축하였고, 1992년 6

월 유엔환경개발회의(UNCED)에서 기후변화협약(UNFCCC)을 채택하였다. '기후변화에 관한 국제연합 기본협약(United Nations Framework Con-vention on Climate Change, 약칭 UNFCCC 혹은 FCCC)' 은 온실 기체에 의해 벌어지는 지구온난화를 줄이기 위한 국제 협약이다. 기후변화협약은 1992년 6월 브라질의 리우데자네이로에서 체결되었다. 기후변화협약은 이산화탄소를 비롯한 각종 온실 기체의 방출을 제한하고 지구온난화를 막는 데 그 목적이 있다. 우리나라는 1993년 12월 세계 47번째로 가입하였다(2005년 5월 현재 189개국 가입).

기후변화협약의 주요 내용은 다음과 같다.

- 기본원칙 : 지구온난화 방지를 위하여 모든 당사국이 참여하되, 온실가스 배출의 역사적 책임이 있는 선진국은 차별화된 부담을 갖는다.
- 의무사항 : 모든 당사국은 지구온난화 방지를 위한 정책/조치 및 국가 온실가스 배출통계가 수록된 국가보고서를 UN에 제출한다.

13.6.2 교토의정서와 발리 로드맵

기후변화협약에 의한 온실가스 감축은 구속력이 없으므로 온실가스의 실질적인 감축을 위하여 과거 산업혁명을 통해 온실가스 배출의 역사적 책임이 있는 선진국(38개국)을 대상으로 1차 공약기간(2008~2012) 동안 1990년도 배출량 대비 평균 5.2% 감축을 규정하는 교토의정서(Kyoto Protocol)를 제3차 당사국총회(1997, 일본 교토)에서 채택하여 2005년 2월 16일 공식 발효시켰다. 우리나라에서는 2002년도에 비준하였고(2005년 5월 현재 150개국 비준), 2007년 6월 인도네시아 발리에서 제13차 교토의정서 당사국 총회가 개최되었다.

교토의정서에는 온실가스 감축의무 국가들의 비용 효과적인 의무부담 이행을 위하여 신축성 있는 교토메커니즘을 제시해야 한다.

- 공동이행제도(Joint Implementation) : 선진국 A국이 선진국 B국에 투자하여 발생된

온실가스 감축분을 A국의 감축실적으로 인정하는 제도

- 청정개발체제(Clean Development Mechanism) : 선진국 A국이 개도국 B국에 투자하여 발생된 온실가스 감축분을 A국의 감축실적으로 인정하는 제도
- 배출권거래제도(Emission Trading) : 온실가스 감축의무가 있는 국가들에 배출쿼터를 부여한 후 동 국가 간 배출쿼터의 거래를 허용하는 제도

인도네시아 발리에서 열린 13차 유엔기후변화협약 당사국 총회가 15일 채택한 '발리 로드맵' 은 폐막 예정일을 하루 넘길 정도로 치열한 논쟁 끝에 탄생한 만큼 기존의 교토의정서 체제를 훨씬 뛰어넘는 내용을 담고 있다.

교토의정서 체제에서는 선진국 중 39개국만이 온실가스 감축의무를 가졌지만 발리 로드맵에 따라 'POST 2012' 체제에서는 모든 선진국과 개도국이 온실가스 감축에 동참하게 되었다. 교토의정서 비준을 거부해 온 미국은 물론 세계 각국은 자국의 실정에 맞는 온실가스 감축 조치를 취해야 하는데 측정 · 보고 · 검증이 가능한 방법을 동원하도록 로드맵에 규정되어 있다. 이와 관련한 구체적인 감축 목표와 방법은 2007년 3월 첫 회의를 시작으로 2년간의 협상기간을 거쳐 2009년 덴마크 코펜하겐에서 열리는 15차 기후변화총회에서 결정되었다. 협상규칙을 담은 로드맵에 따르면 모든 선진국과 개도국의 참여하에 기후변화 적응책을 논의하며 선진국과 개도국 간의 온실가스 감축 · 기후변화 적응 기술 이전을 협상하고, 이를 위한 재정지원 방법도 개발하기로 했다. 개도국이 자국의 산림황폐화를 막는 조림사업 등을 하면 선진국이 인센티브를 부여하기로 했으며, 기존의 산림을 벌목하지 않고 잘 보전하는 행위에 대해서는 어떻게 보상할지 연구하기로 합의해 진일보한 성과로 평가받았다.

13.6.3 주요 선진국의 대응

교토의정서에 명시된 온실가스 감축목표를 달성하기 위하여 선진국은 제1차 공약기간 이전부터 자국의 온실가스 감축을 위한 노력을 계속해 왔다. EU는 2002년까지 기준연도인 1990년 배출량의 −2.9%의 감축성과를 보이고 있음에도 불구하고, 현 추세

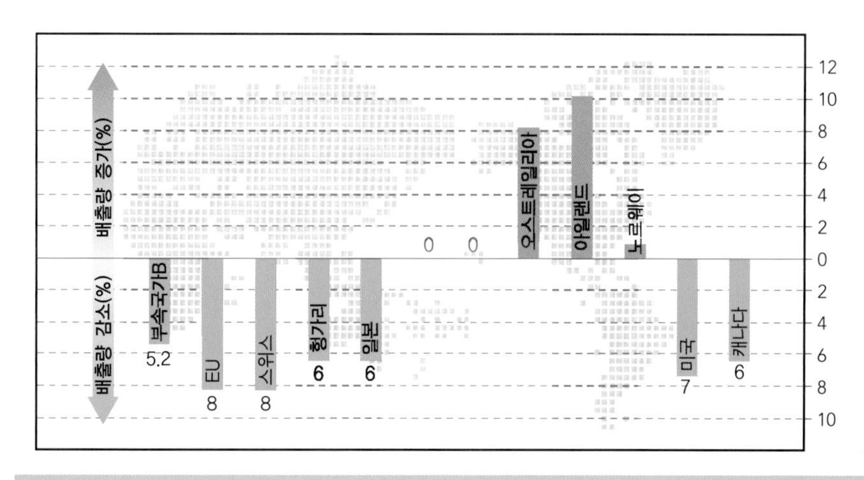

그림 13.15 교토의정서에 명시된 주요 국가의 제1차 공약기간 감축 목표 : 1990년 배출량 대비

에서는 2010년까지 −0.5%밖에 감축하지 못할 것으로 예상(교토 목표 : −8%)하고, 목표달성을 위하여 2005년부터 지역 내 온실가스 배출권 거래제도를 시행하고 있다. 교토의정서의 온실가스 감축의무체계의 불합리성을 주장하는 미국도 신재생에너지 및 청정에너지 기술에 투자를 집중하고 있으며 2012년까지 온실가스 배출집약도(온실가스 배출량/GDP)를 18%까지 감축한다는 자체 계획을 수립, 시행하고 있고, 동북부 주를 중심으로 온실가스 배출권 거래제도의 시행을 계획하고 있다. 일본은 국내외 감축 목표량을 설정하고, 청정개발체제/공동이행제 등을 통하여 국외협력사업의 활성화를 유도하는 한편, 2005년 중에 온실가스 배출권 거래제도를 시행한다는 계획을 가지고 있다.

또 전체적인 기후변화 대응 재원을 마련하기 위해 탄소세 부과 등 혁신적이고 창의적인 방안을 논의하기로 했으며, 그동안 탄소배출권 거래 시 2%씩 떼어내 조성한 기금을 개도국의 기후변화 적응사업에 쓰기로 하고 지구환경기금(GEF)을 관리 주체로 결정했다.

향후 온실가스 감축 논의는 ① 교토의정서 상 의무감축국의 2012년 이후 추가감축 문제와 ② 발리 로드맵에 따른 선진국 · 개도국의 감축문제로 이원화되는데, 일본과 캐나다 등은 교토의정서보다 로드맵에 따른 감축방안이 유리할 경우 로드맵을 따를 전망이다. 개도국 그룹 중에서도 한국, 중국, 인도 등 온실가스 배출이 많은 국가들 사이에서 감축 목표와 방법 설정에 있어서 차이가 클 것으로 보인다.

13.7 우리나라 기후변화의 현황

우리나라의 기상관측 자료가 80년 이상인 지점은 서울, 인천, 강릉, 대구, 전주, 목포, 부산 등으로, 이들 지점을 중심으로 20세기 우리나라의 기후변화를 분석해 보면 다음과 같다.

13.7.1 기온 변화

1904년 이후 2000년까지 우리나라에서 관측된 20세기 기온 자료를 분석해 보면 평균기온은 1.5℃ 상승하여 우리나라에서 나타나는 온난화 추세는 전 지구적 평균 온난화 추세를 상회하고 있다. 그림 13.16은 우리나라 연평균 기온의 변화이다. 10년 평균 기온의 변화를 보면 우리나라의 기온은 지속적으로 상승하고 있다. 이러한 기온 상승의 원인은 지구온난화와 도시화를 들 수 있으며, 도시화 효과는 약 20~30%로 분석되었다.

지난 20세기 동안 우리나라의 중부지방 강릉, 서울, 인천 및 남부지방 대구, 전주, 부산의 일 최고기온과 일 최저기온의 극값을 분석하였다. 80년간(1920~1999)의 우리나라 중부지방 및 남부지방의 일 최고기온과 일 최저기온 평균 극값은 여름철보다는 겨울철에, 특히 겨울철 주간보다는 겨울철 야간에 그 지역적 편차가 심하게 나타났다. 겨울철 추위와 관련된 일 최고기온 저온 특이일과 일 최저기온의 저온 특이일은 현저하게 줄었고, 여름철 야간의 일 최저기온의 고온특이일의 발생빈도는 증가하였다.

생활 기온 지수는 겨울철 혹한과 관련된 지수의 발생빈도는 줄어들고, 여름철 혹서와 관련된 지수는 증가하는 경향을 보였다. 일 최저기온 18℃ 이상의 냉방일은 약 20일/100년의 비율로 증가하는 추세를 보였고, 일 최고기온 18℃ 이하의 난방일은 약 15일/100년의 비율로 감소하는 추세를 보였다. 또한 여름철 야간의 열대야 현상도 약 5일/100년의 비율로 미약하게 증가하는 추세를 보인 반면, 일 최저기온 0℃ 미만의 서리일

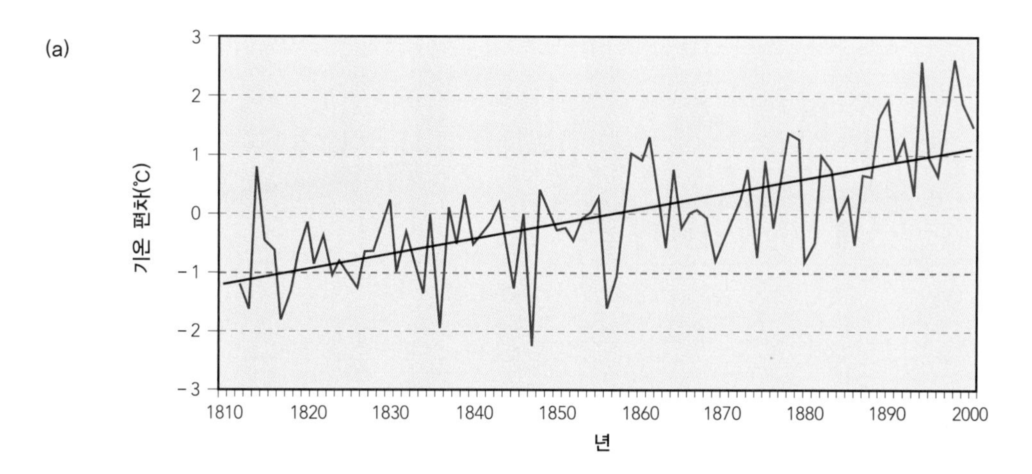

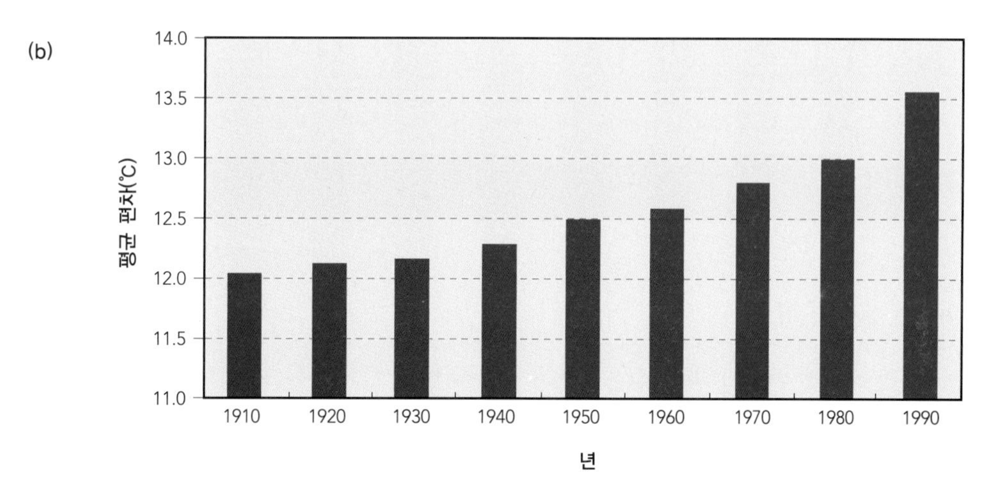

그림 13.16 우리나라 연평균 기온 변화(a)와 10년 평균 기온의 변화(b) (국립기상연구소, 2009)

은 약 30일/100년의 비율로 뚜렷하게 감소하였고, 최고기온 0℃ 이하의 결빙일도 전주와 강릉을 제외하면 거의 15일/100년의 비율로 감소하였다.

기온 상승과 관련하여 열파지속기간(Heat wave duration)은 1961~1990년 기준으로 최고기온이 평년보다 5℃ 이상 높은 날이 5일 이상 지속되면 열파지속기간으로 정의된다. 따라서 열파지속지수(Heat Wave Duration Index, HWDI)는 사망률과 관련이 있다. 열파는 토양 수분이 감소하는 지역에서 더 오래 지속되며 지구온난화 기후변화에 따라 더 악화될 것으로 예상된다.

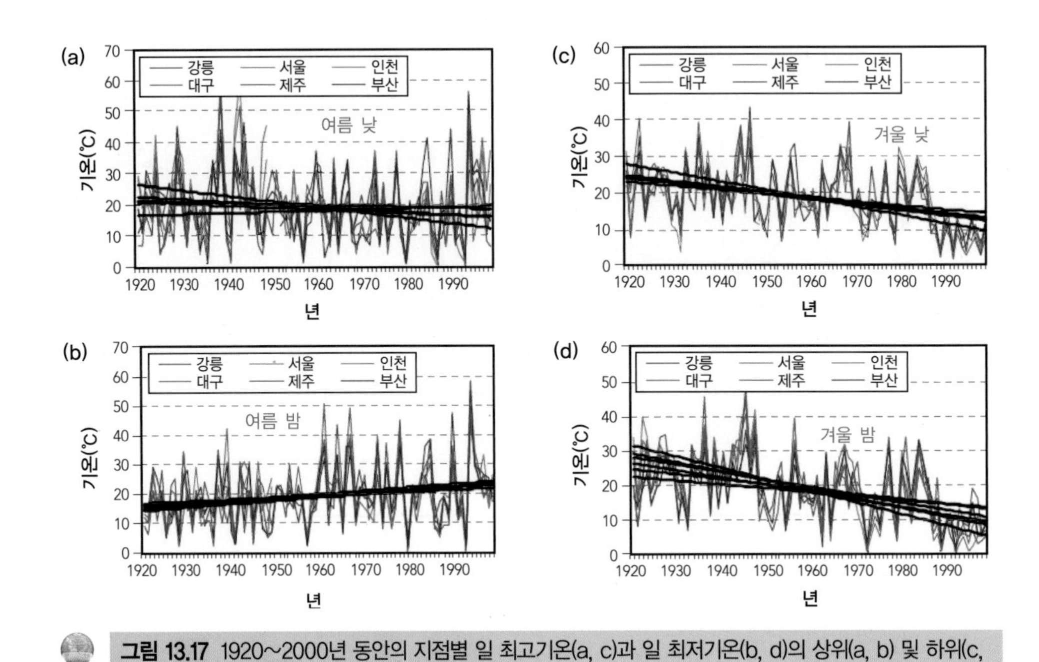

그림 13.17 1920~2000년 동안의 지점별 일 최고기온(a, c)과 일 최저기온(b, d)의 상위(a, b) 및 하위(c, d) 5% 발생빈도의 변동 추세 (국립기상연구소, 2009)

13.7.2 계절의 변화

우리나라의 기후변화와 관련하여 자연계절의 변화도 탐지되었다. 일평균 기온 5℃ 이하를 겨울, 20℃ 이상을 여름으로 정의하고 그 사이를 봄과 가을로 정의하면, 겨울은 1920년대에 비하여 1990년대에 약 한 달 정도 짧아졌으며, 여름과 봄은 길어졌다. 또 기온의 상승으로 겨울이 짧아져서 봄꽃의 개화시기가 빨라지는 것도 관측되었다. 특히 지난 20년간 온난화 경향은 뚜렷하게 나타난다. 온난화의 영향으로 봄꽃의 개화가 빨라졌다는 연구결과는 우리나라뿐만 아니라 영국, 미국, 일본 등 세계 각지에서 보고되었다.

13.7.3 강수량 변화

우리나라의 10년 평균 강수량은 그림 13.21과 같이 장기적으로 증가하는 경향이지만 강수량의 변동폭이 매우 커서 증가 추세는 뚜렷하지는 않다. 1910년대, 1940년대, 1970년대는 강수량이 다른 기간보다 비교적 적은 건조기로 나타났다. 남부지방의 강

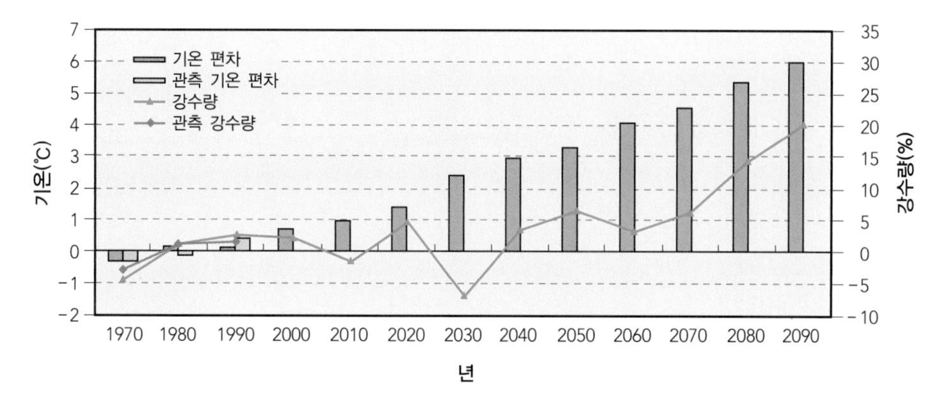

그림 13.18 HWDI의 10년 평균의 변화 (국립기상연구소, 2009)

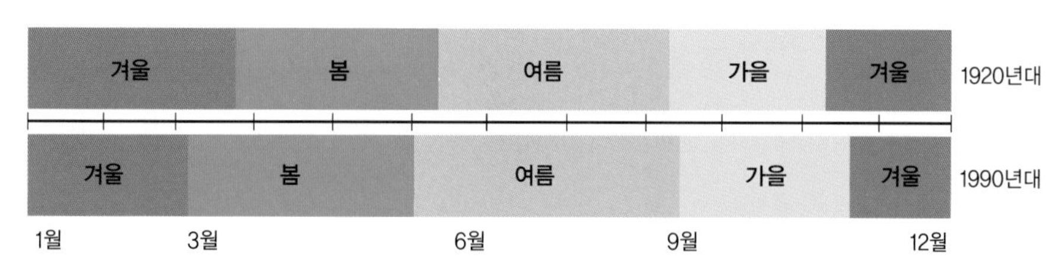

그림 13.19 서울의 1920년대와 1990년대 자연계절 변화 (국립기상연구소, 2009)

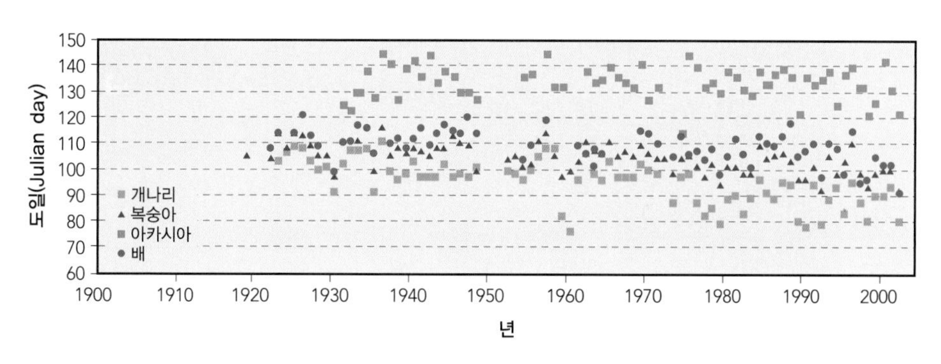

그림 13.20 서울에서 관측된 봄꽃 개화 시기 (국립기상연구소, 2009)

수일수와 강수량에 나타난 변화에서는 그림 13.21과 같이 시계열 편차에서 연 강수일수(Precipitation Day, PD)는 감소하였으나 연 강수량(Total Preci-pitation, TP)은 증가하여 결과적으로 강수강도(Precipitation Intensity, PI)가 증가함을 보였다. 남부지방에

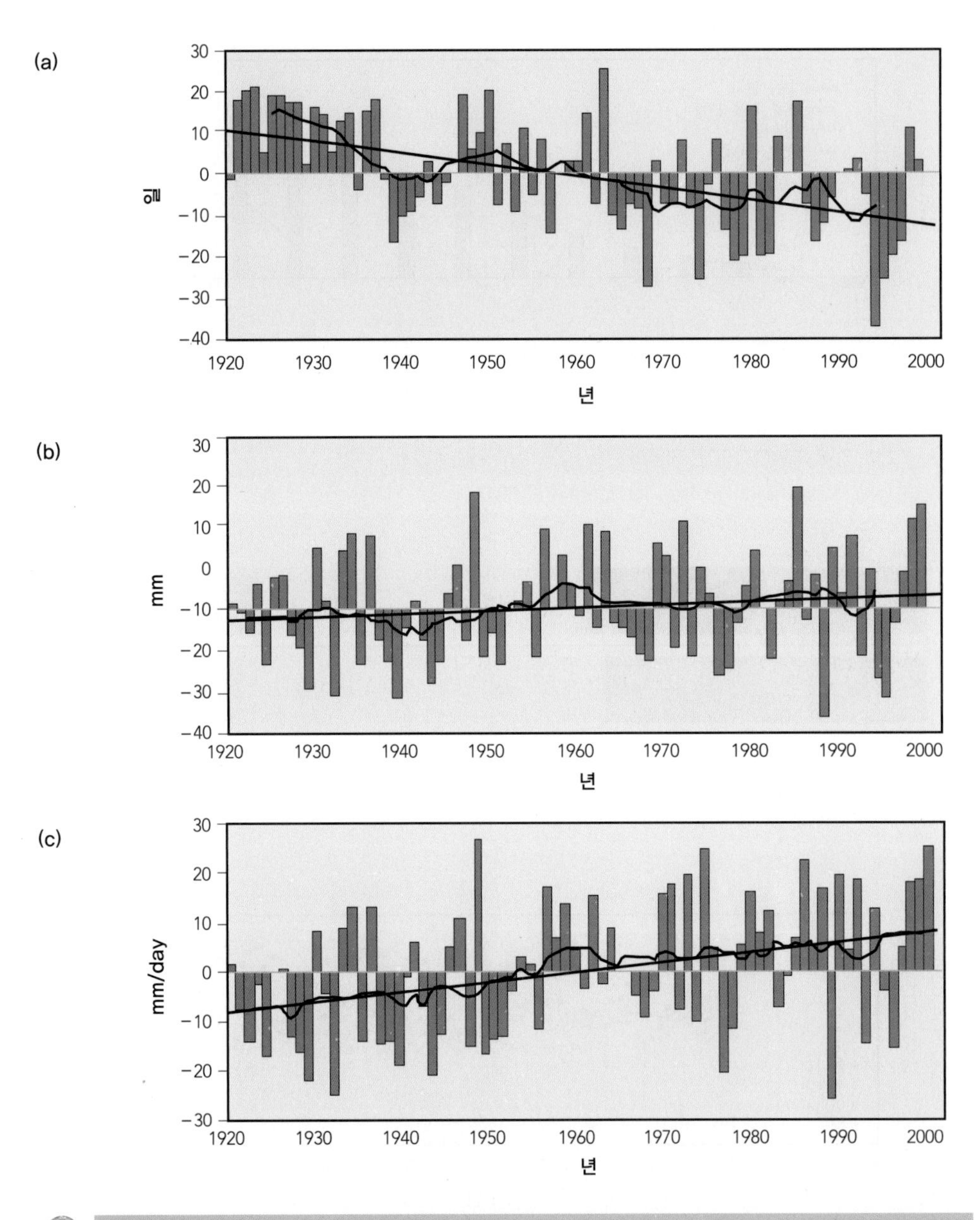

그림 13.21 80년간(1920~1999) 남부지방의 강수일수(a), 연 강수량(b), 강수강도(c)의 편차 시계열 (국립기상연구소, 2009)

서 연 강수량 7% 증가와 연 강수일수 14% 감소로 최근 20년간 과거에 비하여 강수강도가 18% 증가함으로써 여름철 극한 강수사상의 발생빈도도 현저히 증가함을 보였다 (Choi, 2002).

최근 50년간(1954~2003) 14개 관측지점(강릉, 서울, 인천, 울릉도, 추풍령, 전주, 대구, 울산, 포항, 광주, 부산, 목포, 여수, 제주)에서 강수일수(강수량 0.1mm 이상)는 감소하고, 일강수량이 80mm 이상인 호우 발생빈도는 1954~1963년 기간 연평균 약 1.6일/년인데 비하여 1994~2003년 기간은 2.3일/년으로 증가 추세를 보이고 있다.

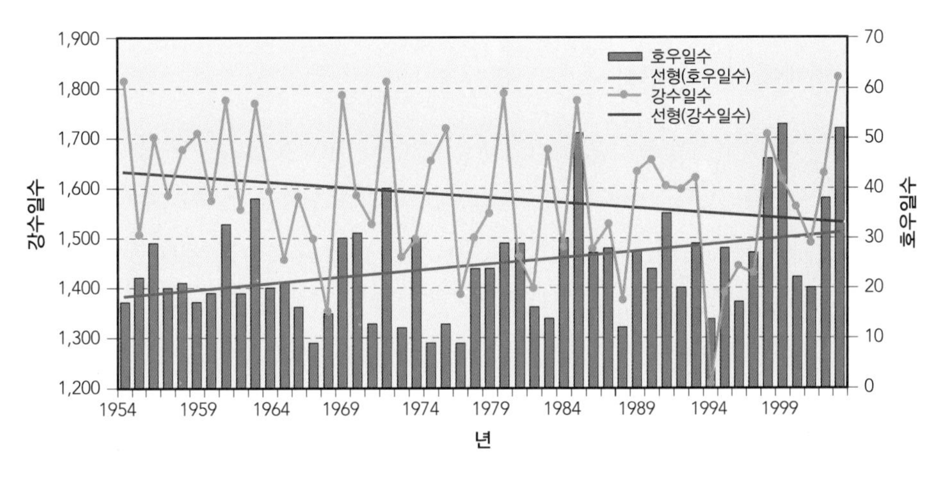

그림 13.22 최근 50년간 14개 지점 누적 강수일수와 누적 호우일수와 대기 중 이산화탄소 농도 변화 (국립기상연구소, 2009)

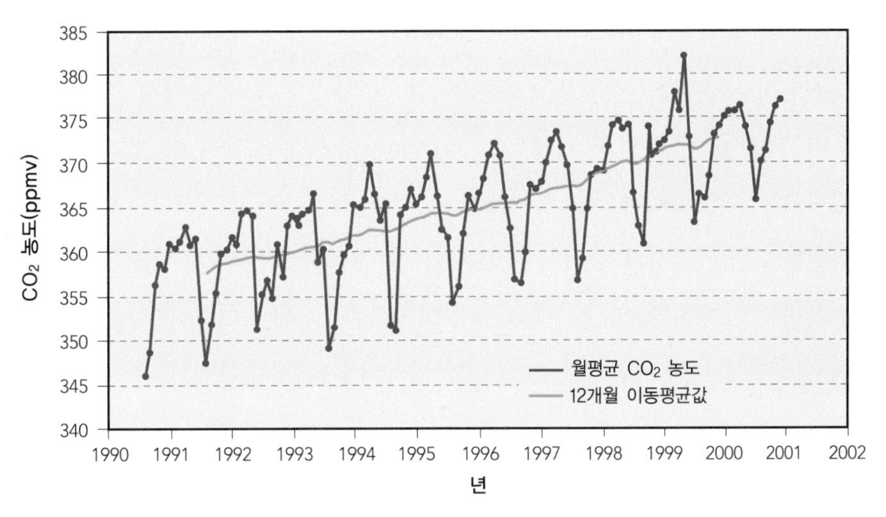

그림 13.23 제주도 고산에서 측정된 CO_2 농도 (국립기상연구소, 2009)

우리나라의 대표적 배경 대기 지역인 제주도 고산에서 최근 10년간의 대기 중 CO_2 농도는 1991년에 연평균 357.8ppm을, 그리고 2000년도에는 373.6ppm을 보여 지속적으로 증가하는 추세를 보였다. 1991년부터 2000까지 지난 10년간에 걸친 CO_2농도 증가율은 약 1.58ppm/년 정도로, 이 값은 미국 기상청에서 측정한 1979~1999년 기간의 지구 평균 CO_2 증가율인 1.5ppm/년보다 다소 높다.

13.7.4 생태계에 나타난 변화

우리나라의 기후구를 구분하기 위해서 기후에 민감한 식생의 분포를 조사하였다(국립기상연구소와 건국대 공동 연구 결과). 왕대 분포에 관한 연구로 19세기 조선시대의 지리지에 근거하여 작성하였다. 2001년 답사한 결과 왕대의 분포가 과거와는 달리 약 100km 정도 북쪽에서 발견되었다.

13.7.5 미래 기후변화 전망

미래의 기후변화를 전망하기 위해서는 대기, 해양, 지표, 설빙, 식생 등 지구 기후 시스템과 각 요소들 사이의 상호작용을 모의할 수 있는 기후모델이 사용된다. 기후모델은 지구의 기후 시스템을 단순화하여 수식적으로 표현하는 것이다. 만약 기후에 영향을 미치는 요인들이 어떻게 변하는지 알 수 있다면 기후가 앞으로 어떻게 변할 것인지 시뮬레이션이 가능하다. 미래 기후에 영향을 미치는 요인으로 온실가스 농도의 변화에 대하여 다양한 시나리오가 IPCC에 의하여 작성되어 미래의 기후를 전망하는 데 사용되고 있다. 가장 많이 사용되는 시나리오는 A2와 B2 시나리오로 A2는 이산화탄소의 배출량이 비교적 급격하게 증가하여 2100년에는 820ppm이 되며 이산화탄소가 완만하게 증가하는 B2 시나리오는 2100년까지 이산화탄소의 농도가 610ppm이 될 것으로 예상한다. 그러므로 이 온실가스 농도 변화 시나리오에 의해 미래의 기후가 어떻게 변할 것인지 기후모델을 이용하여 시뮬레이션을 함으로써 미래 기후를 전망할 수 있다. 이 시뮬레이션은 기상청의 슈퍼컴퓨터에서 수행되고 있다.

그림 13.24 왕대의 분포도 (국립기상연구소, 2009)

13.8 기후변화와 녹색성장

녹색성장(Green Growth)은 최초 영국과 독일에서 발의되었다. 지구의 위기를 초래하는 지구온난화를 극복하는 인류의 노력에 새로운 경제발전의 계기를 만들어 유럽과 세계에서 다시 한번 이들 나라의 번영을 보여 주자는 것이 초기 개념이다. 오늘날 과학기술의 개발은 최고조에 이르러 이젠 더 나아갈 여지가 막연한데 지구 환경은 파괴되고 자원은 한계에 달하여 새로운 길을 찾지 않을 수 없다는 것이다.

첨단과학으로 인간의 발전을 더 이상 추구하기에는 모든 것이 포화가 된 상태이다. 오늘날 먹고 사용하는 물질 풍부의 시대에 살고 있지만 최고에 도달하면 내려가게 마련이다. 우리에게 다가온 이러한 하향길의 한 예가 2007년에 시작된 세계경제 위기였다. 녹색성장은 현재의 발전에 선형적 개념으로 나아가는 기존의 진로를 계속 진행시키는 것이 아니라 새로운 개념으로 지구 환경을 보존하고 번영의 세계를 이루는 시작하는 길이다. 새로운 개념의 혁신적 사고로 지구의 온난화를 줄이며 인류의 번영과 발전을 약속하는 또 하나의 길을 만들어 시작하는 것이 녹색성장의 진정한 의미이다.

녹색성장이란 지구온난화를 감소시키기 위한 저탄소 체제의 환경(Green)과 경제(Growth)의 선순환 구조를 통해 양자의 시너지 효과를 극대화하고 이를 새로운 동력으로 삼는 것이다. 즉 저탄소 녹색성장은 경제성장 패턴을 낮은 탄소(CO_2) 배출의 친환경적 패턴으로 만듦으로써 새로운 성장 기회의 확보와 선진사회로의 실현을 위한 원인요법에 착안한 구체적 방법이다.

13.9 자연자본의 활용과 지속 가능한 보호관리

13.9.1 농업

농업에 의한 저탄소 환경보호를 위해서는 향후 몇십 년 후까지 유지 가능한 저투입농업체계(지속 가능한 유기농업)를 단계적으로 도입해야 한다. 저투입 유기농업으로 30~50%의 화석연료를 적게 사용함으로써 이산화탄소를 적게 방출하고 토양의 침식을 감소시키는 방법이다. 그러나 수확량(yield)은 고투입 농업과 동등하므로 농민에게는 결국 이익이 된다. 또 무분별한 토지개발을 줄이고 고수율 복합영농과 고수율 단작농업을 지속적으로 추진하며 장기 농업기상 예측 모사에서 경제적 결과를 측정해야 한다.

13.9.2 산림

1. 동령림과 이령림 전략

산림의 관리에서 자연 생물 다양성과 수자원을 보존하는 반면 경제적 가치를 높이기 위하여 동령림(同齡林) 지역과 이령림(異齡林) 지역을 철저히 구분하는 관리 시스템이 운영되어야 한다. 수자원 보호를 위하여 하천 유역의 산림은 자연 그대로 철저히 보호되어야 하며 자연 생물 다양성을 보존하고 강수의 생성을 위하여 산지의 개발, 즉 도로개설과 토지개발 등을 강력히 규제하고 특히 산지의 고도가 감축되는 개발은 막아야 한다. 이러한 개념의 이령림 보호가 실시되어야 한다. 반면에 같은 수종의 경제성 가치가 높은 1~2종의 수종만 재배하여 관리상 자연적으로 벌채되는 나무는 연료와 건축 등 사용에 편리하고 유통이 좋은 환경을 만들어 경제적 가치를 높이는 동령림 지역을 개발하여 자연에서 생존이 어려운 야생동물들도 서식하게 조성한다. 이는 저탄소 녹색성장의 개념으로 볼 때 무엇보다 중요하다.

2. 나무 수확 전략과 산림 조성

나무의 벌채는 전략에 따라 자연생태계를 보존하고 산림을 이용하는 방법으로 택벌작업(擇伐作業), 산벌작업(山伐作業), 모수작업(母樹作業), 개벌작업(皆伐作業) 지역으로 철저히 구분하여 실시하며, 특히 벌채를 위한 도로 개설은 원활하게 하되 벌채 후 원상복귀되어야 한다. 즉 택벌작업에 있어 성수목을 하나하나 또는 소그룹별로 벌채하되 나무의 수보다 공간이 크지 않도록 해야 한다. 빛을 좋아하는 나무는 산벌 · 모수 · 개벌작업을 해야 한다. 10년에 걸쳐 3회의 단계적 성수목 벌채 방법은 가장 우수한 나무를 얻을 수 있고 비교적 자연림에 가까운 환경을 조성할 수 있다. 몇 종의 모수를 남겨두고 모두 벌채하는 모수개벌 임분갱신(林分更新) 방법은 휴양지 개발과 토양침식 보호와 야생동물 육성 등에 도움이 된다. 한꺼번에 대량의 목재를 벌채하는 개벌작업은 목재 회수의 경제적 가치와 속성조림 등 장점은 있으나 토양 등 자연을 파괴하는 면이 있어 특정 나무를 골라 벌채하는 대상개벌(帶狀皆伐) 저탄소 녹색성장 추진방법이 있다.

탄소상쇄(carbon offset)란 개인이나 기업 단체 등이 스스로의 온실가스 배출량을 확인하고 이를 감축하기 위한 조치이다. 탄소배출 유발 행동의 회피, 감소, 전환 등을 실시했음에도 불구하고 불가피하게 발생되는 배출량의 전부 또는 일부를 외부의 온실가스 감축 크레디트로 상쇄시키는 것을 의미한다. 새로운 산림종 개발과 보존산림을 통한 탄소상쇄 프로그램은 대기 중 이산화탄소를 흡수하여 기후변화 대응에 기여할 뿐 아니라 인식 확대 및 교육 효과, 기업의 기후변화 대응방안, 산림조성 사업의 지원 등 다각적인 녹색성장 편익을 기대할 수 있다.

3. 산림 방재 탄소 발생 저감

산불의 종류에는 지표화(地表火), 수관화(樹冠火), 지중화(地中火) 등 세 가지 유형이 있다. 지표화의 경우 진흙(clay)과 작은 나무를 태우지만 생태학적 혜택도 준다. 더 큰 파괴적인 산불을 막고 야생동물의 먹이를 제공하는 계기가 된다. 수관화의 경우 나무의 꼭대기까지 타들어가 대부분의 생태계를 파괴한다. 오랫동안 가뭄이 들면 이러한 산불이 발생하여 땅속 거름까지 다 태우게 된다. 지중화의 경우 화산의 폭팔이나 지진 등에 의한 경우로 땅속에서 뿜어 나오는 고열로 인하여 산불이 발생하게 된다. 우리나라에서는 거의 발생하지 않는다.

산불을 방지하는 대표적 전략으로는 산불 발생 가능 지역의 가연성 물질이나 작은 건조한 나무 등을 없애는 처방산불 방지 전략이다. 두 번째는 작은 나무 등을 태워 약한 지표화를 일으킴으로써 숲의 대량 산불을 방지하는 것이다. 세 번째 전략은 주택 주변 지역에 약 46m의 방화선을 구축하고 지붕과 벽 등을 가연성 없는 물질로 대체하는 것이다. 미국의 경우 구름이 많은 지역에는 수자원 공급과 산불 방지를 위하여 인공강우 기상조절을 매년 빈도 있게 실시한다.

13.9.3 수자원

전 세계적으로 지구온난화에 따른 기후변화로 수자원의 시공간적 분포형태가 변하고 있고, 특히 홍수와 가뭄과 같은 극한사상의 발생빈도 및 강도가 예년에 비해 증가하는 경향이 뚜렷하다. 봄철과 가을철 남서풍의 영향을 받는 태백산맥의 풍상측 산악효과는 한강의 경우 항시 수분을 공급하지만 경상북도 북부 일부를 제외한 모든 지역에는 산맥의 연결이 미치지 못하여 수분 응결 효과가 없다. 또 겨울철 서해안의 수분을 공급하는 북서풍의 효과를 소백산맥이 앞질러 풍하측에 위치한 경북 지역은 겨울철 기온의 하강만 나타나고 강수 효과가 형성되지 않아 항시 건조하다. 이러한 취약한 수자원 기후 조건에서 형성된 낙동강의 수문 유량은 여름철 장마를 제외하고는 언제나 갈수 현상을 나타내며 수질오염이 높게 나타난다. 여름철 장마기의 홍수 발생과 그 외 계절의 가뭄 현상을 해결하기 위하여서는 하천개발 사업 등을 적극 추진해야 한다.

2003년 우리나라 수자원 이용 현황 중 농업용수가 차지하는 비율이 47%로 1965년 88%에 비해 크게 줄었으나 다른 분야에 비하여 사용량이 가장 많다. 또 논농사가 가지는 수자원 함양 기능에는 홍수를 막아 주고 지하수 자원을 보충시켜 주는 기능이 있음에도 불구하고 쌀 소비량 감소를 이유로 벼논의 경작지가 축소되고 있다.

13.9.4 저탄소 녹색성장 에너지

에너지의 효율을 개선하는 것은 저탄소 녹색성장의 가장 기본 요소 중 하나이다. 미국의 예를 보면 전 국민이 사용하는 전체 에너지의 43%가 비효율성으로 낭비된다는 것이다. 특히 사용되는 상업적 에너지의 84%가 비효율성으로, 에너지의 약 41%는 열역학 제2법칙에 의한 에너지 질의 하락으로 자동적으로 낭비되고 43%는 에너지 효율이 낮은 엔진의 자동차나 난로 등 기타 장치를 사용함으로써 낭비되고 있다. 주택의 경우 단열과 설계가 나쁜 건물에서 거주하거나 일을 함으로써 에너지가 낭비된다. 에너지 폐기물을 감소시키기 위해서는 적은 양의 에너지를 사용해서 더 효율적인 결과를 얻을 수 있도록 에너지 효율을 개선하는 것이 반드시 필요하다. 이러한 방법은 에너지 폐기물을 감소시키는 여러 가지 경제적 · 환경적 장점이 있다.

생활 에너지를 낭비하는 경우를 살펴보면 다음 네 가지로 구분할 수 있다.

첫째, 백열등은 열 전구로 투입된 전기 에너지의 95%를 낭비한다. 둘째, 원자력 발전소는 핵연료 사용에서 에너지의 약 86%를 낭비하며 발전소 전체와 방사성 폐기물을 처리하는 데 필요한 에너지를 포함하면 약 92% 정도를 낭비한다. 셋째, 내부 연소 엔진을 가진 자동차는 연료 에너지의 75~80%를 낭비한다. 넷째, 석탄화력 발전소에서 석탄 연소에 의해 방출된 에너지의 약 2/3가 공기 중에 폐열로 버려진다. 그러나 에너지 사용 기구를 교체하거나 에너지 효율을 향상시킴으로써 에너지 효율을 크게 향상시킬 수 있다.

13.9.5 녹색일자리

녹색일자리(Green Job)란 인류가 직면하고 있는 많은 환경적 위협을 경감시키기 위한

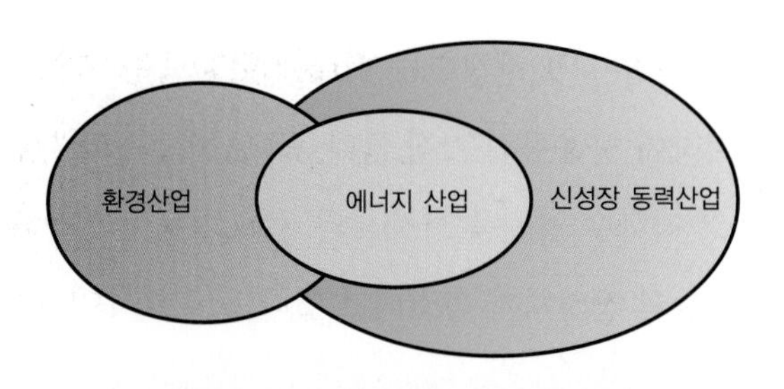

그림 13.25 녹색산업 또는 녹색일자리의 범위

목적으로 농업, 제조업, 연구개발, 관리 그리고 서비스 분야에서 창출되는 인간다운 일자리를 의미한다(Worldwatch Institute, 2007). 최근 Worldwatch Institute(2008)는 녹색일자리의 범위를 생태계의 다양성 및 그 시스템을 보호하거나, 에너지자원을 절약하고 저탄소 배출 등 환경의 질적 수준을 유지하거나 복원하는 데 기여하는 직종으로 정의하였으며, 이는 농업, 광업, 제조업, 건설업, 장치업, 연구개발업, 행정사무업, 서비스업 등 광범위하다.

그림 13.25와 같이 녹색일자리의 유형은 광범위하여 연구와 개발, 생산품 설계, 생산품 제조, 판매 및 유통, 시설의 설치, 시설의 운전과 보수 관리 등 다양한 기술과 숙련 수준의 인력을 필요로 한다. 대표적인 녹색일자리 유형을 살펴보면 다음 표 13.2와 같다.

표 13.2 녹색일자리의 유형 (Pollin et al., 2008)

분야	산업	직종
신재생 에너지	풍력	환경공학 기사, 철강 근로자, 판금속 기사, 기계 기사, 전기장비 조립사, 건설장비 운전사, 공업용 트럭 운전사, 생산 관리인
	태양광	전기공학 기사, 전기기술자, 기계기술자, 용접공, 금속조립인, 전기장비 조립사, 설치조무사, 건설관리인
	바이오화학, 생물연료	화학공학 기사, 화학자, 화학장비 운전사, 화학기술자, 혼합기계 기사, 농부, 공업용 트럭 운전사, 농업 관리자, 농산물 감독관
환경	대기오염	환경공학 및 대기환경 기사, 대기오염 방지시설 설계 시공자
	폐기물 관리	폐기물 처리 기사, 폐기물수집인, 트럭 운전사, 유해물질 제거 기사, 보수 및 수선 기사, 환경공학 기사, 중장비 기사
	수 처리 및 폐수 처리	수질환경산업 기사, 수질관리 기사, 하수도관 정비 및 관리인, 수처리 공장 및 설비 운영인, 배관공, 수도관 부설공, 환경공학 기사
기타	대중 교통	토목기사, 선로 설치사, 전기기사, 용접공, 버스 운전사, 교통 감독관, 발송인
	건물 개조	전기기사, 난방/냉방기 설치사, 목수, 건설장비 운전사, 지붕 관리사, 단열기사, 건물 점검인

제 14 장

도시 기후와 문화

과거에는 도시의 형성이 인간의 삶의 기본조건인 물(water)과 연료(energy) 그리고 식량(foods)에 근본을 두었으나 산업혁명 이후 산업(industries)과 교통 그리고 지배자의 정치적(policy) 조건이 추가되었다. 제2차 세계대전 후 국가의 80% 이상의 인구가 도시로 몰려오게 되고 이에 따른 도시화는 높은 연료소비와 교통량 증가, 생활에너지 방출과 토지 이용도의 변화에 따른 지표 피복의 변화, 고밀도의 인구 증가 등으로 독특한 도시 기후(Urban climate) 구조를 형성한다. 따라서 높은 수준의 삶의 추구와는 반대효과를 나타내 도시만의 독특한 문화를 형성하는 데 큰 영향을 미친다.

도시 시설의 증가는 기존의 녹지, 농경지 등의 투수성과 수분이 있는 지표 면적을 감소시키고 건물, 아스팔트 등 불투수성, 건조한 지표 면적이 증가하면서 국지적인 변화를 쉽게 야기시키는 원인이 되고 있다. 도시 기후에는 도시의 지형적 특성, 해발고도, 바다 또는 대규모 호수 등과 같은 수체와의 거리, 대륙의 동 · 서안 등 지리적 위치에 따라 달라질 수 있는 독특성과 녹지 면적의 감소 및 불투수 포장의 증가로 인한 영향이 크게 나타난다.

도시 기후는 고대부터 농촌과 달리 대기오염이 심하다. 일례로 로마의 역사가 세네카는 "굴뚝에서 나오는 검댕이와 악취가 풍기는 로마를 벗어나면 나는 기분이 상쾌해진다."고 하였다. 중세 런던은 대기오염이 유명한 도시였으며 1306년 에드워드 1세는 난방용 석탄 사용 금지령을 선포하기까지 하였다. 1952년에 발생한 런던 스모그는 겨울철 가정과 공장 등에서 석탄의 연소로 배출된 아황산가스가 런던 상공의 역전층에 갇혀 도시 외부로 소산되지 못한 채 일주일 이상 정체되면서 4,000명 이상의 사망자를 낸 대표적인 도시 대기오염 사건이다. 이 사건 후 영국의 도시들은 도시 대기를 정화시키는 법령을 제정하기에 이르렀다. 런던 스모그와 대조적으로 도시의 자동차 배기가스로 인하여 발생된 NOx 및 휘발성 유기 화합물(VOCs)이 햇빛에 반응할 때 나타나는 광화학적 반응으로 발생한 대기오염 사건은 LA형 광화학적 스모그이다. 런던형 대기오염 사건과 비교하여 LA 대기오염 사건을 도시형 대기오염으로 분류한다.

도시 기후가 주변 농촌 기후와 다른 것은 대기오염 증가 및 대기 중 부유물질의 증가로 인한 일사량 감소와 상대적 인공폐열에 의한 기온 증가, 농촌에 비해 개활지가 적어 풍속의 감소를 초래하는 반면 고층 건물 지역의 강한 바람, 안개 발생과 강우의 국지적 편차가 심하며 한편으로는 강우의 집중이 발생하는 특성이 존재한다. 또 무엇보다도 대표적 도시 기후 특성은 대기오염과 도시 열섬(urban heat island), 빌딩바람 등이다.

도시 열섬 형성에 가장 중요한 요인은 콘크리트 고층 건물이나 아스팔트 등에 의한 지표면의 열에너지 수지 변화이다. 또한 도시 열섬 형성에 따른 대기오염의 수렴현상과 고농도 미세먼지의 산란현상에 의한 대기의 광화학적 특성 변화 현상도 도시의 기후특성을 나타내고 있다.

도시의 바람구조는 복잡한 지표면 특성과 지면 · 지형 마찰 효과의 증가에 의해 약하게 나타날 뿐만 아니라 도시만이 나타내는 독특한 바람 순환을 형성한다. 이러한 바람 순환은 도시 대기의 안정도를 변화시켜 종관적 전선 통과 시 지역적으로 불균형화된 호우를 발생시킨다. 도시 기후와 기상 특징에 대한 연구는 미국의 Lansburgh(1981) 박

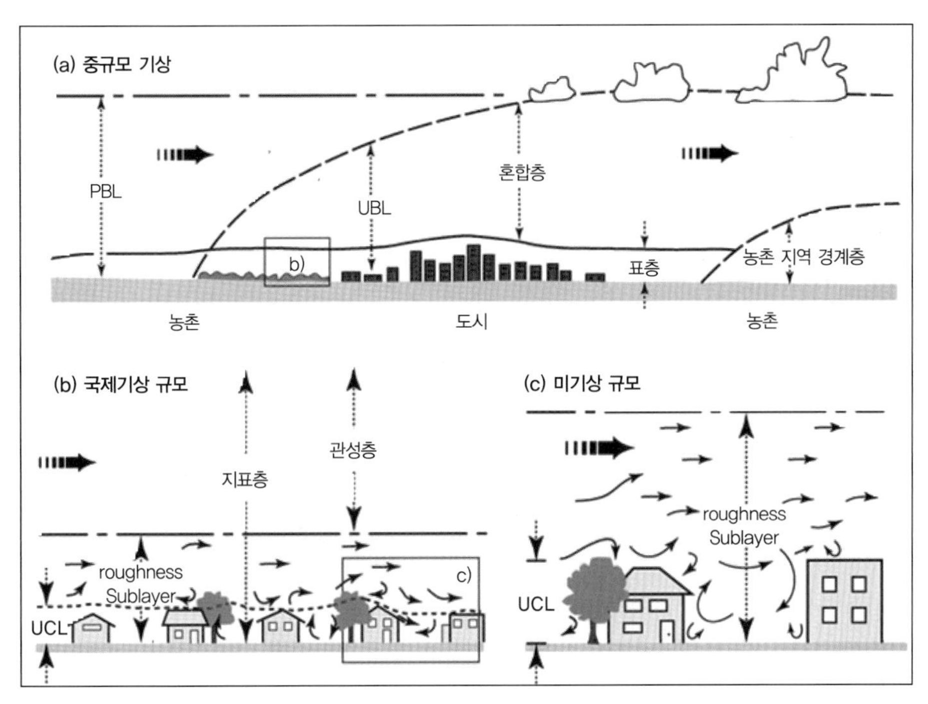

그림 14.1 도시 지역과 주택 지역의 대기 경계층 형성

사와 독일의 Sievers(1995)에 이르기까지 많은 학자들에 의하여 시도되었으나 도시 바람과 열섬 그리고 복사 효과 등에 대한 예측에는 기상학적 모형 접근과 지리 지형 및 시설물 정보 등의 어려움으로 아직은 실용화에 극히 제한적이다.

서울은 20세기 후반부터 급속한 경제성장과 함께 비대해지고 630만 km^{2}의 면적에 1,000만이 넘는 과밀한 인구구조와 복잡한 건설 등으로 도시 기후학적 독특한 특성을 지니는 대표적 도시 기후를 나타내고 있다. 서울에서 형성되는 바람구조와 종관 바람장에서 지형과 도시 열섬, 지면 거칠기, 대기안정도가 바람 장에 미치는 영향을 알아보기 위하여 지형이 고려된 3차원 수치모델을 이용하여 여러 가지 기상 및 지형 조건에 대해 실험한 결과를 보면 그림 14.2와 같다. 기온 관측 자료의 수평분포에서 도시 열섬이 뚜렷하게 존재함을 볼 수 있고, 이러한 여름철 도시 열섬의 주 형성요인으로 기온분포가 인구밀도 분포와 뚜렷한 상관성을 나타내는 것으로 보아 인구밀집 지역에서 방출되는 인공 열에 의한 것이라 추정된다. 또한 관측된 바람의 분포는 도심에서 현저히 약화된 바람이 불고 있음을 보여 준다.

수치실험 결과 지형이 바람분포에 결정적인 요인인 것으로 나타났다. 바람은 산이

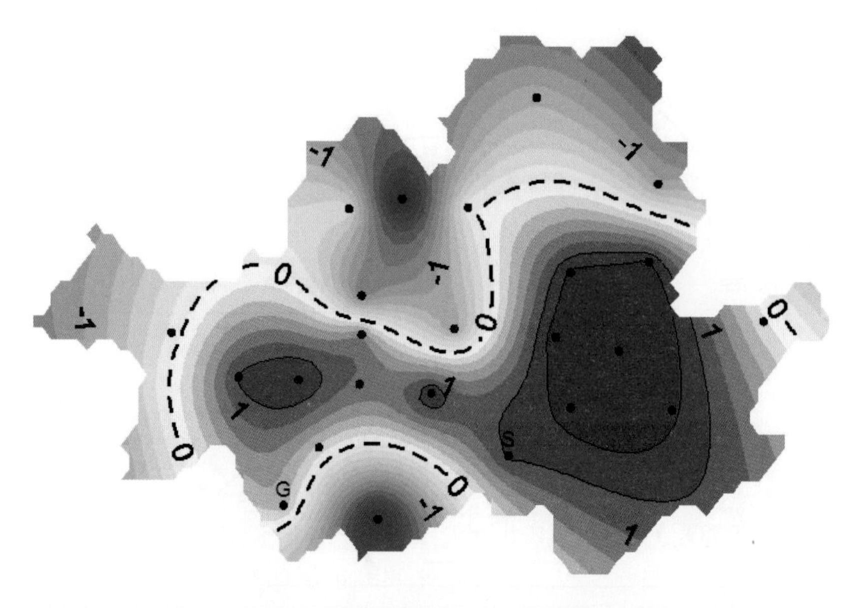

그림 14.2 2003년 서울의 도시 기온 분포 편차(붉은색 부분이 기온이 높다)

있는 곳에서는 산 주위로 돌아가려는 경향을 보였으며 풍상측의 바람은 약화되었고 풍하측의 바람은 강화되었다. 도시 지면 거칠기에 의해 서울의 바람은 약 30~40% 정도 약해졌으며 대기 안정도는 서풍계열의 바람이 부는 경우 산 주위의 바람이 강해지고 도심에서의 바람이 약해지는 데 영향을 미쳤으나 북풍계열의 바람이 부는 경우는 그 영향이 비교적 크지 않았다. 또한 도시 열섬효과에 의해서 서울 도심의 바람은 다소 약해져, 열섬 중심부에서 더워진 공기가 상승함에 따라 중심부 쪽으로 주위의 공기가 유입하여 들어오는 효과를 보였다.

14.1 도시 열섬 현상

도시 열섬 현상(urban heat island, UHI)은 도시 지역의 기온이 그 주변의 전원 지역에 비해 높은 현상을 말하며 도시와 교외를 포함한 지역의 등온선이 바다에 떠오르는 섬 모양과 같이 도심부가 고온으로 나타나기 때문에 열섬이라 불린다. 일본의 경우 도쿄는 도시 열섬 현상이 나타나는 대표적 도시라 할 수 있다. 도쿄의 기온은 1930년경에 요코하마를 웃돌아, 1980년대부터는 지구온난화의 진행에 의한 기온 급상승도 뚜렷하게 나타나고 있다. 특히 겨울철이나 야간의 기온 상승이 뚜렷하고 1920년대에 연간 70일 정도 관측되던 결빙일이 거의 사라지고, 열대야 일수는 3배 이상 증가하고 있다. 많은 기후학자들이 현재와 같은 추세로 열섬 현상이 지속되면 여름철 도쿄의 기온은 40°C 이상이 될 것으로 예상하고 있다.

열섬 현상은 도시의 규모가 클수록 도시 열섬 현상의 영향도 커진다(그림 14.3, Oke, 1982). 인구 100만 이상 도시의 연평균 기온은 주변 지역에 비하여 1~3°C가 높고(Oke, 1997), 구름이 없고 맑은 날 밤에는 12°C까지의 기온차가 발생한다 (Oke, 1987).

그 예로 천혜의 자연조건을 지녔음에도 불구하고 서울은 630만 km^2의 면적에 1,100만이 넘는 과밀한 인구와 복잡한 건설 등 그동안 도시계획이 뒤따르지 못하였다. 이에 대하여 1999년부터 기상청은 도시 기후를 감시하고자 서울 시에 28개 자동기상관측(Automatic Weather Station, AWS) 시스템을 두고 지금까지 기온과 습도 및 바람을 관측해 왔다. 그 결과 서울의 기온은 그림 14.2와 같이 영등포와 강남 등 평활하고 교통량이 많은 지역에서 높게 나타났다. 산과 녹지가 많은 교외 지역은 일사(solar radiation)에 노출되면 도시 지역보다 복사 에너지의 교환이 활발하여 일몰 후 빠르게 냉각된다. 반면에 도시 지역은 열 교환이 적고 복사방출이 지체되어 교외 지역보다 냉각되는 시간이 오래 걸리기 때문에 야간의 기온이 상승한다. 따라서 서울의 1월과 4월, 7월과 11월, 즉 겨울철과 여름철 월별 일평균 기온과 최저기온의 수평 분포는 도심지로 갈수록 기온이 상승하여 온도가 높은 고온 핵 지역은 청량리와 강남 도심지, 강동구 중량지역, 영등포역과 양천 일대에서 나타나고 관악산과 북한산이 위치한 서울 외곽 지역으로 향할수록 기온이 감소하는 결과를 나타내었다. 또 최저기온에서는 일평균 기온 분포와는 달리 영등포, 양천 일대에서 고온 핵이 나타나 청량리와 강남 지역보다 좀 더 강하게 나타났다.

서울의 도시 열섬 강도를 상세히 파악하기 위하여 고온 핵으로 나타난 영등포와 기온이 낮은 서울 교외 농촌 지역인 사능의 기온과 비교해 보았다. 영등포의 기온에서 사능의 기온을 뺀 값을 시간별로 분석하였다. 그 결과 두 지점의 기온편차는 새벽 6시

그림 14.3 미국 뉴욕 시의 열섬 현상 (Landsat 위성 영상)

(0600 LST)에 평균 5.19°C로 나타났고 정오(1200 LST)에는 0.19°C, 오후 6시(1800 LST)에는 평균 1.71°C, 자정(2400 LST)에는 평균 4.7°C로서 서울 영등포의 기온이 높게 나타났다. 특히 야간의 기온이 두드러지게 높게 나타나 열대야 현상을 보이고 있다. 또 두 지역의 월별 기온 차는 1월과 11월에 가장 크고 7월이 가장 작아 겨울에 도시와 농촌 간 기온차가 더 높은 것으로 나타났다. 그 이유는 건조한 겨울에 직사광이 아스팔트나 건물에 미치는 효과가 높고 또 난방을 위한 에너지 소비의 증가로 도심의 열섬효과가 상대적으로 높게 나타나 교외와 기온차가 크게 나타난다. 반면에 여름에는 구름이 많고 도시나 교외 지역 모두 대기의 복사효과가 일사에 비하여 강하게 작용하므로 기온은 높으나 도시와 농촌 간의 기온차가 겨울보다 작게 나타난다.

도시의 더운 기류가 상승함으로써 주위의 수분과 공기를 모이게 하여 구름을 발생시키는 대류 현상을 부추긴다. 구름입자의 농도 증가로 습도가 높은 여름철 장마기간에는 도시 상공의 편서풍의 영향으로 풍하측에 강력한 고기압대를 형성 시켜 강우 전선이 도시를 통과할 때 도시외곽 경계 지역에 연쇄적인 도시 스콜라인(Urban Squall Line)을 형성하여 강한 집중호우를 자주 발생시킨다. 1998년 서울의 중랑천 대홍수와 미국의 세인트루이스 시의 호우 연쇄 고리인 스콜현상이 대표적인 경우이다.

서울의 바람 현상을 수치기상 모형을 이용하여 모의(시뮬레이션)해 보았다. 도시 열섬효과와 바람 구조를 열섬효과와 연관하여 도시 생태계와 국지적 기상 변화에 미치는 원인을 도시의 지표 구조 변화에 따라 실험 모의해 보았다. 그 결과 고층 건물 등 도시 공간의 거칠기에 의해 서울의 바람은 교외의 바람보다 약 30~40% 정도 감소되었다. 서풍계열의 바람이 있는 경우 산 주위의 바람이 강해지고 도심에서의 바람이 현저히 약해지며 북풍계열의 바람이 부는 경우에는 지표면 거칠기의 영향이 크지 않았다. 또 도시 열섬 중심부에서 더워진 공기가 상승함에 따라 중심부 쪽으로 주위의 공기가 유입함이 뚜렷이 나타났다.

정확한 도시의 기후가 예측된다면 시민의 생활에 쾌적한 시기를 알려 주고, 또 쾌적 시기에 지역과 시간별 정보를 추가한다면 시민의 일상생활을 한 단계 올릴 수 있다.

도시 열섬과 관련한 주간 온도 상승, 야간 최저기온 상승 및 높은 수준의 대기오염은

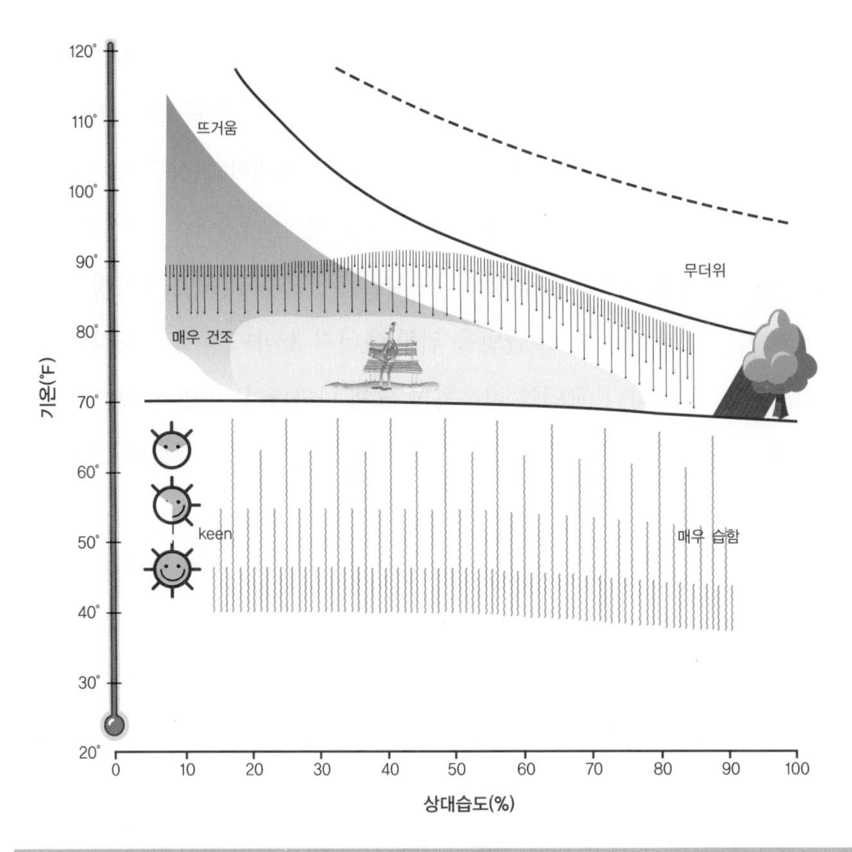

그림 14.4 인간의 기후 쾌적 구간(기온 18~22℃, 상대습도 0~60%)

일반적인 불편함, 호흡 곤란, 열 경련과 피로, 치명적이지 않은 열사병, 그리고 열 관련 사망을 증가시킴으로써 인간의 건강에 영향을 미칠 수 있다. 도시 열섬이 비정상적으로 후덥지근한 날씨에 열파의 영향을 악화시킬 수 있다. 어린이, 노인과 같은 노약자들과 허약자들에게 특히 위험하다. 예를 들어 1994년 7월 24일 서울의 최고기온이 기상관측 사상 가장 높았던 38.4°C를 기록한 후 하루 뒤 초과 사망자가 약 80명으로 기록되어 여름의 폭염으로 노약자 사망자 수가 뚜렷이 증가하였으며 1995년 7월 중순에 미국 중서부 지역에서는 폭염으로 1,000명 이상의 사망자가 발생하였다. 미국 질병통제예방센터에 의하면 미국에서 1979년에서 1999년 사이 폭염으로 8,000명 이상이 평균 수명보다 조기 사망한 것으로 나타났다(CDC, 2004). 이 값은 태풍, 번개, 토네이도, 홍수, 지진에 의한 총 사망자 수보다 많다.

14.2 도시 열섬의 발생 원인

14.2.1 지면 침투량과 증발 및 증발산량의 감소

농촌 지역의 경관은 일반적으로 식생과 개활지이다. 수목과 식생은 그늘을 제공함으로써 지표면 온도 하강에 기여한다. 이는 증발산 과정에서 식물은 주변의 공기에 수증기를 배출하는데 물이 액체 상태에서 수증기로 기화하는 과정에 대기 중의 열을 소모하면서 주변 공기 온도를 낮추기 때문이다. 물 1L를 증발시키는 데 필요한 에너지는 약 2,250kJ이며, 이는 100m^{3}의 공기 온도를 18°C 상승시킬 수 있는 에너지양이다. 농촌과 달리 도시 지역은 도로와 건물로 인해 지표면이 건조하고 불투수성이며 도시가 개발될수록 많은 식생이 사라지고 지표면은 포장되거나 건물로 바뀐다. 이러한 토지 피복 변화는 강우의 지면에의 침투량 감소, 땅속의 보수력 저하를 초래한다. 아울러 그늘의 감소와 도시를 서늘하게 유지시키는 수분의 부족을 초래한다. 따라서 도시 지역은 수분이 적게 증발산되므로 지표면 온도와 기온이 상승하게 된다.

도시 구성 물질의 특성 — 특히 태양빛 반사율(알베도), 열 방사율(emissivity), 열용

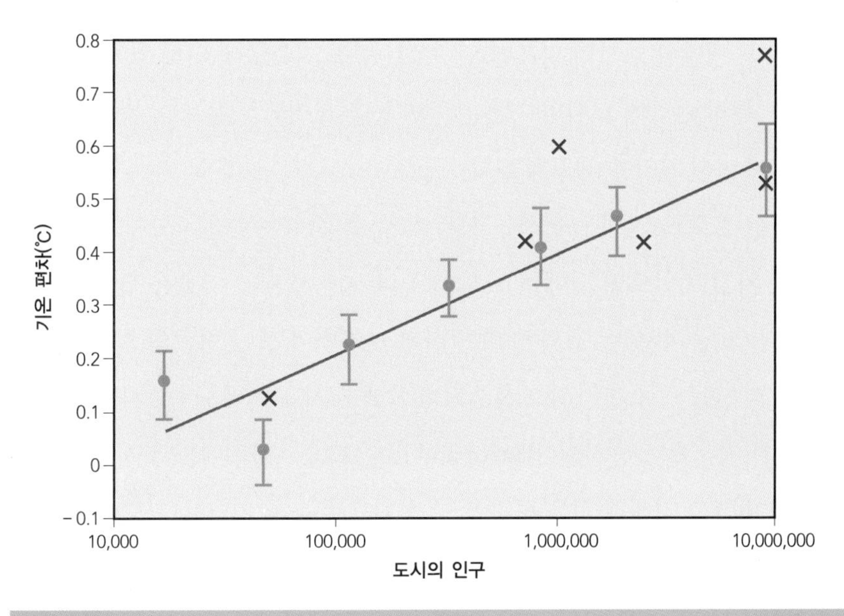

그림 14.5 인구와 도시 열섬 현상과의 관계 (Oke, 1982)

량 — 역시 태양 에너지를 어떻게 반사, 방출 및 흡수하느냐를 결정하므로 도시 열섬 발달에 영향을 미치게 된다. 도시 지표면은 지붕 또는 포장으로 피복되며 이것들은 농촌 지역보다 알베도가 낮은 특징이 있다. 따라서 도시는 보통 반사가 적게 되고 태양 에너지를 많이 흡수한다. 흡수된 에너지의 증가는 지표 온도를 높이고 지표와 대기의 도시 열섬 형성을 촉진한다. 열 방사율은 지표면의 열 발산 능력 또는 장파복사를 방출하는 능력에 대한 척도이다. 다른 조건이 동일하다면 높은 방사율의 표면이 더 차가운 것은 열을 방출하기 쉽기 때문이다. 금속을 제외한 대부분 건축물 재료는 높은 열 방사율을 나타내므로 도시에서 열 방출이 농촌보다 더 활발하다.

강철, 시멘트와 같은 많은 빌딩 재료들은 마른 흙이나 모래보다 높은 열용량을 갖고 있다. 그 결과 도시는 도시 기반 시설에 태양 에너지를 열로 저장하는 데 더 효과적이다. 대도시 도심지역은 농촌 지역보다 낮 동안 2배의 열을 흡수하고 저장할 수 있다.

14.2.2 도시의 기하학적 구조

야간 도시 열섬 발달에 영향을 미치는 다른 요소의 영향은 도시의 구조, 즉 도시 내 건물의 크기와 간격이다. 도시 구조는 바람의 유통, 에너지 흡수와 지표면 장파복사 등에 영향을 끼친다. 개발된 도시의 지표면과 구조는 인접 건축물에 의해 열 발산 시 장애물 역할을 한다. 특히 야간에 도시의 기온은 주변 농촌 지역의 기온보다 높아 폭염 현상이 나타나 도시 주민의 건강을 해치게 된다.

고층 건물이 도로 양편에 늘어선 도시는 도시 협곡이라 불리는 도시의 특이한 기하학적 구조를 가지고 있으며 낮에는 도시 협곡의 고층 빌딩이 그늘을 만들어 지표면과 공기의 온도를 낮출 수 있는 효과가 있는 반면 태양빛이 도시 협곡의 지표면에 닿으면 태양 에너지는 건물 벽에 반사되고 흡수되어 알베도(지표 알베도+도시 구조=순 반사율)를 더 낮춰 기온을 상승시킨다(Sailor and Fan, 2002). 저녁에는 도시협곡의 빌딩과 구조가 열의 방출을 저해해 기온 하강을 막게 되므로 농촌 지역보다 도심지 기온이 뚜렷이 높아진다. 그림 14.6은 서울 강남 지역 도로 양편에 고층 건물이 들어선 도로 협곡을 보여 주고 있다.

그림 14.6 도시 강남 지역의 도로 협곡

14.2.3 산업 활동에 따른 도시의 인공폐열

인공폐열은 대기 열섬과 인간활동으로 발생한 열량을 말한다. 이의 원인은 다양하지만 대부분 난방과 냉방 운영 설비, 교통과 산업과정에서 이용된 열량의 합으로 평가한다. 인공폐열은 에너지 고소비 건물과 교통시설에 따라 증가한다(Voogt, 2002). 인공폐열은 보통 여름철 농촌 지역에서는 문제가 되지 않으나 겨울철 건물이 밀집된 도심지에서는 특히 건축물의 에너지 효율성에 따라 도시 열섬 형성에 크게 기여한다. 도시 열섬이 진행되면 진행될수록 냉방 수요가 증가해 그것이 폐열의 증가를 불러 도시 열섬을 한층 더 촉진하는 악순환도 지적되고 있다.

14.2.4 도시 기후의 특성

1. 기온 상승에 의한 냉방이나 공조 설비에의 에너지 수요의 증가

도시에서 상승하는 여름 기온은 냉방을 위한 에너지 수요가 증가한다. 도시 지역 전기

수요는 여름 온도 0.6°C 상승할 때마다 1.5~2% 증가한다. 지난 몇십 년 동안 꾸준히 상승하는 도심지 기온은 여름철 전기 사용량의 5~10%가 도시 열섬으로 인해 사용된 것을 뜻한다. 도시 열섬이 유발한 혹서 기간 동안 냉방 수요는 과부하할 수 있으므로 전력 공급 중단을 피하기 위하여 제한된 절전 또는 정전을 제도화하는 전력 공급시설이 필요하다. 최근 한국에서는 전력 수요 최대량이 겨울철 발생하는데 이는 에너지 고소비의 고층 건축물이 증가하면서 난방으로 인한 전력 수요의 증가로 인해 발생하는 기현상이다. 대형건물 벽면을 통유리로 하면 여름철 냉방과 겨울철 난방수요가 급증하게 된다.

2. 대기질 악화와 온실가스의 증가

도시 지역과 농촌 지역 대기의 특성 차이는 일차 기체상 대기오염에서 비롯된다. 농촌이나 도시 대기에 존재하는 대기오염 일차 성분은 N, O, CO_2, Ar, Ne, Kr, Xe, Rn 등의 특성을 지닌 혼합기체로서 여기에 오존(O_3) 화합물과 입자성 물질과 지면으로부터 날려간 토양입자 등의 포함한다. 식물의 부패로 발생된 NH_3와 H_2S 등은 농촌 지역에 항상 존재하고 있는 대기 성분이다. 그러나 도시 지역의 대기에는 이러한 자연적인 순환과정에서 발생된 오염성분보다 인위적으로 발생된 오염 기체상 물질들이 포함되어 있다.

도시 대기 성분 가운데서 두드러지게 나타나는 오염 기체는 SO_2, NO, NO_2, CO와 유기물질과 오존을 포함하여 광화학적으로 생성되는 기체상 물질 등이다. 또 입체상 물질 중에 대부분 에어로졸이 도시 대기의 특성을 나타내고 있다. 도시 대기에 나타나고 있는 성분은 Al, As, C, Cd, Cr, Fe, Mn, Ni, Pb, Ti, V, Zn 등이 있다. 도시 대기오염과 관련하여 도시 대기를 'Dust Veil' 이라 칭하며 도시 자체를 화산과 비유하기도 한다.

모든 생물체의 연소과정에서 발생되는 물질의 방출은 환경과 화학적 상호작용을 하며 영향은 한정된 것이 아니다. 특히 인위적 연소과정에서 발생된 물질의 화학적 반응은 더욱 자극적이고 대기에서 태양 에너지에 의한 광화학 반응을 쉽게 일으킨다. 인위적 대기오염의 원천적 배출원은 자동차, 가정용 생활 쓰레기, 쓰레기 처리, 발전소, 생산 공장, 재련소 등으로, 이들 대부분이 도시 지역에 집중되어 있고 그 비중은 매우 크다(Butcher and Charlson, 1972; Heicken, 1976). 이들 배출원에서 발생된 대기 성분 중에서 가장 반응이 높은 것은 오존(O_3)의 형성이다. 오존은 광화학적 반응을 일으켜 질소산화물(nitrogen dioxide) 등으로 해리된다.

3. 수질오염

지표면 도시 열섬은 주로 열오염에 통해 수질을 악화시킨다. 기온보다 27~50°C높은 포장도로와 지붕 표면은 이런 과도한 열을 폭우로 옮긴다. 한 연구의 현장관측을 통해 여름철 정오에 포장도로 온도가 기온보다 11~19°C 높을 때 도시 내 땅 위를 흐르는 빗물은 인근의 농촌 지역보다 11~17°C 높다는 걸 보여 주었다. 포장도로가 가열되기 전에 비가 내릴 때 지표면 위를 흐르는 유출수 온도는 도시와 농촌의 차이가 2°C이다(Roa-Espinosa et al., 2003). 이런 가열된 폭우가 일반적으로 우수관에 흘러가고 하천, 저수지, 호수에 들어갈 때 수온을 상승시킨다. 버지니아 주 알링턴 시에서는 심한 여름 폭우가 내린 지 40분 후에 물 표면 온도가 4°C 상승하는 것으로 기록되었다. 이것은 수온이 많은 수생생물의 여러 측면, 특히 신진대사와 번식에 영향을 미친다. 땅 위를 흐르는 따뜻한 빗물로 인한 수중 생태계의 급격한 온도 변화는 강한 스트레스가 될 수 있다. 예를 들어 민물송어는 24시간 내 수온이 1~2°C 올라가면 열 스트레스와 충격을 느낀다(EPA, 2003).

4. 도시 열섬 효과의 저감 방법

(1) 공원 녹지에 의한 저감 효과

도시 내 공원 녹지는 도시민의 쉼터로서뿐만 아니라 미기후 개선효과에 뚜렷한 기능을 가지고 있다. 식물로 피복된 지표면은 알베도가 높아 주간의 태양열을 포장된 도시 지표면보다 많이 반사하므로 야간에 장파복사에 의한 방출량이 적어지고 아울러 주간에 식물의 증발산을 통한 잠열효과로 도시 녹지는 주변보다 서늘한 녹음 효과가 있다. 특히 중심업무지구에 위치한 도시 녹지는 콘크리트 숲속의 보석과 같은 기온 저감효과가 있으므로 도시 공원 녹지 계획 수립 시 새로 조성되는 공원 및 녹지의 배치는 이를 고려할 필요가 있다.

(2) 궤도 녹화

태양열로 데워진 도시 포장면을 식히기 위하여 전철 노면 전차의 궤도부에 잔디를 식재해 태양광의 흡수량을 줄이고 폐열을 줄여 기온 저감 효과를 높일 목적으로 녹화 궤도를 추진하고 있다. 그림 14.7은 독일 슈투트가르트 시의 전차 궤도를 녹화한 것으로 궤도부 내에서는 차도부와 비교해 낮은 온도가 관측되고 있다.

그림 14.7 슈투트가르트 시의 철로면 녹화

(3) 옥상 녹화

옥상 녹화는 개발로 인한 부족한 도시 녹지 면적을 확보하기 위한 대안으로 건물의 옥상이나 지붕에 초화류를 식재하는 녹화기법이다. 이는 도시 미기후 개선과 도시 내 소생태계 기능을 목표로 많이 조성되고 있다. 그림 14.8은 독일 슈투트가르트 시의 옥상 녹화 모습을 보여 주고 있으며 옥상에 식재된 식물에 의해 건물에 직사되는 태양광이 차단됨으로써 녹음효과와 식물의 증발산 시 잠열효과에 의한 기온저감 효과가 입증되

그림 14.8 슈투트가르트 시의 옥상 녹화

고 있다. 콘크리트 옥상은 한여름 온도가 50~80°C까지 상승할 수 있으나 옥상 녹화된 표면에서는 20~25°C에 머무른다. 또한 바람이 없는 겨울철 맑은 날에는 −20°C까지 기온이 내려가지만 옥상 녹화 표면은 0°C에 머무른다. 또한 옥상 녹화되지 않은 지붕은 연교차가 최대 100°C까지 이르나 옥상 녹화 표면은 30°C에 이르는 것으로 알려져 있다. 이와 같이 옥상 녹화는 건물의 냉난방을 보조하는 기능이 있어 에너지 효율면에서도 바람직한 조경기법으로 알려져 있고 현재 많은 나라에서 장려되고 있다. 옥상 녹화는 기온저감 효과뿐 아니라 강우 시 식생과 토양에 의해 첨두유출량을 저감시키는 기능도 일부 있다.

(4) 벽면 녹화

벽면 녹화는 옥상 녹화와 함께 부족한 도시 내 녹지를 보충하기 위한 대안으로 많이 활용되고 있으며 건물 벽에 직사되는 태양광의 차단, 바람으로부터의 건물 외벽 부분 보호, 식물의 증발산에 위한 주변 기온 저감효과 등 도시 미기후 개선 효과가 있다. 벽면 녹화의 중요한 기능 중 하나는 도시 미관 기능 개선이며 흔히들 미국 동부 사립 명문대학을 지칭하는 아이비리그는 본래 중앙도서관이 송악(서양담쟁이, ivy)으로 덮인 미국 동부의 사립대학들로 구성된 대학 미식축구리그 이름에서 유래했다. 서양에서는 벽면 녹화가 중요한 건축 미관 요소인 반면 목조문화가 발전한 동양에서는 흔치 않은 조경 수법이다. 하지만 최근 콘크리트, 철제건물이 많이 건립되면서 벽면 녹화가 시도되고 있다. 다만 서울처럼 미세먼지가 많은 도시에서는 벽면 녹화가 미세먼지를 포집하는 기능을 가지고 있어 도입 시 신중해야 한다.

14.3 고층 주거 문화

버즈두바이를 비롯한 21세기 초고층 건축물의 전시장이었던 두바이는 경제의 거품이 꺼지면서 국가적으로 어려운 상황에 처하게 되었으며 1920년대 미국도 당시로서는 세계에서 가장 높은 엠파이어스테이트 빌딩을 짓고 1929년 세계 대공황을 맞이하였다. 최근의 금융위기 등 경제가 불안한 지역에서 초고층 건물을 짓는 현상이 나타나고 있으며 한국도 한강 르네상스와 디자인 서울 구호 아래 도시의 랜드마크로서 대도시에 초고층 건물과 용적률 상향이라는 정책이 시행되고 있으나, 과연 고층 주상복합의 주거 환경이 거주민에게 적합한 건물인지는 진지하게 고려할 필요가 있으며 고층 주거 문화의 피해는 다음과 같다.

14.3.1 주거환경의 황폐화

두바이는 45°C를 웃도는 세계에서 가장 더운 지역인 열사의 사막이므로 실내에서 에어컨을 켜고 업무활동이 이뤄지지만 한반도는 기후가 온화한 온대계절풍 지역이므로 여름엔 시원한 남동풍이 부는 통풍 조건 및 겨울철 일조량 확보가 주거지 삶의 중요한 조건이 된다. 이를 무시하고 초고층 건물이 밀집되어 난립하면 주거민의 건강과 고층 건물 주변 지역의 주민들에게 많은 환경 피해를 끼치고 거주민의 심성을 황폐화시킨다. 그 이유는 수백 m의 고층 건물은 구조 안전상 좌우로 흔들리게 되어 있다. 건물 안에 있는 사람은 못 느낄지라도 수백 m 상공에서 좌우로 흔들리며 생활하는 것이 인간의 건강에 좋을 리 없다.

일본의 의과대학 내 조사 결과에 따르면 고층에 사는 임산부들이 유산율이 높은 것은 공중에서 흔들리며 생활하는 것과 무관하지 않으며 고층 주상복합에 거주하는 중년 부인들이 우울증을 많이 겪는 것은 전통 한옥 마당에서 대화하며 살림하던 우리 선조들이 겪지 못하던 정신질환을 겪고 있다. 일반 주택에 사는 어린이들이 이웃집 친구들과 놀이터에서 그네나 미끄럼 타는 방과후 놀이 활동을 하는 것과는 달리 고층에 사는 어린이들은 PC의 사이버 세상에 몰두하므로 정서적 장애를 유발할 수 있다. 국내 굴지의 전자회사 임원들이 고층주상복합에 입주 후 몇 년 뒤 대부분 퇴직한 것은 오늘날 한국의 바람직한 도시 주거 문화를 생각해 보게 한다. 고층 주상복합은 거주민의 건강뿐 아니라 주변 지역에도 엄청난 피해를 주고 있다.

그 지역에서 자라는 나무 높이보다 높은 곳에서는 살지 말라는 옛 선인들의 지혜는 오늘 한국 사회의 비인간화를 가속화시키는 고층 주거 문화에서 다시 음미할 필요가 있다.

14.3.2 골바람 효과(channeling effects) — 빌딩바람(먼로풍)

150m 이상의 공중에서는 농촌, 교외, 도심 모두 초속 10m 이상의 강풍이 상시 불고 있으며 이 강풍이 고층 건물에 부딪치거나 고층 건물 사이를 통과할 때 난류를 형성해 건물이 없을 때보다 훨씬 속도가 빠른 순간 돌풍이 수시로 발생한다. 고층 빌딩 주변에는 순간 최대 풍속이 높으므로 회오리바람과 함께 먼지와 소음이 자주 발생해 주민, 보행자나 인근 상점에 종사하는 사람들에게 호흡곤란과 불쾌감, 보행곤란 등을 겪게 된다. 강한 바람을 장시간 맞게 되면 두뇌활동이 원활하지 못하고 바람에 날리는 미세먼지 등에 의해 인체에도 좋지 않은 영향을 주게 된다. 고층 빌딩이 들어서면 바람이 빠른 초고층 빌딩 아래 지역은 주변 지역보다 저기압이 되므로 바람이 많이 불게 된다. 저기압은 인체 건강에 좋지 않으며 예로부터 우리 선조들은 심한 바람을 맞으면 풍살(風殺)을 맞는다고 하여 이를 주거환경에서 아주 기피하는 조건으로 여겼다. 날씨가 흐리고 저기압인 날 신경통이나 관절염을 앓는 사람이 늘어나는 걸 보더라도 저기압이 건강에 좋지 않음을 보여 주고 있다.

강남주상복합 단지의 경우 인근 상가 진열대에 전시한 물건들이 떨어지고 길가에 세워둔 오토바이가 넘어지기도 한다. 현재 국내에서는 강남 주상복합 건물 풍하면에 위치한 아파트 단지에서 2010년 9월 2일 태풍 곤파스가 한반도를 지났을 때 초속 40m를 돌파하는 순간 돌풍이 발생한 기록이 있다.

미국의 푸르덴셜 보험회사는 건물 준공 후 이 회사 근처를 지나가던 노인들이 돌풍에 낙상하는 사고가 발생해 미국 정부는 빌딩 바람에 대한 규제를 하기 시작했다. 영국에서는 1972년 고층 건물 코너에서 노부인이 순간돌풍에 인해 뇌진탕으로 사망하기도 하였다. 고층에서는 강한 바람이 불어 고층 아파트는 안전상 창문을 15도 이상 열지 못한다. 이는 자연 통풍을 방해하고 인위적인 공조 시스템 설치로 환기가 잘 안 돼 거주민에게 답답함을 제공해 주민 건강을 훼손시킨다.

14.3.3 빌딩의 대형화와 고층 건물의 영향

지난 100년간 지구 평균 온도 0.74°C, 한반도 도시 지역은 1.5°C 상승하였으나 서울은 지난 30년 동안 1.3°C 상승하여 강남 개발이 본격화되면서 열섬 현상이 심화되었음을 알 수 있다. 이는 건물마다 설치된 냉난방 시설 등으로 건물이 미국 전체 에너지의 70% 이상을 소모하고 있으며 지구온난화의 원인 물질인 이산화탄소도 전체 배출량의 38%를 내뿜어 차량이나 산업 분야보다 많은 양의 이산화탄소를 배출하고 있다. 이는 대형 건물들이 예상을 뛰어넘는 환경오염을 초래하고 있으며 기후 온난화의 주범임을 말해주고 있다.

14.3.4 오염물질 누적

고층 건물이 밀집되어 있을 경우 오염물질이 빌딩 사이에 막혀 외부로 소산되지 못하고 침적되는 현상이 발생한다. 2005년 5월 17일 환경부 발표에 의하면 서울 강남구 주상복합단지의 발암물질 벤젠오염농도가 3.52ppb로서 공장지대인 안산 시 정왕동보다도 높게 나타나 국내 주택가중 대기오염도가 가장 높았다. 이는 유럽과 일본 기준의 3~4배를 초과하는 수치로 거주민의 건강을 위협하는 생활환경이며 서울은 고가의 아파트단지일수록 환경오염이 심각한 아이러니한 현상이 벌어지고 있다.

14.3.5 화재 시 무방비

2010년 11월 16일 상하이의 28층 아파트에서 화재가 나 50여 명이 숨지고 많은 사람이 부상당하는 화재가 발생하였다. 2010년 가을 해운대 주상복합 화재는 다행히 그날 바람이 없어 옥상에서 헬기로 인명구조가 가능했지만 만약 빌딩 주변에 난류인 빌딩바람이 불었다면 상하이의 아파트처럼 많은 인명 피해를 야기했을 수 있었다. 중국은 2001~2010년 동안 건물 화재로 약 900명이 사망하였다. 초고층 건물은 지진에는 잘 견디지만 화재에는 취약한 고강도 콘크리트(50~80메가파스칼)로 건축되어 있다. 일본에서 50메가파스칼 건물은 40분, 80메가파스칼 건물은 35분 이내에 붕괴된다는 실험 결과 발표가 나왔고, 서울의 초고층 건물도 실험에서 1시간 이내 붕괴된다는 연구결과는 초고층 아파트가 화재에 얼마나 취약한가를 보여 주고 있다. 초고층 건물이 대규모이고 수직 동선의 장대화에 따라 피난로의 확보가 매우 어렵기 때문에 화재 발생 시 내열 임계점을 넘으면 2001년 미국 맨해튼의 9·11사태에서 보듯이 순식간에 무너지게 된다. 현재의 고가사다리차는 15층 이상의 건물에서는 쓸모가 없기 때문에 초고층 건물 화재 발생 시 화재 진압에 더 큰 어려움이 있다.

14.3.6 일조권 침해(sunlight block)

유럽에서는 고층 건물을 밀집해 짓는 우리와 달리 고층 건물은 주거용이 아닌 낮에만 머무르는 상업용 건물로 제한하고 가능한 고층 건물을 짓지 못하게 하는데 한국의 재개발, 재건축은 가구당 평균 건축면적을 대폭 상향 조정한 결과 고층, 과밀화로 지나치게 밀집되어 있어 일조권에 심각한 문제를 유발하고 있다. 햇빛이 부족하면 사람이 우울증을 겪거나 사물을 부정적으로 보게 되는 경향이 있다. 같은 유럽 국가라 하더라도 햇빛이 많은 프랑스국민들이 쾌활하고 유쾌한 국민성을 지닌 걸 보더라도 햇빛이 생활에 얼마나 중요한지 알 수 있으며 햇빛이 많이 드는 주택은 자연 살균 및 소독으로 위생이 잘 되 주민에게 건강한 환경을 제공하게 되나 남쪽에 고층주상복합이 건립되어 일광이 차단되면 북쪽 단지의 주민들의 건강에 좋지 않은 영향을 미치게 된다.

14.3.7 고층 건물 환경영향 평가

초고층 건물이 한국의 지형 기후에 적합한 건축물인지는 진지하게 고려해야 한다. 단지 상업성만을 추구한 초고층 건물은 거주민뿐만 아니라 주변 지역 주민의 건강을 훼손하고 한 번 지으면 초고층 건물은 철거가 거의 불가능하기 때문에 잘못된 단지 계획은 후손들에게 총체적으로 환경이 훼손된 도시를 물려주게 된다. 자치단체는 현재와 같은 초고층 난립 정책을 수정해 주민 삶의 질을 개선하는 방향으로 정책 패러다임의 변화를 강구해야 함과 동시에 난립하는 고층 건물에 대한 환경영향평가를 강화해야 한다. 이를 위해서 우리보다 먼저 고층 건물의 시행착오를 경험했던 외국처럼 100m 이상 고층 건물 환경영향평가 기준을 작성하고 도시 열섬, 일조권, 빌딩바람 영향평가를 보완해야 한다. 아울러 고층 건물 환경영향평가서 작성 시 의례적인 환경영향평가 내용을 보완해 현실을 반영하는 환경영향평가를 실시해야 초고층 건물에 의한 주변 지역의 피해를 줄일 수 있다.

참고문헌

강희찬, 2008, 저탄소 녹색성장 달성을 위한 정책 방향. 제2회 녹색성장포럼, 환경정책평가연구원, 환경부, 3-32.

국립기상연구소, 2009, 기후변화 이해하기 I, IPCC 4차 평가보고서 실무그룹 I, II, III 기술요약보고서. 107pp.

국립기상연구소, 2009, 기후변화 이해하기 II, 한반도 기후변화 현재와 미래(국립기상연구소 연구성과), 86pp.

국립기상연구소, 2009, 기후변화 이해하기 III, 서울의 기후변화. 67pp.

기상청, 2008, 기후변화 2007, 과학적 근거. 정책 결정자를 위한 요약보고서(SPM), 기술보고서 (TS), IPCC제4차보고서, 제1실무그룹, 153pp.

김득진, 2008, 대기근 조선을 뒤덮다, 푸른역사.

김호, 2008, 서울시 보건분야 기후변화 대응기반 구축 연구, 20-78.

김맹기, 강인식, 곽종흠, 1999, 최근 40년간 한반도 도시화에 따른 기온 증가량의 추정, 한국기상학회지 35(1), 118-126.

라이니얼 카슨, 로버트 클라이본, 브라이언 패건, 윌터 카프, 1990, 지구변화와 인류의 신비, 도서출판 느티나무 역.

반기성, 2010, 전쟁과 기상, 기상기술정책, 기상청, 12, 45-55.

브라이언 페이건(남경태 옮김), 2004, 기후, 문명의 지도를 바꾸다. 예지, 398pp. 이명인, 강인식 (1997) 도시화에 의한 기온 상승, 한국기상학회지, 33(3), 429-443.

신임철, 이희일, 2006, 기후와 환경변화, 두솔(ISBN 89-85874-18-7) 158pp. 로라리(박지숙 옮김), 2007, 세계사 캐스터, 웅진씽크빅(ISBN 978-89-01-06709-4), 316pp.

오성남, 2009, 녹색성장을 위한 기후변화 적응전략과 아시아각료회의, 한국방재학회지, Vol. 9, No. 4, 7-18.

오재호, 1999, 기후학 I, 기후와 대기순환, 아르케, 362pp.

우준희, 2008, 기후변화와 건강. 기후변화와 인간 복지, 아산사회복지재단, 25-38.

조석주 외, 2009, Understanding Earth 번역 지구의 이해, 제5판, 시그마프레스.

중앙일보, 2009, 흑사병, 분수대.

풍공학연구소 편집부 편역, 1995 : 빌딩풍의 지식, 도서출판 일광.

Barrett, P. J., Adams, C. J., McIntosh, W.C., Swisher III., C. C., and Wilson, G. S., 1992. Geochronological evidence supporting Antarctic deglaciation three million yearsago. Nature, 359, 816-818.

Battisti, S. D., and A. C. Hirst, 1989: Interannual variability in the tropical atmosphere-ocean system: Influence of the basic state and ocean geometry. J. Atmos. Sci., 46, 1678-1712.

Becker, L., Poreda, R. J., Basu, A. R., Pope, K. O., Harrison, T. M., Nicholson, C., and Iasky, R., 2004. Bedout : A possible end-Permian impact crater offshore of northwestern Australia. Science, 304, 1469-1475.

Berner, R. A., 1997. The rise of plants and their effect on weathering and atmospheric CO2. Science, 276, 544-546.

Bush, A. B. G., and Philander, S. G. H., 1997. The late Cretaceous : Simulation with a coupled atmosphere-ocean general circulation model. Paleoceanography, 12, 495-516.

Caralp, M. H., 1984. Quaternary calcareous benthic foraminifers, Leg 80. DSDP Initial Reports, LXXX, 725-755.

Carpenter, S. J., Erickson, J. M., and Holland, Jr., F. D., 2003. Migration of a late Cretaceous fish. Nature, 423, 70-74.

CDC. 2004. Extreme Heat : A Prevention Guide to Promote Your Personal Health and Safety. Retrieved 27 July 2007 from <http://www.bt.cdc.gov/ disasters/ extremeheat/heat_guide.asp>.

Christen, A. and R. Vogt. 2004. Energy and Radiation Balance of a Central European City. International Journal of Climatology. 24(11):1395-1421.

Clift, P., and Bice, K., 2002 : Baked Alaska. Nature, 419, 129-130.

Cubasch, U., G. A. Meehl, G. J. Boer, R. J. Stouffer, M. Dix, A. Noda, C. A. enior, S. Raper, and K. S. Yap, 2001 : Projections of Future Climate Change. In : Climate Change 2001 : The Scientific Basis. Contribution of Working Group I to the Third Assessment Report Of the Intergovernmental Panel on Climate Change [Houghton, J. T., Y. Ding, D. J. Griggs, M. Noguer, P. J. van der Linden, X. Dai, K. Marskell, and C. A. Johnson (eds.)] Cambridge University Press, Cambridge, United kingdom and New York, USA, 881pp.

Dalton, R., 2004. Comet impact theory faces repeat analysis. Nature, 431, 1027.

Diekmann, B., 2004. Message from the fish teeth. Nature, 430, 26-27.

Dingle, R. V., and Lavelle, M., 1998. Late Cretaceous-Cenozoic climatic variations of the northern Antarctic Peninsula : new geochemical evidence and review. Palaeogeography, Palaeoclimatology, Palaeoecology, 141, 215-232.

EPA. 2003. Beating the Heat : Mitigating Thermal Impacts. Nonpoint Source News-Notes. 72:23-26.

Eugenia Kalnay, Ming Cai, Hong Li, and Jayakar Tobin (2006) Estimation of the impact of land-surface forcings on temperature trends in eastern United States, Journal of Geophysical Research, vol. 111, D06106.

Fagan, Brian, 2004 : The Long Summer-How Climate Changed Civilization. Basic Books, New York, 284pp.

Gabrielle Walker, Snowball Earth, 2003 : Bloomsbury Publishing; ISBN 0747564337.

Gaucher, E. A., Govindarajan, S., and Ganesh, O. K., 2008 : Paleotemperature trend for Precambrian life inferred from resurrected proteins. Nature, 451, 704-708.

Gibbons, A. 2009: A new kind of ancestor: Ardipithecus unveiled. Science, 326, 36-40.

Gibbs, S. J., Bown, P. R., Sessa, J. A., Barlower, T. J., and Wilson, P. A., 2006. Nannoplankton extinction and origination across the Paleocene-Eocene thermal maximum. Science, 314, 1770-1773.

Hollis, C. J., Rodgers, K. A., and Parker, R. J., 1995. Siliceous plankton bloom in the earliest Tertiary of Marlborough, New Zealand. Geology 23, 835-838.

Hren, M. T., Tice, M. M., and Chamberlain, C. P., 2009. Oxygen and hydrogen isotope evidence for a temperate climate 3.42 billion years ago. Nature, 462, 205-208.

Huber, M., and Caballero, R., 2003. Eocene El Nino : Evidence for robust tropical dynamics in the hot house. Science, 299, 877-881.

Huber, M., and Caballero, R., 2008. A hotter greenhouse? Science, 321, 353-354.

Hulme, M., Z. C. Zhao, T. Jiang (1994) Recent and future climate change in East Asia, Int. J. Climatol., 14, 637-658.

Huntington, Ellsworth, 1915 : Civilization and Climate, reprinted from the 1915 edition (2000). University Press of the Pacific, Honolulu, Hawaii, 333pp.

Intergovernmental Panel on Climate Change (IPCC), 2007. Climate Change 2007 : The Physical

Science Basis-Summary for Policymakers. R. Alley et al., 18pp (http://ipcc-wg1.ucar.edu/).

IPCC Climate Change 2001 : The Scientific Basis, Cambridge University Press, Cambridge, UK, 108 pp.

Jansen, E., Slettemark, B., Bleil, U., Henrich, R., Kringstad, L., and Rolfsen, S., 1989. Oxygen and carbon isotope stratigraphy and magnetostratigraphy of the last 2.8 Ma : Paleoclimatic comparisons between the Norwegian Sea and the north Atlantic. ODP Scientific Results, 104, 255-269.

Jin, F.-F., 1997: An equatorial ocean recharge paradigm for ENSO. Part I: Conceptual model. J. Atmos. Sci., 54, 811-829.

Kaiho, K., 1989. Morphotype changes of deep-sea benthic foraminifera during the Cenozoic Era and their paleoenvironmental implications. 1-23.

Karl, T. R., and Easterling, D. R., 1999. Climate extremes : Selected review and future research directions. Climatic Change, 42, 309-325.

Kennett et al. 2009: Nanodiamonds in the Younger Dryas boundary sediment layer. Science, 323, 94.

Kerr, R. A., 1999. The Little Ice Age-Only the latest big chill. Science, 284, 2069.

Kerr, R. A., 2009. The many dangers of Greenhouse acid. Science, 323, 459.

King, S. D., 2009. The climate in Copenhagen. Science, 326, 1319.

Kintisch, E., 2008. Geologists find vestige of early Earth-Maybe world' s oldest rock. Science, 321, 1755.

Kug J.-S., F.-F. Jin, and S.-I. An, 2009: Two types of El Nino events: Cold tongue El Nino and Warm Pool El Nino, J. Climate, 22, 1499-1515.

Kump, L. R., 2001. Chill taken out of the tropics. Nature, 413, 470-471.

Kurschner, W. M., 2001. Leaf sensor for CO2 in deep time. Nature, 411, 247-248.

Kutzbach, J. E., and Liu, Z., 1997. Response ofthe African monsoon to orbital forcing and ocean feedbacks in the middle Holocene. Science 278, 440-443.

Lal, R., and Pimentel, D., 2008. Soil erosion : A carbon sink or source? Science, 319, 1040-1042.

Lamb, H. H., 1995 : Climate, History and the Modern World, 2nd ed. Routledge, London and

New York, 433pp.

Landsberg, H. E., 1981 : The urban climate. Academic press, 84-149.

Lee, Sang-Hwa, Lee, Kyoo-Seock, Jin, Wen-Cheng, Song, Ho-Kyung, (2009) Effect of an urban park on air temperature differences in a central business district area. Landscape & Ecological Engineering 5(2):183-191.

Lehman, S. J., and Keigwin, L. D., 1992. Sudden changes in north Atlantic circulation during the last deglaciation. Nature, 356, 757-762.

Leslie, M., 2009. On the origin of photosynthesis. Science, 323, 1286-1287.

Love, G. D., Grosjean, E., Stalvies, C., Fike, D. A., Grotzinger, J. P., Bradley, A. S., Kelly, A., Bhatia, M., Meredith, W., Snape, C. E., Bowring, S. A., Condon, D. J., and Summons, R., 2009. Fossil steroids record the appearance of Demospongiae during the Cryogenian period. Nature, 457, 718-722.

Lovejoy et al. 2009: Combining prehension and propulsion: The foot of Ardipithecus ramidus. Science, 326.

Miller, K. G., Fairbanks, R. G., and Mountain, G. S., 1987. Tertiary oxygen isotope synthesis, sea level history, and continental margin erosion. Paleoceanography, 2, 1-19.

Mundil, R., Ludwig, , K. R., Metcalfe, I., and Renne, P. R., 2004. Age and timing of the Permian mass extinctions : U/Pb dating of closed-system zircons. Science, 305, 1760-1763.

Nisbet, E., 2003. Getting heated over glaciation. Nature, 422, 812-813.

Officer, C. B., and Drake, C. L., 1983. The Cretaceous-Tertiary transition. Science, 219, 1383-1390.

Oh, Sung Nam, Jun-Seok Cha, Dong-Won Lee, and Jin-Su Choi, 2007 : Aircraft measurements of long-range trans-boundary air pollution overYellow sea. Avanced Environmental Monitoring, Springer, 90-106.

Oh, Sung Nam, Y. H. KIm and M. S. Hyun, 2004 : Impact of urbanization on climate change in Korea, 1973-2002. J. of The Korean Meteorological Society, 40(6), 725-740.

Oke, T.R. 1982. The Energetic Basis of the Urban Heat Island. Quarterly Journal of the Royal Meteorological Society. 108:1-24.

Oke. T.R. 1987. Boundary Layer Climates, Second edition. Routledge, 77-154.

Ortiz, J. D., and Mix, A. C., 1997. Comparison of Imbrie-Kipp transfer function and modern analog temperature estimates using sediment trap and core top foraminiferal faunas. Paleoceanography, 12, 175-190.

Pagani, M., Freeman, K. H., and Arthur, M. A., 1999. Late Miocene atmospheric CO_2 concentrations and the expansion of C4 grasses. Science, 285, 876-879.

Palmer, M. W., 2007. Biofuels and the environment. Science, 317, 897-899.

Patrick, A., and Thunell, R. C., 1997. Tropical Pacific sea surface temperatures and upper water column thermal structure during the last glacial maximum. Paleoceanography, 12, 649-657.

Pennisi, E., 2009. On the origin of flowering plants. Science, 324, 28-31.

Pringle, H., 2009. A new look at the Mayas' end. Science, 324, 454-456.

Rahmstorf, S., 2010. How ocean stirring affects climate. Nature, 464, 681.

Roa-Espinosa, A., T.B. Wilson, J.M. Norman, and Kenneth Johnson. 2003. Predicting the Impact of Urban Development on Stream Temperature Using a Thermal Urban Run off Model (TURM). National Conference on Urban Stormwater : Enhancing Programs at the Local Level. February 17-20. Chicago, IL. Retrieved 17 Jul. 2008 from <http://www.epa.gov/nps/natlstormwater03/ 31Roa.pdf>.

Robert, F., and M. Chaussidon, 2006 : A palaeotemperature curve for the Precambrian oceans based on silicon isotopes in cherts. Nature, 443, 969-972.

Roberts, J. M., 1997 : A Short History of the World. Oxford University Press, New York, 539pp.

Ruddiman, W. F., Shackleton, N. J., and McIntyre, A., 1986. North Atlantic sea-surface temperatures for the last 1.1 million years. Geological Society Special Publication, 21, 155-173.

Russell S. Vose, David R. Easterling, and Byron Gleason (2004) Maximum and minimum temperature trends for the globe : An update through 2004.

Sailor, D.J., and H. Fan. 2002. Modeling the Diurnal Variability of Effective Albedo for Cities.Atmospheric Environment. 36(4) : 713-725.

Scherer, R. P., 1991. Quaternary and Tertiary microfossils from beneath Ice Stream B : Evidence for a dynamic West Antarctic Ice Sheet history. Palaogeography, Palaeoclimatology,

Palaeoecology, 90, 395-412.

Scherer, R., 1993. There is direct evidence for Pleistocene collapse of the West Antarctic ice sheet. J. of Glaciology, 39, 716-722.

Schneider, S., 2009. The worst-case scenario. Nature, 458, 1104-1105.

Scholz et al. 2007: East Afrian megadroughts between 135 and 75 thousand years ago and bearing on early-modern human origins. PNAS, 104, 16416-16421.

Science, 2009. Earth' s hellish era not so bad for life. Science, 324, 1131.

Sepulchre, P. G. Ramstein, F. Fluteau, M. Schuster, J.-J. Tiercelin, and M. Bruent, 2006: Tectonic uplift and eastern Africa aridification. Scinece, 313, 1419-1423.

Shevenell, A. E., Kennett, J. P., and Lea, D. W., 2004. Middle Miocene Southern Ocean cooling and Antarctic cryosphere expansion. Science, 305, 1766-1770.

Spicer, R. A., Harris, N. B. W., Widdowson, M., Herman, A. B., Guo, S., Valdes, P. J., Wolfe, J. A., and Kelley, S. P., 2003 : Constant elevation of southern Tibet over the past 15 million years. Nature, 421, 622-624.

Spray, J. G., Kelley, S. P., and Rowley, D. B., 1998. Evidence for a late Triassic multiple impact event on Earth. Nature, 392, 171-173.

Stevens, W. K., 1999 : The Change in the Weather-People, Weather, and the Science of Climate. Random House, Inc., New York, New York, 359pp.

Suarez, M. J., and P. S. Schopf, 1988: A delayed action oscillator for ENSO. J. Atmos. Sci., 45, 3283-3287.

Surovell et al. 2009: An independent evalluation of the Younger Dryas extraterrestrial impact hypothesis. PNAS, 106, 18155-18158.

Taha, H. and L.S. Kalkstein, S.C. Sheridan, and E. Wong. 2004. The Potential of Urban Environmental Controls in Alleviating Heat-wave Health Effects in Five US Regions. Presented at the American Meteorological Society Fifth Conference on Urban Environment. 25 August. See also NOAA. 1995. Natural Disaster Survey Report : July 1995 Heat Wave. Retrieved 20 June 2008 from <http://www.nws.noaa.gov/om/assessments/pdfs/heat95.pdf>.

Thompson, R.D. and A. Perry (eds.) Applied Climatology : Principles & Practices. New York, NY : Routledge. pp. 273-287.

Voogt, J. 2002. Urban Heat Island. In Munn, T. (ed.) Encyclopedia of Global Envi-ronmental Change, Vol. 3. Chichester : John Wiley and Sons. <http:// en.wikipedia.org/wiki/Beaufort_scale>.

Wang, L., 1994. Sea surface temperature history of the low latitude western Pacific during the last 5.3 million years. Palaeogeography, Palaeoclimatology, Palaeoecology, 108, 379-436.

White, J. W. C., 2004. Do I hear a million? Science, 304, 1609-1610.

Wilson, P. A., and Norris, R. D., 2001. Warm tropical ocean surface and global anoxia during the mid-Cretaceous period. Nature, 412, 425-429.

Zhang, R., Follows, M. J., and Marshall, J., 2003. Reply to comment by R. M. Hotinski, L. R. Kump, and K. L. Bice on Could the Late Permian deep ocean have been anoxic? Paleoceanography, 18 : 19-1～19-2.

Yeh, S−W. et al. 2009: El Nino in a changing climate. Nature 461, 511-514.

위키백과 한국어판 http://ko.wikipedia.org/

네이버 백과사전 http://100.naver.com/

다음 백과사전 http://enc.daum.net/

국회도서관 http://www.nanet.go.kr/

네이버 블로그

http://blog.naver.com/ksf0803?Redirect=Log&logNo= 110038394309

http://blog.naver.com/ilsutory?Redirect=Log&logNo=100009796051

http://blog.naver.com/0169543?Redirect=Log&logNo=140095834352

http://blog.naver.com/lliebes?Redirect=Log&logNo=56407675

http://blog.naver.com/0169543?Redirect=Log&logNo=140095834352

국가 지식 포털 http://www.knowledge.go.kr/

한국학중앙연구원 http://www.aks.ac.kr/

김준민, 들풀에서 줍는 과학, 2006 : 지성사.

윤승준, 2004 : 하룻밤에 읽는 유럽사. 랜덤하우스중앙.

바이잉 저, 한혜성 역, 2008 : 지도로 보는 세계 미술사, 시그마북스.

Brain Fagan, 2002 : 기후는 역사를 어떻게 만들었는가. 중심.

Doug Macdougall, 2005 : 우리는 지금 빙하기에 살고 있다. 말글빛냄.

Fred Singer & Dennis Avery, 2010 : Unstoppable global warming. 동아시아 4쇄, p. 147-169.

Jared Mason Diamond, 2005 : 문명의 붕괴. 김영사.

Pater, Walter, 1998 : 르네상스. 종로서적.

Renzo Rossi 저, 서정민 역, 2003 : 이집트 사람들. 사계절.

Theodore Rabb, 2008 : 르네상스 시대의 삶. 안티쿠스.

William R. Estep, 2002 : 르네상스와 종교개혁. 그리심.

http://www.sciencetimes.co.kr/article.do?todo=view&atidx=0000038160

http://blog.aladdin.co.kr/720750155/3012693

찾아보기

[기타]